電験第1・2種ならびに技術士受験者必携！

これだけは知っておきたい

電気技術者の基本知識

大嶋輝夫・山崎靖夫　共著

電気書院

本書は，小社刊行の月刊誌『電気計算』にて連載している「これだけは知っておきたい電気技術者の基本知識」の内容を抜粋し，再編集したものです．

まえがき

　近年における電力技術は，可変速揚水発電技術，コンバインドサイクル発電技術による熱効率の向上，50万V地下変電所の建設・運用技術，100万V基幹送電線路の建設技術や紀伊水道直流連系技術など，時代のニーズに対応すべく着実な技術進歩を遂げている．特に，100万V送電線路の建設技術の国際標準化など，わが国の技術も国際的に認められるようになり，着実に技術進歩の足跡が刻まれてきている．

　また，電気機器や材料技術では，スイッチングデバイス技術の進歩をはじめ，最新のデバイスが機器の中に組み込まれ，高機能化，コンパクト化，高信頼化が図られてきている．

　本書は，電気計算に連載された「これだけは知っておきたい電気技術者の基本知識」の中で，特に重要と思われるテーマを「電力管理」および「機械・制御」の分野別に整理し，一冊にまとめたものである．

　本書の内容は，設備管理をはじめとする電気技術者のために，発変電，送配電，施設管理，電気機器，電気応用，パワーエレクトロニクスまでの広範囲にわたり，それぞれのテーマに対して基本的な内容からやさしく深く，最近の動向まで初学者でも理解しやすいよう図表も多く取り入れて平易に解説してある．

　電験第1・2種第二次試験ならびに技術士第二次試験において一般記述方式により解答することとなっており，これらの難関試験を征するためには，既存の電力技術を確実に把握したうえで，最新の電力技術についても要点をつかんでおくことが重要である．

　本書は，電験第1・2種ならびに技術士第二次試験突破を目指す受験者の皆さんの必携の一冊として，さらには電力業界の第一線でご活躍の方々にも，座右の書としていただければ幸いである．

「継続は力なり」とよくいわれる．本書をマスターすることにより電験第1・2種ならびに技術士第二次試験を克服し，合格の栄冠を勝ち取っていただくことを，心より祈念している．

2010年7月

大嶋　輝夫
山崎　靖夫

目 次

1 水 力

1 水力発電所で用いられる水車
1. 水車の分類（エネルギー変換）･････････････････････1
2. 主な水車の構造･･････････････････････････････････1
3. 水車の適用有効落差領域と特徴･････････････････････5
4. 水車の比速度とは････････････････････････････････6
5. クロスフロー水車とは････････････････････････････8

2 水力発電所の水撃作用と水車のキャビテーション
1. 水撃作用の発生原因･･････････････････････････････9
2. 水撃作用の緩和対策はまずサージタンク････････････10
3. 緩和対策（制圧機とデフレクタ）･･････････････････11
4. キャビテーションの発生原因･････････････････････13
5. キャビテーションによる障害と侵食のメカニズム････14
6. キャビテーションの防止対策･････････････････････16

3 水車発電機の調速機と速度調定率・速度変動率
1. 調速機の役割･･････････････････････････････････18
2. 発電機を系統に並列するには･････････････････････18
3. 調速機の動作原理･･････････････････････････････20
4. 調速機動作上の重要事項････････････････････････20
5. 速度調定率とは････････････････････････････････23
6. 速度変動率と設備設計の深い関係･････････････････24
7. 速度変動率を大きくとる場合の得失･･･････････････26

2　火力

4　汽力発電所における定圧運転と変圧運転の熱効率の特性
1. 基本的な出力制御方式 ･･････････････････････････29
2. 熱効率の比較（変圧運転の特徴）････････････････31
3. 毎深夜停止・始動する場合の留意点････････････････32
4. 従来火力ユニットの機器寿命検討････････････････34

5　大容量タービン発電機の水素冷却方式と空気冷却方式の比較
1. 発電機容量と冷却方式の関係････････････････････35
2. 各種冷却方式の概要と特徴･･････････････････････38
3. 冷却方式による特性の変化･･････････････････････44

6　タービン発電機の進相運転の得失
1. タービン発電機進相運転の留意点････････････････46
2. 可能出力曲線と進相運転可能範囲････････････････50
3. 過度の進相運転時の影響････････････････････････52

7　ガスタービン発電の得失と用途
1. ガスタービンの基本原理････････････････････････54
2. ガスタービン発電のサイクルの種類･･････････････54
3. ガスタービン発電の熱サイクル･･････････････････57
4. ガスタービン発電の特徴と用途･･････････････････58
5. ガスタービンの使用燃料････････････････････････60
6. 運転および保守････････････････････････････････61
7. ガスタービン発電の動向････････････････････････62

8　コンバインドサイクル発電方式に関する得失
1. コンバインドサイクル発電導入の背景････････････64
2. 発電のしくみ･･････････････････････････････････64

3　一軸型と多軸型の軸構成・・・・・・・・・・・・・・・・・・・・・・・・・・・・・・・・・・・66
　　4　コンバインドサイクル発電の特徴・・・・・・・・・・・・・・・・・・・・・・・・・67
　　5　コンバインドサイクル発電の種類とその特徴・・・・・・・・・・・・・・68
　　6　コンバインドサイクルの熱効率・・・・・・・・・・・・・・・・・・・・・・・・・・・72
　　7　コンバインドサイクルの制御上の特徴・・・・・・・・・・・・・・・・・・・・73

3　原子力

9　軽水形原子力発電所の炉心構成
　　1　原子炉の基本構成・・・・・・・・・・・・・・・・・・・・・・・・・・・・・・・・・・・・・・・75
　　2　軽水形原子炉における各要素・・・・・・・・・・・・・・・・・・・・・・・・・・・・76
　　3　軽水形原子炉の基本構成・・・・・・・・・・・・・・・・・・・・・・・・・・・・・・・・82

4　変電

10　地下式変電所の変圧器，遮断器，開閉器などの電気工作物に対する火災対策
　　1　変電機器火災発生の要因・・・・・・・・・・・・・・・・・・・・・・・・・・・・・・・・85
　　2　変圧器，遮断器などの電気工作物における対策・・・・・・・・・・・・86
　　3　変電所の構造における対策・・・・・・・・・・・・・・・・・・・・・・・・・・・・・・90

11　変電所の塩じん害
　　1　塩じん害とは・・・92
　　2　汚損フラッシオーバの過程・・・・・・・・・・・・・・・・・・・・・・・・・・・・・・92
　　3　塩じん害の種類と特徴・・・・・・・・・・・・・・・・・・・・・・・・・・・・・・・・・・94
　　4　塩分付着密度とがいしの設計・・・・・・・・・・・・・・・・・・・・・・・・・・・・95
　　5　汚損量の測定方法と汚損検出器・・・・・・・・・・・・・・・・・・・・・・・・・・96
　　6　塩じん害の対策・・98

12　変電機器の耐震設計の考え方と耐震対策
　　1　地震入力の設定と設計指針・・・・・・・・・・・・・・・・・・・・・・・・・・・・・105

  2 変電機器の耐震対策・・・・・・・・・・・・・・・・・・・・・・・・・・・・・・・・・・・・・・・115

13 保護継電器（アナログ形，ディジタル形）の動作原理・特徴
  1 アナログ形継電器の分類・・・・・・・・・・・・・・・・・・・・・・・・・・・・・・・・・118
  2 アナログ形継電器の動作原理と特長・・・・・・・・・・・・・・・・・・・・119
  3 ディジタル形継電器の構成概要・・・・・・・・・・・・・・・・・・・・・・・・・122
  4 ディジタル形継電器の動作原理と特徴・・・・・・・・・・・・・・・・・123

5　送　電

14 直流送電方式と交流送電方式の比較および得失
  1 直流送電系統の回路構成・・・・・・・・・・・・・・・・・・・・・・・・・・・・・・・129
  2 直流送電の現状・・131
  3 直流送電の利点・・134
  4 直流送電の欠点・・135
  5 直流送電の制御・・136

15 架空電線路の着氷雪による事故の種類と事故防止対策
  1 着氷と着雪の違い・・・・・・・・・・・・・・・・・・・・・・・・・・・・・・・・・・・・・・138
  2 着氷雪事故の種類・・・・・・・・・・・・・・・・・・・・・・・・・・・・・・・・・・・・・139
  3 着氷雪による事故防止対策・・・・・・・・・・・・・・・・・・・・・・・・・・・142

16 架空送電線路の雷害防止対策
  1 夏季雷と冬季雷・・145
  2 直撃雷と誘導雷・・146
  3 架空送電線の雷過電圧の種類は二つ・・・・・・・・・・・・・・・・・147
  4 架空送電線の雷害防止対策・・・・・・・・・・・・・・・・・・・・・・・・・・・148
  5 送電用避雷装置の採用で雷事故低減・・・・・・・・・・・・・・・・・151

17 送電線路のコロナ放電現象と障害および防止対策
  1 コロナ放電発生の要因・・・・・・・・・・・・・・・・・・・・・・・・・・・・・・・・・158

2	コロナ放電による障害	160
3	コロナ障害の防止対策	163

18 架空送電線路の事故と再閉路方式の種類

1	架空送電線路の高速度再閉路とは	166
2	架空送電線路事故の特徴と高速度再閉路の特徴	166
3	高速度自動再閉路方式による効果	167
4	高速度自動再閉路方式の種類	168
5	高速度再閉路方式の利害得失	170
6	発電機のねじり現象と低周波共振現象	171

19 送電系統の中性点接地方式の種類と得失

1	中性点接地の目的	173
2	中性点接地方式の種類と概要	173
3	地絡保護装置の動作への考慮	178
4	異常電圧の抑制	179
5	過渡安定度への影響に対する判断	179
6	誘導障害に対する考え方	181
7	零相自由振動の抑制検討の考え方	182
8	零相自由振動の減衰方策	183
9	共振現象などの防止	184
10	中性点接地装置の配置時の考慮事項	184

20 送電線路の通信線に及ぼす誘導電圧の種類と電磁誘導障害対策

1	誘導電圧の種類	186
2	異常時誘導電圧（1線地絡故障）の求め方	187
3	電磁誘導障害対策	188

21 電力系統に用いられる直列コンデンサ

1	直列コンデンサの適用と効果	190

  2 直列コンデンサの結線方式・・・・・・・・・・・・・・・・・・・・・・・・・・・・・192
  3 直列コンデンサの設備構成・・・・・・・・・・・・・・・・・・・・・・・・・・・・・193
  4 直列コンデンサ適用上の考慮事項・・・・・・・・・・・・・・・・・・・・・・・194

22 送電線の不良がいし検出方式
  1 不良がいし検出方法の変遷・・・・・・・・・・・・・・・・・・・・・・・・・・・・・197
  2 ネオン式不良がいし検出器の概要・・・・・・・・・・・・・・・・・・・・・・・199
  3 ギャップ式不良がいし検出器の概要・・・・・・・・・・・・・・・・・・・・・200
  4 音響パルス式不良がいし検出器の概要・・・・・・・・・・・・・・・・・・・201
  5 メガー式不良がいし検出器・・・・・・・・・・・・・・・・・・・・・・・・・・・・204

6　地中送電

23 地中ケーブル布設工事の種類と地中ケーブル送電容量を増大する対策
  1 地中ケーブルの布設方式・・・・・・・・・・・・・・・・・・・・・・・・・・・・・・209
  2 布設形態による許容電流の影響要因・・・・・・・・・・・・・・・・・・・・210
  3 許容電流算出基本式・・・・・・・・・・・・・・・・・・・・・・・・・・・・・・・・・211
  4 送電容量増大方法・・・・・・・・・・・・・・・・・・・・・・・・・・・・・・・・・・・211

24 地中送電線路の防災対策
  1 地中送電線路のケーブル防災対策の適用・・・・・・・・・・・・・・・218
  2 給油設備に関する防災対策の適用・・・・・・・・・・・・・・・・・・・・・221
  3 冷却設備に関する防災対策の適用・・・・・・・・・・・・・・・・・・・・・222
  4 橋りょう添架設備に関する防災対策の適用・・・・・・・・・・・・・223
  5 洞道・マンホール部の防災侵入防止対策・・・・・・・・・・・・・・・224
  6 地中送電線路の再送電の取扱い・・・・・・・・・・・・・・・・・・・・・・・224

7 配 電

25 配電線の電圧降下補償
1 配電線の電圧降下と供給電圧・・・・・・・・・・・・・・・・・・・・・・・・・・・・・225
2 電圧降下の計算方法・・・・・・・・・・・・・・・・・・・・・・・・・・・・・・・・・・225
3 変電所における電圧調整方法・・・・・・・・・・・・・・・・・・・・・・・・・・・227
4 配電線における電圧調整方法・・・・・・・・・・・・・・・・・・・・・・・・・・・232

26 地中配電方式と架空配電方式の比較得失
1 架空配電線と比較した地中配電線の利点・・・・・・・・・・・・・・・・・235
2 架空配電線と比較した地中配電線の欠点・・・・・・・・・・・・・・・・・240
3 地中配電線の適用箇所・・・・・・・・・・・・・・・・・・・・・・・・・・・・・・・244

27 地中系統のスポットネットワーク方式の構成機械の役割
1 スポットネットワーク受電設備の構成・・・・・・・・・・・・・・・・・・・245
2 スポットネットワーク方式の一般的特徴・・・・・・・・・・・・・・・・・246
3 スポットネットワーク線路の特徴・・・・・・・・・・・・・・・・・・・・・・247
4 ネットワーク方式を実施する際の留意点・・・・・・・・・・・・・・・・・247
5 ネットワークプロテクタの機能・・・・・・・・・・・・・・・・・・・・・・・・248
6 ネットワークプロテクタ継電器の不必要動作・・・・・・・・・・・・・249

8 施設管理

28 特別高圧電路と高圧電路に施設するリアクトルの種類と用途
1 リアクトルの構造上の分類・・・・・・・・・・・・・・・・・・・・・・・・・・・・253
2 電力系統・回路に直列接続して使用するリアクトル・・・・・・・・・・254
3 電力系統に並列使用する分路リアクトル・・・・・・・・・・・・・・・・・258
4 中性点と大地間に接続されるリアクトル・・・・・・・・・・・・・・・・・262

29 電力系統に発生するサージ過電圧

1. 電力系統に発生するサージ過電圧・・・・・・・・・・・・・・・・・・・・・・・・・・264
2. 雷サージについて知る・・・・・・・・・・・・・・・・・・・・・・・・・・・・・・・・・・・264
3. 機器の耐雷サージ性能評価とは・・・・・・・・・・・・・・・・・・・・・・・・・・・265
4. 断路器サージとは・・・・・・・・・・・・・・・・・・・・・・・・・・・・・・・・・・・・・・266
5. 遮断器開閉サージとは・・・・・・・・・・・・・・・・・・・・・・・・・・・・・・・・・・267
6. 事故サージとは・・269
7. 変電所への侵入サージ対策・・・・・・・・・・・・・・・・・・・・・・・・・・・・・・270
8. 送電線路での雷対策・・・・・・・・・・・・・・・・・・・・・・・・・・・・・・・・・・・・272

30 電力系統の周波数変動の要因と周波数変動が及ぼす影響と対策

1. 周波数変動の要因・・・・・・・・・・・・・・・・・・・・・・・・・・・・・・・・・・・・・・274
2. 系統周波数特性と連系線潮流・・・・・・・・・・・・・・・・・・・・・・・・・・・・274
3. 周波数変動が及ぼす影響・・・・・・・・・・・・・・・・・・・・・・・・・・・・・・・・277
4. 汽力発電所が受ける影響・・・・・・・・・・・・・・・・・・・・・・・・・・・・・・・・277
5. 周波数変動の対策・・・・・・・・・・・・・・・・・・・・・・・・・・・・・・・・・・・・・280

31 電力系統の瞬時電圧低下による需要家機器への影響と対策

1. 瞬時電圧低下の定義と発生メカニズム・・・・・・・・・・・・・・・・・・・・284
2. 瞬時電圧低下の実態・・・・・・・・・・・・・・・・・・・・・・・・・・・・・・・・・・・287
3. 瞬時電圧低下の影響・・・・・・・・・・・・・・・・・・・・・・・・・・・・・・・・・・・288
4. 瞬時電圧低下に対する対策・・・・・・・・・・・・・・・・・・・・・・・・・・・・・289
5. 瞬時電圧低下対策装置（UPS）の設置・・・・・・・・・・・・・・・・・・・291
6. 瞬時電圧低下専用対策装置・・・・・・・・・・・・・・・・・・・・・・・・・・・・・294

32 電力系統における避雷装置の概要と特徴

1. 避雷器の施設箇所・・・・・・・・・・・・・・・・・・・・・・・・・・・・・・・・・・・・・296
2. 避雷器の変遷・・・298
3. 酸化亜鉛（ZnO）素子とは・・・・・・・・・・・・・・・・・・・・・・・・・・・・・・299
4. 酸化亜鉛形避雷器の優れた特徴・・・・・・・・・・・・・・・・・・・・・・・・・299

    5　酸化亜鉛素子の劣化と劣化診断・・・・・・・・・・・・・・・・・・・・・・・・・・・・300

33　電圧フリッカの発生原因とその防止対策
    1　電圧フリッカとその許容値・・・・・・・・・・・・・・・・・・・・・・・・・・・・・・・・302
    2　フリッカ防止対策は電源側と発生側・・・・・・・・・・・・・・・・・・・・・・・305
    3　フリッカの規制地点の考え方・・・・・・・・・・・・・・・・・・・・・・・・・・・・・309
    4　フリッカの予測法・・・・・・・・・・・・・・・・・・・・・・・・・・・・・・・・・・・・・・・309
    5　フリッカの予測計算例・・・・・・・・・・・・・・・・・・・・・・・・・・・・・・・・・・311

34　配電系統の高調波発生源とその障害
    1　配電系統の実在高調波を知る・・・・・・・・・・・・・・・・・・・・・・・・・・・・314
    2　ひずみ波形・高調波・・・・・・・・・・・・・・・・・・・・・・・・・・・・・・・・・・・315
    3　高調波の発生源・・・・・・・・・・・・・・・・・・・・・・・・・・・・・・・・・・・・・・・315
    4　高調波による障害・・・・・・・・・・・・・・・・・・・・・・・・・・・・・・・・・・・・・320

35　高調波抑制対策
    1　高調波抑制対策技術指針の基本的な考え方・・・・・・・・・・・・・・・・324
    2　高調波障害を受けないための基本的な方策・・・・・・・・・・・・・・・・325
    3　各種高調波対策の概要・・・・・・・・・・・・・・・・・・・・・・・・・・・・・・・・・327
    4　アクティブフィルタは有効！・・・・・・・・・・・・・・・・・・・・・・・・・・・・・330

36　電力系統の電圧調整機器の種類と機能
    1　電圧調整に使用される機器の種類・・・・・・・・・・・・・・・・・・・・・・・・336
    2　電圧調整の目的と調整方法・・・・・・・・・・・・・・・・・・・・・・・・・・・・・336
    3　発電機による電圧調整方法・・・・・・・・・・・・・・・・・・・・・・・・・・・・・337
    4　受電端の電圧降下と電圧上昇・・・・・・・・・・・・・・・・・・・・・・・・・・・339
    5　変電所などに設置される無効電力調整機器による電圧調整・・・340
    6　その他の機器による電圧調整・・・・・・・・・・・・・・・・・・・・・・・・・・・343

37　自家用受電設備の保護協調の条件と保護方式の種類
    1　保護協調の必要性と種類・・・・・・・・・・・・・・・・・・・・・・・・・・・・・・・345

2　保護協調検討のための基礎知識・・・・・・・・・・・・・・・・・・・・・・・・・・・346
　　3　過電流保護協調検討の実際・・・・・・・・・・・・・・・・・・・・・・・・・・・・・349

38 自家用高圧受電設備の波及事故防止
　　1　自家用波及事故とは・・・・・・・・・・・・・・・・・・・・・・・・・・・・・・・・・・355
　　2　波及事故の約9割は主遮断装置・・・・・・・・・・・・・・・・・・・・・・・・・355
　　3　計画，設計段階で考慮すべき事項・・・・・・・・・・・・・・・・・・・・・・・358
　　4　工事施工上考慮すべき事項・・・・・・・・・・・・・・・・・・・・・・・・・・・・360
　　5　保安上考慮すべき事項・・・・・・・・・・・・・・・・・・・・・・・・・・・・・・・・362

9　変圧器

39 油入変圧器の油の劣化原因と劣化防止方式
　　1　劣化原因・・・365
　　2　劣化防止方式・・・・・・・・・・・・・・・・・・・・・・・・・・・・・・・・・・・・・・・366

40 油入変圧器の冷却方式と種類，原理，特徴
　　1　油入式・・・369
　　2　送油式・・・371

41 油入変圧器の事故と保護継電器の種類
　　1　変圧器の保護・・・・・・・・・・・・・・・・・・・・・・・・・・・・・・・・・・・・・・・373
　　2　比率差動保護方式・・・・・・・・・・・・・・・・・・・・・・・・・・・・・・・・・・・374
　　3　過電流保護・・・378
　　4　地絡保護・・・379
　　5　過負荷保護・・・379
　　6　機械的保護・・・379

42 油入変圧器の温度上昇試験方法
　　1　温度上昇試験・・・・・・・・・・・・・・・・・・・・・・・・・・・・・・・・・・・・・・・380
　　2　温度上昇試験の方法・・・・・・・・・・・・・・・・・・・・・・・・・・・・・・・・・381

10　直流機

43 直流電動機の速度制御方式の種類と得失
1　直流電動機の速度制御の原理・・・・・・・・・・・・・・・・・・・・・・・・・・・・385
2　界磁制御・・386
3　直流抵抗制御・・・・・・・・・・・・・・・・・・・・・・・・・・・・・・・・・・・・・・・387
4　電圧制御・・387

44 直流分巻発電機の自励での安定運転の必要条件と並行運転の必要条件
1　直流分巻発電機の構成・・・・・・・・・・・・・・・・・・・・・・・・・・・・・・・・390
2　起電力が生ずる条件・・・・・・・・・・・・・・・・・・・・・・・・・・・・・・・・・391
3　安定運転の必要条件・・・・・・・・・・・・・・・・・・・・・・・・・・・・・・・・・392
4　分巻発電機の外部特性・・・・・・・・・・・・・・・・・・・・・・・・・・・・・・・392
5　分巻発電機の並行運転条件・・・・・・・・・・・・・・・・・・・・・・・・・・・393

11　誘導機

45 三相誘導電動機の始動方式の種類と得失
1　誘導電動機の等価回路・・・・・・・・・・・・・・・・・・・・・・・・・・・・・・・・395
2　かご形誘導電動機・・・・・・・・・・・・・・・・・・・・・・・・・・・・・・・・・・・・396
3　特殊かご形誘導電動機・・・・・・・・・・・・・・・・・・・・・・・・・・・・・・・・398
4　巻線形誘導電動機・・・・・・・・・・・・・・・・・・・・・・・・・・・・・・・・・・・399

46 誘導発電機の構造と得失
1　誘導発電機とは・・・・・・・・・・・・・・・・・・・・・・・・・・・・・・・・・・・・・・403
2　誘導発電機の得失・・・・・・・・・・・・・・・・・・・・・・・・・・・・・・・・・・・405
3　誘導発電機の用途・・・・・・・・・・・・・・・・・・・・・・・・・・・・・・・・・・・406

12 同期機

47 同期電動機と誘導電動機の長短比較
1. 回転速度・・407
2. 力率調整作用・・407
3. 始動方法・・・412
4. 長所，短所のまとめ・・・・・・・・・・・・・・・・・・・・・・・・・・・・・・・・412
5. 負荷に適した電動機・・・・・・・・・・・・・・・・・・・・・・・・・・・・・・・413

48 同期電動機の始動方法
1. 自己始動法・・415
2. 補助電動機始動法・・・・・・・・・・・・・・・・・・・・・・・・・・・・・・・・・・417
3. 低周波始動法・・・・・・・・・・・・・・・・・・・・・・・・・・・・・・・・・・・・・・・417
4. 同期始動法・・418
5. サイリスタ始動法・・・・・・・・・・・・・・・・・・・・・・・・・・・・・・・・・・・418

49 同期発電機の電機子反作用と遅れ力率，進み力率負荷の関係
1. 電機子反作用現象・・・・・・・・・・・・・・・・・・・・・・・・・・・・・・・・・・419
2. 電機子反作用リアクタンス・・・・・・・・・・・・・・・・・・・・・・・・・・421
3. 同期電動機の電機子反作用・・・・・・・・・・・・・・・・・・・・・・・・・422

50 同期発電機の可能出力曲線
1. 同期発電機の可能出力曲線とは・・・・・・・・・・・・・・・・・・・・424
2. 運転を制限する要因・・・・・・・・・・・・・・・・・・・・・・・・・・・・・・・425
3. V曲線から作図する方法・・・・・・・・・・・・・・・・・・・・・・・・・・・425
4. ベクトル図から作図する方法・・・・・・・・・・・・・・・・・・・・・・・427

13　電気加熱

51 高周波誘導炉と低周波誘導炉の構造と得失
　　1　誘導炉とは･････････････････････････････････････431
　　2　高周波誘導炉とは･･･････････････････････････････432
　　3　低周波誘導炉とは･･･････････････････････････････433

52 誘導加熱方式と誘電加熱方式の得失
　　1　誘導加熱方式とは･･･････････････････････････････436
　　2　誘電加熱方式とは･･･････････････････････････････437
　　3　誘導加熱方式と誘電加熱方式の比較･････････････････439

53 電気式ヒートポンプの原理と特徴
　　1　ヒートポンプとは･･･････････････････････････････441
　　2　ヒートポンプの構造･････････････････････････････441
　　3　ヒートポンプの原理･････････････････････････････442
　　4　ヒートポンプの応用例･･･････････････････････････444

14　パワーエレクトロニクス

54 半導体電力変換装置による直流電動機の速度制御の種類と得失
　　1　半導体電力変換装置の特徴･･･････････････････････445
　　2　直流電動機の速度制御･･･････････････････････････445
　　3　半導体電力変換装置による速度制御方式･･･････････446

55 インバータによる誘導電動機の駆動に関する得失
　　1　誘導電動機の速度制御･･･････････････････････････450
　　2　インバータ制御方式･････････････････････････････451
　　3　ベクトル制御方式･･･････････････････････････････453

	4	インバータ選定の注意点	454
	5	インバータ制御の得失	455

15 試験

56 交流電気機器等の非破壊試験方法による絶縁診断の種類，原理，特徴

	1	非破壊試験とは？	457
	2	絶縁抵抗試験とは？	458
	3	直流試験法とは？	461
	4	誘電正接試験とは？	464
	5	部分放電試験とは？	465

16 保護装置

57 避雷装置

	1	避雷器とは	467
	2	保護ギャップとは	471
	3	サージアブソーバとは	472
	4	架空地線とは	472
	5	アークホーンとは	473

テーマ1 水力発電所で用いられる水車

1 水車の分類（エネルギー変換）

水車の種類は，水の持つ位置エネルギーを運動エネルギーに変えて機械的エネルギーを得る衝動水車と，圧力エネルギーに変えて機械的エネルギーを得る反動水車に大別される．

衝動水車には，ペルトン水車等がある．

(1) **ペルトン水車**

ノズルから流出するジェット水流をランナのバケットに作用させる水車．

反動水車には，次の3種類がある．

(2) **フランシス水車**

流水が半径方向にランナに流入しランナ内において軸方向に向きを変えて流出する水車．

(3) **斜流水車**

流水がランナを軸に斜方向に通過する水車．ランナベーンを可動翼としたものはデリア水車と呼ばれる．

(4) **プロペラ水車**

流水がランナを軸方向に通過する水車．ランナベーンを可動翼としたものにカプラン水車，バルブ水車，チューブラ水車がある．

また，衝動水車と反動水車の特性を併せもち，それらの中間に位置づけられるクロスフロー水車がある．

(5) **クロスフロー水車**

水流が円筒形ランナに軸と直角方向に流入しランナ内を貫通する水車．

2 主な水車の構造

水車は第1図に示すような種類があり，主な水車の構造は次のとおりである．

テーマ1　水力発電所で用いられる水車

🏭🏭🏭 **第1図　水車の種類**

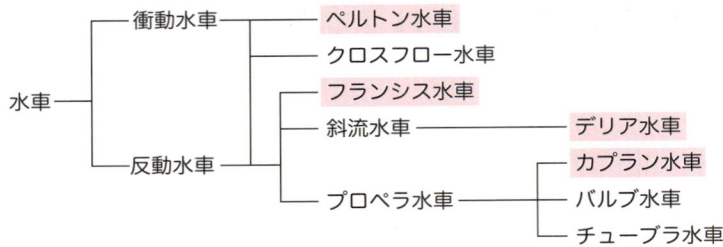

（注）　　　で囲んだものが主な水車である

(1) ペルトン水車

代表的な衝動水車で，その形式は軸の方向とノズル数により分類され，横軸とした場合は単射，2射，立て軸とした場合には4射，6射形が一般的である．立て軸4射形ペルトン水車の構造を第2図に示す．ノズルから流出したジェット水流は，ランナディスクに取り付けられたバケットを一方向に押し進め，ランナを回転させる．

🏭🏭🏭 **第2図　立て軸ペルトン水車の構造**

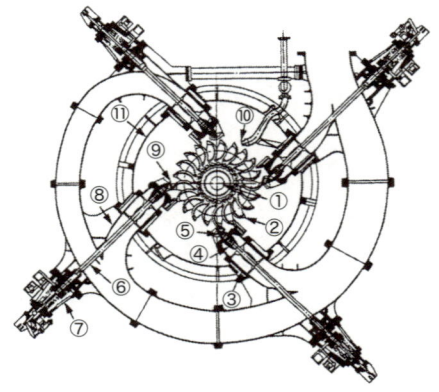

①ランナディスク
②バケット
③ノズルパイプ
④ニードルヘッド
⑤ニードルチップ
⑥ニードルステム
⑦サーボモータ
⑧マニホールド
⑨デフレクタ
⑩ジェットブレーキ
⑪ハウジング

(2) フランシス水車

代表的な反動水車である．その構造を第3図に示す．水は（渦巻き）ケーシングからステーベーンを通り，ガイドベーンの開口面積を変化させ流量の調整を行い，ランナに流入する．半径方向に流入した水はランナに回転方向の圧力を与えつつ軸方向に向きを変えて流出する．

▰▰▰ 第3図　フランシス水車の構造

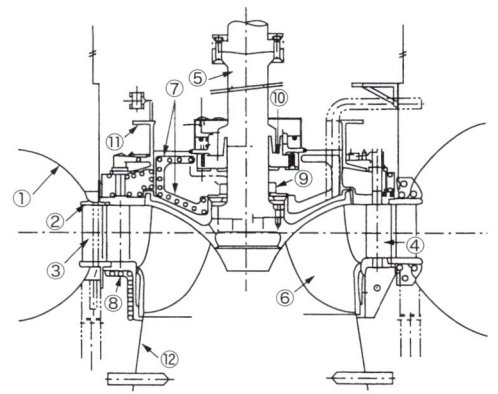

①ケーシング
②スピードリング
③ステーベーン
④ガイドベーン
⑤主軸
⑥ランナ
⑦上カバー
⑧下カバー
⑨パッキン箱
⑩主軸受
⑪ガイドリング
⑫吸出し管ライナ

▰▰▰ 第4図　斜流水車の構造

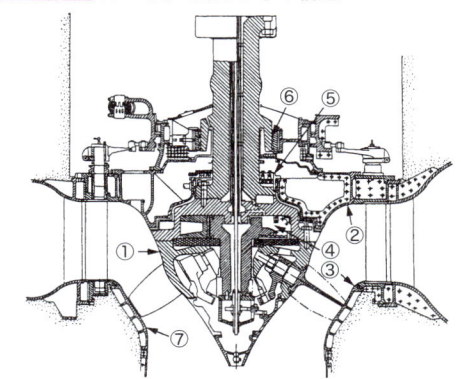

①ランナ
②上カバー
③下カバー
④ランナサーボモータ
⑤パッキン箱
⑥主軸受
⑦ディスチャージリング

(3)　**斜流水車**

　　斜流水車のランナは，第4図に示すようにフランシス水車のランナからバンド部を除いた構造で，水流はランナを軸に斜方向に通過しながらランナに回転力を与える．デリア水車では，ランナベーンは負荷の大小，落差の変動に応じてガイドベーンとリンクして開度が自動的に調整されるようになっている．ランナサーボモータはランナボス内または主軸内に設けられ，上下動形と回転形がある．

(4)　**プロペラ水車**

　　水力発電所で使用されるほとんどのプロペラ水車は可動羽根となっており，立て軸のものをカプラン水車（第5図），横軸のもののうち発電

第5図　カプラン水車ランナベーン開閉機構

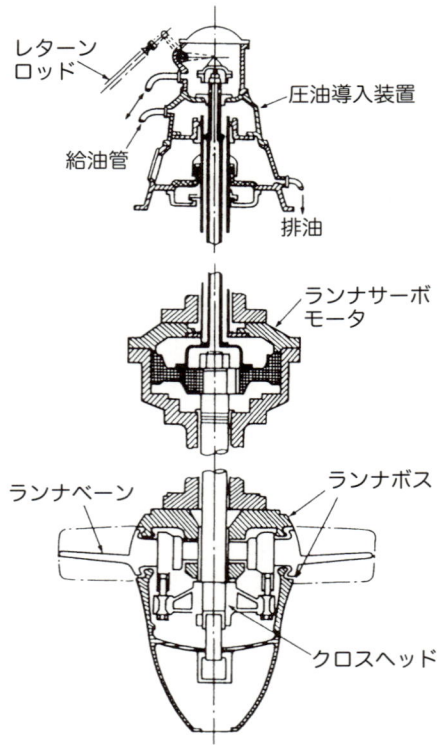

第6図　バルブ水車発電機の構造

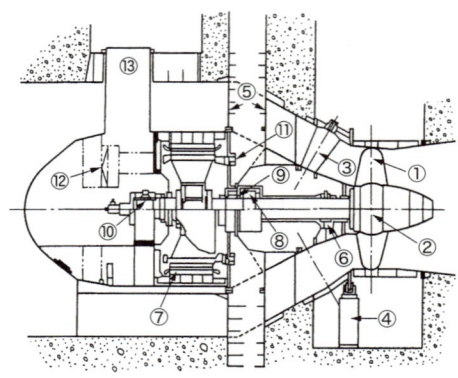

① ランナベーン
② ランナボス
③ ガイドベーン
④ ガイドベーンサーボモータ
⑤ ステーベーン
⑥ 水車主軸受
⑦ 発電機
⑧ スラスト軸受
⑨ 下流側案内軸受
⑩ 上流側案内軸受
⑪ ブレーキジャッキ
⑫ 空気冷却器
⑬ 点検通路

機が流水路内にあるものをバルブ水車（第6図），流水路外にあるものをチューブラ水車と呼ぶ．ランナベーンは，主軸またはランナボス内に設けられたサーボモータによって動かされ，高効率運転ができるようになっている．

3　水車の適用有効落差領域と特徴

各水車の適用有効落差領域と主な特徴を以下に示す．

(1) ペルトン水車

　ペルトン水車は，水の位置エネルギーを運動エネルギーに変えて機械的エネルギーを得ているため，一般に150〔m〕程度以上の高落差領域で用いられる．

　最高効率は他の水車に比べてやや劣るが，ペルトン水車は負荷変動時にニードル弁で水流を調節するため，軽負荷時でも効率の低下が少なく，負荷の変化に対して効率特性は平たんである．なお，多ノズル形では負荷に応じて使用ノズル数を切り換えて運転することにより，さらに効率の低下を防ぐことができる．

(2) フランシス水車

　もっとも数多く一般的に採用されている形式であり，50〜500〔m〕程度の中落差から高落差まで広範囲にわたって適用される．

　最高効率は定格出力においては高いが，効率特性は負荷の変化および落差の変化に対して敏感であるため，軽負荷時には効率がかなり低下する．

(3) 斜流水車

　一般に40〜180〔m〕程度の中低落差領域で用いられる．フランシス形より高比速度であるから，主機全体としては経済性を図ることができる．

　構造上はフランシス水車に似ているが，プロペラ水車の羽根を斜めにして，ランナボスの径を大きくしたものと考えることもでき，適用領域と効率特性は，フランシス水車とプロペラ水車の中間にある．

　デリア水車では負荷に応じてランナベーンの開度を調整することにより，負荷の変化に対して平たんな効率特性が得られる．

(4) プロペラ水車

一般に 20 〜 80 〔m〕程度の低落差から中落差領域で用いられる．比速度は高く，固定羽根式では低負荷時に効率が著しく低下するが，ランナベーンを可動としたカプラン水車では，負荷の変化に対して平たんな効率特性が得られる．

(5) その他

さらに低落差領域では，バルブ水車，チューブラ水車が用いられ，数百〔kW〕以下の領域では，構造の簡単なクロスフロー水車が用いられる．

4 水車の比速度とは

水車の比速度とは，その水車と相似な水車を仮想して，1〔m〕の落差のもとで相似な状態で運転させ，1〔kW〕の出力を発生するような寸法と

第7図　比速度とランナ形状

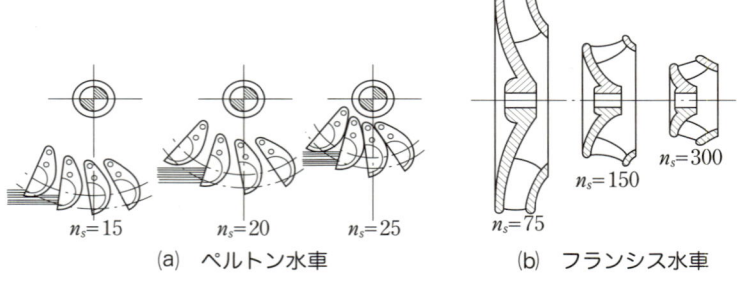

(a) ペルトン水車　　　(b) フランシス水車

したときの，その仮想水車の回転速度をいう．すなわち，比速度が高いものは，高速回転型となり，第7図のようにランナ形状が小型となる．ただし，比速度は第1表に示されるように与えられた落差から上限が決められる．ペルトン水車は比速度の範囲が狭く低速度型となるため，水車，発電機とも大型になる．

水車は落差，出力によって第8図のように適用範囲が分けられるが，適用できる形式が二つ以上ある場合には，効率特性，コストなどを総合勘案して決定する．

また，水車の最高効率は比速度 n_s と出力により第9図の傾向を示す．第10図は出力と効率の関係を示す．ペルトン水車ではノズル数を変える

第1表 比速度の限界値

種類	比速度限界値〔m·kW〕	適用落差〔m〕
ペルトン水車	$N_s \leqq \dfrac{4\,500}{H+150}+14$	150～800
フランシス水車	$N_s \leqq \dfrac{33\,000}{H+55}+30$	40～500
軸流水車	$N_s \leqq \dfrac{21\,000}{H+13}+50$	40～180
斜流水車	$N_s \leqq \dfrac{21\,000}{H+20}+40$	40～180
プロペラ水車	$N_s \leqq \dfrac{21\,000}{H+13}+50$	5～80

第8図 水車の適用範囲

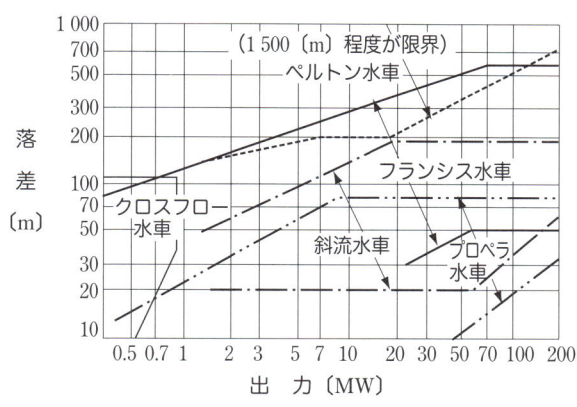

第9図 水車の最高効率

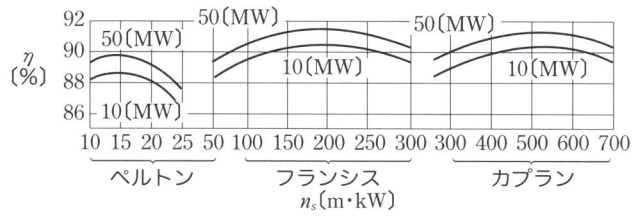

ことにより低負荷時の効率低下を防ぐことができる．カプラン水車ではランナベーンの角度を変えることにより負荷の変化に対して平たんな効率特性が得られる．

第10図 水車の出力と効率

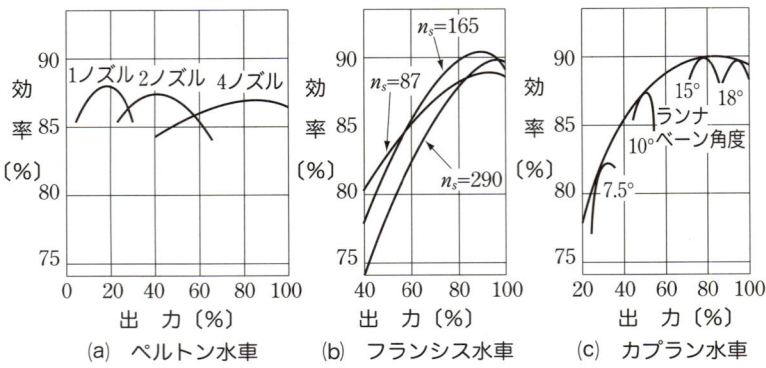

(a) ペルトン水車　(b) フランシス水車　(c) カプラン水車

5　クロスフロー水車とは

　クロスフロー水車は第11図に示すようにランナが円筒形をしており，水はランナの外周から中へ入り，再びランナの外周へ出るようになっている．適用の範囲は数千〔kW〕以下の小容量であるが，中落差～低落差に幅広く適用できる．また，構造が簡単でメンテナンスが容易であること，流量変化に対して高い効率を維持できることも特徴である．

　なお，クロスフロー水車は，わが国での設置箇所は増加傾向にあるが，ヨーロッパでの実績には大差がある．

第11図　クロスフロー水車

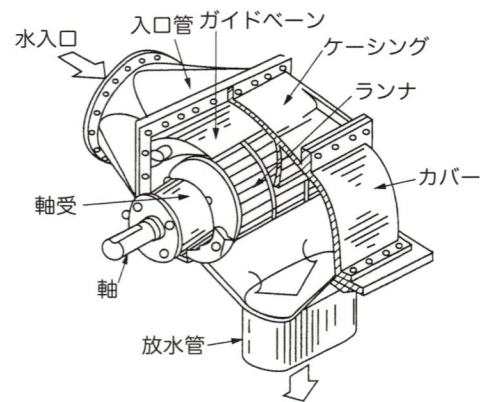

テーマ 2　水力発電所の水撃作用と水車のキャビテーション

1　水撃作用の発生原因

　水が管路に充満して，ある速度で流れているとき，その流動を急に遮断すると管内では瞬間的に大きな圧力の上昇が起こる．また管路内で静止している水が急に流動を開始した場合は，瞬間的に大きな圧力の下降が起こる．このようにして起こる現象を，水撃作用と呼んでいる．

　水力発電所においては，水車の負荷が急に変化したり，遮断したりして案内羽根あるいはニードル弁を急速に動かすと，この現象が発生する．すなわち案内羽根を急に閉めると流速が減じるので水圧を増加するように，また開くときには水圧を減ずるように水撃作用が起きる．

【水力発電所の水撃作用】

　水力発電所の一例を第1図に示すが，上池から下池に至る管路系は鉄管，入口弁（ない発電所もある），発電機と直結された水車および吸出し管で構成されている．

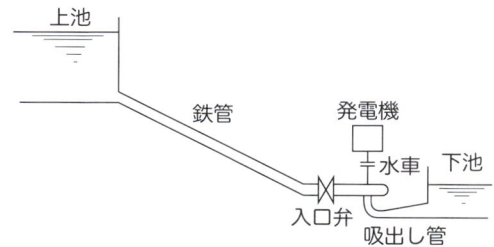

第1図　水力発電所

　こうした管路系で水撃作用の源となる弁に相当するものとしては，入口弁と水車の水口（可動案内羽根）がある．しかし，負荷遮断などで回転速度が大きく変化する場合は，水車のランナ自体も，その比速度により影響の大小の差こそあれ，回転速度の変化により水車流量の変化を生じ，弁のような作用をする．

　このような発電所における水撃作用の発生原因としては，次のような場合が考えられる．

① 発電所に要求される負荷が急変し，それに応じて水口開度を変えることにより流量が変化した場合．

②　運転中に何らかの異常で水口が閉鎖せず，入口弁のみで閉鎖してしまった場合．
③　落雷などによる遠方遮断あるいは所内事故による単独遮断の結果，系統から切り離された主機を急停止させるため，水口が急閉鎖した場合．

ここで①の場合，水口は比較的ゆるやかに動作するため，問題となるような水圧上昇を伴う水撃作用とはならない．

また②の場合，全くの異常事態であって通常起こり得ないが，入口弁の閉鎖時間を水口のそれより十分長くして，このような事態が発生しても③の場合の水圧上昇を超えないようにしている．

一般に考慮されなければならないのは③の場合であって，発電所の管路の計画や発電機の慣性モーメントあるいは水車の制御方法などはこのケースに対して検討される．

2　水撃作用の緩和対策はまずサージタンク

水撃作用を緩和させる装置（水圧調整装置）としては，まず第一にサージタンクがあげられる．サージタンクは第2図に示すように圧力トンネルの途中または末端に設けられる水槽の一種で，負荷の変動によって発生する水撃圧を軽減・吸収することによって，水量を調整して負荷の変動に即応する機能を有している．

第2図

サージタンク

サージタンクの形式には種々のものがあり，水理的機能から分類すると単動サージタンク，差動サージタンク，制水口サージタンク，水室サージタンクなどがあるが，それぞれ一長一短があるため，圧力水路の長さ・流

量・地形・工費などを考慮してもっとも経済的なものを選定する.

【サージタンクの仕事と種類】

第3図に示すサージタンクのサージに対する働きを説明すると，まず水車への水の流入が阻止された場合は，サージタンク内の水位が上昇して最高の位置となり，ついで逆にサージタンクから調整池の方へ水が逆流するため，タンク内の水位は降下する.

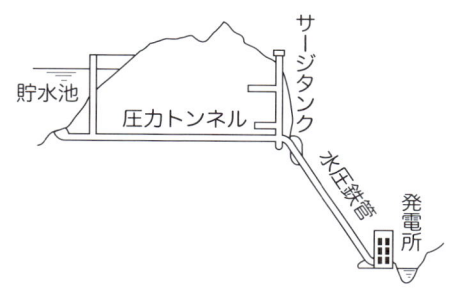

第3図 サージタンク

そしてサージタンクの水位は最低となって逆流が止まり，再び池からサージタンクへの流入が始まり，サージタンクの水位が上昇する.

このような現象が何度か繰り返されて，この間に水路内の摩擦のために漸次水の有するエネルギーが減衰していき，ついに池の水位とサージタンクの水位とが等しくなって水の運動が停止する．この現象をサージングというが，負荷の急増の場合も同様な現象が起こり，サージタンクは負荷に相当する水位を中心として，昇降運動を生じ，ついには最終的水位に落ち着く.

サージタンクを作動上の原理から分類すると第1表のようになる.

3 緩和対策（制圧機とデフレクタ）

その他の水圧調整装置としては，主に制圧機やデフレクタがある.

制圧機は一種の安全弁で，水車の渦巻きケーシングの一部から分岐して設置され，一定の速度以上で水口が閉鎖されると連動して開き，水圧上昇を抑えるようにしている.

デフレクタはペルトン水車に用いられ，水車負荷が急激に減少したときにこれが動作して噴射水を折り曲げ，バケットにあたらないようにして回転数の上昇を抑え，その後ニードル弁が徐々に閉じる構造となっている．このため，水圧の上昇は非常に少ない.

第1表　サージタンクの種類

方式	説　　明	
単動サージタンク	水槽と水路を直結したもので構造が単純であるが，比較的大きな容量が必要となる．水面の応答は緩慢であるが，水撃圧は確実に軽減できる．	導水路／水圧鉄管
差動サージタンク	水槽の内部に水路断面積と同程度のライザを設けて水路と直結し，水槽下部にポートを設けた方式で水車の流量変化にはライザが応動し過不足量はライザとタンクの水位差によりポートから出入りする．単動式に比べて高さまたは断面積を1/2程度とすることができる．	ライザ／ポート／導水路／水圧鉄管
水室サージタンク	水槽の断面積を振動の安定条件を満たす最小の断面積とし，その上下部に水室を設けたもので，水室容積により圧力上昇を抑えることができる．	水室／水室／導水路／水圧鉄管
制水口サージタンク	水槽と水路をポートで連結したもので，ポートを出入りするときの摩擦損失でサージングを抑制する．サージングの減衰がもっとも速いが，ポートの大小によって，水面変動や圧力上昇が異なる．	ポート／導水路／水圧鉄管

(1) 制圧機

制圧機は主として反動水車に使用される．この動作原理は，水車のケーシングの一部に第4図に示すような排水弁 V_1 があり，常時は油圧によって，これにつながるピストン P_1 によって上方に押され，この力

第4図　制圧機動作原理

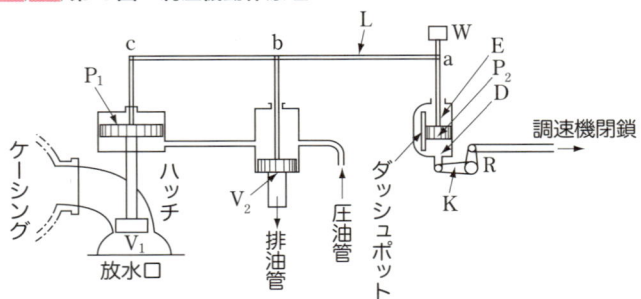

がケーシング内の水圧よりも大きいために V_1 が閉じている．調速機が動作して水車の案内羽根が生じると R は矢印の方向に引かれ，ダッシュポットはアーム K によって上方へ移動させられる．するとレバー L は c を支点にして弁 V_2 を持ち上げ，P_1 に働く油圧の力を失わせるため，V_1 は下がってケーシング内の水を放出して水圧を下げる．すなわち，案内羽根が急に閉じると急速に V_1 を開いて水圧を下げ，後は徐々に閉鎖するしくみになっている．また，案内羽根がゆっくり閉じるときは，ダッシュポットの作用によって V_1 は開かない．

制圧機は装置全体が複雑で高価であり，誤動作のおそれも考えられ，また水圧管・水槽・水路などの設計も制圧機不動作の場合を考えて設計されるので，従来は落差 40〔m〕程度以上のところでは大抵設置されていたが，最近ではかなり高落差でも，これを省略する場合がある．

(2) デフレクタ

デフレクタの操作系統図を第 5 図に示す．

小容量のペルトン水車では，デフレクタを用いないで制圧ノズルを設けて負荷急減時に水圧管の水を排出し，この水をバックウォータブレーキ（バケットの背面から水をあてて回転数を減勢させるもの）に導いて速度および水圧上昇を防ぐ構造となっている．

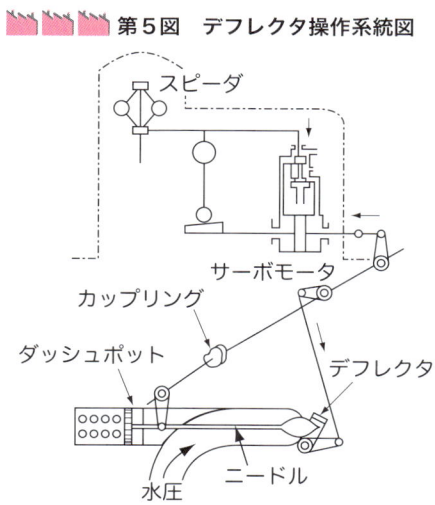

第 5 図　デフレクタ操作系統図

4　キャビテーションの発生原因

キャビテーションは水に触れる機械部分の表面および表面近くにおいて，水に満たされない空洞を生じる現象である．この空洞は水車の流水中の絶対圧力が，そのときの水温の飽和蒸気圧力以下になって気泡を生じることにより発生する．

【発生メカニズム】

キャビテーションが発生するメカニズムについて第6図に示す単純な翼で考えてみる．水の流れが翼の影響を受けない上流のO点と翼の表面上の任意のA点では，位置水頭を同じとすると，速度水頭 $v^2/2g$ と圧力水頭 p の和はベルヌーイの法則によって一定となる．O，A各点の流速を v_0, v, 圧力水頭を p_0, p とすると，

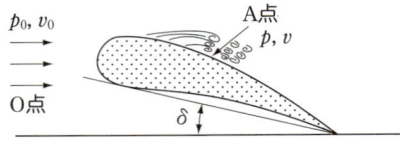

第6図　流水中の翼のモデル

$$\frac{v_0^2}{2g} + p_0 = \frac{v^2}{2g} + p \tag{1}$$

となる．

また，翼の形と仰角 δ によって，流れの形が決まり，流体の連続の式より次式が成り立つ．

$$v = cv_0 \tag{2}$$

ここで，c はその点と流れの形によって定まる定数である．

(1)，(2)式より，次の式が成立する．

$$p = p_0 - k\frac{v_0^2}{2g} \tag{3}$$

ただし，$k = c^2 - 1$

したがって，A点の圧力は $kv_0^2/2g$ だけ低下することになるが，これは(1)式でA点の流速はO点より大きく $v > v_0$ であるから $p < p_0$ となることからも理解できる．p が小さくなる度合いは(3)式のように流速 v_0 の2乗に比例し，流速が大きくなって p が水の蒸発し始める蒸気圧以下になると，水蒸気の気泡を生じることになる．ただし，自然水は多少の空気またはガスを含んでいるので，p が飽和蒸気圧以上でも気泡を生じキャビテーション現象を引き起こす．

5　キャビテーションによる障害と侵食のメカニズム

キャビテーションが発生すると次のような障害が生じる．

(1) 水車の効率，出力の低下が起こる．

(2) 水車が振動を起こしたり騒音を発生する．
(3) 流水に接するランナやバケットなどの金属部分に侵食を生じ，キャビテーション侵食が進行する．
(4) 吸出し管入口における水圧の変動が著しくなる．

これらの障害のうちもっとも注意しなければならないのは(3)のキャビテーション侵食である．

この侵食は次のようなメカニズムで発生するといわれている．

(a) 水車の低圧部で生じた気泡や空洞が下流の高圧部で急激につぶれ，局部的に一種の水撃作用が起こり，その衝撃の繰り返しによって水車を構成する金属の接水面が侵食される．

(b) 低圧部で水が蒸発するのみならず，水中に溶けていた空気が遊離し，それらの含む酸素により侵食される．

(c) 電気化学的な作用により腐食される．

これらのうち，(a)が侵食の主な原因で，キャビテーションが消滅するときに局部的に発生する圧力は約 $1 \sim 2$ 〔MPa〕（最大 5 〔MPa〕程度）に達し，この高い衝撃圧力と，その繰返しによって金属面が疲労し水車が侵食される．

キャビテーション侵食の生じやすい箇所としては，第7図に示すように，ペルトン水車ではニードルチップ，バケット，フランシス水車ではランナベーン出口裏側，プロペラ水車ではランナベーン外周の先端の裏側およびディスチャージリング，水切り部先端の裏側およびノズルチップなどである．

第7図 キャビテーションによる水車ランナの壊食例

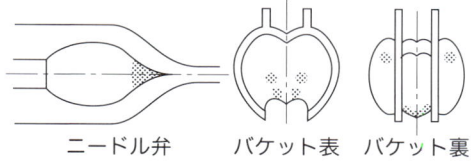

(a) ペルトン水車　ニードル弁　バケット表　バケット裏

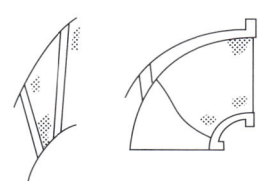

(b) フランシス水車

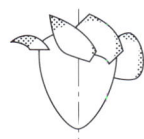

(c) プロペラ水車

6 キャビテーションの防止対策

キャビテーションを防止するためには，次のような対策を講じる．
① 比速度を高くとり過ぎない．
② 吸出し管の高さをあまり高くせず，吸出し管の上部に適当量の空気を入れる．
③ 案内羽根やランナの表面を平滑にする．
④ 侵食に強い材料（13Cr ステンレス鋼，18–8Ni–Cr ステンレス鋼など）を使用する．
⑤ 過度の部分負荷，過負荷運転を避ける．

【キャビテーション係数とは】

キャビテーションの発生を防止するには，発生の原因から明らかなように，過大な流速とならないように水車，吸出し管の各部の流速の均一化を図ることが必要である．特に水車およびポンプ水車の比速度を第2表に示

第2表 水車，ポンプ水車の比速度（JEC–151）

(a) 比速度の限界値

種類	比速度限界値〔m·kW〕	適用落差〔m〕
ペルトン水車	$N_s \leq \dfrac{4\,300}{H+200}+14$	150～800
フランシス水車	$N_s \leq \dfrac{23\,000}{H+30}+40$	40～500
軸流水車	$N_s \leq \dfrac{21\,000}{H+16}+50$	40～180
斜流水車	$N_s \leq \dfrac{21\,000}{H+20}+40$	40～180
プロペラ水車	$N_s \leq \dfrac{21\,000}{H+20}+35$	5～80

(b) ポンプ水車の比速度と揚程

種類	比速度〔m·m³/s〕	適用揚程〔m〕
フランシス形	20～65	30～600
斜流形	40～120	20～180
プロペラ形	—	20以下

す規格限度内とし，吸出し高さをあまり高くしないことが重要である．

一般にキャビテーション発生条件の指標として，トーマのキャビテーション係数 σ が用いられる．第8図のように，H：落差〔m〕，H_a：大気圧〔m〕，H_v：飽和蒸気圧〔m〕，H_s：吸出し高さ〔m〕とすれば，キャビテーション係数は(4)式で表される．H_s はランナの位置が放水面より高い場合は正符号とし，低い場合は負の符号をつける．

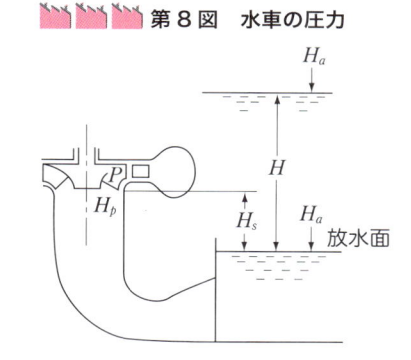

第8図　水車の圧力

$$\sigma = \frac{H_a - H_v - H_s}{H} \quad (4)$$

H_s，H が小さく，σ が大きくなるほどキャビテーション現象が発生しにくい状態となる．水車運転時またはポンプ運転時のキャビテーション係数を σ_p，キャビテーションが発生して効率が低下し始める点の σ の値を σ_c（これを臨界キャビテーション係数という）とすると，σ_p が σ_c に対して20〜40〔%〕の余裕がとれるよう実際の水車の吸出し高さを決定している．

また，吸出し管の低圧部に空気を注入して真空を破ったり，ランナなどの表面を平滑に仕上げると共に，耐キャビテーション材料（18-8Ni-Cr ステンレス鋼，13Cr ステンレス鋼など）を使用することも有効である．なお，キャビテーションで一度侵食が起こると，侵食が加速度的に進行するので，第9図に示すように定期検査を行って早期の発見と修理，取換えを行うことが重要である．

第9図　水車の定期点検の様子

テーマ3 水車発電機の調速機と速度調定率・速度変動率

水車発電機は，負荷の変化があっても一定周波数，すなわち一定回転数で運転しなければならないので，負荷変動に応じて水車のガイドベーンを開閉し，水の流入量を調整する必要があり，この役目を果たすのが調速機である．

1　調速機の役割

① 負荷の変化に応じ，ガイドベーンの開度を変えて，一定回転の運転を保持する．
② 数多く並列運転している発電機の負荷分担を自由に変える．
③ 水車始動時に並列までの速度調整を行う．
④ 発電機の負荷遮断時に，ただちにガイドベーンを閉じ，水車の速度上昇を抑制する．

2　発電機を系統に並列するには

発電機を系統に並列しようとする場合，系統の電圧に対して，①相回転と周波数を合わせる，②電圧の大きさと位相を合わせる，ことが必要となる．

水車発電機を系統に並列するときは次の手順で操作する．

① 送電線側および発電機側にそれぞれ周波数計と電圧計を設け（普通は代表の1相のみ），送電線側の値に発電機側を合わせるようガイドベーンを制御する．
② 同期検定器を設け，両者の位相を合わせて並列する．
③ 相回転は，建設時に相回転計によって十分チェックしておけば，以後は変わらない．

なお，最近では，自動同期装置により，これらの動作を自動的に行わせるのが大部分である．

また，並列した発電機に負荷を負わせ，他の発電機の負荷を少なくする場合には，調速機を利用して人為的に出力を調整し，負荷分担を変えるこ

とができる．

例えば，第1図のようにaとbの出力–回転数特性を持った調速機を設備した2台の発電機が並列運転している場合，並列運転しているので当然回転数率（運転回転数/定格回転数）は2台同じになり，それぞれ P_a，P_b の出力で運転していることになる．そこで，a特性を持つ発電機の出力を増加し，b特性を持つ発電機の出力を減少しようとする場合，次の手順により人為的に負荷分担を調整することができる．

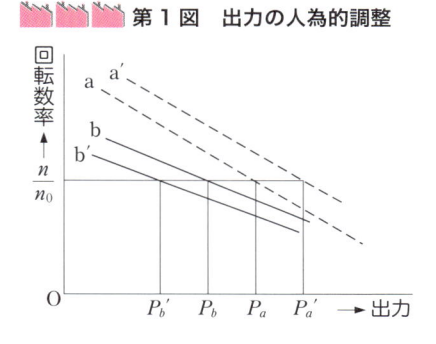

第1図　出力の人為的調整

① a特性発電機の調速機の増幅部に，回転数が低下したという信号を人為的に与える．
② こうすると実際には回転数が低下していないのに見掛け上低下したようになり，ガイドベーンを開き出力を取ることとなる．
③ 一方，b特性発電機は，負荷が全体として増加しないのにaの方で出力を出してくるので回転数が上昇し，調速機がこれらを検出しガイドベーンを閉じ出力を減らすこととなる．

こうしてaの人為的信号を適当に止めればその負荷配分の位置で落ち着くことになる．落ち着くところは，第1図に示すようにa特性を平行移動したa′特性位置で出力 P_a' に，b特性発電機はb特性を平行移動したb′特性位置で出力 P_b' になる．そして，この間負荷の変動がなければ総出力は一定であり，

$$P_a + P_b = P_a' + P_b'$$

となり，人為的信号の与え方で任意に出力を増減することができる．またこの逆に，aを増やす操作をせずに，bを減らす操作を同じような手順で行っても同様に行える．

3　調速機の動作原理

調速機には機械式と電気式があるが，共に次の原理で動作する．
① 速度検出部において，回転数が定格回転数より速くなったり遅くなったりした量を検出する．または人為的に出力を調整するための信号を発生させる．
② 増幅部において，速度変動の検出信号を受け，配圧弁を動かす信号に増幅する．
③ 配圧弁において，増幅部の信号を受け，その信号によってガイドベーンサーボモータを開側または閉側に動作させる圧油を送る．
④ サーボモータにおいて，配圧弁の油圧を受け，開側または閉側に動き，ガイドベーンを開閉する．
⑤ 復原部において，サーボモータの動きに比例した信号を受け，ガイドベーンを行き過ぎ操作しないよう，増幅部にフィードバックする．

4　調速機動作上の重要事項

調速機の動作を流れ図として，第2図に示す．動作上の次の2点が重要である．
① 水車発電機は大きな慣性があり，ガイドベーンを開閉してもただちに回転速度は変わらず，ガイドベーンを行過ぎ操作するおそれがあるので，復原機構によってガイドベーンの動作量をフィードバックして信号を抑制している．
② 並列している多くの水車発電機に，変動する負荷を任意に分担させるため，速度調定率を設定する機能を持たせている．

第3図は機械式調速機の例であり，速度検出部のペンジュラムに加わる遠心力の作用で速度を上下動に変換する．これがフローティングレバーを通して配圧弁に作用する．

電気式調速機にはダンピングガバナ（第4図）とPIDガバナ（第5図）とがある．ダンピングガバナは速度検出部，速度および負荷調整装置，復原部，増幅部に電気信号を用いて，電気信号を機械的動きに変換する変換部を持っている．

第2図　調速機の動作流れ図

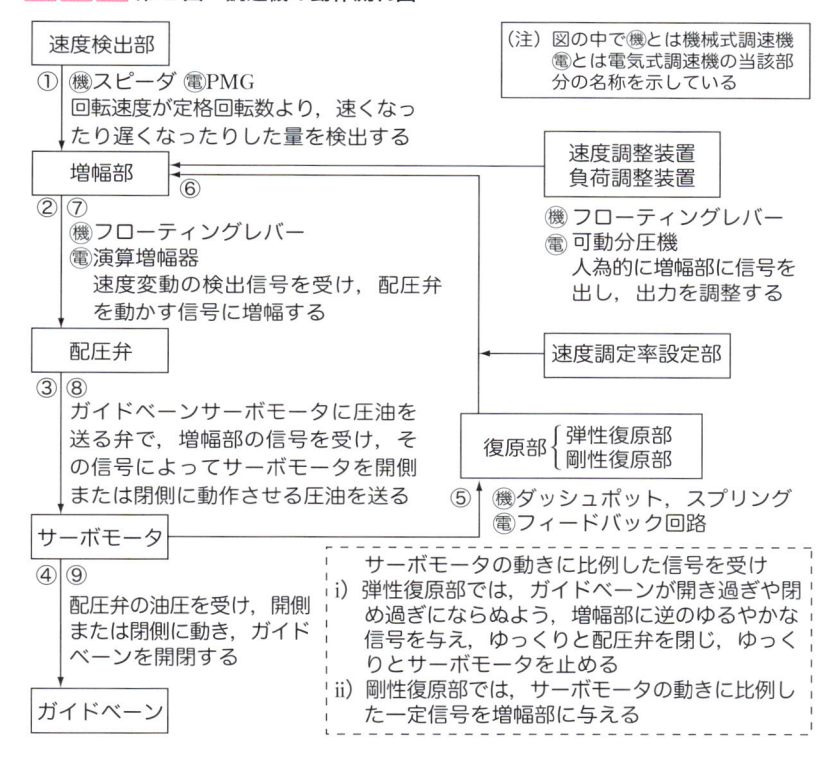

速度検出部
① 機スピーダ　電PMG
　回転速度が定格回転数より，速くなったり遅くなったりした量を検出する

（注）図の中で機とは機械式調速機
　　　電とは電気式調速機の当該部分の名称を示している

増幅部
② ⑦　⑥
　機フローティングレバー
　電演算増幅器
　　速度変動の検出信号を受け，配圧弁を動かす信号に増幅する

速度調整装置／負荷調整装置
　機フローティングレバー
　電可動分圧機
　　人為的に増幅部に信号を出し，出力を調整する

配圧弁
③ ⑧
　ガイドベーンサーボモータに圧油を送る弁で，増幅部の信号を受け，その信号によってサーボモータを開側または閉側に動作させる圧油を送る

速度調定率設定部

復原部 ｛弾性復原部／剛性復原部｝

⑤ 機ダッシュポット，スプリング
　電フィードバック回路

サーボモータ
④ ⑨
　配圧弁の油圧を受け，開側または閉側に動き，ガイドベーンを開閉する

　サーボモータの動きに比例した信号を受け
i) 弾性復原部では，ガイドベーンが開き過ぎや閉め過ぎにならぬよう，増幅部に逆のゆるやかな信号を与え，ゆっくりと配圧弁を閉じ，ゆっくりとサーボモータを止める
ii) 剛性復原部では，サーボモータの動きに比例した一定信号を増幅部に与える

ガイドベーン

第3図　機械式調速機の動作説明図

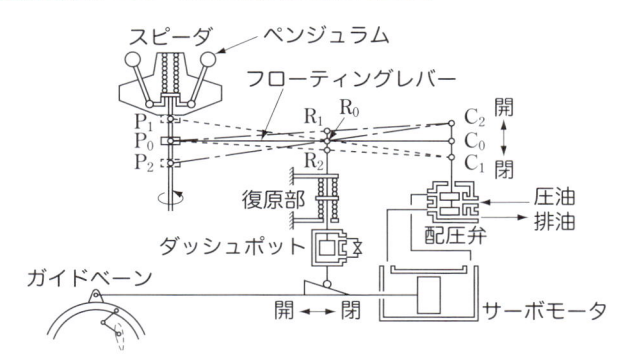

スピーダ　ペンジュラム
フローティングレバー
P_1　R_1　R_0　C_2　開
P_0　　　　　　　C_0　↕
P_2　R_2　　　C_1　閉
復原部
ダッシュポット　配圧弁　圧油／排油
ガイドベーン　開←→閉　サーボモータ

7　水力

第4図 ダンピングガバナの動作説明図

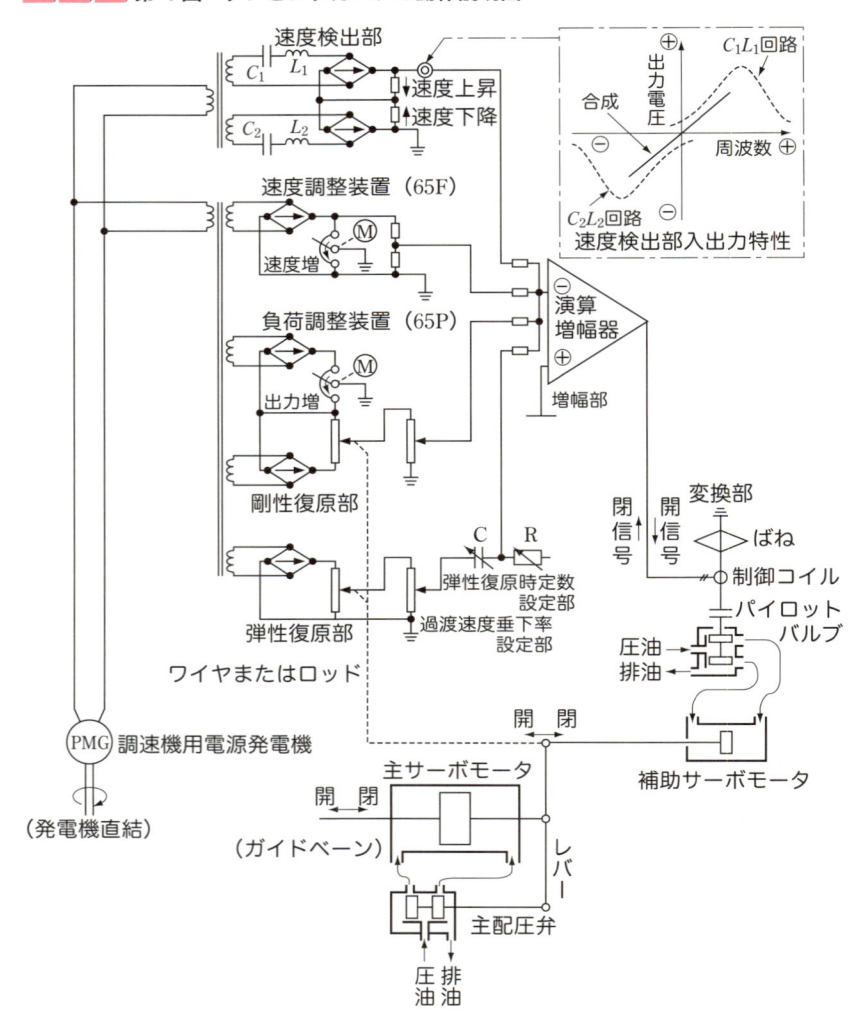

　PIDガバナは電気信号を比例要素（P），積分要素（I），微分要素（D）に分けて制御するため，ダンピングガバナに比べて制御の安定性，速応性が優れている．

第5図　PIDガバナの動作説明図

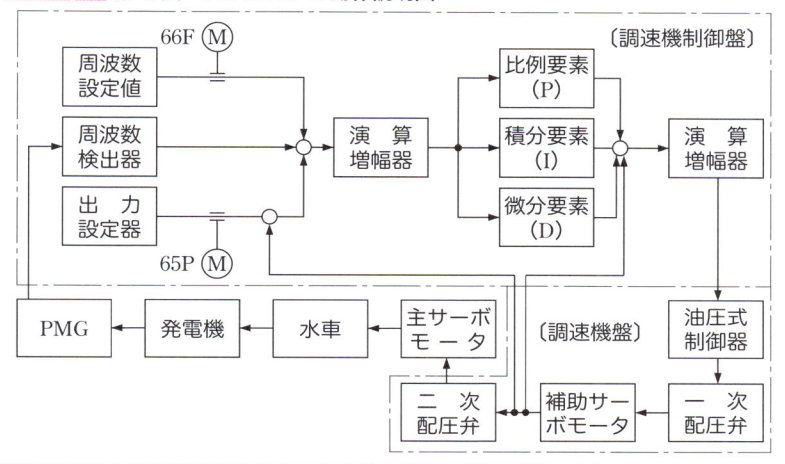

5　速度調定率とは

　速度調定率とは，ある有効落差，ある出力で運転中の水車の調速機に調整を加えずに直結発電機の負荷を変化させたとき，定常状態における回転速度の変化分と発電機負荷の変化分との比を速度調定率という．

　もう少し詳しく述べると，数台の水車発電機が並列運転しているとき，急に負荷が減少するような場合，全台同じ比率で回転数が下がる．そして，それぞれの調速機の特性に応じて，敏感な調速機を持った水車発電機は出力を減らし，鈍感な調速機を持った水車発電機はほとんど負荷を減らさずに安定運転に入ることになる．

　そこでこの敏感度を意のままに整定できれば，負荷変動時の負荷分担を自由に操作することができ，周波数調整運転など運用上非常に都合がよいこととなる．

　この敏感度のことを速度調定率という．

　第6図に示すように，ある水車の回転数が n_1 から n_2 に変わると，出力が P_1 〔kW〕

第6図　回転数と出力の関係

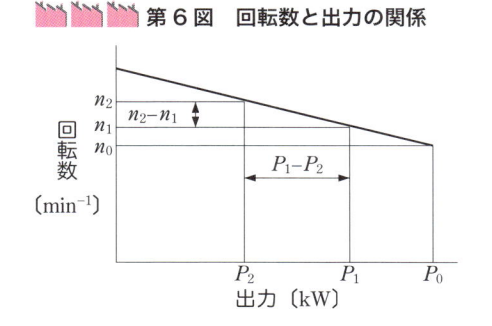

から P_2〔kW〕に比例して変わる特性を持たせたとすると，出力がある量変化するためには，回転数の変化がどのくらいあるかが敏感度を表すことになるので，

$$敏感度 = \frac{n_2 - n_1}{P_1 - P_2} \tag{1}$$

で表すことができる．ところで回転数は発電機によって異なるから，数多く並列運転している発電機相互の比較がしにくい．そこで，(2)式のように回転数は定格回転数 n_0〔min^{-1}〕に対する比率，出力は定格出力 P_0 に対する比率で表すこととし，これを速度調定率という．

$$速度調定率 = \frac{\dfrac{(n_2 - n_1)}{n_0}}{\dfrac{(P_1 - P_2)}{P_0}} \tag{2}$$

速度調定率は一般に 2〜5〔％〕程度に設定されており，全負荷を遮断する際には，一時的に回転数が高くなるが，最後は 2〜5〔％〕の上昇でおさまる．

6 速度変動率と設備設計の深い関係

水車発電機の速度変動率は，負荷の変動に伴う過渡的な最大速度を変動率として表したものであり，これを大きくとる場合には，次の三つの設計要素が相関して関与する．

(1) 発電機および水車の回転部のはずみ車効果（GD^2）を小さくする．
(2) ガイドベーンの開閉時間を長くする．
(3) 調速機の不動時間を長くする．

水力発電所を新設するに際し，設備設計面から考慮しなければならない事項として，

① 導水路，水圧管路，水車，発電機，補機などの安全性，保守性，経済性の検討
② 系統に対する当該発電所の位置づけ

などが考えられる．

速度変動率の大きさの設定は，これらを大きく支配するものであり，総

合的によく勘案して決定する必要がある．

　負荷の変動によって水車の速度が調整され，新しい状態に応じた速度に安定するまでの間に過渡的に達する最大速度は，回転部（発電機および水車）の慣性モーメント，変化する負荷の大きさ，調速機の特性，特にその不動時間と閉鎖時間などに関係するが，次の式の Δn で表される値を速度変動率と呼ぶ．

$$\Delta n = \frac{n_m - n_1}{n_n} \tag{3}$$

ただし，n_m：最大回転速度〔min^{-1}〕，n_n：定格回転速度〔min^{-1}〕，n_1 は負荷減少前の回転速度〔min^{-1}〕であり，普通は $n_1 = n_n$ である．

　全負荷を急に遮断し無負荷とした場合に最大の過渡的な回転数が生じ，これは主にガイドベーン（案内羽根）の閉鎖時間の遅れと，発電機のはずみ車効果（GD^2）に依存する．

　発電機の出力が P〔kW〕のとき，急に負荷を遮断し，調速機の不動時間が τ〔s〕，閉鎖時間が t〔s〕であったとき，水口を閉じ終わるまでに水車に与えられる過剰エネルギーは，不動時間中に与えられたエネルギーと閉鎖時間中に与えられたエネルギーとの和に等しい（第7図参照）．

第7図　はずみ車のエネルギー変化

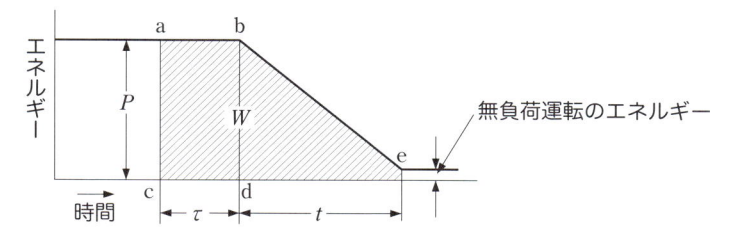

　この過剰エネルギーを W〔W・s〕とし，無負荷運転時のエネルギーを無視すると，次の式が得られる．

$$W = 1\,000 P\left(\tau + \frac{t}{2}\right) \text{〔W・s〕} \tag{4}$$

　水車と発電機との回転部の慣性モーメントを I〔kg・m^2〕，最大速度を n_m〔min^{-1}〕とし，このときの運動エネルギーと，負荷 P で運転中の速度 n_1〔min^{-1}〕のときの運動エネルギーとの差，すなわち速度上昇による運

動エネルギーの増加分は，次のように表される．

$$W = \frac{1}{2}I\left(\frac{2\pi n_m}{60}\right)^2 - \frac{1}{2}I\left(\frac{2\pi n_1}{60}\right)^2$$
$$= \frac{\pi^2}{1\,800}I(n_m + n_1)(n_m - n_1) \quad [\text{W}\cdot\text{s}] \tag{5}$$

(5)式の W は(4)式と等しいので，

$$\frac{\pi^2}{1\,800}I(n_m + n_1)(n_m - n_1) = 1\,000P\left(\tau + \frac{t}{2}\right) \tag{6}$$

また，$n_m \ll 1.3\,n_1$ が普通であるから，$n_m + n_1 \fallingdotseq 2n_n$ と仮定して計算すると，

$$n_m - n_1 \fallingdotseq \frac{45\,600P(2\tau + t)}{In_n} \tag{7}$$

(7)式を(3)式に代入すると，速度変動率 Δn は，

$$\Delta n \fallingdotseq \frac{45\,600P(2\tau + t)}{In_n^2} \times 100 \quad [\%] \tag{8}$$

回転部の重量を G [kg]，回転半径を $D/2$ [m] とすると，慣性モーメント I は，

$$I = G\left(\frac{D}{2}\right)^2 = \frac{GD^2}{4} \quad [\text{kg}\cdot\text{m}^2] \tag{9}$$

(9)式を(8)式に代入して，最終的に次式が得られる．

$$\Delta n \fallingdotseq \frac{182\,400P(2\tau + t)}{GD^2 n_n^2} \times 100 \quad [\%] \tag{10}$$

この式から速度変動率を大きくとることは，

① はずみ車効果 GD^2 を小さくする．
② 閉鎖時間 t を長くする．
③ 調速機の不動時間 τ を長くする．

の三つのそれぞれの作用の相関で決定することが理解される．

7 速度変動率を大きくとる場合の得失

(1) 速度変動率を大きくとる場合の利点

① 水車発電機のはずみ車効果を小さくすることにより，発電機の軽量，コンパクト化が可能となる．

② 不動時間および開閉時間を長くとることが可能な場合には，水圧上昇や水撃作用を軽減でき，水圧鉄管，入口弁，水車ケーシングの設計水圧を低くすることにより建設費が低減できる．

③ ガイドベーンの開閉時間を長くとることができれば，調速機容量または，電動サーボ容量を小さくすることが可能となる．

④ 上記から，回転体などを軽量，コンパクト化することにより，建屋の縮小，起重機の容量の節減，建屋掘削面積の低減など，建設費の低減が可能となる．

(2) 速度変動率を大きくとる場合の欠点

① 負荷遮断時の速度上昇が大きくなり，遠心力による水車および発電機の応力が増大する．この場合，少なくとも水車の速度上昇は定格速度の 30 〜 40〔％〕以下に抑制しなければならない．

② 負荷遮断時の速度上昇に伴って，発電機の発生電圧と周波数が過渡的に上昇するため，所内補機の過電圧や過励磁などに注意する必要がある．

③ 発電機のはずみ車効果を小さくした場合には，特に中小容量機の場合，周波数の変動幅が大きくなり，単独運転には不向きである．または速応性の高い調速機を設置する必要がある．

④ 発電機のはずみ車効果を小さくした場合には，過渡リアクタンスが大きくなる傾向があり，系統の過渡安定度に悪影響を与える．

【解説】

通常の負荷変動の場合は，水車発電機自身大きな慣性を持っているため，あまり急激に回転速度が変化することはなく，変動幅も小さいが，全出力で運転中に負荷遮断すると，早くガイドベーンを閉止しないと，回転速度がどんどん上昇する．速度変動率が大きくなることは，回転部の遠心力に対する機械的耐力や発電機電圧の上昇に対する絶縁耐力の点から好ましくないので，全負荷を遮断した場合でも，通常，30〔％〕以下に止めるのがよいとされている．

また，回転速度は，ガイドベーンを早く閉止するほかに，水車発電機の慣性を大きくする方法で回転速度の上昇速さを抑えることができるが，この慣性の大きさを表すものとして，一般に GD^2 (はずみ車効果)が使われる．

G は重量，D は回転体の直径を表すものであるから，GD^2 を大きくとることは，安定性はよいが，水車発電機が大きくなり高価となることを示している．

一方，ガイドベーンを早く閉止し，回転速度の上昇を抑える場合には，水撃作用によって水圧管路の水圧が上昇して危険である．この圧力上昇は一般にアリエビの公式によって計算され，上昇水圧 P 〔m 水柱〕は次式で表される．

$$P = \frac{NH}{2} + \frac{H}{2}\sqrt{N^2 + 4N} \quad \text{〔m〕} \tag{11}$$

$$N = \left(\frac{lv}{gTH}\right)^2 \tag{12}$$

ただし，H：静水頭〔m〕，l：管路の長さ〔m〕，v：流速〔m/s〕，g：重力加速度（= 9.8〔m/s^2〕），T：水口閉鎖時間〔s〕

この式から閉鎖時間を短くすると，圧力が上昇することが分かる．すなわち，管路に充満して流れている流水を弁で開閉して管内の流速を変えると，その加速度あるいは減速度に応じて，速度エネルギーが圧力エネルギーに変換され，流水に水圧変動が起こることを示している．この現象を水撃作用と呼ぶ．

これらのことから，水車発電機を新設するにあたっては，圧力上昇に対する強度，回転上昇に対する強度，GD^2 の大きさをよく勘案して，経済的に設計する必要がある．

最近の動向としては，できるだけ建物を縮小して建設コストを下げることに重点をおき，はずみ車効果を小さくする傾向にある．このことにより，速度変動は速くなるが，速度上昇の上限を抑えるよう極力，調速機閉鎖時間の短縮を図っている．したがって，一般的に水圧変動率は大きくなる傾向にあるといえる．

テーマ 4 汽力発電所における定圧運転と変圧運転の熱効率の特性

火力ユニットの出力調整は，タービンに流入する蒸気流量を変化させることによって行っており，その運転方法を大別すると，蒸気圧力を一定としたまま加減弁開度を変化させて蒸気流量調整を行う定圧運転と，加減弁開度を固定したまま蒸気圧力を変化させて蒸気流量調整を行う変圧運転がある．

従来ベースロード用として設計・運転されてきた火力ユニットは定圧運転が主体であったが，近年においては，大容量火力および原子力の増大，さらには昼夜間の電力需要格差の増大などから，火力ユニットは起動停止の実施，部分負荷運転の実施など負荷調整用の運転を余儀なくされることとなった．このため，部分負荷であまり熱効率が低下せず，起動性にも優れた変圧運転が採用されるようになった．以下，基本的な出力制御方式，定圧運転と変圧運転の熱効率特性，毎深夜停止・始動する場合の留意点について概略を述べる．

1 基本的な出力制御方式

(1) ボイラ追従制御方式

構成を第1図に示す．この方式はドラム形ボイラにおいて広く採用されており，蒸気圧力の変動はボイラマスタ調節器で検出し，燃料，空気量，給水量を制御する．

第1図 ボイラ追従制御方式

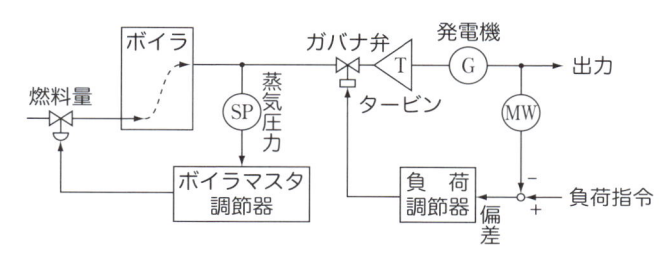

この方式では，負荷指令に対してすぐガバナ弁開度を変化させるので出力応答は速いが，圧力変動が生じた後ボイラ側が追従するので，蒸気圧力，温度の変動が大きい．したがって，超臨界圧ボイラのようにボイラの流体およびエネルギー保有量の小さいものでは，負荷変動が大きいとボイラの追従が困難となる．

(2) タービン追従方式

構成を第2図に示す．この方式は貫流ボイラの制御に採用される．負荷指令に対してまずボイラ入力（燃料量など）を変化させるので，ボイラ側の制御は安定するが，ガバナ弁開度の調整は蒸気圧力が変化するまでの時間遅れを伴うので，負荷追従速度が遅い．

第2図　タービン追従制御

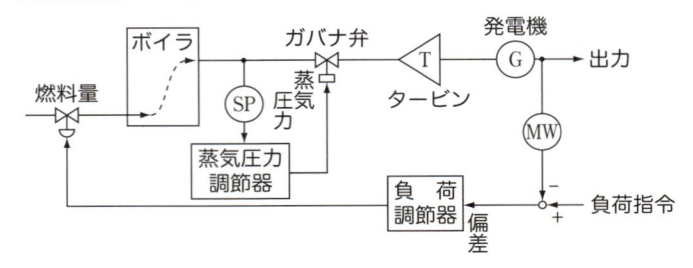

(3) 変圧運転制御方式

構成を第3図に示す．前述のように加減弁開度を固定（全開）したまま蒸気圧力を変化させて蒸気流量調整を行う方式である．特徴については後述する．

第3図　変圧運転制御方式

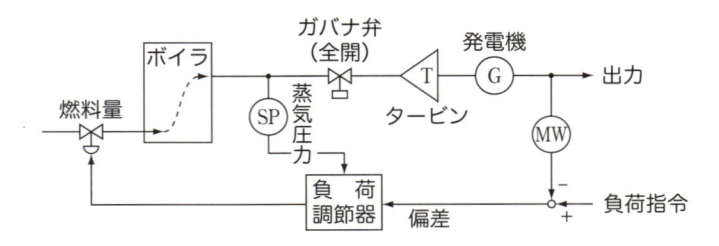

(4) プラント協調制御方式

構成を第4図に示す．この方式は，加減弁開度を主蒸気圧力と共に負荷に応じて変化させる絞り併用変圧運転方式で，タービン調節器がガバナ弁を，ボイラマスタ調節器がボイラの熱入力をそれぞれ調節する．つまり，ボイラ追従方式とタービン追従方式の長所を組み合わせた方式で，ガバナ弁とボイラ熱入力を同時に制御するため負荷応答が速く，ボイラ制御も安定する．最近の火力発電所では同方式が採用される．

第4図 プラント総括制御方式

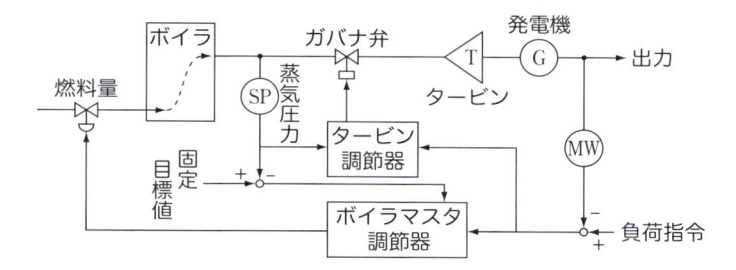

2 熱効率の比較（変圧運転の特徴）

変圧運転の特徴は，部分負荷においてもプラント熱効率の低下が少なく，起動停止の性能が優れているが，特に部分負荷における熱効率については，定圧運転に比較すると次のようなメリットがある．

(1) 加減弁の絞り損失が少ないため，タービン効率が高い

定圧運転では蒸気流量調整を加減弁開度で行うため，部分負荷運転では加減弁の絞り損失が発生し，タービン効率が低下するが，変圧運転では蒸気流量の調整を蒸気圧力によって行うため，加減弁開度は負荷にかかわらずほとんど一定であることから，部分負荷においてもタービン効率はあまり低下しない．

(2) 高温再熱蒸気温度を高く保つことができるため，プラント熱効率が高い

再熱プラントでは，プラント出力が低下するとボイラ排ガス温度が低下するため，部分負荷では再熱蒸気温度が低下する．定圧運転では前述の特性に加え，部分負荷では高圧タービンの排気温度が低下するため再熱蒸気温度が低下し，プラント熱効率が低下する．

これに対して変圧運転においては，加減弁開度が全開（全開に近い）であることから，高圧タービン入口温度は主蒸気温度とほぼ同じになるため，高圧タービン内の蒸気温度が負荷にかかわらずほぼ一定となる．このことから，高圧タービン排気温度も負荷にかかわらずほぼ一定となり，再熱蒸気温度を高く保つことができ，結果として，再熱タービンの効率はあまり低下しない．

(3) ボイラ給水ポンプの動力が減少するため，プラント熱効率が高い

定圧運転では，部分負荷でもボイラ圧力が一定のため，給水ポンプの動力はあまり変化しないが，変圧運転では，給水圧力が下がるため給水ポンプ吐出し圧力が下がり，ポンプ動力が低下する．結果として，部分負荷においては変圧運転の方がプラント熱効率が高い．

(4) 蒸気圧力低下によりサイクル熱効率は低下するが，前述の効率化のため，プラント全体の熱効率は高い

総合的には，最低負荷付近での運転で従来の定圧運転に比較して，熱効率は1〔％〕前後向上する．第5図に150〔MW〕級ユニットの試験例を示す．

3　毎深夜停止・始動する場合の留意点

毎深夜停止・始動する場合，始動損失を減少し熱効率を上昇するために始動時間の短縮が大きなポイントとなる．さらに，早朝の電力需要の大きな上昇時に急速始動し，需要の急増に対応して短時間に出力上昇できる機能がユニットに要求されることとなる．したがって，現場においては，次の点について留意し運転している．

(1) ボイラ厚肉部の温度管理

ボイラでもっとも熱の影響を受けるのは厚肉のドラムや管類で，温度上昇率を制限すると共に，上下・内外面の温度差を極力少なくし，過大な熱応力が発生しないようにする．

(2) 過熱器・再熱器のメタル温度管理

始動時における蒸気流・ガス流の不均一またはドレンによる閉そくなどにより，管内蒸気による冷却効果が十分でないと，過熱器または再熱器管が焼損することがある．特に再熱器は，タービンが回るまで蒸気の

第5図　高圧タービン膨張曲線・ヒートドロップ

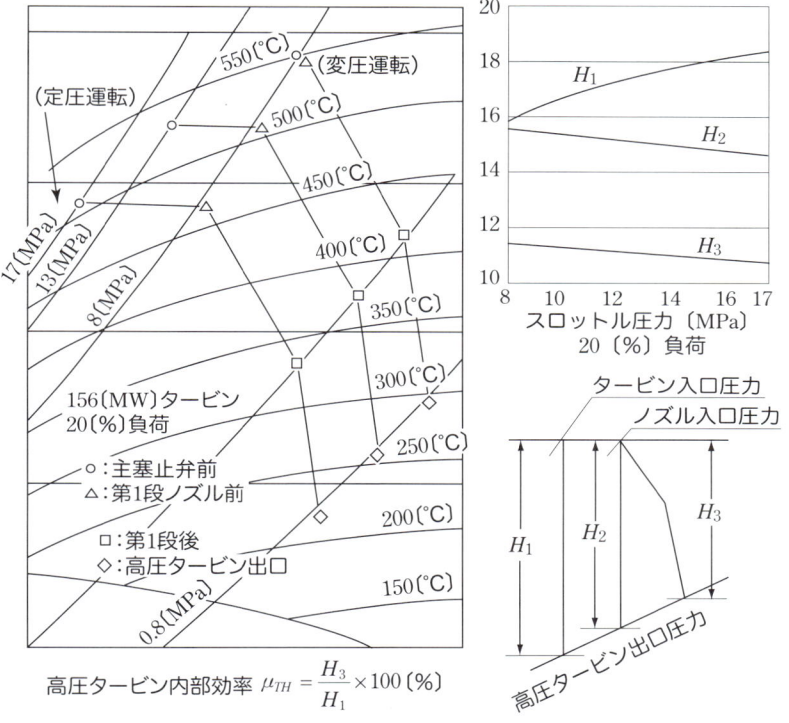

高圧タービン内部効率 $\mu_{TH} = \dfrac{H_3}{H_1} \times 100$ （%）

流れがないことから，再熱器メタル温度が上昇しないよう，再熱器入口温度管理に留意する．

(3) タービンロータとケーシングの伸び差管理

早朝時，短時間停止後の熱間始動では，タービン金属温度が低下してないので蒸気温度の方が低く，このため，タービンロータが急激に冷やされてケーシングとの伸び差が増大し，結果，タービン羽根とラビリンスのギャップが減少し，接触すると大事故となる．したがって，伸び差の管理が重要となる．

(4) タービン金属内外面の温度差管理

タービン蒸気室・高圧ケーシングは肉厚が大きいので，始動時の熱応力のためにクラックが発生するので，内外面の温度差について十分な管理を行う．

(5) **蒸気温度の最適管理**

始動時におけるメタルマッチング（蒸気温度と蒸気室金属温度の差）が最適となるよう蒸気の温度管理を実施する．短時間の停止では始動時の蒸気温度をかなり高温としないと，各部に熱応力が生じることとなる．したがって，停止時にあらかじめ主蒸気圧力および蒸気温度を徐々に低下させ，タービンを冷却することを考慮する必要がある．

(6) **その他の管理**

公害による規制や始動直後の不安定性の検討，電力系統上の潮流や電圧安定性の問題（特にAFC）などについて検討，管理する必要がある．

4 従来火力ユニットの機器寿命検討

従来の火力ユニットは，定圧運転を前提に設計されていることから，ミドル運用（変圧運転）を行う場合，低サイクル疲労による寿命消費，溶接部のトラブルに十分留意する必要がある．

寿命管理については，過去の寿命消費の総計をチェック検討し，今後の寿命消費量を想定管理すると共に，始動・停止の実績を見極めた上で，標準的な始動・停止スケジューリングを決定する．

さらに，熱応力の集中を少なくし，1サイクルの始動・停止における寿命消費量を少なくするため，熱応力の集中箇所を中心に各部の改修・改善方法の検討を行う．

テーマ5 大容量タービン発電機の水素冷却方式と空気冷却方式の比較

タービン発電機の大容量化は冷却技術の進歩によるところが大きい.

一般に機器が大容量化すると,体積の割合に比べて表面積の割合が小さくなるので冷却が困難になる.特にタービン発電機は回転速度が50Hz系3 000〔min^{-1}〕,60Hz系3 600〔min^{-1}〕と高く,直径に対し軸方向の長さが著しく長大となり,冷媒の速度を高くするか,または比熱の大きな冷媒を採用するか,両者を併用して冷却の効果を高めなければ,冷媒が途中で温度上昇を引き起こし,冷却作用が鈍化してしまう.

これらを勘案して,タービン発電機に採用される冷却方式としては,発電機容量により次の三つが採用されている.
① 空気冷却方式
② 水素冷却方式(間接,直接)
③ 液体冷却方式

以下,電気技術者として知っておきたい基本的な事項(発電機容量と冷却方式の関係,冷却方式による特性変化など)について概略を述べる.

1 発電機容量と冷却方式の関係

(1) 発電機容量

発電機容量,大きさ(重量・寸法等)と冷却方式の関係は,次のような式によって表される.

$$S_n = C \cdot D^2 \cdot L \cdot N$$

ここに,
S_n:発電機容量〔kV・A〕
D:発電機の回転子外径または固定子外径〔m〕
L:発電機の回転子胴長または固定子鉄心長〔m〕
N:回転速度〔min^{-1}〕
C:出力係数〔kV・A/min^{-1}・m^3〕
$C = k \cdot B \cdot AC$

ただし，
 k：定数
 B：ギャップ磁束密度〔T〕
 AC：電気装荷〔A/m〕

ここで，発電機の容量を増大するには D，L，B，AC などを大きくすればよく，従来よりこれらの値を大きくしながら容量を増大してきた．しかし，D，L については，材料の強度や振動の点から，また，B については鉄心の磁気特性の点からそれほど大きな増大はできず，これまでは主として冷却方法の改善を行って AC を増加することにより，空気冷却→水素冷却→水冷却という経緯で，第1図で示すように出力係数 C を大きくしながら機械寸法 D，L の大幅な増大を抑えてきた．

第1図　冷却方式と容量

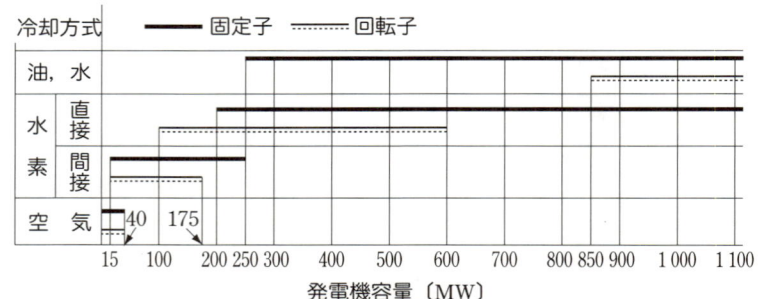

発電機容量〔MW〕
回転数 3 000（3 600 機では約 15〔％〕減）

(2) 出力係数

機器の冷却効果を大きくするには，

① 導体，または導体と接触する絶縁体と冷媒との接触表面積を大きくする．
② 冷媒を強制的に循環させることによって，相対的な接触表面積を大きくする．
③ 冷媒に冷却能力の大きい物質を使用する．

などの方法が考えられるが，①の方法は発電機が小容量であった初期の考え方で，大容量化が進んでいる現在では，発電機をできるだけ小型化して価格を下げ，輸送や据付け費用も含めた経済性を考えるという目的から②，③の方法によっている．

したがって，初期の小容量のものは自冷式，あるいは②の考えを入れて空気を循環させる程度であったが，その後，冷媒として冷却能力の大きい水素ガスを使用する水素冷却方式が採用されるようになり，現在ではさらに冷却能力の大きい水による冷却も採用されている．

なお，各種冷却方式による出力係数の比を第1表に示す．

第1表　各種冷却方式における出力係数の比

冷却方式		出力係数の比
回転子	固定子	
空気冷却	空気冷却	1.0
水素間接	水素間接	2.0
水素直接	水素間接	3.0
水素直接	水素直接	3～4
水素直接	水冷却	4～5
水冷却	水冷却	6以上

（注）出力係数 $= \dfrac{（発電機出力）}{（固定子の内径）^2 \times （固定子の長さ）}$

(3) タービン発電機の構造

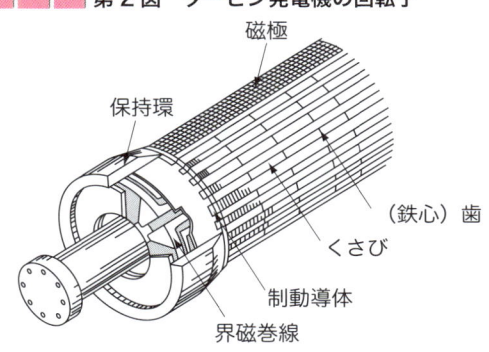

タービン発電機の回転子は第2図に示すように，高速回転に適した軸方向に長い形状となっており，巻線端部は保持環で強固に保持されている．また，第3図の断面図に示すように，軸方向には通風ダクトが設けられている．

第2図　タービン発電機の回転子

第3図　円筒形回転子の断面

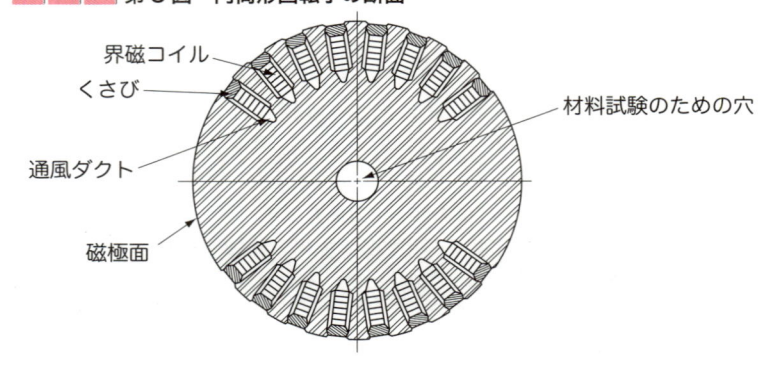

（界磁コイル、くさび、通風ダクト、磁極面、材料試験のための穴）

2　各種冷却方式の概要と特徴

(1) 空気冷却方式

① 比較的小容量のタービン発電機に採用される．

② 通風方式には空気冷却器を使用せず外気を内部に直接入れる開放形と空気冷却器を設け冷却した空気を循環使用する密閉形がある．また，両者を併用した半密閉形もある．

③ 通風には回転子扇車による内部通風機方式と電動通風機を用いた外部通風方式があり，大型機では一般に外部通風方式が前者と併用される．

第4図と第5図に空気冷却機の通風を示す．

第4図　空気冷却発電機通風系統

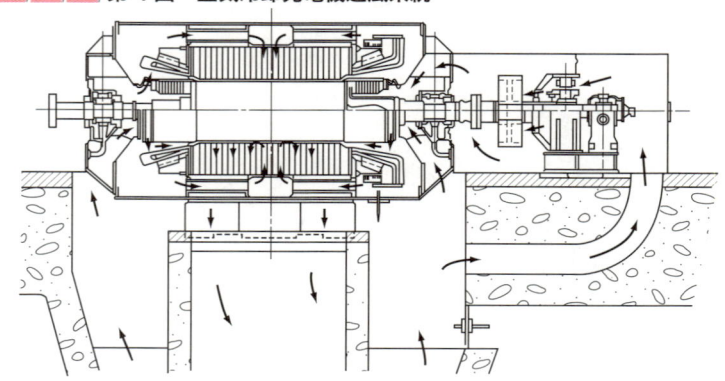

第5図　空気冷却器配置・通風系統図

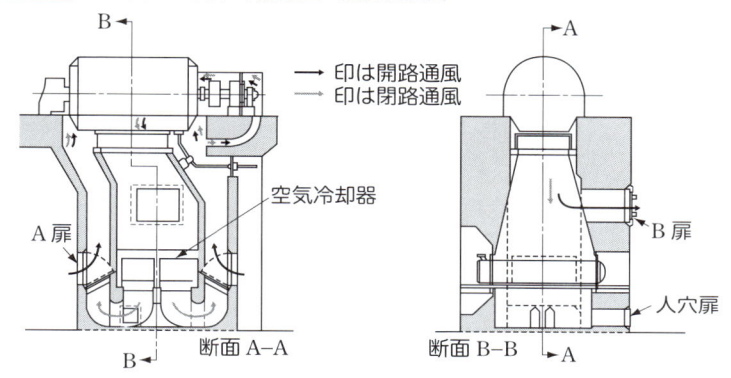

→印は開路通風
⇒印は閉路通風

空気冷却器
A扉
B扉
人穴扉
断面A-A
断面B-B

(2) 水素冷却方式

大型のタービン発電機には，以下の理由により水素冷却方式が採用される．

① 風損が減少する．
　全損失のうち風損が大きな割合を占める高速機では，効率を高めることができる．
② 水素の冷却効果は大きく，空気冷却方式に対し，機械の大きさを小さくすることができる．
③ 水素は，空気より不活性であるから，コイルの絶縁の寿命が長くなる．
④ 全閉形とするため，異物の侵入がなくなり，騒音も著しく減少する．

なお，水素冷却には水素間接冷却方式と水素直接冷却方式があり，以下にその概要を示す．

(a) 水素間接冷却方式

　この方式は，固定子コイルおよび回転子コイルの絶縁物を介して間接的に冷却するものである．発電機は第6図のように完全気密構造となっており，ガス冷却器を固定子枠内に自蔵し，機内の冷却は回転子軸の両端にある軸流送風機のみで強制循環させている．
　この方式の長所は，次のとおりである．

第6図　水素冷却タービン発電機構造図

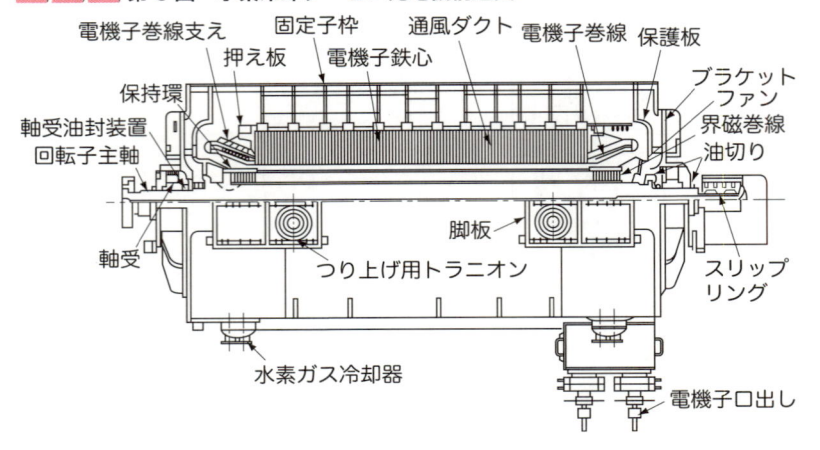

（図：水素冷却タービン発電機の構造。各部の名称は以下のとおり）
電機子巻線支え、固定子枠、通風ダクト、電機子巻線、保護板、押え板、電機子鉄心、ブラケットファン、保持環、界磁巻線、軸受油封装置、油切り、回転子主軸、軸受、つり上げ用トラニオン、脚板、スリップリング、水素ガス冷却器、電機子口出し

(1) 冷却性能が向上し，発電機を小さくできる

　　水素の熱伝導率，表面熱伝達率は空気のそれぞれ 6.69 倍，1.5 倍であるので冷却能力が非常に高く，出力を一定とすれば発電機の大きさを約 25〔％〕小さくできる．また，水素圧力を高くすると冷却能力はさらに向上し，発電機の大きさを変えずに水素圧力 0.098〔MPa〕で約 15〔％〕，0.196〔MPa〕で約 25〔％〕出力を大きくできる．

(2) 風損が小さくなり，発電機の効率が向上する

　　空気と水素の密度比は 1：0.0696 であるため，水素 95〔％〕，空気 5〔％〕の混合ガスの 2.94〔kPa〕，0.098〔MPa〕における密度は，それぞれ空気の 0.12，0.23 倍になる．したがって，ガスの密度に比例する風損は前述の条件で，空気に比べて 12〔％〕，23〔％〕に減少し，発電効率は約 0.75〜1.0〔％〕向上する．

(3) コイル絶縁の寿命が長くなる

　　水素は空気より不活性であると共に，コロナ発生電圧が高く，たとえコロナが発生しても水素ガス中では絶縁物に及ぼす害が少ないので，コイル絶縁の寿命が長くなる．

　　水素冷却には以上のような優れた長所がある反面，水素と空気の混合ガスは，水素純度が容積で 5〜70〔％〕の範囲にあると爆発の可

能性があるので，特にガス入れ替え時には十分注意する必要がある．

また，固定枠は大気圧の混合ガスの最大爆発圧力である0.686〔MPa〕に対して耐圧設計を行っているほか，軸端から水素が漏れないように，軸受に機内の圧力より高い圧力を加えた密封油構造を採用している．

(b) 水素直接冷却方式

この方式は，ガス圧上昇による出力増加にも限度があり，圧力0.196〜0.294〔MPa〕まで，容量が大きくなると導体内部を中空として水素を循環させ，絶縁物を隔てないで冷却する直接冷却方式が採用されるようになった．

水素直接冷却の固定子コイルは第7図のように，導体を形成する絶縁素線が2組あり，その中間にガス通路が設けられ，固定子コイルの両端には開口部があり，それぞれ冷却ガスの入口，出口となっている．回転子コイルは第8図のように冷間引抜銀入銅で，それぞれ二つのU字形の導体を組み合わせ，中央部にガス溝を作った構造を持っている．

この冷却方式は，ガス圧を0.4112〔MPa〕まで上げることができ，ガス圧0.196〔MPa〕の出力に対して，0.294〔MPa〕で約15〔%〕，0.392〔MPa〕で約25〔%〕の

第7図

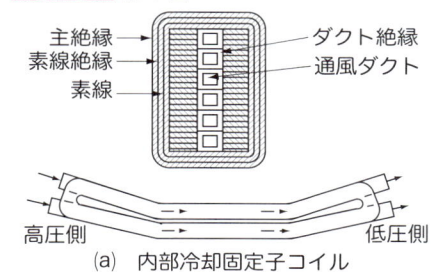

(a) 内部冷却固定子コイル

(b) 内部冷却固定子コイル

第8図

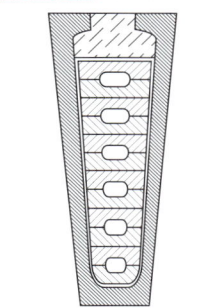

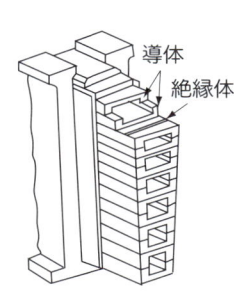

(a) 回転子コイル　(b) 内部冷却回転子コイル

出力増加となる．

回転子の水素直接冷却には，
- (イ) エンドフィード形
- (ロ) エアギャップピックアップ形
- (ハ) 強制通風方式

の三つがあり，エンドフィード形がもっとも多く使われている．

(イ) エンドフィード形

　第9図に示すように回転子のスロット中の導体に水素ガスを通ずる通路を作り，回転子端部より回転子コイル内に水素ガスを押し込み，回転子中央部に開けた穴より水素ガスをエアギャップ部に放出する方式である．

🏭🏭🏭 第9図　エンドフィード方式

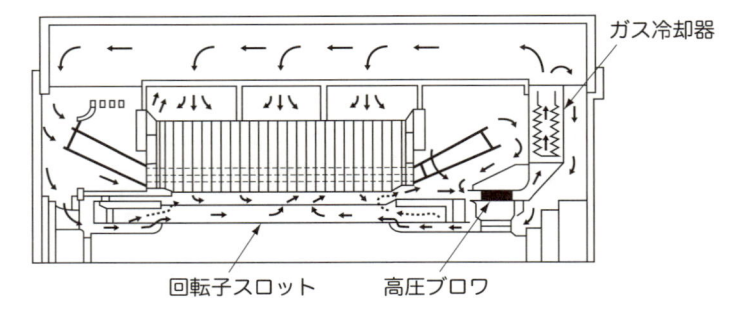

(図：回転子スロット，高圧ブロワ，ガス冷却器)

(ロ) エアギャップピックアップ形

　GE社で開発された方式で，第10図に示すように，回転子表面に吸入穴部，排出穴部を交互に設けて，回転方向の風速を利用してエアギャップ部における水素ガスをコイルくさび表面より吸入し，コイル導体内を一定距離流して発生熱を奪い，排出口を通ってエアギャップ部に出る方式である．

(ハ) 強制通風方式

　外部に特別な通風ファンを設け，一方のコイル端からガスを押し込み，他方のコイル端から排出する方式である．

(3) 液体冷却方式

この方式は，冷却媒体として水素よりも冷却効果が一段と高い水を固

🏭🏭🏭 第10図　ギャップピックアップ形回転子冷却

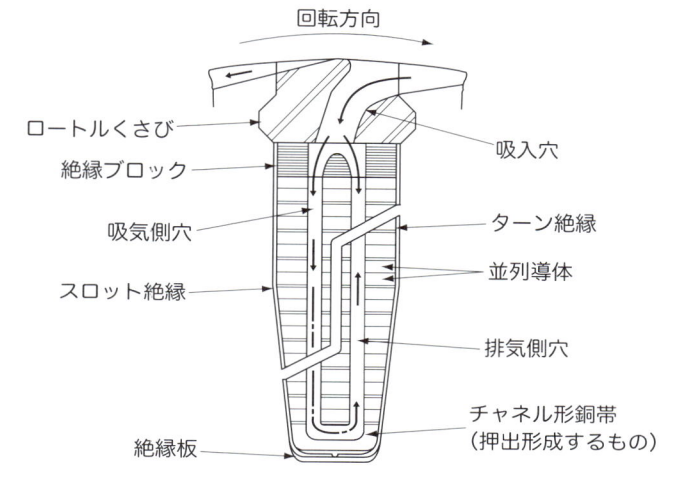

定子コイル導体内部に通して冷却するもので，出力 400〔MW〕以上の発電機に採用されている．

　液体冷却に水が使用される理由は，熱を奪う能力が空気の約 50 倍，圧力 0.294〔MPa〕の水素の約 12.5 倍あり，優れた冷却能力を持っているからである．

　液体冷却は，第 11 図のように一端の上コイルから水が供給され，下コイルを経て戻ってくる構造となっている．

🏭🏭🏭 第11図　液体冷却発電機

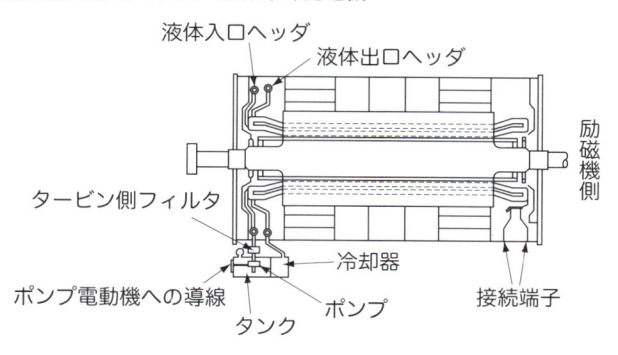

3　冷却方式による特性の変化

　現場技術者に限らず電気技術者は，冷却方式による特性変化についても，その概要を知っておくことが大切である．
　以下にその概要を示す．

(1)　定格出力

　空気冷却の場合において発電機定格は1種類で，それは同時に最大定格である．しかし，水素冷却，内部冷却機においては，ガス圧に応じて定格点が3個ある．出力とガス圧の関係の例を第12図に示す．なお，最近では発電機定格の呼称を最高ガス圧における定格とするのが一般的である．

第12図　ガス圧力と可能出力の関係

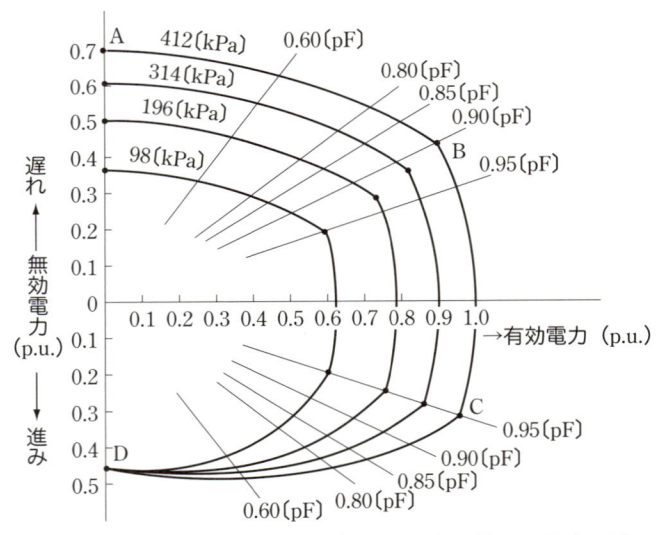

（出典：電気工学ハンドブック）

(2)　力率および短絡比（SCR）

　発電機の機械寸法に影響の大きいものに，力率や短絡比がある．
　短絡比は発電機の大きさのみならず安定度にも関係するため，これらを考慮して決定されるが，製作限度に近いものについては短絡比を切り下げることにより，同一回転子でより大容量機の製作が可能となる．

力率については，力率が良くなるほどアンペアターンが小さくてすむため，回転子は小さくてよい．定格出力の高い機械は同一タービン出力に対して定格力率の低いものより kV・A が小さいので，力率の逆比例に相当する割合で実質的な短絡比は低下する．

(3) **電圧**

発電機電圧は空気冷却，水素冷却の場合，その選択は比較的自由にでき，機械の寸法にさして影響を与えない．しかし，内部冷却機では容量に応じて最適電圧が存在する．これは一般に電圧を変更する場合，固定子のスロット数および巻数を変更するが，大容量機では常に 1 ターンコイルであり巻数は変更できず，スロット数を変更することになる．スロット数の変更は，内部冷却のようにコイル内に通風管を持つものでは通風管と導体の調和のとれた配置が必要で，鉄心長や外径を変更することになり，経済的電圧が存在することを意味する．

(4) **重量**

水素冷却は空気冷却に比べ総重量は $83 \sim 90$〔%〕，内部冷却の $133 \sim 137$〔%〕である．回転子の重量は冷却効果によるところが大きく，水素冷却は空気冷却の約 75〔%〕，内部冷却の約 2 倍となっている．

(5) **床面積**

発電機に必要な床面積は台板部分の床面積のほか，回転子を引抜くための引抜スペースが必要で，これらを含めた床面積を第 13 図に示す．水素冷却は空気冷却に比べ約 $85 \sim 90$〔%〕，内部冷却の約 $125 \sim 130$〔%〕である．

第 13 図　空気冷却と水素冷却の床面積比較

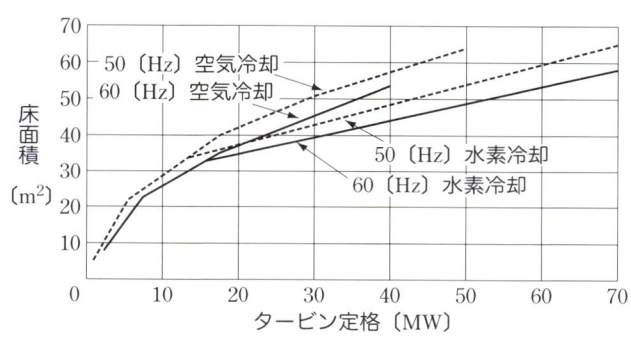

テーマ 6 タービン発電機の進相運転の得失

　近年の電力系統においては，超高圧系統や高電圧ケーブル系統の拡大による送電線路充電容量の増大，需要家の力率改善用コンデンサの普及などにより，夜間などの軽負荷時に系統の進相電力が余剰となり，系統電圧が上昇する傾向がある．

　発電機の進相運転の目的は，このような系統電圧を抑制することにある．なお，電圧上昇対策としては，このほかに同期調相機による無効電力の吸収，分路リアクトルの設置，さらに軽負荷送電線路の停止などがあげられる．最近では静止形無効電力補償装置（SVC）なども使用されている．

　以下，進相運転時の留意点，進相運転可能範囲，過度の進相運転時の影響などについて述べる．

1　タービン発電機進相運転の留意点

　進相運転とは，電機子電流が電圧よりも進み位相で運転されている状態であり，実際には発電機界磁電流を減少させることによって行われる．このときの留意点として以下の3点があげられる．

① 　固定子鉄心端部の温度上昇
② 　定態安定度の低下
③ 　所内電圧の低下

(1)　発電機界磁電流の加減方法

　(a)　自動電圧調整装置（AVR）

　　　発電機電圧を一定に保つため自動的に界磁電流を調整する装置で，一般に磁気増幅器・増幅発電機および半導体などを使用する連続方式がある．発電電圧の設定は，定電圧源を電圧調整抵抗器によって設定した基準電圧と発電機端子電圧（VT 二次電圧）とを比較し，その偏差信号によって界磁電流を調整する．

　(b)　自動無効電力調整装置（AQR）

　　　送電損失の低減および無効電力潮流の適正化を目的として，発電機

の無効電力が一定となるように自動的に界磁電流を調整する．制御方法は，発電機の有効電力と無効電力の相関で与えられる基準値になるよう界磁電流を制御する方法である．

(c) 自動力率調整装置（APFR）

有効電力の値にかかわらず一定になるように無効電力を調整する．

(2) 進相運転時の留意点

(a) 固定子鉄心端部の温度上昇

固定子鉄心端部には，電機子反作用による端部漏れ磁束が存在するが，通常の運転状態では漏れ磁束の通路が界磁磁束によって飽和しているために漏れ磁束の量は少なく，影響はほとんどない．

ところが，進相運転のために界磁電流が減少すると不飽和となって，漏れ磁束は増大する．この磁束は，鉄心端部に対して軸方向の磁束となるため鉄心端部に渦電流が誘起され，局部的な過熱を生ずるおそれがある．

第1図にタービン発電機固定子端部の構造を示す．固定子の漏れ磁束は図中矢印で示すように，固定子鉄心端部から界磁コイルの保持環を通り，再び鉄心に入っている．この磁束は回転子に対しては静止しているが固定子に対しては同期速度で回転している．この磁束が固定子端末部および端末構造物に渦電流損およびヒステリシス損を生じ，この部分の温度を上昇させる．

最近の発電機では，固定子端部の構造改良や非磁性の材質採用などの対策が施されており，その運転可能範囲は後述する「発電機可能出力曲線」に示される．つまり，進相運転は無効電力が可能出力曲線内にあることと，固定子鉄心端部の温度

第1図　発電機端部構造

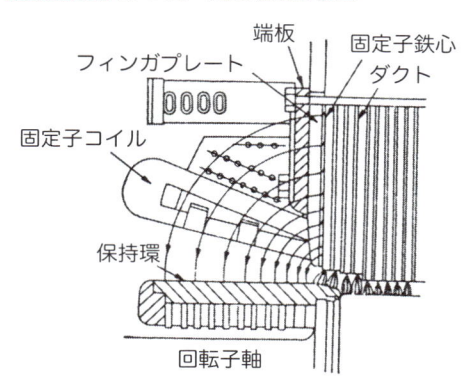

が制限値内にあることに留意して行わなければならない．ただし，水車発電機などの多極機（突極）では，タービン発電機と比較すると，空げきが短く，アンペア導体数も小さく，1極分の周長も短いために固定子端部漏れ磁束が少ない．

このため，固定子鉄心端部の構成も比較的簡素化されており，可能出力曲線上の進相領域においても，次に述べる安定度による制限要素の方が厳しくなっている．

【固定子鉄心端部の温度上昇対策…実例】

① 固定子鉄心端部スリット加工
② 固定子鉄心端部段落とし
③ 非磁性外側間隔片の採用
④ 非磁性押え板の採用
⑤ 押え板表面の導電性シールド板の採用
⑥ 外側間隔片，押え板間のけい素鋼板積層（磁束シャント）
⑦ 押え板軸内径部の磁束シールド採用
⑧ 押え板内周部のスリット加工
⑨ 非磁性回転子保持環の採用

(b) 安定度の低下

同期機が電力系統に併入され運転されるとき，同期機間は同期化力によって安定な並列運転が行われるが，同期化力の期待しうる限界は位相角差，あるいは系統じょう乱の程度による．これらは安定な運転を継続しうる度合いとして，安定度といわれる．安定度には負荷が徐々に増加した場合にどの範囲まで安定な運転ができるかを示す定態安定度と，発電機がある負荷で運転している場合，負荷の急変，線路の開閉，短絡故障などによって過渡現象を生じ，その過渡状態の経過後においてなお安定な運転を継続できるかを示す動態安定度がある．発電機の通常の運転範囲で問題となるのは定態安定度である．

第2図に示すように，同期リアクタンス X_d の発電機がリアクタンス X_e の送電線で無限大母線に接続されており，励磁電流を一定（E_s：一定）に保ちながら運転されている場合の出力は，抵抗分を無視すると，タービン発電機では次式となる．

$$P = \frac{E_d \cdot E_s}{X_d + X_e} \sin\delta$$

これは相差角（負荷角）δ が 90 度付近に極限電力があることを示している．すなわち，タービンの出力を徐々に増加させると，発電機は加速されて δ を増加するが，同期化力により上式にしたがって出力を増加し，原動機出力と平衡して安定な運転を続けるが，δ が定態安定度極限以上になると発電機出力は逆に減少し始め，原動機出力と平衡を保つことができず，この不平衡電力に応じて発電機は連続的に加速されて無限大母線に対して同期外れ，すなわち脱調となる．

第 2 図　回路とベクトル図

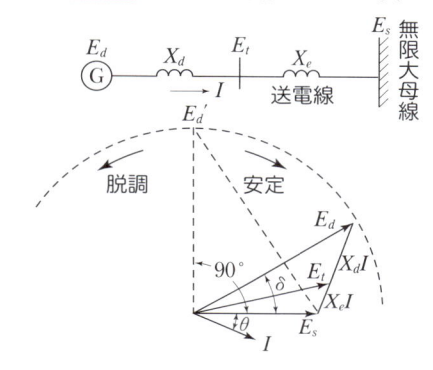

第 3 図　安定限界ベクトル図

E_d：誘起電圧
E_t：端子電圧
E_s：受電端電圧
I：負荷電流
X_d：同期リアクタンス
X_e：外部リアクタンス

したがって，進相運転のために界磁電流を減少させると，発電機内部誘起電圧の減少，内部相差角の増大により，同期化力が減少し，定態安定度が低下する．

タービン発電機の場合，定態安定度送電限界は内部相差角が前述のように 90 度付近のときに与えられ，可能出力曲線上では発電機端子電圧，内部リアクタンスおよび外部リアクタンスによって定まる円弧で表され，その中心は遅れ無効電力軸上にある．

したがって進相運転中は，発電機がこの定態安定度限界内で運転されなければならないが，実際には，自動電圧調整装置（AVR）によって定態安定度はかなり改善されており，また不足励磁制限装置の採用により，現在では発電機の可能出力曲線内での安定な運転が可能となっている．

(c) 所内電圧の低下

　進相運転による発電機端子電圧の低下に伴い，発電機出力から直接電源の供給を受ける所内補機については，電源電圧が低下し，電動機の渦電流や大型電動機の始動不能トルク不足を生ずるおそれがある．

　したがって，補機の運転や始動に支障がないように発電機端子電圧の下限値を定め，進相運転中は電圧がこの制限値を下回らないように調整しなければならない．

2　可能出力曲線と進相運転可能範囲

(1) 可能出力曲線

　発電機の可能出力曲線の概要を第4図に示す．また，水素冷却タービン発電機の場合の可能出力曲線例を第5図に示す．

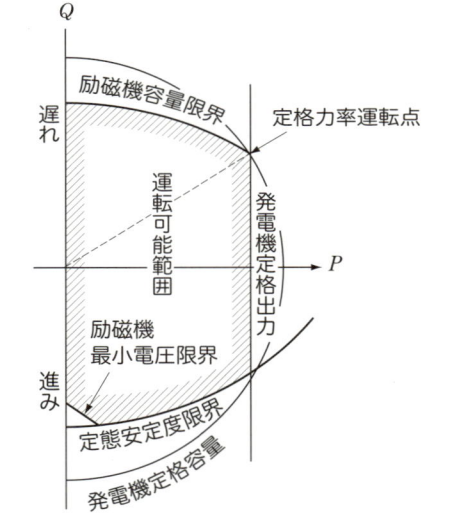

　第5図に示すように発電機の運転状態を制限する諸要因としては，次のような点があげられる．

(i)　励磁電流による界磁の過熱，励磁機の容量，温度変化による機械的ストレスなどから制限を受ける．第5図のA–Bの部分がこれに該当する．

第4図　発電機の可能出力曲線

(ii)　固定子コイルに流れる電流による熱的限界からも制限を受け，B–Cの部分がこれに該当する．

(iii)　低励磁における固定子端末部の過熱および安定度からも制限を受け，C–Dの部分がこれに該当する．

第5図 水素冷却タービン発電機の可能出力曲線例

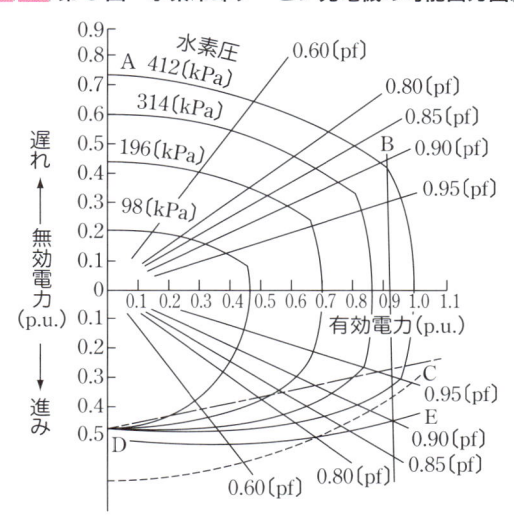

（グラフ：縦軸 無効電力(p.u.) 遅れ/進み、横軸 有効電力(p.u.)、水素圧 412(kPa)、314(kPa)、196(kPa)、98(kPa)、力率 0.60(pf)、0.80(pf)、0.85(pf)、0.90(pf)、0.95(pf)、点 A, B, C, D, E）

（注）A–B：界磁巻線温度上昇によって制限される範囲
　　　B–C：電機子巻線温度上昇によって制限される範囲
　　　C–D：固定子鉄心端部温度上昇によって制限される範囲
　　　D–E：所内電圧低下による制限
　　　-----：定態安定送電限界
　　　—・—：不足励磁制限装置整定値
　　　———：原動機出力（定格出力〔kW〕）による制限

(2) 進相運転可能範囲

　発電機の進相運転における可能出力範囲は，前述ポイント1の事項をまとめると以下のような制約を受ける．

(ⅰ) 固定子鉄心端部の温度が制限値内にあること．

(ⅱ) 定態または動態安定度限界内で運転すること．

(ⅲ) 所内電圧の低下による補機能力低下がないように，発電機端子電圧の下限値を定め，進相運転中はこの制限値を下回らないように調整すること．

(ⅳ) 界磁電流減少によるAVRなどの制限限界に達しないこと．

(ⅴ) ブラシ電流密度低下による整流子面の条こん発生の危険のないこと．

3 過度の進相運転時の影響

現場技術者に限らず電気技術者は，過度の進相運転をした場合の影響について，その概要を知っておくことが大切である．

進相運転による固定子端部の磁束密度の増加は非常に複雑な現象であり，数値的な計算も容易ではないが，ここでは簡略化して説明する．

第6図(a)は発電機のベクトル図で，(b)はそのときのエアギャップ中の主磁束の関係である．よく知られているように両方の三角形は相似形となる．固定子端部では回転子磁束の磁気回路の空間部分が多く，磁気抵抗が大きいため主磁束の関係は第7図の三角形 ADC のようになる．図で AD と DB の比は固定子端部の位置によって定まる一定値である．

第6図　ベクトル図とエアギャップ中の磁束

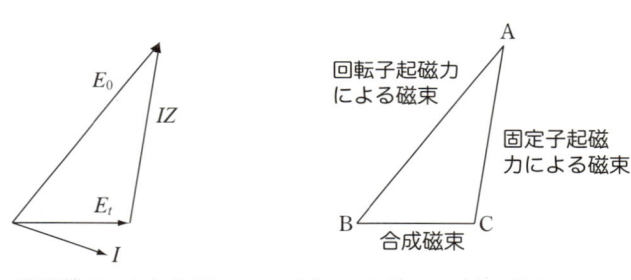

(a) 発電機のベクトル図　　(b) エアギャップ中の磁束

第7図　固定子端部の磁束

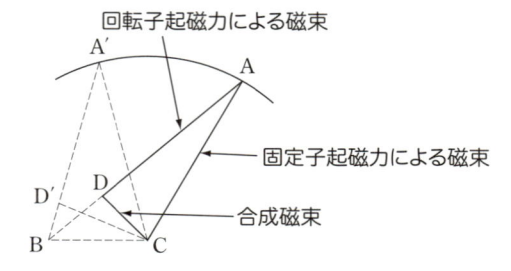

いま発電機電圧と発電機電流一定で進み力率にすると，磁束の関係は三角形 A'D'C のようになり，合成磁束が大きくなることが分かる．なお，上記の条件で，遅れゼロ力率から進みゼロ力率まで変化したときの点 D の

軌跡は半円となる．

　前述したように，この部分の計算による温度上昇の確認は困難なので，一般にこの付近にサーモカップルを取り付け，実際に進相運転を実施し，その結果で進相運転限界を決定している．

　過度の進相運転防止のため，通常発電機のAVRには前述のように不足励磁制限装置が付属される．この装置はあらかじめ設定した値以下に励磁が低下すると，自動的に励磁を強める動作を行う．また，進相運転中は発電機電圧が低下するが，電圧が低下すると可能出力も低下する．このことは無視されがちであるが，十分注意を要する点でもある．

テーマ 7 ガスタービン発電の得失と用途

1 ガスタービンの基本原理

　蒸気タービンが蒸気を作動流体として使用するのに対し，ガスを作動流体として使用するものがガスタービンである．その原理は，蒸気タービンと類似の羽根に，高温高圧のガスを作用させ，ガスの膨張過程から回転力を得るものである．

　作動流体のガスは相変化を伴わず，熱エネルギーを与えるのに過熱のみでは不十分であり，あらかじめ圧縮してから過熱する必要があることから，ガスタービンには燃焼器のほかに圧縮機が必要となる．

2 ガスタービン発電のサイクルの種類

(1) **開放サイクル**

　圧縮空気と燃料ガスとが混合し，混合気体が作動流体となるものをいう．開放サイクルには次の種類がある．
　　(ⅰ) 単純形
　　(ⅱ) 再生形
　　(ⅲ) フリーピストン形
　　(ⅳ) ジェットエンジン形

(2) **密閉サイクル**

　空気を作動流体とし，燃料ガスと空気とが混合しない方式のもので，作動流体の名称にちなんで「空気タービン」とも呼ばれる．

(3) **半密閉サイクル**

　開放サイクルと密閉サイクルを組み合わせたもので，吸入空気の一部は回路内を循環して空気タービンを駆動し，ほかは燃焼ガスとなりガスタービンで膨張後大気に放出される．

(4) **複合サイクル（コンバインドサイクル）**

　総合効率を向上させるため，ガスタービンとほかの熱機関を組み合わ

せたサイクルの総称で，蒸気タービンとの組合せが代表的なものである．
（次テーマ8に詳細を述べる）

(a) 開放サイクル・ガスタービン

第1図にもっとも単純な開放サイクル・ガスタービンの原理図を示す．

第1図　単純形開放サイクル

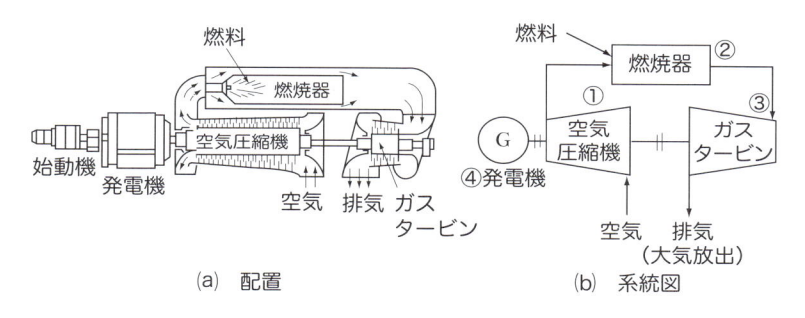

(a) 配置　　　　　　　　　(b) 系統図

① 大気から吸入された空気は，ガスタービンに直結されている空気圧縮機によって圧縮された上で，燃焼器に入れられる．

② 燃焼器では，圧縮空気中で燃料を燃焼させ，高温・高圧のガスを発生させる．

③ この燃焼ガスは，ガスタービンに導かれ，膨張しつつタービン翼車を回し，その保有熱を仕事に換え，大気圧近くの低圧となって大気に放出される．

④ 発電機を回転させて発電する．

　この形は，タービンからの排気が外気に放出されるので，開放サイクルと呼ばれるものである．この場合，排気温度は数百度となっており，その保有熱量は場合によっては燃料の発熱量の70〔％〕ほどに達することもあるので，これを空気予熱器に導き，給気を予熱してその熱を回収する方法を採用するものが，再生開放サイクル（第2図参照）である．この場合の空気の予熱は，空気圧縮機により圧縮された後に行わなければ，空気圧縮機の動力を増し，予熱器の寸法を大きくすることになって不都合となる．空気の圧縮を2段あるいは3段とし，その中間で冷却器を置いた中間冷却式もある．また，タービン内での膨張の過程で再熱を行うものもある．

第2図 再生形開放サイクル

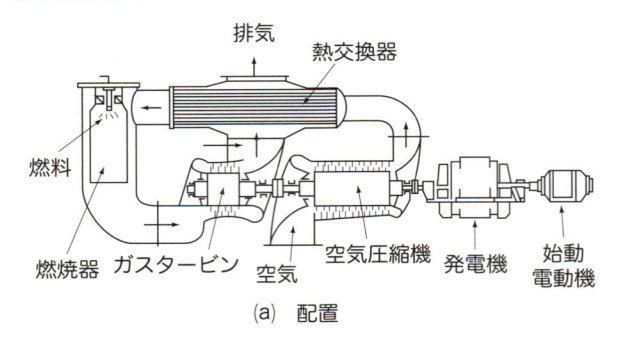

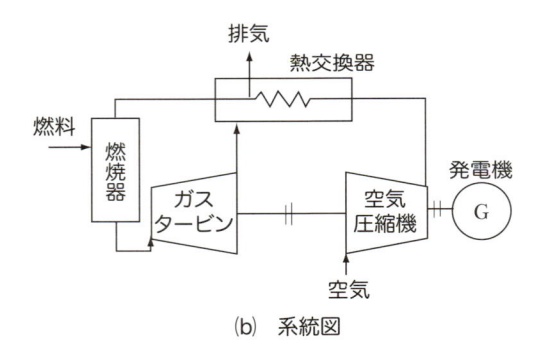

(a) 配置

(b) 系統図

　現在，実用化されている方式のほとんどは，開放サイクル・ガスタービンであり，航空機用エンジン，発電用ガスタービン等として運転されている．

(b) 密閉サイクル・ガスタービン

　蒸気タービンのように，間接加熱された作動流体（空気）が密閉回路内を循環する形式である．第3図に密閉サイクルの構成を示す．そのサイクルは，以下のフローとなっている．
① 圧縮機で作動流体を高圧に圧縮する．
② 熱交換器で予熱する．
③ 加熱器で燃料の燃焼熱によって高温に加熱する．
④ ガスタービン内で膨張させて動力に変換する．
⑤ 発電機を回転させて発電する．

第3図 密閉サイクル

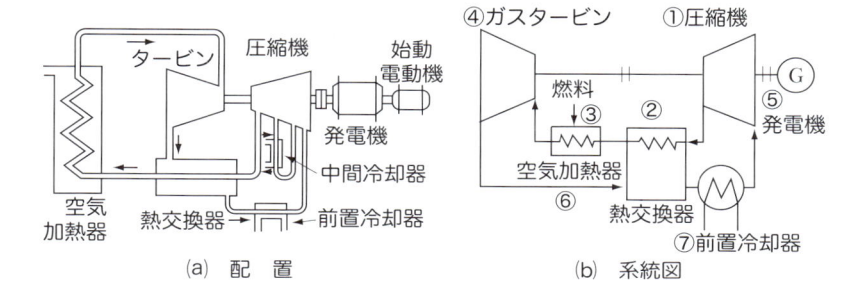

(a) 配置

(b) 系統図

⑥ ガスタービンの排気は熱交換器を通り予熱を放熱.

⑦ 前置冷却器で冷却された後，圧縮機に戻る.

作動流体は，燃焼ガスと混合することなく別の回路を環流することから，密閉サイクルと呼ばれる．

密閉サイクルは作動流体が燃焼ガスから遮断されているので，任意の圧力が採用できる特徴がある．したがって，高圧を採用すれば機器は小形となり，熱交換器の効率も高くなるので，出力の大きいものに適している．

3 ガスタービン発電の熱サイクル

ガスタービンは，熱力学におけるサイクル中でもっとも効率の良いカルノーサイクルに近づけようとする方式である．

ガスタービンの動作 p–V 線図を第4図に示す．圧縮行程に要する仕事，すなわち圧縮機を駆動する動力 P_c は次式で表される．

第4図 ガスタービンの動作 p–V 線図

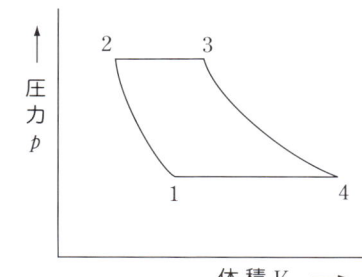

1–2 圧縮行程　2–3 燃焼行程
3–4 膨張行程　4–1 排熱行程

2 火力

$$P_c = \int_1^2 V_c \, dp$$

ただし，V_c：圧縮機内のガスの体積

dp：圧縮機内の圧力の変化

膨張行程に要する仕事，すなわちタービンで発生する動力 P_t は次式で表される．

$$P_t = \int_3^4 V_t \, dp$$

ただし，V_t：タービン内のガスの体積

dp：タービン内の圧力の変化

作動流体は等圧の状態で燃焼して加熱され，2～3の変化を行うので，$V_t > V_c$ となる．したがって，$P_t > P_c$ となり，発電用の動力として利用されるエネルギーは，$P_t - P_c$ で表される．すなわち，第4図の1–2–3–4で囲まれた面積に相当するエネルギーが利用できる．

ガスタービンにおける熱効率 η_a は次式で表される．

$$\eta_a = \frac{\eta_t T_3 \left(1 - \varepsilon^{-\left(\frac{\gamma-1}{\gamma}\right)}\right) - \dfrac{T_1}{\eta_c}\left(\varepsilon^{\frac{\gamma-1}{\gamma}} - 1\right)}{T_3 - T_1 \left(\dfrac{\varepsilon^{\frac{\gamma-1}{\gamma}} - 1}{\eta_c} + 1\right)}$$

ただし，T_3：ガスタービンの入口温度〔K〕

T_1：圧縮機入口温度〔K〕

ε：ガスの圧力比

η_c：圧縮機の効率

η_t：ガスタービンの効率

γ：定圧比熱と定容比熱との比

したがって，圧力比 ε，温度比 T_3/T_1 を増加することにより，効率 η_a を増加することができる．

4　ガスタービン発電の特徴と用途

ガスタービン発電を構成している主なものは，タービン，空気圧縮機，燃焼器，発電機，励磁機，起動装置，調速機，安全装置等である．

ガスタービンは，蒸気タービンと同様，衝動段と反動段とがあるが，タービン内での圧力の降下はせいぜい 1.3 ～ 1.4〔MPa〕程度であり，蒸気タービンの 16.6 ～ 24.1〔MPa〕に比較して著しく低い．また蒸気のエンタルピーに比較して，ガスのエンタルピーは非常に低く，流量は著しく多量となるので，タービン内の通路断面を大きくとらなければならない．燃焼器は，燃焼によって熱エネルギーを発生させ，これをガスタービンに供給する装置である．燃焼により発生する熱は約 2 000〔℃〕であるが，タービン入口で 700 ～ 1 350〔℃〕にするために，希釈空気を入れ，その平均温度を制御している．このようなことから，ガスタービン発電は火力発電と比較して次のような特徴がある．

（長　所）
① 起動時間が 15 ～ 30 分と短く，負荷変動にも急速に対応することができる．
② 建設費が安い．
③ 小型軽量のため，建屋，基礎，据付面積が小さくでき，標準化されているので建設工期も短い．
④ 運転操作は比較的簡単である．
⑤ 構造が簡単で部品の数も少ないので，信頼性が高く，開放点検期間も短期間でよい．
⑥ 冷却水の所要量が少なく，水処理も不要である．

（短　所）
① ガス温度が高いため，高級な耐熱材料を必要とし，材料面から容量の制約がある．
② 熱効率は 25 ～ 30〔％〕で，汽力発電に比べて劣る．
③ サイクル空気量が多いので，圧縮に要する動力が大きい．
④ 開放サイクルでは，燃焼ガスが作動流体に含まれるため，タービンの耐久性の問題から，燃料の制約を受ける．
⑤ 開放サイクルでは，性能が大気条件に影響される．第 5 図に大気温度による出力変化例を示す．また，大気圧によっても影響を受ける．
⑥ 多量の空気を吸排気するので，大きなダクトが必要であり，また騒音が大きいため消音器が必要である．

第5図 大気温度による出力の変化

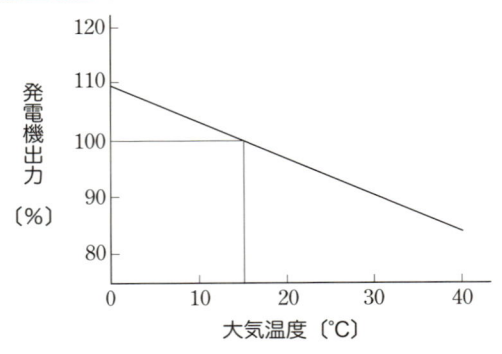

上記のような特徴から，ガスタービン発電は次のような用途がある．

(1) ピークロード用

熱効率は汽力発電に比較して劣るが，起動時間が短く建設費が安い，運転が容易などの特徴をいかして，年間利用率の低いピークロード用として適用される．

(2) コンバインドサイクル用

ガスタービンと汽力発電を組み合わせて，総合効率を向上させる．ベースあるいは中間負荷用として適用される．

(3) 自家発電用

設備が簡単で据付面積が少なく，運転が容易なことから，自家発電用として適用される．

(4) 故障時の予備発電用

ジェットエンジン形は数分で起動できる特徴をいかして非常用予備電源として適用される．

また，外部電源なしで起動できる特徴をいかして，汽力発電所の再起動用電源（ブラックスタート用）としてピークロード用を兼用して適用される．

5 ガスタービンの使用燃料

(1) 使用燃料

ガスタービン用の燃料として，灯油・軽油，ナフサのほか重油，天然

ガスなども使用される．

　ガスタービンは汽力発電に比べて燃料の制限が厳しく，高温腐食のため燃料のNa（ナトリウム），V（バナジウム），K（カリウム）の含有率など制限を受けることが多い．燃料油前処理装置によってこれらを除去するほか，場合によっては燃焼温度を下げて運転するなどの対策が必要である．

　天然ガスは不純物が少なく，ガスタービンにとって最良の燃料といえる．

(2) 燃料油前処理装置

　不純物が多い重質油をガスタービン燃料として使用する場合，事前に燃料をガスタービンにとって無害とするような前処理が必要となる．

　NaやKは水溶性のため水洗し，水分を分離することによって除去できる．

　Vは燃料油から分離することが難しいためMgを添加し，Vによる腐食作用を抑制する．

　このような前処理のほか，重質油を使用する場合には粘度を下げるため，燃料加熱装置を必要とする．

6　運転および保守

(1) 起動・停止

　ガスタービンの起動・停止は操作パネルでの手動操作によるものと，操作パネルあるいは遠隔で自動的に起動・停止されるものがあるが，運転を容易にするため自動化されることが多い．

(i) 起動

　ガスタービンの起動には，外部動力として起動装置が必要である．起動装置として，ディーゼルエンジン，電動機，膨張タービンなどが用いられる．

　起動装置で始動されたガスタービンは，20〔％〕速度ほどで燃焼器に点火され暖機しながら昇速していき，50〜60〔％〕速度でガスタービン自立運転となり起動装置が切り離される．以後，燃料を増加して昇速を続け，起動を完了する．

(ii) 停止

重質油を燃料として運転しているときは，停止前に重質油をパージしてパイプ内に残さないようにする．停止後は，タービンが冷却するまでターニングを行い，ロータのゆがみを防止する．

(2) ガスタービンの保守

(i) 定期点検

日常の保守点検については，汽力発電と変わらないが，ガスタービンは直接高温のガスを取り扱うので，次の三段階で定期的に開放点検される．

(イ) 燃焼器部分の点検

燃焼器を開放し，短期間のうちに燃焼器内筒を中心に，燃焼器部分の点検・補修を行う．

(ロ) タービン部分の点検

燃焼器およびタービン上部を開放して，燃焼器部分，タービン翼の腐食の有無などの点検・補修を行う．

(ハ) 総合開放点検

ガスタービンロータを取り外し，燃焼器部分，タービン部分，圧縮機部分，軸受，計測制御装置などの点検・補修を行う．

(ii) 定期点検の頻度

定期点検の頻度は，次の各項によって影響される．

(イ) 燃料の種類（腐食成分の有無）

(ロ) 起動回数（通常起動，急速起動）

(ハ) 負荷状況（ベース負荷，ピーク負荷）

(ニ) 環境状況（吸気中の腐食成分）

負荷状況，起動回数などから算出される等価運転時間，実際に得られた保守データなどから点検計画をたてる．

7 ガスタービン発電の動向

ガスタービン発電は，1930年代にヨーロッパで開発されて以来，発電機はその特徴をいかして非常発電用，ピーク負荷用として着実に発展してきた．わが国においても，電力系統の増大によるピーク負荷の増大に対処す

る電源，電力系統の事故復旧用電源として実用化され，さらには近年，コンバインド用のガスタービンとして急速な進歩を遂げるようになってきた．

このことは，ガスタービンがほかの原動機と比較して，特に建設費が低廉なこと，起動性が優れていること，および過去の貴重な実績により耐熱材料が急速な進歩を示し，信頼度が著しく向上したことによるものである．

発電用ガスタービンは，ヨーロッパ系のものと，アメリカ系のものがそれぞれ進歩発展してきているが，前者は構造堅ろうなことが特徴であり，後者は小型軽量であることが特徴で，それぞれの特徴をいかして用いられてきた．しかし最近では，各国とも大型化によりkWあたりの建設費，運転費の低下など，発電原価を下げるべく大容量化の開発が続けられ，発電用ガスタービンの最大単機出力は20万〔kW〕台となり，さらに大容量化が進められている．

ガスタービンの大型化を図る場合には，構成各機器の大型化を極力抑えなければならず，また安価なガスタービンとするためには比出力（作動空気1〔kg〕あたり出しうる出力）が大きいことが必要である．わが国では，経済産業省のムーンライト計画における高効率ガスタービン開発に関するさまざまなプロジェクトが実施され，産・学・官一体となった取り組みがなされてきた結果，わが国のガスタービン技術は世界的にも一流のものへと発展を遂げ，純国産のタービン入口ガス温度1 500〔℃〕級ガスタービンが開発・実用化されるまでになった．

また，最近においては，小規模の需要家においてアメリカ系のマイクロガスタービン（単機出力30〔kW〕程度）が，電力自由化による自家発電とコージェネを目的として導入されつつある．

テーマ 8 コンバインドサイクル発電方式に関する得失

1 コンバインドサイクル発電導入の背景

(1) 社会的背景
　石油ショックを契機に火力プラントは，一層の熱効率向上が望まれたが，実用的・経済的な面より，ランキンサイクルの蒸気条件を高温高圧化することは期待できない状況となっていた．

　また，原子力発電の増加により，細かな出力調整が可能でしかも部分負荷効率の低下をきたさない調整機能に優れた新しいタイプのプラントが必要となってきたことから，導入が盛んとなった．

(2) 技術的背景
　従来，主としてピークロード用あるいは非常用電源として利用されていたガスタービンが，高温化技術開発による性能の向上と長時間運転の信頼性向上が図られたこと，ならびに環境対策としての脱硝技術が確立されたことが大きなウエイトを占めている．

　このような社会的背景・技術的背景からコンバインドサイクル発電は，国内において昭和60年代になって盛んに導入されるようになった．

2 発電のしくみ

　開放サイクルガスタービンでは，排気ガス温度が高く排ガス損失が大きいので，他の発電機器と組み合わせて総合効率を向上させ，ガスタービン発電の特徴をいかしながら，ベースあるいは中間負荷用としてガスタービンを使用できるようにしたものである．

　代表的なものに第1図に示す，ガス・蒸気コンバインドサイクルがある．ガス・蒸気コンバインドサイクルは，次の二つに大別される．

(1) 排ガス利用方式
　ガスタービンユニットと汽力ユニットをそのまま組み合わせ，排ガスを給水加熱や排熱回収ボイラの熱源，燃焼用空気として利用する（第2

図，第3図参照）．

第1図 ガス・蒸気コンバインドサイクル

ガスタービン発電＋火力発電＝複合サイクル
（コンバインドサイクル）

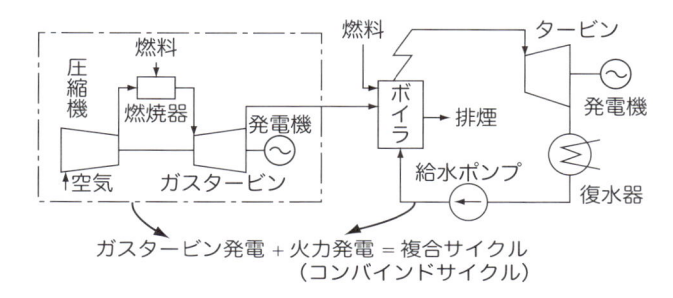

第2図 コンバインドサイクル発電の構成（一軸型）

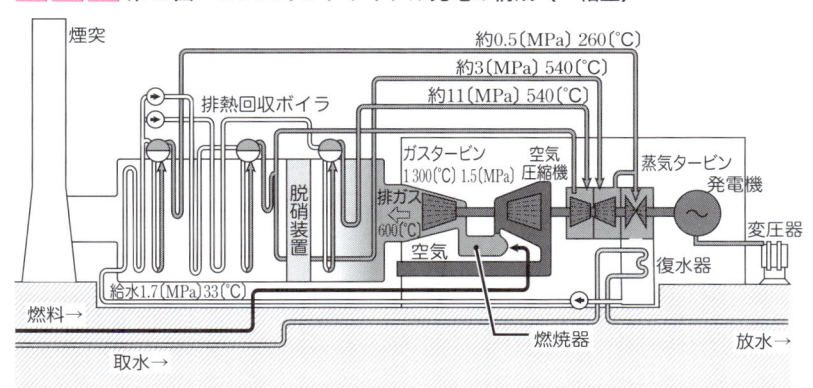

約0.5〔MPa〕260〔℃〕
約3〔MPa〕540〔℃〕
約11〔MPa〕540〔℃〕

ガスタービン 1 300〔℃〕1.5〔MPa〕
空気圧縮機
蒸気タービン
排ガス 600〔℃〕
給水1.7〔MPa〕33〔℃〕
燃焼器

第3図 コンバインドサイクル発電所の発電室

つまり，ガスタービンの高温（500〔℃〕以上）の排ガスを廃熱回収ボイラに導き，蒸気を発生させて蒸気タービンを駆動させる方式で，この方式はシンプルで，運用性に優れ，熱効率が高く経済的であることから，新しいユニットでは主流を占めている．特に最近，石炭ガス化複合発電の開発にあたっては，この方式が採用されている．

(2) ボイラ熱利用方式

ガスタービンユニットの空気圧縮機とガスタービンを分割し，汽力発電のボイラを燃焼器として使用する方式である．

3　一軸型と多軸型の軸構成

廃熱回収方式の軸構成は，第2図に示すようにガスタービン1台に対して蒸気タービン1台を対にした一軸型と，第4図に示すようにガスタービン複数台に対して蒸気タービン1台を用いる多軸型がある．

第4図　多軸型の構成

一軸型は，ガスタービンと蒸気タービンを1台の共通発電機を介して直結しているためコンパクトに構成でき，部分負荷時には運転台数を切り替えることができるため，部分負荷での効率低下が少ない．

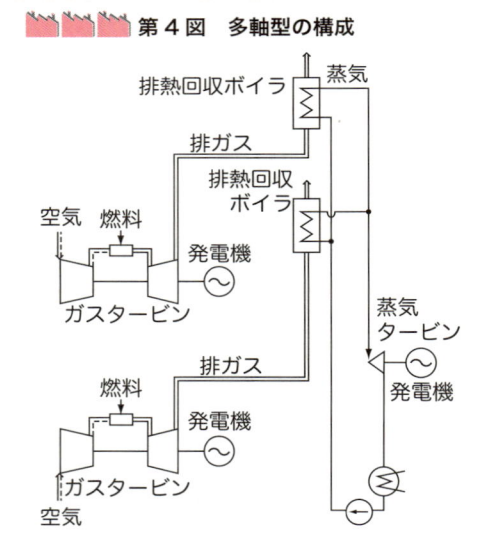

多軸型は，蒸気タービンが大容量になるので定格出力時の熱効率は高い．このため，ベース負荷で高負荷帯での熱効率向上を重視する場合は多軸型が，中間負荷運用で運転のフレキシビリティを重視する場合は一軸型が適している．

4 コンバインドサイクル発電の特徴

(1) 熱効率が高い

　高温ガスタービンの採用と十分な熱回収により，熱効率は汽力発電より3～9〔％〕高い．また，小容量のガスタービンを多数設置することにより，部分負荷時には運転台数を減らし，残ったガスタービンは全負荷で運転できるため，高い熱効率で軽負荷運転できる．

　最高利用温度であるタービン入口温度は，ガスタービンの全性能を決定する重要な因子であり，また，コンバインドサイクルの性能へも大きく影響する．

　近年，1 300〔℃〕級ガスタービンとの組合せで45〔％〕以上の高い熱効率で運転されている設備が大半を占め，最近開発された最新鋭の高効率1 500〔℃〕級のガスタービンでは，50～59〔％〕以上の高い熱効率で運転されている設備もある．

(2) 始動時間が短い

　汽力発電所の場合，ボイラチューブの過大な熱応力を避けるため蒸気温度上昇などに制約があり，毎深夜停止機（DSS機）でも100分程度が限界であったが，ガスタービンのため始動時間はきわめて短く，数十分で始動できる．

(3) 冷却水量，温排水量が少ない

　定格出力の全部を蒸気タービンが負担しないため，復水器は同出力の汽力発電方式と比較すると小さく，冷却水量，温排水量が少なくてすむ．

(4) 年間を通した安定供給力となる

　ユニットが軸構成となっているため，一軸ずつ点検しても出力の低下は大きくなく，安定した供給力として運転できる．

(5) 排気量が大きい

　ガスタービンは，燃焼ガスを空気で希釈して適正なガス温度とするため，排ガス量が多い．

(6) 大気温度の影響を受ける

　気温が上昇すると空気流量（排気量）が減り，ガスタービンの出力が低下すると共に，蒸気タービン出力も低下する．

(7) 良質の燃料が必要である

ガスタービンに高温ガスを使用するため，NO_x 対策および高温腐食を起こさないよう LNG あるいは軽質油等の良質の燃料が必要であり，脱硝装置の設置が不可欠である．

ガスタービンの技術開発と，それに伴うコンバインドサイクル発電プラントの熱効率向上は今後もますます発展するものと考えられ，国内でも燃焼温度 1 500〔℃〕級以上のガスタービンを適用し，コンバインドサイクル発電プラントの熱効率も 60〔％〕程度を目標としたプラントの運転が計画されている．

5　コンバインドサイクル発電の種類とその特徴

(1) 排ガス方式

(a) 給水加熱方式

第 5 図に示すように，ガスタービンの排気を蒸気プラントの給水加熱器に導き，ボイラ給水を加熱する方式である．その特徴としては，
① 通常の蒸気プラントと大差がなく，系統が簡単で設備費が安い．
② 蒸気タービンおよびガスタービンの単独運転が可能である．
③ ガスタービンの排熱を有効に利用し，プラントの総合効率を上げるためには，ガスタービン容量に比べ蒸気タービン容量が大きいことが必要である．

第 5 図　給水加熱方式

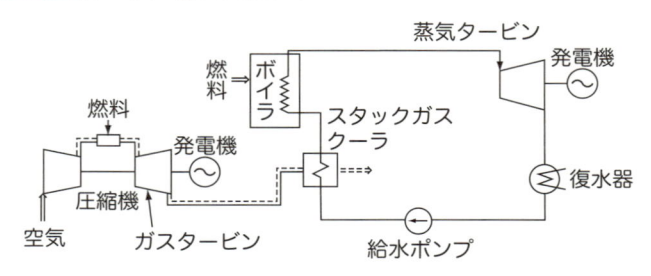

(b) 排熱回収方式

第 6 図に示すとおり，ガスタービンの排気を排熱回収ボイラに導き，その熱回収で蒸気を発生し，蒸気タービンを駆動する方式である．そ

第6図　排熱回収方式

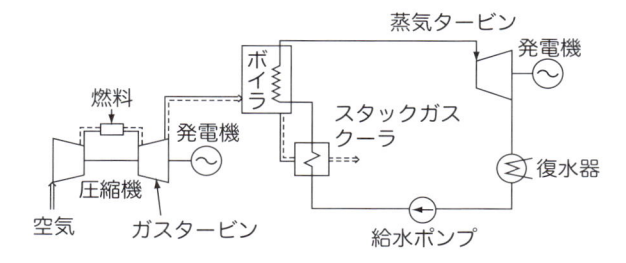

の特徴としては，
① 蒸気タービンに組み合わせるガスタービン容量が大きい（総合出力の 65 ～ 75〔％〕がガスタービンで発生）．
② 蒸気タービンの単独運転は不可能である．
③ ガスタービンの容量，排気温度によって蒸気タービンの出力，蒸気条件が制約される．
④ 復水器温排水が，通常の汽力プラントに比べて少ない．
⑤ 起動時間が短い．
⑥ ガスタービンの負荷変動により，蒸気タービン負荷も変動する．

(c) 排気助燃方式

第7図に示すとおり，ガスタービンの排気を排熱回収ボイラに導く煙道内で助燃を行うことによって，蒸気条件の向上，蒸気プラントの出力増加を図る方式である（助燃量はガスタービンの燃料量に比べわずかである）．その特徴としては，
① ガスタービンの負荷変動による蒸気タービンの負荷変動は，助燃量の制御である程度吸収できる．

第7図　排気助燃方式

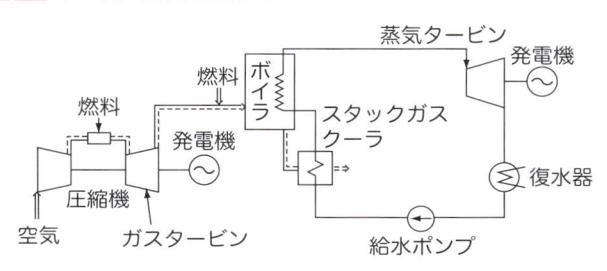

② 蒸気タービンの単独運転は不可能である．
③ プラント効率は排気再燃方式より若干下がるが，建設費が安い．
④ 復水器温排水が，通常のプラントに比べて少ない．
⑤ 起動時間が短い．

(d) 排気再燃方式

　　ガスタービンの排気は，高温であると同時に多量の酸素を含んでいるので，第8図に示すように，ガスタービンの排気をボイラに導き，排熱回収を行うと共に，排気をボイラ燃焼用空気として利用するものである．

　　その特徴としては，
① ボイラ用燃料は，ガスタービンとは無関係に選定できる．
② 蒸気タービン出力は，ガスタービン出力に比べ，比較的大容量のものに適する．総合出力の70〜85〔％〕が蒸気タービン側で発生する．
③ 高温排気をボイラ燃焼用空気として利用するため，空気予熱が不要となる代わりにガスクーラを設置し，ボイラ排ガス温度を下げる．
④ 運転制御系統が複雑となる．

第8図　排気再燃方式

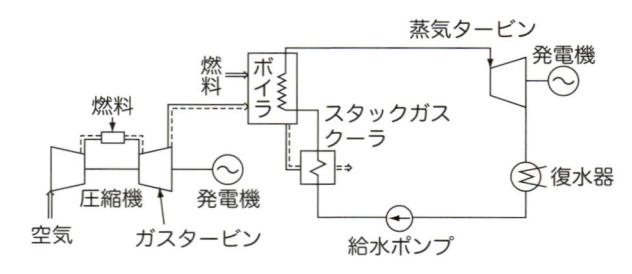

(2) **ボイラ熱利用方式**

(a) 過給ボイラ方式

　　第9図に示すように，ガスタービンの空気圧縮機でボイラを加圧燃焼し，その排ガスをガスタービンに導いて仕事をした後，さらにガスクーラでボイラ給水を加熱し熱回収を行う方式である．その特徴としては，

第9図　過給ボイラ方式

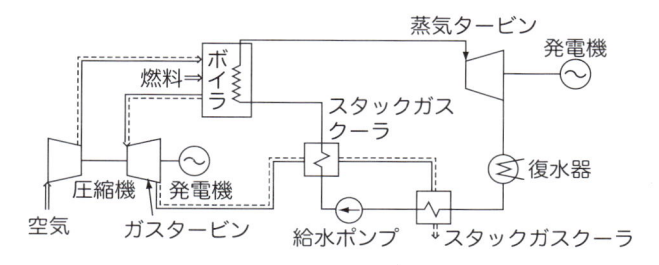

① コンバインドサイクル中，効率の向上はもっとも高い．
② 加圧ボイラであるため熱伝達率がよく，伝熱面積が減少しボイラは小型化するが，耐圧構造になり建設費が増加する．
③ 蒸気タービン・ガスタービンの単独運転は不可能である．
④ ボイラ使用燃料はガスタービンから制約を受ける．

(b) 空気タービン方式

　第10図に示すように，空気圧縮機からの空気をボイラ内の熱交換器で加熱し，ガスタービンに導いて仕事をした後，排気をボイラ燃焼用空気として利用する方式である．その特徴としては，
① 外燃式のガスタービンであるので，燃料の種類に制約がない．
② 空気加熱用の熱交換器が高価になる．
③ 蒸気タービン・ガスタービンの単独運転は不可能である．
④ 単位空気量あたりのガスタービン出力が減少する．

第10図　空気タービン方式

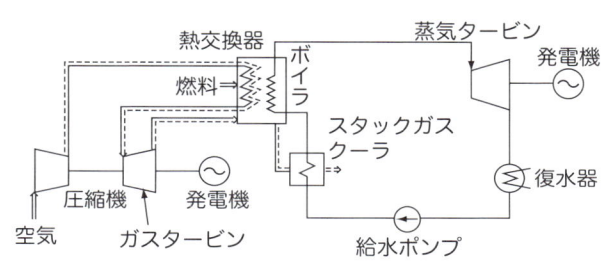

6 コンバインドサイクルの熱効率

排熱回収方式のコンバインドサイクルについての熱効率は，第11図に示すようになる．

第11図　コンバインドサイクルの熱サイクル

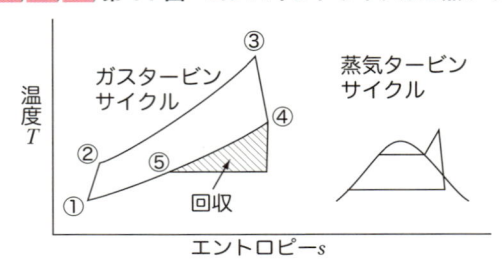

単純開放サイクルの場合は，④-①の部分は大気に放熱されるが，排熱回収を行うと，④-⑤の部分が回収され，蒸気サイクルの方で利用されることになる．

サイクル熱効率は，次のように表される．

$$\eta_c = \frac{\text{有効仕事量}Q}{\text{供給熱量}Q_0}$$

ここで，排熱回収方式の場合について熱効率を計算してみる．ガスタービン単独運転の場合の効率を η_{GT}，供給熱量 Q_0 に対するガスタービン排気熱量の割合を α，排熱ボイラの効率を η_B，蒸気プラント側のタービン室効率を η_{ST} とすると，

ガスタービンの仕事量 $= Q_0 \cdot \eta_{GT}$

蒸気タービンの仕事量 $= Q_0 \cdot \alpha \cdot \eta_B \cdot \eta_{ST}$

したがって，コンバインド発電の効率は，

$$\eta = \frac{1}{Q_0}(Q_0 \cdot \eta_{GT} + Q_0 \cdot \alpha \cdot \eta_B \cdot \eta_{ST})$$
$$= \eta_{GT} + \alpha \cdot \eta_B \cdot \eta_{ST}$$

となる．

例えば，$\eta_{GT} = 0.28$，$\alpha = 0.63$，$\eta_B = 0.72$，$\eta_{ST} = 0.28$ とすると，$\eta = 0.407$（40.7〔％〕）となり，超臨界圧火力発電所なみの効率となることが分かる．

7 コンバインドサイクルの制御上の特徴

コンバインドサイクルは，ガスタービンと蒸気プラントが組み合わされているので，制御は複雑となることから，制御上の特徴は次のとおりである．

(1) **蒸気温度制御**

排熱回収ボイラでは，ガスタービンの排ガス量，排ガス温度の影響によって主蒸気温度が変動する．

このため，温度制御を容易にするため，過熱器のバイパス方式（過熱器を通る蒸気量を制御）がとられることもある．

(2) **蒸気圧力制御**

コンバインドサイクルのうち，助燃あるいは再燃方式では燃料の調節により蒸気圧力を制御できるが，排熱回収方式の場合は，ボイラ側では蒸気圧力を制御できない．

したがって，蒸気タービン側でガバナによる前圧制御が必要となる．この方法は，蒸気圧力が一定となるようタービン入口弁の開度を制御する方法である．

(3) **インタロック**

ガスタービンと蒸気プラント相互のインタロックが必要となる．

① ガスタービントリップ時のボイラおよび蒸気タービンの動作
② 蒸気タービン（ボイラ）トリップ時のガスタービンの動作
③ ガスタービンの背圧異常上昇に対するガスタービンの保護
④ ガスタービンおよびボイラ起動に対するインタロック

テーマ9 軽水形原子力発電所の炉心構成

原子炉は核分裂をコントロールし，核分裂のときに発生する熱エネルギーを取り出す装置である．

原子炉を構成している主な要素には，次の四つがある．
① 核分裂を起こす燃料
② 核分裂によって新しく発生した中性子の速度を落とし，次の核分裂を起こしやすい状態にするための減速材
③ 核分裂によって発生した熱を炉心から外部に取り出すための冷却材
④ 核燃料の核分裂する量を調整する制御棒

これらの要素を適切に組み合わせて，安全に核分裂を行い，原子炉の運転が続けられる．

原子炉は，これらの構成要素の違いによって，いろいろな種類に分けられるが，わが国で運転・建設されているものは主に軽水炉である．この軽水炉は，現在，世界で実用化されている炉の中で一番多く運転・建設されている．

軽水炉には沸騰水型炉（BWR）と加圧水型炉（PWR）の2種類がある．沸騰水形は，原子炉の中で蒸気を発生させ，それを直接タービンに送る方式であり，加圧水形は原子炉内の圧力を高め冷却水が高温でも沸騰しないようにし（圧力鍋と同じ原理），その水を蒸気発生器（熱交換器ともいわれる）に送り，そこで，別の系統を流れている水を蒸気に変えてタービンに送る方式である．

1 原子炉の基本構成

原子炉を構成する主要部分の概略を第1図に示す．原子核反応を起こす中央部分を炉心と呼び，ここに燃料の詰まった燃料棒が格子状に配置され，その間および周囲に減速材が充てんされている．

炉心のまわりは，放射線や中性子の漏出を防ぐため，反射材や遮へい壁で取り囲み，人体の安全を図っている．

第1図 原子炉の基本形

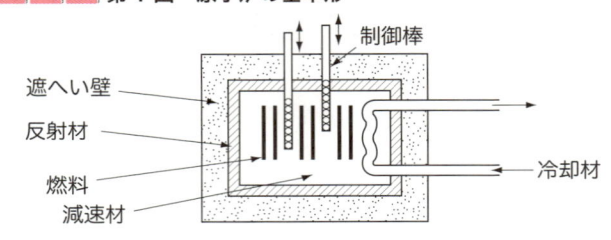

炉内で発生した熱を外部へ運び出すための冷却系では，炉心と外部の発電設備での間で冷却媒体が循環している．

制御系では中性子を吸収し，核分裂を制御するために制御棒などが用いられる．制御棒は燃料棒の間を上下し，原子炉の連鎖反応を細かく調整することができるようになっている．また，以上のほかに，原子炉保護のための非常炉心冷却装置（Emergency Core Cooling System；ECCS），新旧の燃料を入れ換えるための燃料交換装置，その他，熱交換器，ポンプ，弁類，各種計測装置などが付属している．

2 軽水形原子炉における各要素

(1) 各要素の概要

(a) 核燃料

精製されたばかりの天然ウランは，その大部分がウラン238であり，核分裂を持つウラン235はわずか0.7〔%〕しか含まれていないため，濃縮が行われる．

軽水形原子炉では，燃料中のウラン235の割合は，約3〔%〕にまで濃縮されている．

核燃料ペレットをそのまま原子炉中に挿入すると，減速材や冷却材中に混ざってしまうおそれがあるので，細長い被覆管中にペレットを順次詰め込んで，燃料棒の形で使用される（この状態を燃料要素という）．

(b) 制御材

中性子を吸収しやすい物質を炉心に投入する割合で原子炉出力を制御するものである．

軽水形原子炉では，中性子吸収の大きいボロン–ステンレス鋼，ボ

ロンカーバイド，Ag–In–Cd 合金などをステンレス鋼で被覆し，制御棒の形で用いられ，燃料棒の間の所々に挿入できるようになっている．

(c) 減速材

減速材として使用される物質は，液体としては，軽水（H_2O）と重水（D_2O）が用いられる．

重水は中性子を吸収しない点で優れているが，高価である．軽水は，どこでも入手できるため安価であり，これを減速材とした軽水形原子炉が広く用いられている．

(d) 冷却材

軽水または重水は，熱伝導率が大きく，冷却材としての機能にも優れており，軽水形原子炉では，減速材として使用している軽水を冷却材としても兼ねて用いている．

(2) 各要素の解説

(a) 核燃料

核燃料製造工程で特に重要な部分は濃縮である．

核分裂性を持つウラン 235 の割合を高めるため，濃縮が行われる．ウラン 238 とウラン 235 とは，化学的性質は全く同じであるため，これを分離，濃縮するには，質量の差を利用した物理的方法が必要である．

濃縮する方法としては，ウランをガス体の化合物（六ふっ化ウラン；UF_6）とし，第 2 図に示す「ガス拡散法」または第 3 図に示す「遠心分離法」を繰り返すことにより濃縮割合を高めていく．

第 2 図　ガス拡散法の原理

隔膜（直径1/10万〜1/20万〔mm〕の穴が多数あいている）

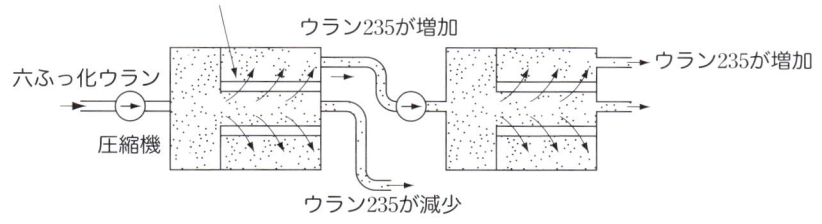

六ふっ化ウラン　圧縮機　ウラン235が増加　ウラン235が増加　ウラン235が減少

ウラン235の方が，ウラン238より軽いので隔膜を通過しやすい

第3図　遠心分離法の原理

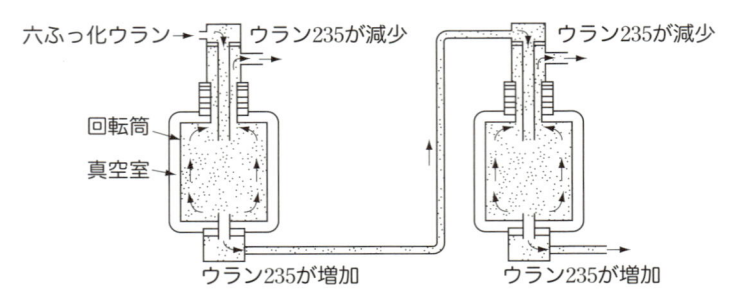

高速回転の容器内では質量の大きいウラン238が外側に多く集まる．ウラン235は軽いので中心部に残る．

核燃料は，第4図，第5図に示すように燃料棒の形で使用される．被覆材としては，中性子の吸収が少なく，機械的，熱的，化学的に丈夫で，熱伝導率のよいことが重要であり，普通ジルコニウム合金が用いられる．

燃料棒は直径 $1 \sim 1.5$ 〔cm〕，長さ数〔m〕もあり，1基の原子炉あたり，これが数万本必要となる．

実際には，燃料棒を数十本ないし数百本まとめて取り扱うが，これを燃料集合体と呼ぶ．燃料集合体には，制御棒が一緒に組み込まれている．

(b) 制御材

制御材は，中性子吸収の大きいことが要求され，カドミウム，ボロン，ハフニウムなどが使われているが，動力炉では高温で使用するので，上記の材料で構成した制御棒の形で用いられる．

その他，冷却水中にほう酸を溶解して用いたり，バーナブルポイズンと称し，燃料中に制御材を混入して用いることもある．

(c) 減速材

減速材を使用する理由は，ウラン235が核分裂を起こす際に中性子を吸収する必要があるが，中性子の運動する速度が速過ぎると，原子核に吸収されにくいため，中性子の速度を低下させる必要があることによる．

第4図　PWR形原子炉の燃料集合体

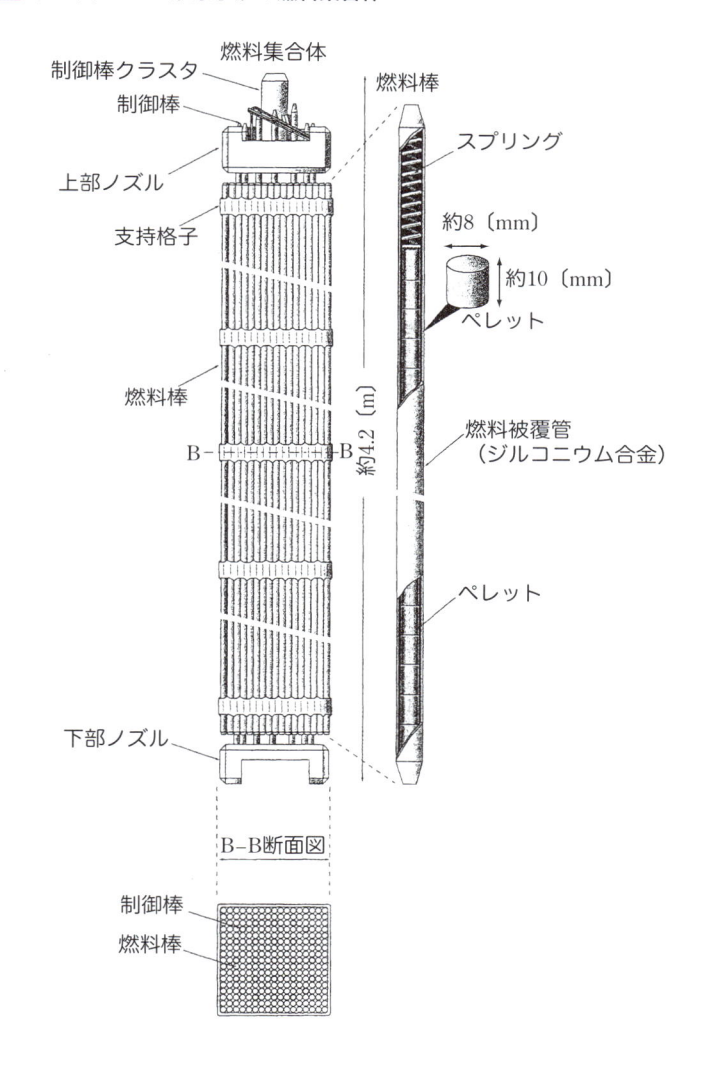

- 制御棒クラスタ
- 燃料集合体
- 制御棒
- 燃料棒
- 上部ノズル
- スプリング
- 支持格子
- 約8〔mm〕
- 約10〔mm〕
- ペレット
- 燃料棒
- 約4.2〔m〕
- 燃料被覆管（ジルコニウム合金）
- B—B
- ペレット
- 下部ノズル
- B—B断面図
- 制御棒
- 燃料棒

第5図　BWR形原子炉の燃料集合体

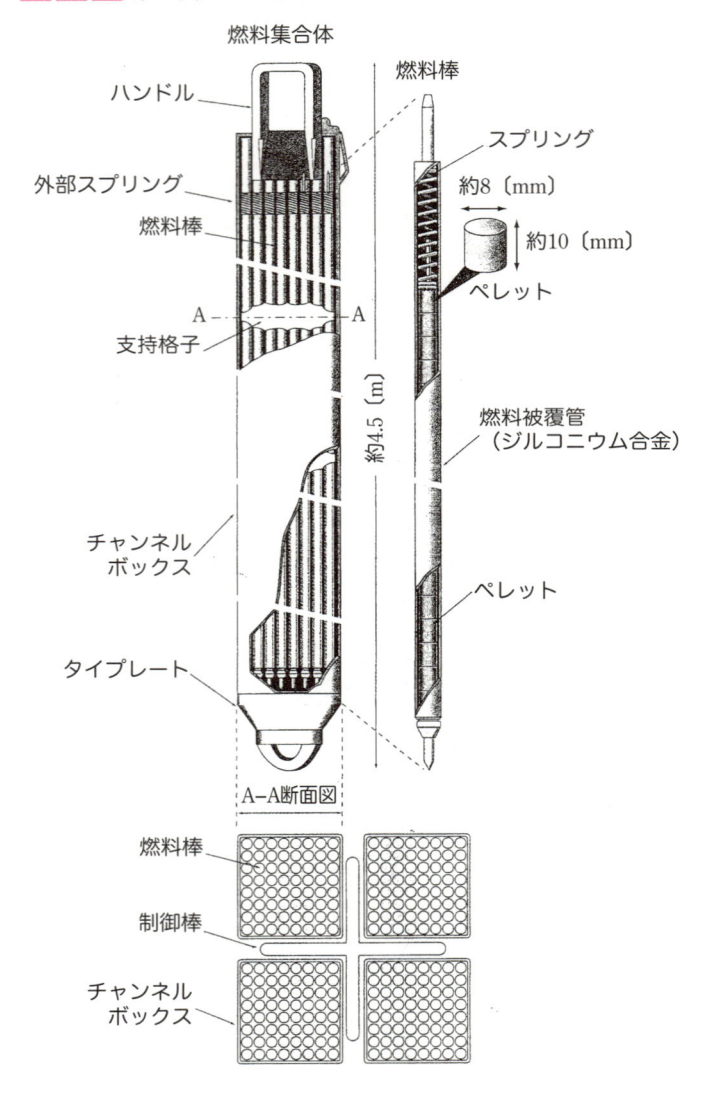

この目的から，減速材として使用する物質は，質量の軽い原子核を持ったものがよい．すなわち，中性子が質量の大きい原子核に衝突すると，ほとんど減速されずに返されるが，衝突する相手の原子核が軽いと，運動エネルギーの大部分を相手に返すので速度が低減できるためである．

　減速材として望ましい条件を以下に示す．
① なるべく質量の小さい原子核を持つこと
② 中性子を吸収しにくい性質を持つこと
③ 同じ体積中に多数の原子があること（気体よりも液体や固体がよい）
④ 原子炉内の強力な放射線や熱によって分解，変質しないこと

　減速材として使用される物質は，液体としては，軽水，または重水，固体としては黒鉛またはベリリウムが用いられる．

　液体の減速材は，原子炉容器内にそのまま充てんされるが，固体減速材は，特別の形のブロックに成形して，燃料棒のまわりに積み上げられる．

(d) 冷却材

　冷却材に要求される条件を以下に示す．
① 熱伝導率が大きいこと
② 中性子を吸収しにくい性質を持つこと
③ 原子炉内の放射線や熱によって分解しないこと

　以上の条件から，減速材と同じ軽水あるいは重水が用いられることが多く，黒鉛減速炉の場合には炭酸ガスやヘリウムなどの気体が用いられる．

　冷却水中に不純物が存在すると，炉心を通過するとき中性子を吸収して放射化し，冷却系統の保守点検作業時の支障となるため，冷却水の純度管理はきわめて重要である．

3 軽水形原子炉の基本構成

軽水形原子炉には，加圧水形（PWR）と沸騰水形（BWR）の2種類があることは前述のとおりである．以下に，それぞれの原子炉の炉心まわりの基本構成を簡単に説明する．

(1) PWR形原子炉の基本構成

第6図にPWR形原子炉の基本構成を示す．

第6図　PWR形原子炉の基本構成

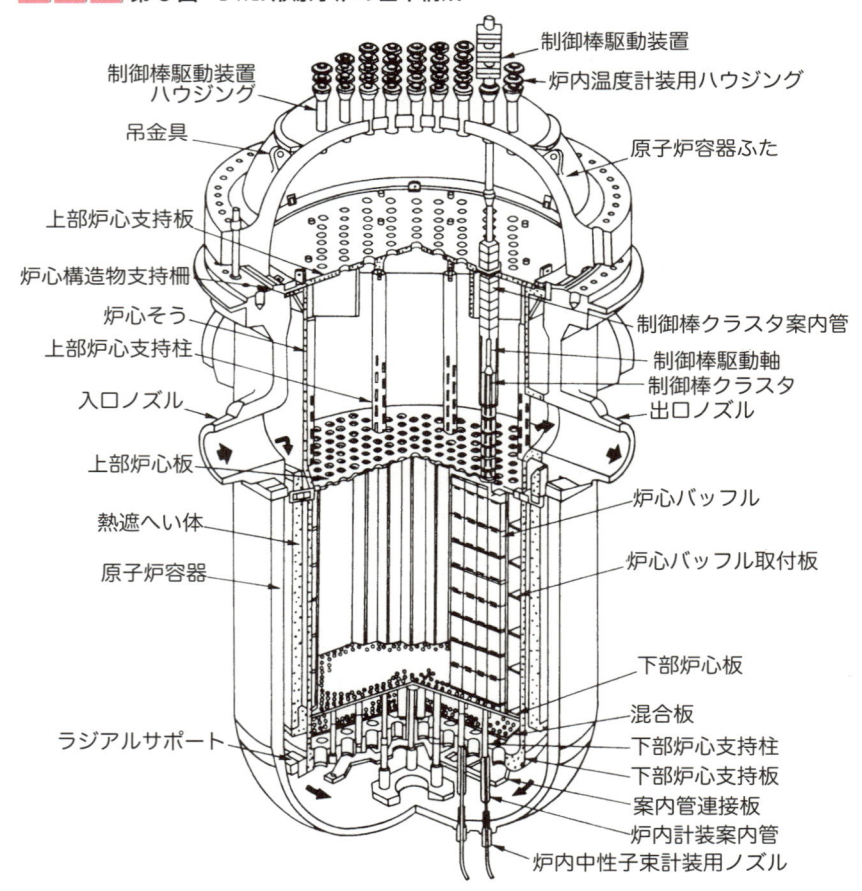

（図中ラベル）
- 制御棒駆動装置ハウジング
- 吊金具
- 上部炉心支持板
- 炉心構造物支持柵
- 炉心そう
- 上部炉心支持柱
- 入口ノズル
- 上部炉心板
- 熱遮へい体
- 原子炉容器
- ラジアルサポート
- 制御棒駆動装置
- 炉内温度計装用ハウジング
- 原子炉容器ふた
- 制御棒クラスタ案内管
- 制御棒駆動軸
- 制御棒クラスタ
- 出口ノズル
- 炉心バッフル
- 炉心バッフル取付板
- 下部炉心板
- 混合板
- 下部炉心支持柱
- 下部炉心支持板
- 案内管連接板
- 炉内計装案内管
- 炉内中性子束計装用ノズル

原子炉および炉心は，原子炉容器およびその内部に配置される燃料集合体，炉心構造物，制御棒クラスタ，制御棒駆動装置などで構成されている．

炉心は燃料集合体を外側が円に近づくような格子状に配列して構成される．

燃料集合体は，第4図に示すように，14 × 14，15 × 15，および 17 × 17 の正方配列を形成した燃料棒からなっている．

制御棒はクラスタ方式で，燃料集合体内の案内シンブルの中を上下し，炉内の反応度を制御する．制御棒にはAg–In–Cd（あるいはボロンカーバイドなど）の中性子吸収材をステンレスの被覆管に挿入したフルレングス制御棒と，吸収材を被覆管の下部1/4に充てんしたパートレングス制御棒の2種類がある．前者は運転中の反応度制御に，後者は炉心内の軸方向の出力分布調整と出力変動に伴う Xe（キセノン）分布を制御する．

(2) BWR形原子炉の基本構成

第7図にBWR形原子炉の基本構成を示す．原子炉および炉心は，PWRと同様，原子炉容器およびその内部に配置される燃料集合体，炉心構造物，制御棒とその駆動装置などで構成されている．

BWRの燃料集合体は，PWRよりも小さい 7 × 7，もしくは 8 × 8 の正方配列の燃料集合体で，チャンネルボックスと呼ばれる正方形の筒の中に納められる．

また，BWRでは燃料集合体内の出力分布平均化のため，第5図に示すように数種類の濃縮度の異なる燃料棒が使用される．

制御棒は，PWRと異なり，燃料集合体の間に一つおきにおかれ，圧力容器下部から炉内に挿入されている．制御棒は，4本の燃料集合体で形成される間隔部を移動するため，十字のブレードを持っている．ブレードは炭化ほう素の粉末を封入したステンレス鋼製の管を一列に並べたもので，U字形シースで覆われている．

テーマ9　軽水形原子力発電所の炉心構成

第7図　BWR形原子炉の基本構成

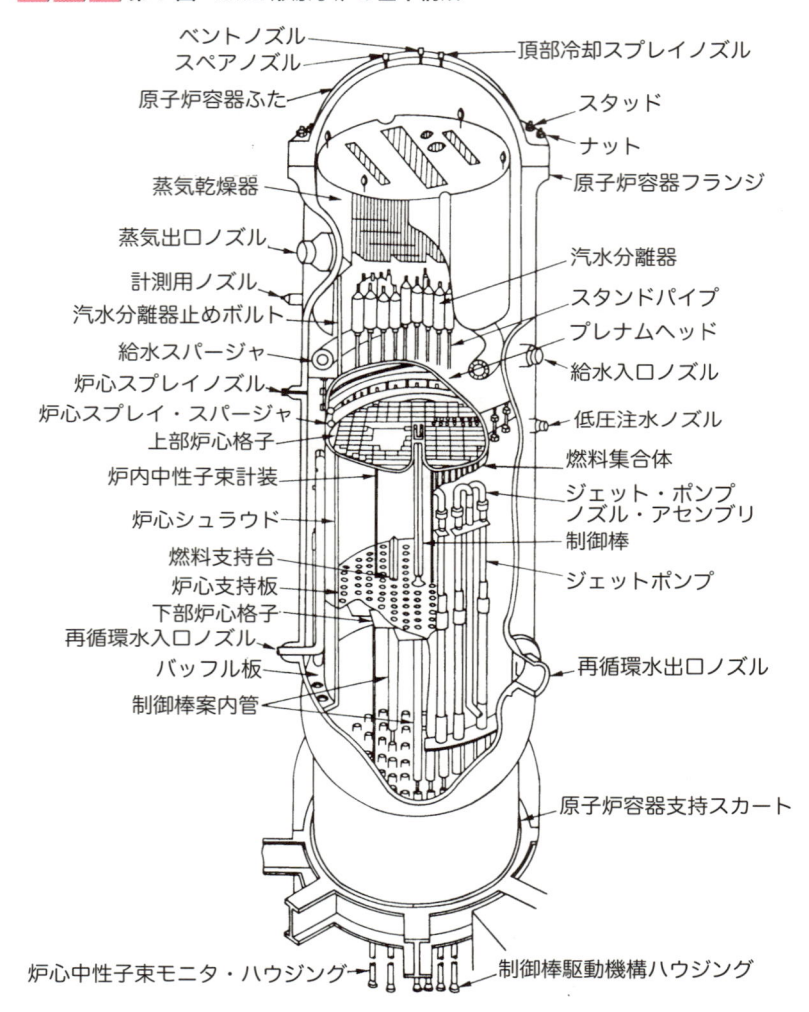

- ベントノズル
- スペアノズル
- 頂部冷却スプレイノズル
- 原子炉容器ふた
- スタッド
- ナット
- 蒸気乾燥器
- 原子炉容器フランジ
- 蒸気出口ノズル
- 汽水分離器
- 計測用ノズル
- スタンドパイプ
- 汽水分離器止めボルト
- プレナムヘッド
- 給水スパージャ
- 給水入口ノズル
- 炉心スプレイノズル
- 炉心スプレイ・スパージャ
- 低圧注水ノズル
- 上部炉心格子
- 燃料集合体
- 炉内中性子束計装
- ジェット・ポンプノズル・アセンブリ
- 炉心シュラウド
- 制御棒
- 燃料支持台
- ジェットポンプ
- 炉心支持板
- 下部炉心格子
- 再循環水入口ノズル
- バッフル板
- 再循環水出口ノズル
- 制御棒案内管
- 原子炉容器支持スカート
- 炉心中性子束モニタ・ハウジング
- 制御棒駆動機構ハウジング

テーマ10 地下式変電所の変圧器，遮断器，開閉器などの電気工作物に対する火災対策

　地下式変電所は，大都市のビルや公園の地下の狭いスペースに設置されるため，人身および設備の防災対策は特に重要である．さらに最近では主要道路の地下にも変電所の建設が進められており，防災対策は変電所の設計上，重要な課題である．

　変電所の火災は，設備の絶縁劣化などによるアーク発火，通電部の接触不良による過熱発火，ほかの燃焼物との接触による発火などが要因となって，油入変圧器や油入遮断器の鉱油に着火して発生する場合に被害が大きく，地下変電所の火災対策には，火元となる機器をなくす方法，ならびにその波及を局限する対策があり，大別すると次の2項目の対策が必要となる．

(1) 変圧器，遮断器などの電気工作物における対策
(2) 変電所の構造における対策

1　変電機器火災発生の要因

変電機器の火災の原因は
・変電機器の事故波及
・変電所構内作業での火気不始末
・変電所以外からの火災の類焼

などがあげられる．また機器の要因としては，雷などによる外部要因によるものと機器自体の欠陥（劣化など）によるものに分かれるが，いずれも現象として，

・機器内部短絡，地絡時のアークによる着火
・機器の局部過熱による着火

などが考えられる．このような要因により，機器の絶縁油や可燃物（各種ケーブル，ゴムなど）に着火し，延焼する場合がほとんどである．

　したがって，防災対策が特に必要とされる地下式変電所などでは，絶縁油などの可燃物を使用していない難燃性機器や機器内部のみの火災に局限できる構造の機器などを採用することが考えられる．

2 変圧器，遮断器などの電気工作物における対策

(1) 難燃性・不燃性機器の採用

① 開閉装置

　基本的に絶縁油を使用せず，密閉化構造の機器は以下のとおりである．

(a) GIS（ガス絶縁開閉装置）

　常温で不活性，不燃，無臭，無毒の安定した SF_6 ガスを絶縁媒体に用いた金属容器密閉機器で，優れた消弧性能やコンパクト化により数多く採用されている（第1図参照）．

(b) キュービクル（磁気遮断器）

　遮断電流を吹消しコイルに流すことによって作られる磁界を利用して，アークを特殊耐熱磁器板の溝に押し込み，気中で消弧する遮断器である．装置自体はキュービクル内に密閉化されている．

(c) 固体絶縁開閉装置（真空遮断器）

　電極間を高真空（10^{-5}〔Pa〕以下）にすることにより，不燃性材料のバルブ内でアークを消弧する遮断器である．開閉時の高温金属蒸気はバルブ内のシールドにとらえられるので，バルブ壁は高温にならない．充電部は難燃性材料で絶縁されていると同時に金属容器内に収納されている（第2図参照）．

② 変圧器

基本的に絶縁油を使用しない機器は以下のとおりである．

(a) 乾式変圧器（耐熱クラスHなど）

　変圧器巻線の絶縁を木綿，ガラス繊維などの固体絶縁物のみにより構成し，直接空気によって巻線および鉄心を冷却する小容量変圧器である．エポキシモールド形は，難燃性のエポキシ樹脂でモールドしたもので，自己消火性を持たせることもできる．ほとんどが33〔kV〕以下の変圧器に採用されている．

(b) ガス絶縁変圧器

　防災性の高い SF_6 ガスを絶縁媒体としたもので，SF_6 ガスと複合誘電体で構成され金属容器内に密閉化されている．冷却方式としては SF_6 ガス自体によるものと，冷媒（フロンあるいはフロロカーボ

第1図

(a) 275〔kV〕ガス絶縁開閉設備（変電所の電源および調相設備）

(b) 66〔kV〕ガス絶縁開閉設備
（配電用変電所および特別高圧受電所への電力送電用）

ン）によるものがあり，変圧器自体からの発火，類焼の危険がない．現在地下変電所を含む変電所への適用が進んできており，超高圧変圧器などにも採用されるようになってきた（第3図参照）．

テーマ10 地下式変電所の変圧器，遮断器，開閉器などの電気工作物に対する火災対策

第2図 22〔kV〕固体絶縁開閉設備（特別高圧送電用）

第3図 主要変圧器（275〔kV〕/66〔kV〕・容量300〔MV·A〕）

(2) **難燃性・不燃性電力ケーブルの採用**

　　CV（架橋ポリエチレン）ケーブルの採用（第4図参照），ケーブルシース・介在物に難燃性を付加，ピットへの砂の充てん，難燃材料（防災シート）のケーブルへの巻付け・塗布，OFケーブルを用いる場合は密閉形防災トラフ内への収納などを実施する．

第4図 超高圧 CV ケーブル（UHV XLPE Cable）

　なお，超高圧以上のケーブルは，従来，OF ケーブルが用いられていたが，近年は，工事・保守性，優れた電気特性から，CV ケーブルが採用されるようになった．また，壁貫通部などには耐炎シール材で防火区画を施すなどの対策も実施する．

　ケーブル，接続部などを難燃性の板や耐火性の隔壁で相互に離隔したりする対策も一部で実施されている例もある．

(3) 油入機器のタンク補強

　油入機器内部事故時のタンク破壊による発火を防止するため，事故継続時間内はタンク破壊に至らないように補強する．特に変圧器類については，冷却媒体としても絶縁油を使用していることから，ほかの冷却方式の場合，変圧器容量の制限や冷却設備の大型化を伴うことになる．そこで，大きなアークエネルギーに対するタンク内圧上昇を避け，またそれに耐えうるように避圧空間を設けたり，タンク強度を増大させるような対策を施す．

(4) 難燃性制御ケーブルの採用

　制御ケーブルについても類焼などを防止する面から，難燃性ケーブルを採用したり，ケーブルを難燃性の防災シート内に収納するなどの対策を講じる．また，電力ケーブルと同様，ケーブルの壁貫通部は防火区画を確実に施す（第5図参照）．

🔥🔥🔥 **第5図　ケーブル貫通部の防火区画**

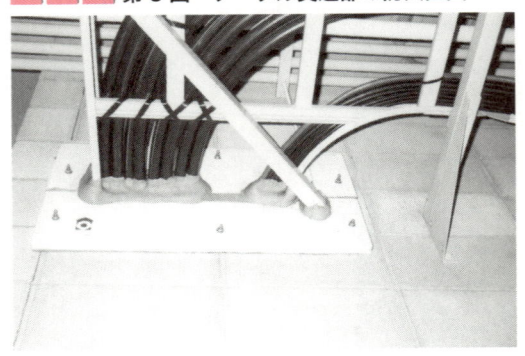

(5) 遮断器，変圧器などからほかの機器への延焼を防ぐための鉄板などの隔壁の設置

3　変電所の構造における対策

(1) **変電所のユニット化**

　一つの変電所をいくつかのユニットに区分し，各ユニット間に耐火構造の防火区画を設置する．

　また，扉には防火扉を採用し，ケーブルの油槽室などには防油堤を設けるなどの対策を施す．

(2) **集油槽の設置**

　変圧器の絶縁油が流出しても，ほかの機器室や通路に漏れないよう油だめ，集油槽を設置する．

(3) **排油槽の設置**

　集油槽がない場合や容量が不足する場合は，排油槽を設置する．内部は，防水構造として漏水による有効容量の減少を防ぐ．油のくみ出しが可能なように必ずマンホール部を設置する．

(4) **洞道，ピットなどの砂づめ，耐火壁などの採用**

　耐火壁などは特に有効である．

(5) **自動消火設備の設置**

　火災の発生を検出する感知器，警報装置，消火設備（二酸化炭素消火設備，ハロゲン化物消火設備，粉末消火設備のいずれか），当該場所に

いる人間を避難させるための避難誘導装置を設置する（第6図参照）．

第6図 自動消火設備（CO_2）

(6) **排気装置の設置**

消火後，すみやかにガスと煙を排気して復旧を早めるため，排気装置を設置する．

最近の変電所はトータルガス絶縁化による防災対策を施すようになってきており，高電圧化と設備安全・人身安全を推進する上で，今後ますます変電所のトータルガス絶縁化が進むことになろう．

テーマ 11 変電所の塩じん害

1 塩じん害とは

がいしやがい管類（アレスタ・VT用がい管など）の表面が，潮風の塩分付着や化学工場などの排ガスによる大気中可溶性物質，あるいはばい煙，じんあいなどの付着によって汚損され，これが原因となって「汚損フラッシオーバ」を起こすことを塩じん害という．

したがって，塩害対策の設計はあらかじめがいしの塩分付着密度を想定の上，その条件において，がいしが所要の耐電圧値を維持することを目標に行うこととし，信頼度と経済性はもとより，特に運転保守面との関連についても十分考慮をはらうものとしている．

2 汚損フラッシオーバの過程

懸垂がいしを例として第1図に示す．

(1) 汚損がいしが濃霧，霧雨などで湿潤すると，可溶性物質（海塩，煙じん中の電解質成分など）が溶出し，導電性の被膜が形成され，がいし表面の絶縁特性が低下し，がいし表面を漏れ電流が流れるようになる．

第1図　塩じん害による汚損フラッシオーバ発生の過程

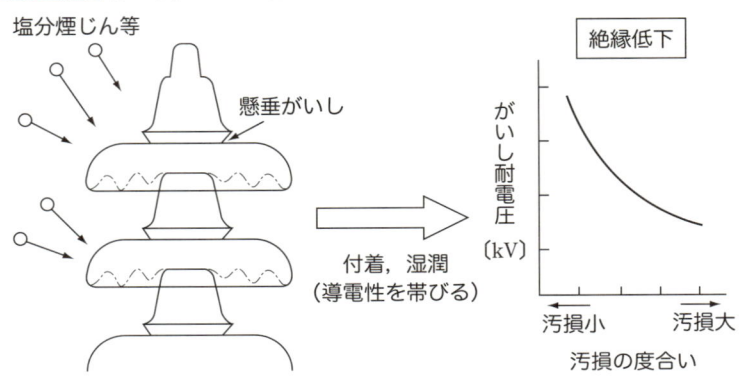

(2) 漏れ電流密度の高い懸垂がいしのピンやキャップ周辺の発熱作用が盛んになり，温度が上昇し，これを中心として放射状にのびる「乾燥帯」ができて，「湿潤帯」との区別がはっきりしてくる．

(3) がいしの「汚損度」が低い場合は漏れ電流が小さい（数〔mA〕程度）ため，抵抗の高い乾燥帯に加わる電圧もあまり高くならない．したがって，局部アークなしで乾燥帯がしだいに拡大していく形となり，ついに漏れ電流は消失してがいし表面の絶縁性は回復する．このように自己の漏れ電流で汚損を乾燥，消失させる作用を「がいしの耐霧性」という．

(4) がいしの「汚損度」が高い場合には漏れ電流が大きい（数十〔mA〕程度）ため，ピンやキャップ周辺から放射状にのびた抵抗の高い乾燥帯に加わる電圧が高い．

このため，乾燥帯を挟んで商用周波の「局部アーク」が断続的に発生し，漏れ電流の形は「サージ電流」となる．この局部アークは乾燥帯の拡大と周囲の空気のイオン化を同時に進行させながらしだいに進展していき，ついに「沿面フラッシオーバ」に至る．これを「汚損フラッシオーバ」といい，汚損フラッシオーバに至る直前の漏れ電流を「臨界漏れ電流」という．

(5) 汚損フラッシオーバの場合は「トラッキング」を伴うので，がいし表面は局所的に導電性を帯びている．

このため持続性の沿面フラッシオーバとなる．

トラッキングとは，電気回路の開閉部分に用いられている絶縁材料がアークにさらされる場合に，炭化物を生じ導電性のトラック（走路）を形成することをいう．したがって，がいしのような無機質の場合には発生しない現象であるが，汚損フラッシオーバを起こすような汚損度の高いがいし表面には，幾分かの有機物が付着しているためトラッキングが生じる．なお，この炭化が溝状になり，樹枝状に広がって絶縁破壊を起こすことを「トリーイング」といい，トラッキングと区別している．

3　塩じん害の種類と特徴

(1) 平常汚損と急速汚損

　　12～3月ごろの低温季に日本海を渡ってくる季節風による海塩汚損は潮風に含まれている海水の湿気（塩分）が少なく，地域が限定されていて規模が小さい．これに対して，台風による汚損は非常に急速であり，「急速汚損」（第2図Dの部分）と呼ばれる．

　　一般に，がいしが塩分を含んだ風にさらされると汚損が逐次累積され，しだいに汚損度を増すが（第2図Cの部分），降雨があれば洗い流されて汚損度が減る（第2図Bの部分）．長い期間これを繰り返すことによって，台風などにより急激に多量の汚損物が付着する場合を除けば，がいしの汚損度はおおむねある値（第2図Eの部分）以下におさまる．この状態を「平常汚損」と呼ぶ．

第2図　がいし汚損の状態の例

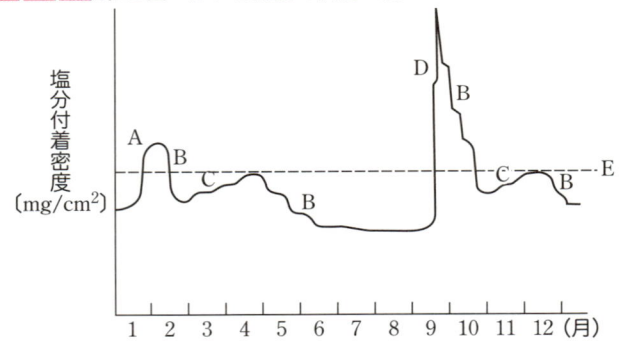

(2) 汚損地域の区分

　　わが国では火力発電所や原子力発電所が数多く海岸近くに建設され，またコンビナートが海岸を埋め立てて建設されているので，海岸地帯を経過する送電線も多く，変電所も多くある．したがって，わが国のがいし汚損の大部分は台風や季節風による塩分付着であるので，このような地域を塩害地域と呼んでおり，海岸からの距離や地形，気象などから塩分付着量による汚損地域の区分が行われ，その区分ごとに塩害対策が講じられる．変電設備の汚損地域の区分の一例を第1表に示す．また，汚損区分図の例を第3図に示す．

第1表　汚損区分

汚損区分	塩分付着密度〔mg/cm²〕
A（一般地区）	0.01 以下
B（軽汚損地区）	0.01 超過～0.03 以下
C（中汚損地区）	0.03 超過～0.06 以下
D（重汚損地区）	0.06 超過～0.12 以下
E（＊）	0.12 超過～0.25 以下
F（＊）	0.25 超過

（＊）超重汚損地区　0.12 超過～0.35 以下
　　　特殊地区　0.35 超過
（注）電協研 35-3「変電設備の耐塩設計」で全国統一のものとして推奨されている汚損区分を参考として（　）内に併記した．

第3図　汚損区分図

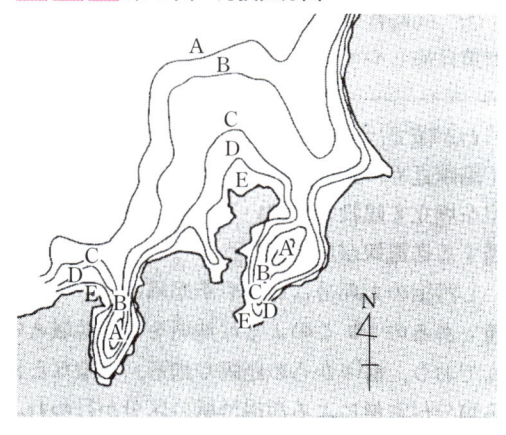

4　塩分付着密度とがいしの設計

　汚損量の単位としては，第1表に示すようにがいしに付着する汚損物の単位面積あたりの付着量〔mg/cm²〕で表し，"塩分付着密度"と呼ぶ．がいしに付着する汚損物は，食塩（NaCl）以外の導電性の可溶性物質（石こうなど）を含むことがあり，このような場合は，その水溶液の導電度を食塩だけの汚損とみなして汚損量を表すことが一般に使われ，これを"等価塩分付着密度"と呼ぶ．

汚損フラッシオーバの最低電圧（最低フラッシオーバ電圧）は，第4図の例に示すように，主にがいしの等価塩分付着密度によって定まるため，一般にこれを汚損の度合いを表す尺度として用いる．なお，この等価塩分付着密度を評価するために無課電のパイロットがいしが用いられ，その等価塩分付着密度からその付近のがいしの汚損度を算定する方法をとっている．

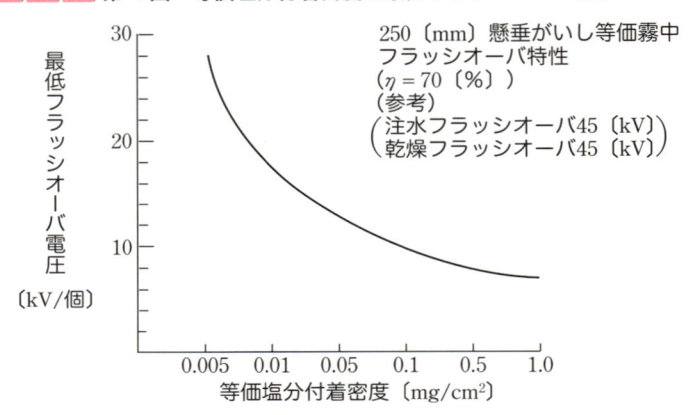

第4図　等価塩分付着密度と最低フラッシオーバ電圧

250〔mm〕懸垂がいし等価霧中
フラッシオーバ特性
（$\eta = 70$〔％〕）
（参考）
（注水フラッシオーバ45〔kV〕
　乾燥フラッシオーバ45〔kV〕）

5　汚損量の測定方法と汚損検出器

前述のパイロットがいしに付着する汚損物の定量的な測定方法については，従来から種々の方法が考案され，その使用目的によりもっとも良い方法が採用されている．ここでは，広く採用されている「筆洗法」の概要を述べると共に，自動測定器の測定原理・構成について述べることとする．

(1) **筆洗法**

　(a)　測定用所要器具

　　　主な測定用器具は第2表のとおりである．

　(b)　測定手順

　　(イ)　測定準備

　　　　測定容器類を水道または良質の水（抵抗率が10〔kΩ・cm〕以上の水）で下洗いし，可溶性の物質をよく洗い流し，さらに蒸留水（測定用水）で洗い流す．

第2表 付着塩分測定用器具

所要器具	適用
(1) バット	キャビネ判以上の大きさの浅い容器
(2) 毛筆	蒸留水で湿した清浄なもの，ガーゼまたは脱脂綿
(3) フラスコ	500〔cc〕程度のもの
(4) 温度計	0〜50〔℃〕の測定範囲でアルコール温度計が便利
(5) メスシリンダ	100〔cc〕測定用．水洗所要液の量を測定する
(6) 抵抗率測定管	透明アクリル管またはガラス管（内径8〔mm〕，電極間隔200〔mm〕）
(7) メガー	500，250，150〔V〕のいずれでもよく，最小測定範囲 0.05〔MΩ〕
(8) 電導度計	（電導度計による場合は，抵抗率測定管，メガーは不要）
(9) 蒸留水	200〔kΩ・cm〕以上（このような蒸留水がない場合，10〔kΩ・cm〕以上の清水を使用してもよいが，汚損量算出時に補正を要す）

(ロ) 付着塩分の採取

① 水洗用フラスコなどに 100〜500〔cc〕（がいし表面積・汚損状況により適宜変更可能）の蒸留水を入れ，この水でがいし表面を毛筆でよく洗い，付着物を溶解させながら汚損液をこぼさないようバットに受ける．

② 洗浄作業が終了したら，毛筆などに含まれる塩分も十分汚損液中に溶解させる．

(ハ) 汚損量の算出手順

① 電導度計を用いた場合

汚損液の抵抗率〔kΩ・cm〕を抵抗－温度校正図によって 18〔℃〕に換算し，さらに食塩水濃度と抵抗率換算図から汚損液の食塩濃度〔％〕を求め，単位面積〔cm^2〕あたりの塩分付着量〔mg〕を求める．

② メガーを用いて測定した場合

第5図に示すように，汚損液を抵抗率測定管に入れ，メガーで電極間の抵抗値を測定する．

第5図 メガーでの測定

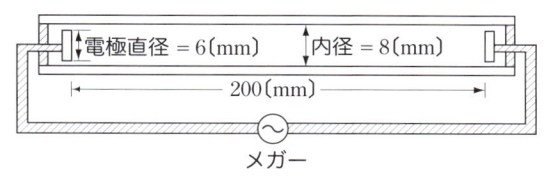

(2) 超音波洗浄式汚損検出器

第6図に示すように，実がいしと同一形状に組み立てられたパイロットがいしを蒸留水を入れた洗浄槽内に入れ，がいしを回転させながら，超音波洗浄により汚損物を洗い流す．洗浄後その電気伝導度を測定し，汚損量に換算する．

第6図　超音波洗浄式汚損検出器

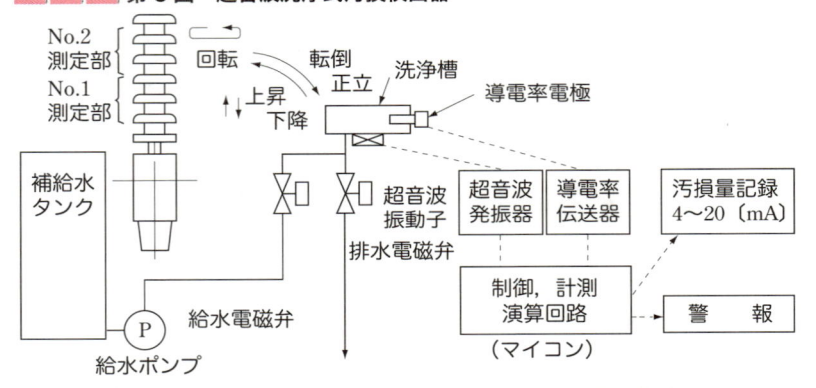

6　塩じん害の対策

塩害対策の種類と概要を第3表に示す．また，各電気工作物の設備別対策の一般的な考え方を第4表に示す．

以下，各対策について述べる．

(1) 過絶縁（絶縁強化）による方法

過絶縁とは，標準的な方法で定められたがいし連のがいし個数に対して，予想される塩じん害に応じて1～4個程度を増結してがいしの汚損対策を行うことをいう．過絶縁を採用する場合には，がいし連の長さの増大に対応するための絶縁間隔や荷重などの増加による支持物の建設費の負担増を考慮する必要がある．

(2) 耐霧がいしや長幹がいしによる方法

耐霧がいし（スモッグがいし）は塩じん害対策のために開発されたがいしで，次の特徴を備えている．

① 雨洗効果を良好にするために，がいし上面は水の流れやすい形状となっている．

第3表 塩害対策の種類と概要

塩害対策の種類	対策方法の概要	備考
絶縁強化	がいし増結，耐塩用がいしまたは上位絶縁階級のがいしの使用により，商用周波耐電圧値を増加させる．	母線がいしは，がいしの増結によって比較的容易に漏れ距離の増大が図れて絶縁強化が可能であるが，機器がいし・がい管の絶縁強化設計は製作限界や経済性からみて困難な場合もあるので，一概に絶縁強化のみで対処できない．
洗　浄	注水によりがいしに付着した塩分を除去する． 洗浄装置の方式には，次の種類がある． (1) 固定洗浄装置（主としてスプレーまたは水幕） (2) 簡易固定洗浄装置（ジェット） (3) 移動洗浄装置（ジェット） (4) 携帯式洗浄器（ブラシ式）	活線洗浄を行う場合には，洗浄に対する汚損管理限界を定め，常にがいし・がい管の汚損状態を把握し余裕を持って洗浄を行う必要がある．
隠ぺい化	屋内式，密閉形機器，ダクトを用いて，設備の全部または一部を覆い隠すことにより，塩分を含んだ風が，がいしにあたらないようにする．	汚損の著しい場所の架空線より屋内設備への引込口などには，活線洗浄と遮風壁とを併用して塩分の付着を防ぐと共に，洗浄水ががいしに効果的に注がれるようにする．
はっ水性物質塗布	がいしの磁器表面にシリコンコンパウンドなどを塗布し，フラッシオーバを防止する．	有効寿命が半年～1年であるので周期的に塗り替えを要する．

② かさは塩じんあいを遮へいするために深く垂下させ，また，下面のひだは，沿面距離を長くして表面漏れ抵抗を大きくするために凹凸を大きくしてある．

第7図にスモッグがいしと懸垂がいしの霧中耐電圧特性を比較して示す．

なお，第8図に示す長幹がいしは，柱状胴体であるため各かさの間でコロナ放電が一様に起こり，電圧分担が一様になる．これを「多段分割作用」というが，このため，汚損フラッシオーバが起こりにくい．耐霧用の長幹がいしは，かさの下の沿面距離を長くしてあるばかりでなく，かさの数が多く作られている．これは，沿面距離を長くすると共に，多段分割作用の効果を期待したものである．

第4表　塩害対策の設備別適用

設備別＼汚損の程度	汚損の少ない地域	汚損のやや多い地域	汚損の著しい地域
火力発電所，原子力発電所の開閉装置など	—	—	隠ぺい化（屋内式・GIS化）する．ただし，既設との関連等から屋外式とする場合は，固定洗浄装置により洗浄を行う
送電線	主として絶縁強化による	主として絶縁強化による　ただし，地中送電線の屋外終端部は状況に応じ洗浄を行う	(1)　架空送電線は，主として絶縁強化による．発変電所構内引込口等では，状況に応じ固定洗浄装置等により洗浄を行う (2)　地中送電線の屋外終端部は，洗浄を行う
変電所開閉所	主として絶縁強化による	(1)　一次・中間・配電用変電所は，状況に応じて絶縁強化あるいは洗浄とする (2)　超高圧変電所は，状況に応じて絶縁強化あるいは洗浄・隠ぺい化を施す (3)　500〔kV〕変電所は，洗浄または隠ぺい化とする	洗浄または隠ぺい化とする

（注）
1. 汚損の少ない地域……主として汚損区分が第1表に示すA，Bに相当する地域
　汚損のやや多い地域…主として汚損区分が第1表に示すC，Dに相当する地域
　汚損の著しい地域……主として汚損区分が第1表に示すE，Fに相当する地域
2. 避雷器（ギャップ付き），暫定設備等は必要に応じはっ水性物質を塗布する

　さらに，ケーブルの終端接続部におけるがいしでも，海岸地区では第9図に示すような耐塩がいしが用いられている．

▰▰▰▰ 第7図　各種懸垂がいしの霧中耐電圧特性

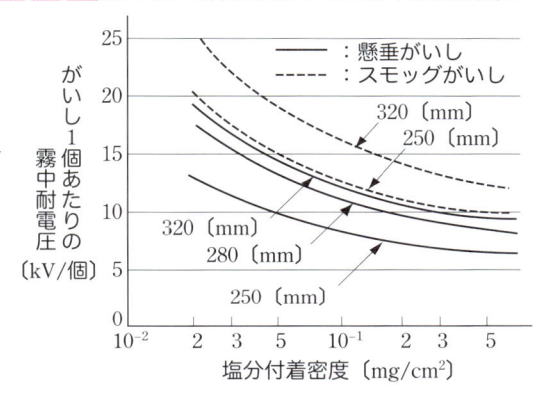

縦軸：がいし1個あたりの霧中耐電圧〔kV/個〕
横軸：塩分付着密度〔mg/cm²〕

―― ：懸垂がいし
‐‐‐‐ ：スモッグがいし

320〔mm〕
250〔mm〕
320〔mm〕
280〔mm〕
250〔mm〕

▰▰▰▰ 第8図　長幹がいし

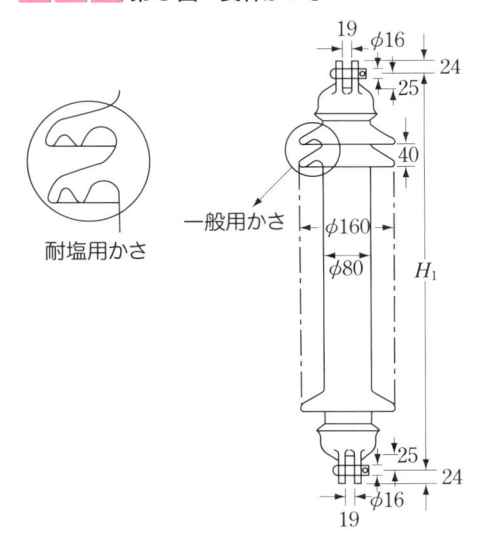

耐塩用かさ
一般用かさ

19, φ16, 24, 25, 40, φ160, φ80, H_1, 25, 24, φ16, 19

テーマ11　変電所の塩じん害

第9図　通常の終端部と耐塩終端部

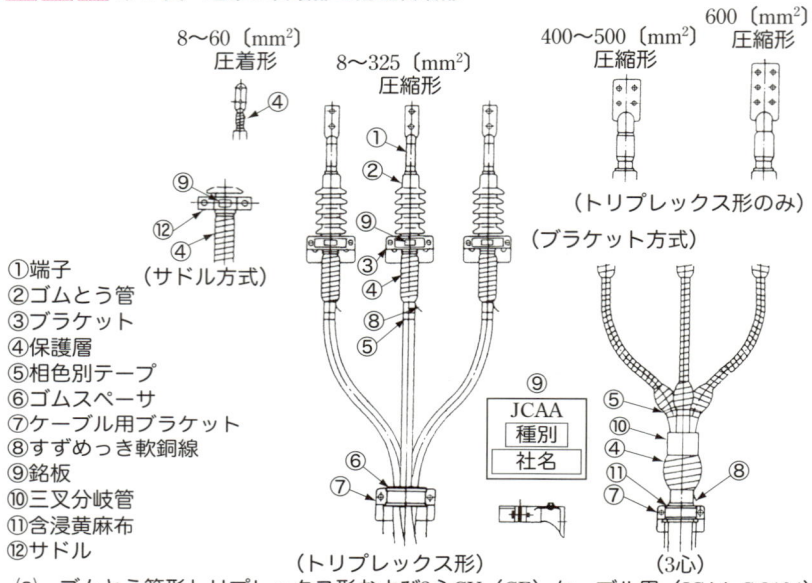

(a)　ゴムとう管形トリプレックス形および3心CV（CE）ケーブル用（JCAA C 3104）

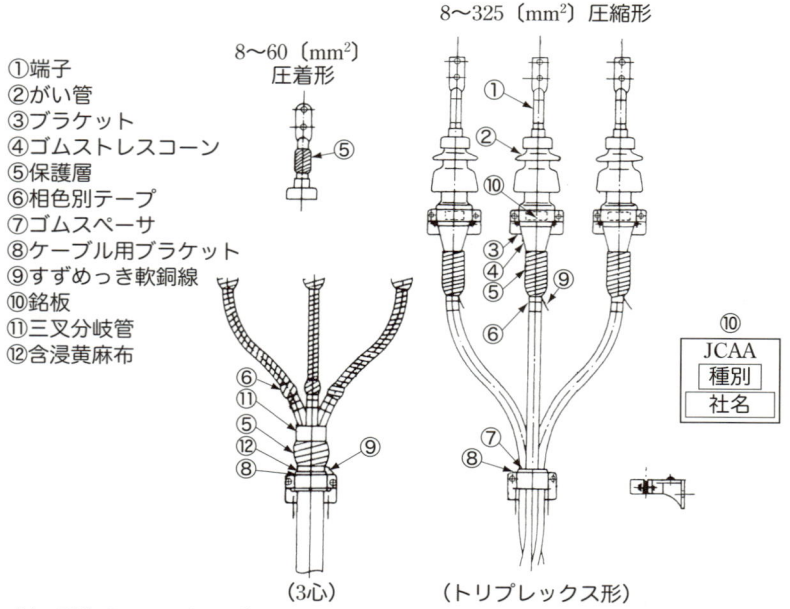

①端子
②ゴムとう管
③ブラケット
④保護層
⑤相色別テープ
⑥ゴムスペーサ
⑦ケーブル用ブラケット
⑧すずめっき軟銅線
⑨銘板
⑩三叉分岐管
⑪含浸黄麻布
⑫サドル

(b)　耐塩害6 600Vトリプレックス形および3心CV（CE）ケーブル用（JCAA C 3101）

①端子
②がい管
③ブラケット
④ゴムストレスコーン
⑤保護層
⑥相色別テープ
⑦ゴムスペーサ
⑧ケーブル用ブラケット
⑨すずめっき軟銅線
⑩銘板
⑪三叉分岐管
⑫含浸黄麻布

(3) **がいしの洗浄装置を設置する方法**

　屋外に設置される発・変電所などのがいし，がい管類が対象となる．洗浄方式は，設置方法によって，固定式と移動式の二つに大別される．

　また，弱い水圧で放出する水で全体を包むようにして付着している塩じんあいを洗い流すスプレー式，強い水圧で放出する水で付着している塩じんあいを洗い落とすジェット洗浄方式，がいし・がい管類設置場所の風上に水幕を作り，強風を利用して洗浄する水幕方式などがある．

　この場合，がいしの洗浄耐電圧は，洗浄水の抵抗率によって変化するため，要求される抵抗率の洗浄水を使用する必要がある．第10図に洗浄水抵抗率と洗浄耐電圧の例を示す．

第10図　洗浄水抵抗率と洗浄耐電圧

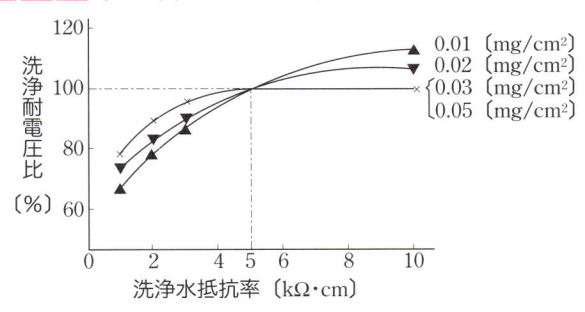

(4) **遮へい壁の設置，隠ぺい化の採用**

　発・変電施設などで採用されている方式である．また，送電線路にこの方式を採用すると，ケーブルまたは管路気中送電方式となり，塩じん害は皆無となる．

(5) **がいしの清掃，洗浄を行う方法**

　支持物のがいしの洗浄には，活線のまま行う方法と停電して行う方法とがある．洗浄方法には注水洗浄のほか，ブラシや布を用いて洗浄する方法がとられている．

(6) **はっ水性物質を塗布する方法**

　はっ水性物質であるシリコーンコンパウンドをがいし表面に塗布する方法である．

　シリコーンコンパウンドを塗布すると，強いはっ水性により塩分，水

分を寄せつけないと同時に第11図に示す「アメーバ作用」により表面の汚損物を包み込んでしまうため，がいし表面の絶縁抵抗が低下しない．ただし，1～2年程度を目安に塗り替える必要がある．

第11図　洗浄水抵抗率と洗浄耐電圧

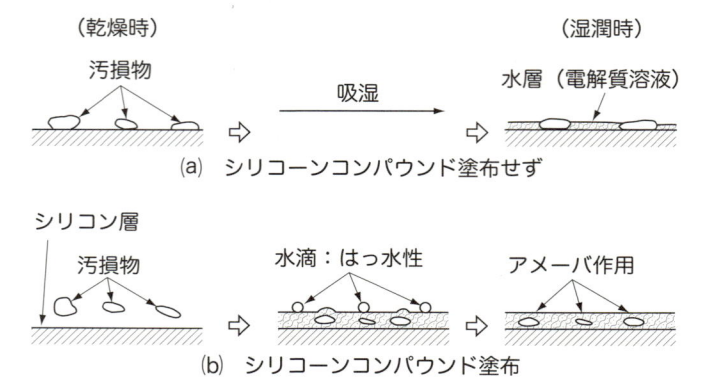

(a) シリコーンコンパウンド塗布せず

(b) シリコーンコンパウンド塗布

テーマ 12 変電機器の耐震設計の考え方と耐震対策

わが国は地震が多いことで知られており，電力用機器類も大きな地震に耐えなければならない．

地震から基盤（岩盤層）を進行してきた地震動は第1図に示すように表層地盤の影響で増幅されて地表面に伝達されるので，厳密にはこのような地震動の伝達機構を考慮して耐震設計を行う必要がある．特に，変電所はさまざまな地盤上に設置され，しかもその数も多いことから設計の簡素化と標準化を図るため，設計のベースとして地盤の影響を含めた地表で地震を設定することが大切である．

第1図　地震動の地表面への伝達機構
（出典：JEAG 5003-1998 日本電気技術規格委員会）

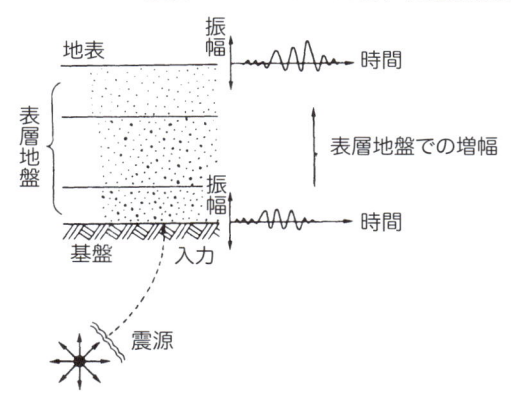

1　地震入力の設定と設計指針

(1) 水平加速度

第2図に，地表面水平加速度の再起年75年における期待値を表した河角マップを示す．これによれば，ほとんどの地域が0.3〔G〕（約300〔Gal〕；1〔Gal〕=1〔cm/s^2〕）以下である．

また，地表面0.3〔G〕は震度Ⅵ（烈震）に相当するきわめて厳しいものであるが，過去の地震記録から，地表面水平加速度はほとんどが0.3

第2図　地表面の期待加速度分布 (出典：第1図と同じ)

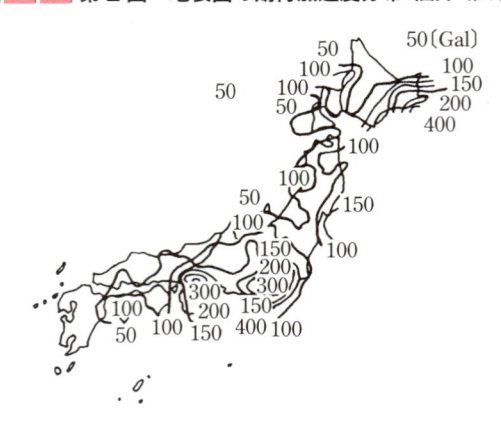

〔G〕以下であると推定でき，耐震設計のベースとする地表面地震の水平加速度は 0.3〔G〕が妥当であるとされた．

なお，鉛直加速度については，これまでの観測データからみて，水平加速度のほぼ 1/2 程度と考えられるが，ほとんどの機器はその構造上，鉛直加速度の影響は小さいため，考慮しないこととされた．

(2) **卓越振動数範囲**

第1表に，これまでに報告されている資料から地震波に含まれる振動数範囲を検討した例を示す．これから地表面地震力の卓越振動数範囲はほぼ 0.5〜10〔Hz〕と考えられる．

(3) **屋外用がいし形機器の地震応答特性**

275〔kV〕以上のがいし形機器の固有振動数はそのほとんどが地震の卓越振動数範囲 0.5〜10〔Hz〕に存在するため，地震と共振する可能

第1表　地震波の卓越振動数範囲 (出典：第1図と同じ)

資　料	振動数〔Hz〕	備　考
Seed 氏らがアメリカの過去の地震記録をまとめたもの	5 以下	第3図 マグニチュード 5.5 以上の地震に対して
国土交通省土木ガイドで採用されているもの	1〜10	第4図 減衰定数を 5〔%〕を対象とし，図中のスペクトルピーク値の 0.75 倍になる概略振動数領域を提示した

第3図　岩盤における最大加速度の卓越周期（出典：第1図と同じ）

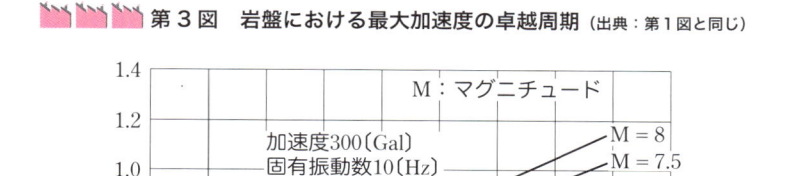

性が多く，その応答はかなり大きくなる．

また，第5図に示すように機器の地震応答を検討するためには地盤，基礎を含めて考慮しなければならないが，機器の設計の標準化や設計および加振試験による検証の簡素化を図るため，地盤・基礎の影響による増幅をできるだけ一般化し，これを地表面入力と併せて考慮したものを架台端入力として考慮する．

この地盤・基礎の影響による増幅の大きさを示す指標として，第6図に示すような「基礎の存在による増幅率」を考えた場合，地表面地盤の剛性を示すS波の伝搬送度（V_S値）が150〔m/s〕以上の地盤では，ほとんどのがいし形機器について，この増幅率は1.2以下と考えてよい．

各電力会社の地盤・基礎，がいし形機器の固有振動から「基礎の存在による増幅率」を調査した結果を第7図に示す．

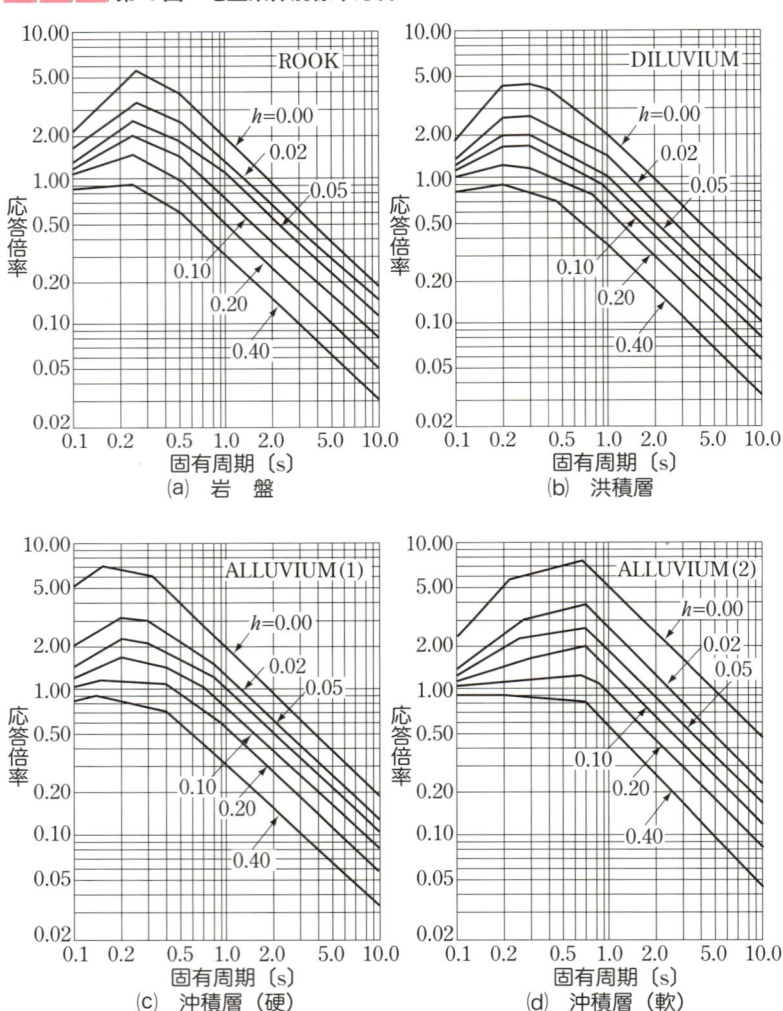

テーマ12　変電機器の耐震設計の考え方と耐震対策

第4図　地盤条件別標準応答スペクトル（出典：第1図と同じ）

(a) 岩盤

(b) 洪積層

(c) 沖積層（硬）

(d) 沖積層（軟）

🏭🏭🏭 **第5図　がいし形機器の応答特性** (出典：第1図と同じ)

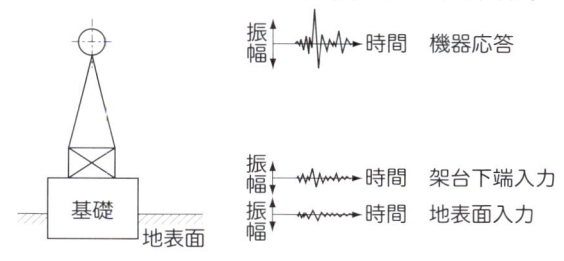

振幅／時間　機器応答
振幅／時間　架台下端入力
振幅／時間　地表面入力

🏭🏭🏭 **第6図　基礎の存在による増幅率** (出典：第1図と同じ)

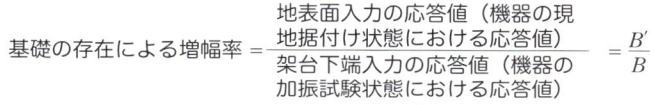

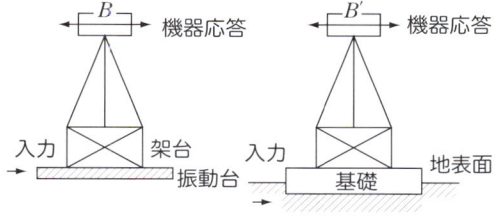

$$\text{基礎の存在による増幅率} = \frac{\text{地表面入力の応答値（機器の現地据付け状態における応答値）}}{\text{架台下端入力の応答値（機器の加振試験状態における応答値）}} = \frac{B'}{B}$$

B → 機器応答　　B' → 機器応答
入力 → 架台／振動台　　入力 → 基礎／地表面

🏭🏭🏭 **第7図　基礎の存在による増幅率の調査結果** (出典：第1図と同じ)

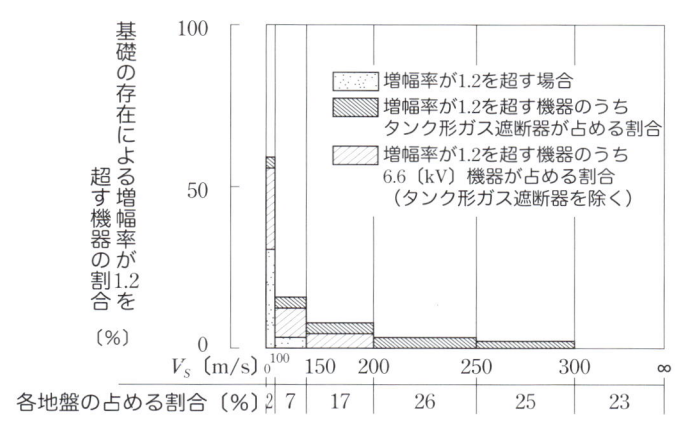

基礎の存在による増幅率が1.2を超す機器の割合〔％〕

- 増幅率が1.2を超す場合
- 増幅率が1.2を超す機器のうちタンク形ガス遮断器が占める割合
- 増幅率が1.2を超す機器のうち6.6〔kV〕機器が占める割合（タンク形ガス遮断器を除く）

V_S〔m/s〕	100	150	200	250	300	∞
各地盤の占める割合〔％〕	2	7	17	26	25	23

(4) 屋外用変圧器ブッシングの地震応答特性

変圧器ブッシングは，第8図に示すようにがいし形機器と同様な応答を示すが，ロッキング現象などの影響が加わるため，地盤・基礎・変圧器本体の影響を総合してできるだけ一般化し，これを地表面入力と併せてポケット下端入力として考慮する．

「基礎・変圧器本体の存在による増幅率」は，適正な基礎形状を選定するなどの点に配慮すれば，$V_S ≧ 150$〔m/s〕の地盤においては2.0程度と考えられる．

第8図　変圧器ブッシングの応答特性（出典：第1図と同じ）

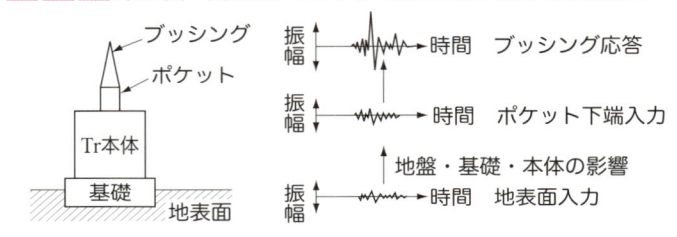

```
        ブッシング          振幅 ─╱╲ヘ╲─→ 時間  ブッシング応答
        ポケット
                           振幅 ─ヘ╲─→ 時間  ポケット下端入力
        Tr本体
                                    地盤・基礎・本体の影響
        基礎   地表面        振幅 ─ヘ╲─→ 時間  地表面入力
```

(5) 標準地盤

一般にがいし形機器の「基礎の存在による増幅率」が1.2以下と判断してよい地盤，すなわち$V_S ≧ 150$〔m/s〕の地盤を標準地盤として定義している．地盤の評価方法としては，V_S値を実測する方法よりも従来から一般的に使用されているN値から推定する方法が実用的であるため，N値による標準地盤の判定も採用できるようになっている．N値は重さ63.5〔kg〕のハンマーを75〔cm〕自由落下させ，標準貫入試験用サンプルを30〔cm〕打ち込むのに要する打撃の数として定義されており，V_S値の150〔m/s〕はほぼN値の5に相当する．

(6) 耐震設計指針のポイント

以上，述べたことを標準条件とし，第9図および第2表に示す手順で耐震設計の指針が決定された．そのポイントを次に示す．

① がいし形機器および変圧器ブッシングは，ぜい性材料であるがいし類で構成されており，最大応答値で破壊する特性を示し，振動の継続時間および振動波形の影響を受けないため正弦波などの等価波形の採用が可能である．

第9図　設計地震力説明図（出典：第1図と同じ）

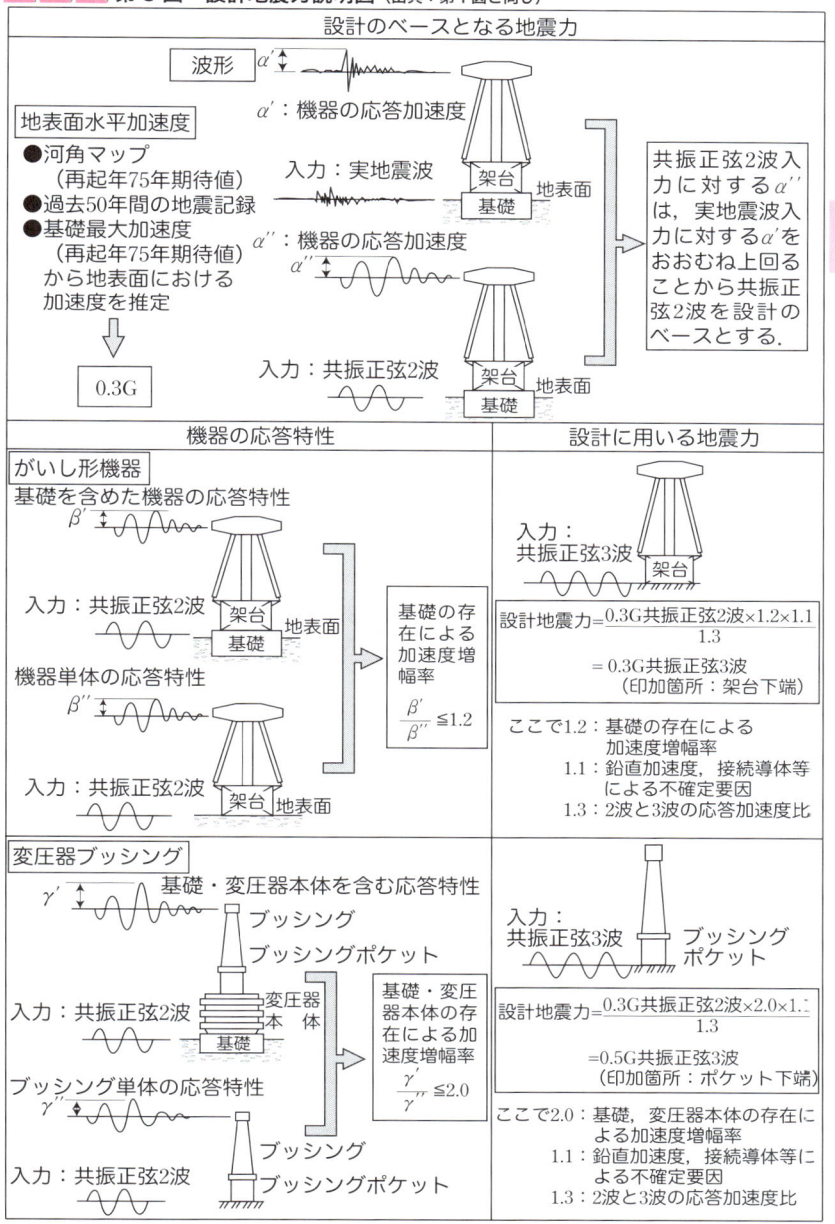

設計のベースとなる地震力

波形 α'：機器の応答加速度

地表面水平加速度
- 河角マップ（再起年75年期待値）
- 過去50年間の地震記録
- 基礎最大加速度（再起年75年期待値）から地表面における加速度を推定

⇒ 0.3G

入力：実地震波 → α'：機器の応答加速度
入力：共振正弦2波 → α''：機器の応答加速度

共振正弦2波入力に対する α'' は，実地震波入力に対する α' をおおむね上回ることから共振正弦2波を設計のベースとする．

機器の応答特性

がいし形機器

基礎を含めた機器の応答特性 β'
入力：共振正弦2波

機器単体の応答特性 β''
入力：共振正弦2波

基礎の存在による加速度増幅率 $\dfrac{\beta'}{\beta''} \leq 1.2$

設計に用いる地震力

入力：共振正弦3波

$$\text{設計地震力} = \dfrac{0.3G \text{共振正弦2波} \times 1.2 \times 1.1}{1.3}$$

$= 0.3G$ 共振正弦3波
（印加箇所：架台下端）

ここで1.2：基礎の存在による加速度増幅率
　1.1：鉛直加速度，接続導体等による不確定要因
　1.3：2波と3波の応答加速度比

変圧器ブッシング

基礎・変圧器本体を含む応答特性 γ'
ブッシング／ブッシングポケット
入力：共振正弦2波

ブッシング単体の応答特性 γ''
入力：共振正弦2波

基礎・変圧器本体の存在による加速度増幅率 $\dfrac{\gamma'}{\gamma''} \leq 2.0$

入力：共振正弦3波　ブッシングポケット

$$\text{設計地震力} = \dfrac{0.3G \text{共振正弦2波} \times 2.0 \times 1.1}{1.3}$$

$= 0.5G$ 共振正弦3波
（印加箇所：ポケット下端）

ここで2.0：基礎，変圧器本体の存在による加速度増幅率
　1.1：鉛直加速度，接続導体等による不確定要因
　1.3：2波と3波の応答加速度比

4　変電

第2表　がいし形機器・変圧器ブッシングの設計地震力（出典：第1図と同じ）

項目	がいし形機器	変圧器用ブッシング
地表面に入力するベースとなる設計地震力Ⓐ	共振正弦2波 0.3〔G〕突印	同　左
基礎等の存在による増幅率Ⓑ	1.2	2.0
鉛直加速度，接続導体等による不確定要素Ⓒ	1.1	1.1
補正係数Ⓓ	Ⓑ　Ⓒ　Ⓓ $1.2 \times 1.1 \fallingdotseq 1.3$	Ⓑ　Ⓒ　Ⓓ $2.0 \times 1.1 \fallingdotseq 2.2$
機器設計地震力決定の考え方	機器架台下端に対する設計地震力としてはⒶ×Ⓓ＝共振正弦2波 0.39〔G〕となるが，従来から一般的に使われている3波に換算した． 3波加速度＝$0.39〔G〕\times \dfrac{1}{1.3}$ 　　　　　＝0.3〔G〕	ブッシングポケット下端に対する設計地震力としてはⒶ×Ⓓ＝共振正弦2波 0.66〔G〕となるが，従来から一般的に使われている3波に換算した． 3波加速度＝$0.66〔G〕\times \dfrac{1}{1.3}$ 　　　　　＝0.5〔G〕
機器設計地震力	機器の架台下端に対し共振正弦3波 0.3〔G〕	ブッシングポケット下端に対し共振正弦3波 0.5〔G〕

（注）2波と3波の応答加速度比　$\dfrac{共振正弦3波の加速度応答倍率}{共振正弦2波の加速度応答倍率} = \dfrac{6.1}{4.7} \fallingdotseq 1.3$

② がいし形機器および変圧器ブッシングの固有振動数は地震の卓越振動数範囲 0.5～10〔Hz〕内にあるため共振する可能性がある．したがって，一番厳しい条件として機器の固有振動数を有する正弦波を入力として考える必要がある．

③ 共振正弦2波に対する機器の加速度応答倍率は，実際に過去に起きた多くの地震波形入力に対する応答倍率をおおむね上回る．したがって，設計に使用する設計地震力は共振正弦2波 0.3〔G〕を採用する．

④ 地表面の設計地震力共振正弦2波 0.3〔G〕に，がいし形機器は「基礎の存在による増幅率」1.2，変圧器ブッシングは「基礎・変圧器本体の存在による増幅率」2.0 と，さらに不確定要因（鉛直加速度，接続導体などによる影響）1.1 を考慮した．これを従来から一般に使われている3波に換算して設計地震力とする．

$$\frac{共振正弦3波の加速度応答倍率}{共振正弦2波の加速度応答倍率} \fallingdotseq 1.3$$

　このような試験方法を擬共振法ということがある．このように称するのは，振動入力が3波だけで継続していないので，機器が完全な共振状態にまで至らないことによる．第10図に機器の耐震設計手順を示す．

第10図　機器の耐震設計手順概要

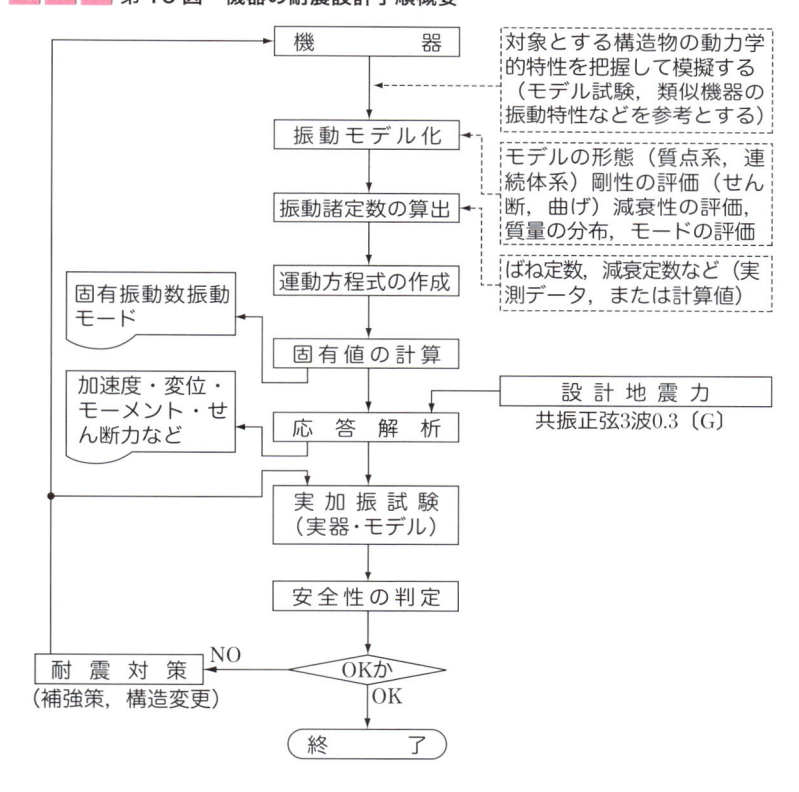

```
機　　　器  ←――  対象とする構造物の動力学
   ↓              的特性を把握して模擬する
振動モデル化 ←――  （モデル試験，類似機器の
   ↓              振動特性などを参考とする）
振動諸定数の算出 ←―  モデルの形態（質点系，連
   ↓                続体系）剛性の評価（せん
運動方程式の作成 ←―  断，曲げ）減衰性の評価，
   ↓                質量の分布，モードの評価
固有値の計算 ←――  ばね定数，減衰定数など（実
   ↓              測データ，または計算値）
         ← 固有振動数振動モード
応　答　解　析 ←― 設計地震力
   ↓              共振正弦3波0.3〔G〕
         ← 加速度・変位・モーメント・せん断力など
実加振試験
（実器・モデル）
   ↓
安全性の判定
   ↓
  OKか  ―NO→ 耐震対策（補強策，構造変更）
   ↓OK
  終　了
```

【変電機器の耐震設計の考え方のまとめ】

　従来，変電機器の耐震設計は静的設計（0.5〔G〕静的水平加速度）が広く用いられてきたが，近年の高電圧・大容量化に伴う機器の大型化，地震による被害の経験を踏まえ，耐震性能に関する研究が進められてきた．その結果，主に275〔kV〕以上の地震動と構造上共振する可能性のある機器は擬共振法による動的設計を採用し，標準地盤において次の条件に耐える

設計とすることが推奨されている.
(a) 屋外用がいし形機器
① 加速度は 3〔m/s²〕の水平加速度とする.
② 波形は共振正弦 3 波とする(ただし,機器の固有振動数が 0.5〔Hz〕以下または 10〔Hz〕以上のときはそれぞれ 0.5〔Hz〕,10〔Hz〕とする).
③ 印加点は架台下端とする.
(b) 屋外変圧器(ブッシング部分)
① 基本的な加速度は 5〔m/s²〕の水平加速度とする.詳細は,第 11 図のフローによる.

第 11 図 ブッシングの設計地震力フロー (出典:第 1 図と同じ)

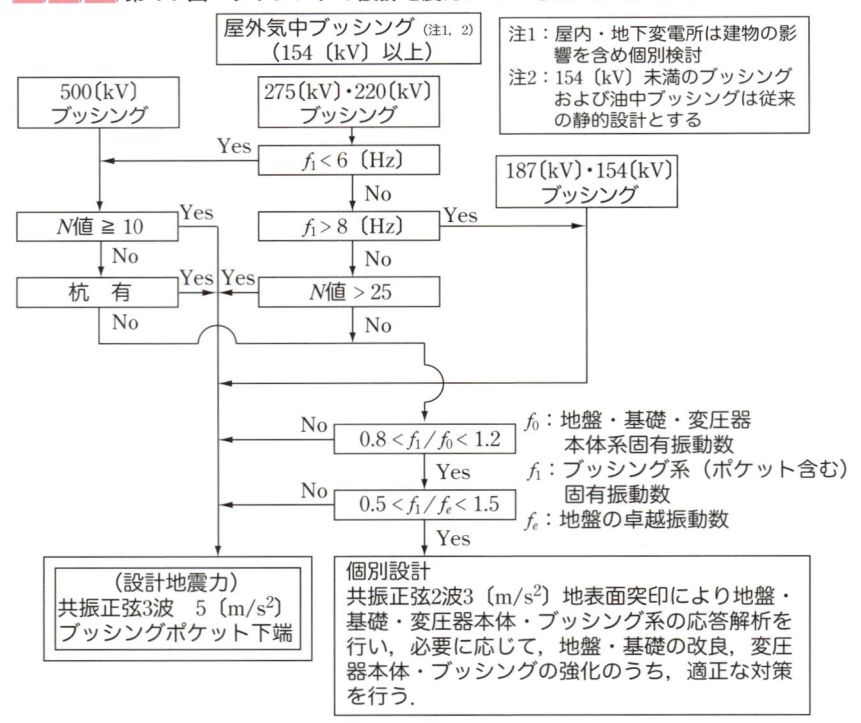

屋外気中ブッシング (注1, 2)(154〔kV〕以上)

注1:屋内・地下変電所は建物の影響を含め個別検討
注2:154〔kV〕未満のブッシングおよび油中ブッシングは従来の静的設計とする

500〔kV〕ブッシング
275〔kV〕・220〔kV〕ブッシング
187〔kV〕・154〔kV〕ブッシング

$f_1 < 6$〔Hz〕
$f_1 > 8$〔Hz〕
N値 ≧ 10
N値 > 25
杭 有
$0.8 < f_1/f_0 < 1.2$
$0.5 < f_1/f_e < 1.5$

f_0:地盤・基礎・変圧器本体系固有振動数
f_1:ブッシング系(ポケット含む)固有振動数
f_e:地盤の卓越振動数

(設計地震力)
共振正弦3波 5〔m/s²〕
ブッシングポケット下端

個別設計
共振正弦2波3〔m/s²〕地表面突印により地盤・基礎・変圧器本体・ブッシング系の応答解析を行い,必要に応じて,地盤・基礎の改良,変圧器本体・ブッシングの強化のうち,適正な対策を行う.

(注) ブッシング系の固有振動数が0.5〔Hz〕を下回るとき,または10〔Hz〕を上回るときは設計波形の振動数をそれぞれ0.5〔Hz〕,または10〔Hz〕とする.

② 波形は(a)と同じ．
③ 印加箇所はブッシングポケット下端とする．

なお，変圧器本体は地震と共振する可能性が少ないので，従来どおり静的設計とする（5〔m/s^2〕の水平加速度）．

(c) 屋内用変電機器
① 地階および1階に設置してある機器は屋外用変電機器と同様とする．
② 2階以上に設置してあるものは建物の応答（増幅率2倍程度）を考慮した設計とする．

2 変電機器の耐震対策

主な機器の耐震対策は以下のとおりである．各機器について共通していえることは，アンカボルトの強度を十分にすること，機器間リード線は機器頂部の変位を考慮してリード線に適正なたるみを持たせることなどである．

(1) **変圧器**

ポケットを含むブッシング系の固有振動を変圧器本体・基礎・地盤系の固有振動から外すように，ブッシング取付フランジやポケットの構造を考慮する．

(2) **遮断器**

がいし形空気・ガス遮断器は上方に重心があり，特に地震に弱いので，高い強度のがい管を用いる，ステイがいしの本数を多くする，架台に十分な強度を持たせるなどの対策が有効である．

抜本的には，地震に強いタンク形ガス遮断器を用いるのがよい．

(3) **避雷器ほかのがいし形機器**

避雷器の架台，断路器の支持がいしには十分な強度を持たせる．

(4) **制御電源（蓄電池）**

蓄電池自体は十分な強度を持つが，架台への据付状態で転倒，横すべりなどが発生しないよう施工上注意する．

【固有振動数と対策】

機器および装置の固有振動数を第12図に示す．

(1) **がいし形機器および変圧器ブッシング**

275〔kV〕以上のがいし形機器および変圧器ブッシングの固有振動数

テーマ12　変電機器の耐震設計の考え方と耐震対策

第12図　変電機器・装置の固有振動数（出典：第1図と同じ）

▼ 変圧器用ブッシング（ポケット含）　◎ タンク形遮断器
■ 計器用変成器
∅ 断路器　　　　　　　　　　　　　　○ がいし形遮断器（空気遮断器）

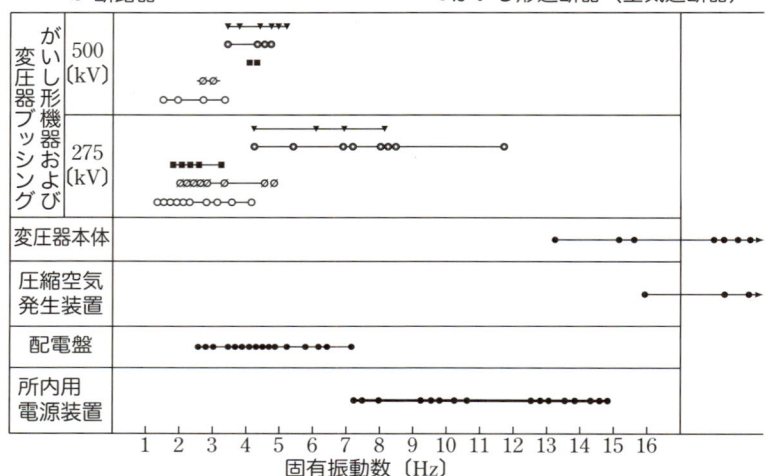

は10〔Hz〕以下であり，電圧階級の高いものほど低くなる傾向にある．これら機器は地震動に対し共振を起こす可能性があり，動的耐震設計を採用する必要がある．

(2) その他の機器および装置

変圧器本体や圧縮空気発生装置は，固有振動数が高く，地震動との共振の可能性はない．また，所内用電源装置（蓄電池，充電器，インバータ，閉鎖形配電盤など）は，固有振動数が7〔Hz〕以上である．一般に所内電源装置は建物内に設置されるが，建物が5〔Hz〕以上の地震動を伝えにくいことを考慮すると，共振を起こす可能性は少ない．以上のことから，いずれも静的設計で十分である．

(3) 変圧器ブッシング

変圧器ブッシングには，フランジ方式とセンタクランプ方式がある．第13図に示すように頭部膨張室に設けたばねにより中心導体を引っ張り，その反力で気中側がい管・支持金具・油中側がい管を締め付ける構造のセンタクランプ方式ブッシングでは，強度が十分でないとがい管下

部は節として「くの字」に曲がり，油漏れ，破損を生じるおそれがあるので，第13図のように支持金具に振れ止め部を設けるなどの工夫がなされている．

第13図 センタクランプ方式ブッシングの例

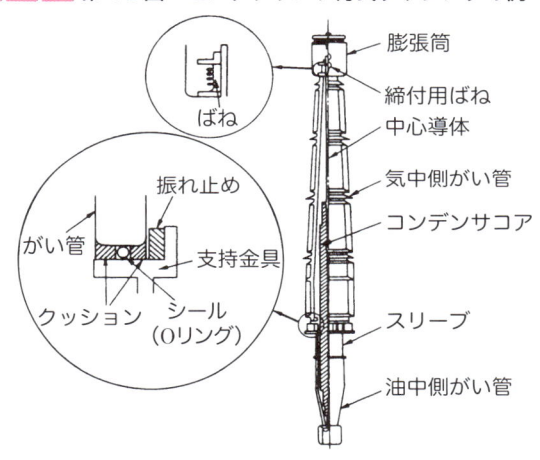

（図中ラベル：ばね，振れ止め，がい管，クッション，シール（Oリング），支持金具，膨張筒，締付用ばね，中心導体，気中側がい管，コンデンサコア，スリーブ，油中側がい管）

(4) 変圧器の防振ゴム

また，騒音対策として，基礎・本体間に防振ゴムを用いると，変圧器本体にロッキング振動（水平振動のほかに回転振動が加わり，両振動形が連盛された振動）を生じ，ブッシングに悪影響を与えるおそれがある．したがって，原則として防振ゴムは使用しない．

テーマ 13 保護継電器(アナログ形,ディジタル形)の動作原理・特徴

1 アナログ形継電器の分類

アナログ形継電器には,大きく分けて電磁形継電器とアナログ静止形継電器の二つがある.

(1) 電磁形継電器

(a) 可動鉄心形

コイルの巻かれた固定鉄心に可動鉄片が吸引されるヒンジ形,コイルの内側に作用する磁力により棒状または筒状の鉄心が吸引されるプランジャ形,2組のエアギャップに磁束の和と差を作用させ,磁力の大きい方へ吸引される有極形などがある.

(b) 誘導形

一種の分相形誘導電動機で,非磁性導電体の回転子に磁束によって渦電流を発生させ,磁束と渦電流の相互作用で駆動力を発生させるものである.駆動される導体が円板状の誘導円板形と,同筒状の誘導円筒形がある.

(2) アナログ静止形継電器

電圧・電流入力を入力変換回路で絶縁増幅し,ベクトル合成したものを判定回路で判断する方式である.必要に応じて入力フィルタや移相回路などが設けられる.判定の原理としては次の二つがある.

(a) レベル検出方式

単一量の大きさを検出する場合,直流量を基準とするレベル検出器が使用される.複数入力量の大きさを比較する場合には,複数入力量のうちの一部が基準量となる.

(b) 位相検出方式

位相検出を原理とする継電器では,ほとんどの場合,交流量は整形回路により方形波に変換され,AND,OR,NOT などの論理回路や限時回路などにより,方形波の一致期間の長さが判定される例などがある.

2 アナログ形継電器の動作原理と特長

(1) 電磁形継電器

(a) 可動鉄心形

ヒンジ形，プランジャ形の原理をそれぞれ第1図，第2図に示す．可動鉄心形の特長は次のとおりである．

(i) 吸引力は磁束の2乗に比例し，交流にも直流にも応動する．ただし，吸引力が磁束の瞬時値によって定まるので，交流では動作値付近で振動が生じやすい．これを防止するため，くま取りコイルが設けられる．

(ii) 動作前と動作後のエアギャップが異なるため，動作値と復帰値の差が大きい．

第1図 ヒンジ形

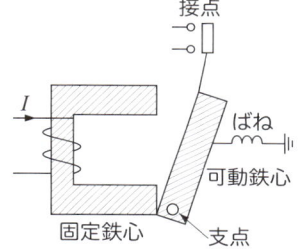

第2図 プランジャ形

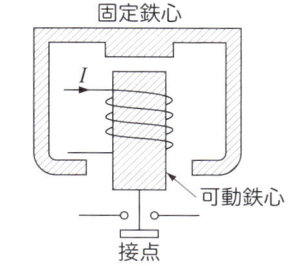

(b) 誘導形

誘導形継電器のトルクは，第3図に示すようにそれぞれの駆動力 F_1，F_2 が磁束と渦電流の積に比例するので，全駆動力 F は，

$$F = F_1 - F_2$$
$$= \Phi_1 \sin \omega t \, \Phi_2 \cos(\omega t + \theta) - \Phi_2 \sin(\omega t + \theta) \Phi_1 \sin \omega t$$
$$= \Phi_1 \Phi_2 \sin \theta$$

となり，F の瞬時値は一定なので振動しない．また，動作値と復帰値

第3図 誘導形継電器のトルク

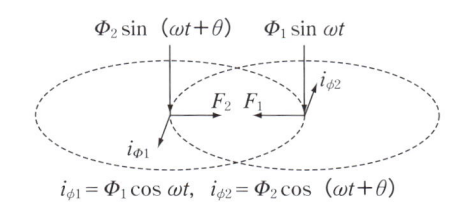

$i_{\phi 1} = \Phi_1 \cos \omega t, \quad i_{\phi 2} = \Phi_2 \cos(\omega t + \theta)$

の差が小さいので，交流量を入力とする各種用途に用いられる．

誘導円板形の原理を第4図に示す．くま取りコイル形は鉄心の一部を短絡環またはコイルで取り巻き，この部分の磁束の位相を遅らせて，電流の2乗に比例する駆動力を発生させる．電力計形は，電力量計と同様の構造で，2組のコイルによる移動磁界で駆動力を発生させる．

第4図　誘導円板形

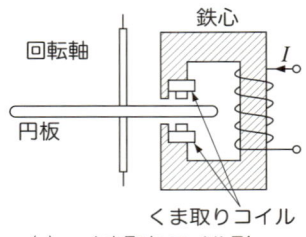

(a)　くま取りコイル形

(b)　電力計形

誘導円板形の原理を第5図に示す．誘導電動機の回転子鉄心に相当する部分は固定されており，導体に相当する円筒のみが回転する．トルクの発生効率がよく，高速動作のものに使用される．

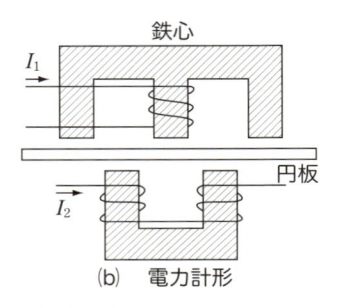

第5図　4極誘導円筒形

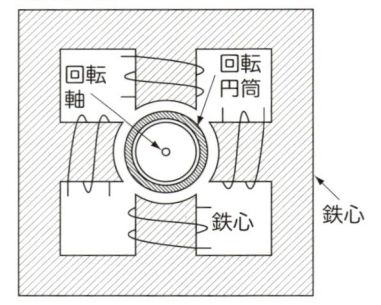

(2) アナログ静止形継電器

アナログ静止形継電器の基本回路を第6図に示す．このほか，電源安定化回路あるいはアナログ演算回路など各種の電子回路が使用される．

(a)　レベル検出方式

第7図に単一量検出の場合の基本回路を示す．入力電流の整流値 i が基準電流 i_f を超えるとレベル検出器 LD が動作し，限時回路で連続化される方式である．

(b)　位相検出方式

時間測定形，連断続形，サンプリング形などがある．

時間測定形は，第8図に示すように二つの波形の重なり期間を測定

第6図 アナログ静止形継電器の基本回路網（モー形距離継電器）

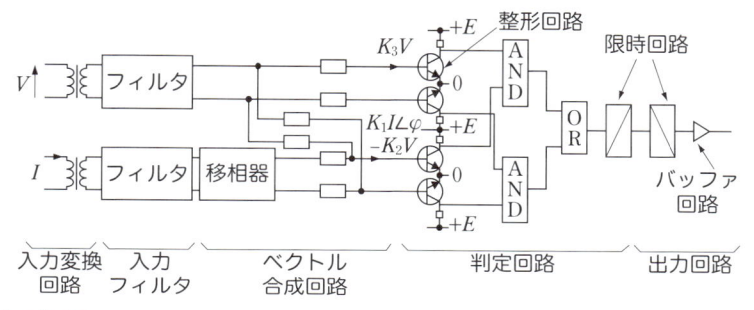

第7図 単一量検出形レベル検出方式

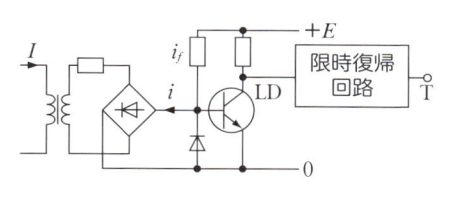

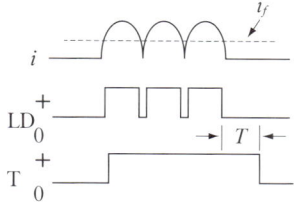

第8図 時間測定形

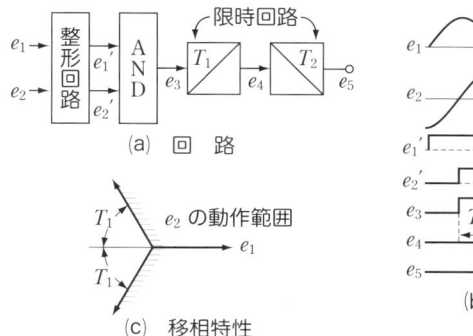

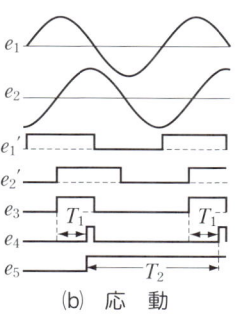

(a) 回　路

(b) 応　動

(c) 移相特性

する方式である．e_1 と e_2 の二つの入力は，整形回路により正の電位を持つ部分のみを切り出した方形波としてそれぞれ整形され，同時に「ON」となっている部分のみを「ON」とするAND回路で一つの方形波を形成する．これにより，位相差は時間のパラメータとして変換される．一段目の限時回路は，T_1 の限時（設定された位相差を重なり時間として換算したもの）により，e_1，e_2 間の位相差が設定範囲内

であることを判定したとき「ON」動作させるものであり，2段目の限時回路は，この出力を受け，1周期分 T_2 だけ「ON」状態を保持するものである．したがって，この回路における位相特性は，T_1 で表現された位相角を用いれば，第8図(c)で示される．

連断続形は，一つの電気量が基準となる二つの電気量の位相の間にあるかどうかを検出する方式である．これを第9図に示す．時間測定形と同様に整形回路を用いて e_1，e_2，e_3 の三つの入力をそれぞれ方形波に整形した後，これらのうち一つでも「ON」になっていれば「ON」とするOR回路を通すことにより一つの方形波を形成する．検出対象である e_2 が基準入力 e_1，e_3 に対し第9図(c)に示す位相範囲内にあれば，OR回路の出力 e_4 は連続的に「ON」状態にあることになり，限時回路はこの状態が1周期 T_1 以上継続したときに出力を発生する．

なお，サンプリング形は，一つの基準量の特定位相の瞬時のほかに電気量の極性により，2量間の位相を判定する方式である．

第9図　連断続形

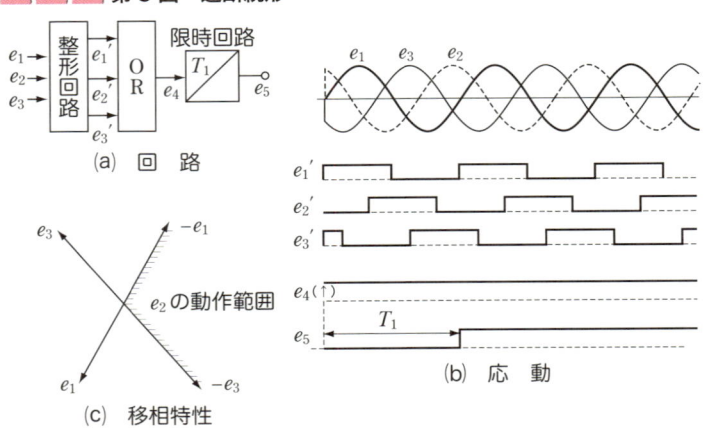

(a) 回路

(b) 応動

(c) 移相特性

3　ディジタル形継電器の構成概要

ディジタル形継電器は，継電器の入力である系統の電圧，電流を適当な周期でサンプリングし，量子化されたディジタル量に変換し，これをあらかじめ用意されたプログラムで計算処理して，系統事故の有無を判断する継電器である．ハードウェアとしては，LSIによるマイクロプロセッサが

使用されている．

継電器特性を実現するための演算アルゴリズムは，

① 入力電気量のディジタルフィルタ処理演算
② 移相演算
③ 振幅値演算
④ 位相差演算

などからなる基本的な演算アルゴリズムを適切に組み合わせて構成する．

事故を検出するためのソフトウェア構成の基本の流れ図を第10図に示す．系統からA–D（アナログ–ディジタル）変換されたデータをデータメモリに取り込み，演算原理による継電器演算を行い，整定メモリデータを参照して動作判定をし，不動作であれば再び新しい入力データを取り込む．判定が動作であれば出力回路を駆動し，次の入力データの取り込みに入る．

第10図 ソフトウェア構成の基本流れ図

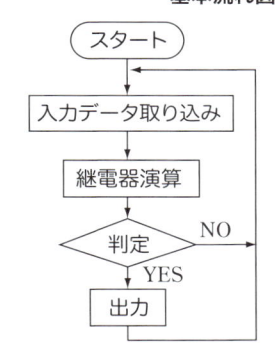

4 ディジタル形継電器の動作原理と特徴

ディジタル形継電器は，第11図に示すようにサンプルホールド回路，A–D変換回路，プロセッサなどで構成される．入力電圧，電流は絶縁変

第11図 ディジタル形継電器の構成

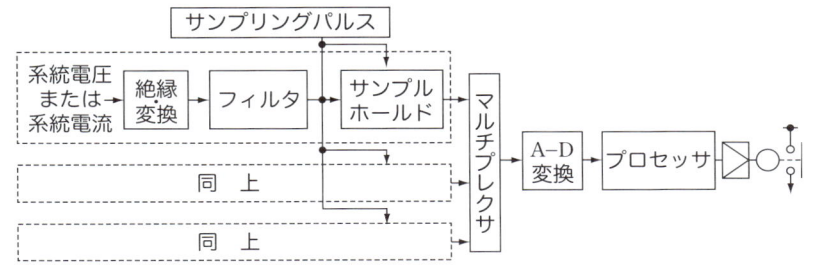

換回路で系統側と絶縁され，適当な大きさの電圧に変換された後，サンプリングによる折返し誤差を逃げるための低域通過フィルタを通してから，サンプルホールド回路に加えられる．第12図に示すように，サンプリングパルスによって，パルス発生時点の入力の大きさが次のパルスが到達するまでの間ホールドされ，$V_1 \sim V_7$ のように階段状の波形となる．

このホールドされた大きさを A–D 変換する必要がある場合には，サンプルホールド回路の前または後に切換回路（マルチプレクサ）を設けて，プロセッサへは各入力のデータが直列に入るように構成する．

第12図　入力～プロセッサ間のデータ変換

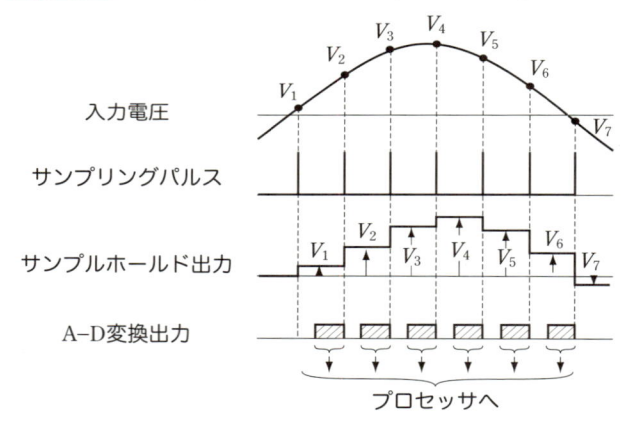

(1) **ディジタル形継電器の構成要素**

(a) フィルタ

サンプリング周波数の1/2以上の周波数成分を持ったデータをサンプリングすると，折返し誤差によって，サンプリング周波数の1/2以下の帯域データに誤差が生じる．第13図に折返し誤差の発生例を示す．サンプリング周波数 f_s で $0 \sim f_n$ の帯域の周波数成分を持ったデータをサンプリングすると，$f_s/2 \sim f_n$ の成分が $f_s/2$ を中心に±に折り返されて，斜線のように $f_s-f_n \sim f_s/2$ のデータに誤差を発生させる．

したがって，サンプリン

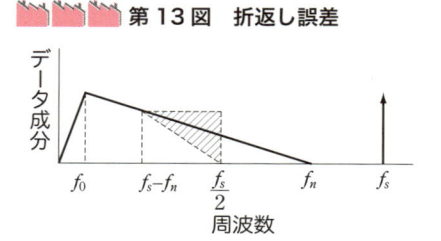

第13図　折返し誤差

グを行う前にデータの帯域制限が必要であり，理想的には $f_s/2$ 以上を完全にカットする低域通過フィルタが望ましいが，実用的にはプロセッサで処理する計算方法が商用周波数 f_0 成分に注目したものであれば，折返し誤差が f_0 付近に発生しなければよいので，$f_s - f_0$ 付近で大きな減衰が得られるフィルタが使用される．

(b) A–D 変換回路

A–D 変換回路の一例として，逐次比較形を第 14 図に示す．帰還回路として D–A 変換回路を用い，この出力電圧が入力電圧と一致するようにレジスタの内容を上位桁から決定するもので，レジスタの出力が A–D 変換のディジタル出力となる．

第 14 図　A–D 変換回路

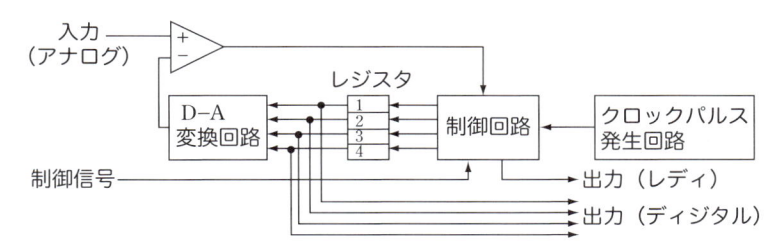

(c) プロセッサ

第 15 図にプロセッサの構成図を示す．A–D 変換されたディジタルデータは，変換されしだいバッファメモリの所定のアドレスに記憶される．マイクロプロセッサ（MPU）はプログラムメモリの内容に従って計算するが，バッファメモリから必要なデータを読み，加工し，一時記憶が必要な場合はデータメモリを使って記憶しておく．

第 15 図　プロセッサの構成

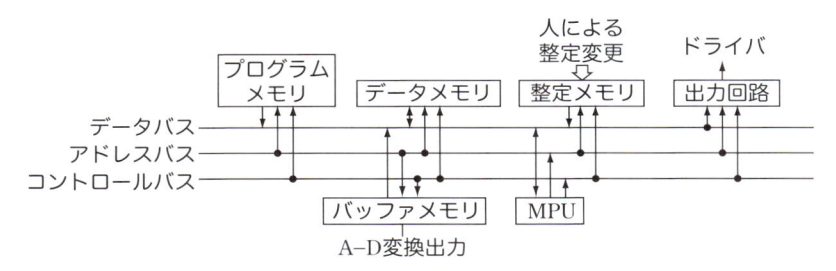

動作判定に必要な整定値は整定メモリから読み出し，事故検出の計算を行う．動作条件が成立すれば，出力回路へ引外し信号を発生させ，ドライバを通して出力継電器を動作させる．これらの各回路間はデータバス，アドレスバス，コントロールバスによって接続されている．

(2) 基本演算アルゴリズム

(a) 移相演算

サンプル値を一定時間記憶することによって電圧，電流などのベクトル量の移相を実行する．

サンプリング間隔を 30° として第 16 図(a)に示すように，入力ベクトルを 60° 遅らせる場合，現時点のデータ x_m の代わりに，2 サンプリング前のデータ x_{m-2} を用いればよい．また，60° 進める場合は 2 サンプリング後のデータ x_{m+2} を用いるか，または 120° 前のデータの符号を反転したもの，$-x_{m-4}$ を用いることも可能である．

任意の角度に関しては，第 16 図(b)に示すように，現時点のデータ x_m と 30° 前のデータ x_{m-1} を用いて，合成データ $x_m' = ax_m + x_{m-1}$ を作れば，x_m' の x_{m-1} に対する進み角 θ が次式で得られる．

$$\theta = \tan^{-1} \frac{a \sin 30°}{1 + a \cos 30°}$$

第 16 図　ベクトルの移相演算例

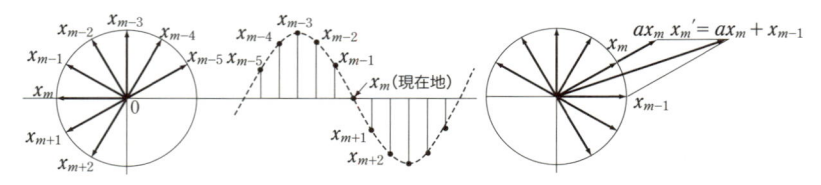

(a) サンプリング間隔の整数倍角度の移相　　(b) 任意の角度の移相

(b) 振幅値演算

電流や電圧の大きさを判定するための，入力電気量の振幅値を計算するための基本アルゴリズムは，大別して加算形と積加算形があり，代表的な演算原理を第 1 表に示す．これらは，いずれも基本波の特徴を利用した原理で，演算原理式はサンプリング周波数が系統周波数の 12 倍（サンプリング間隔 30°）の場合を示す．

第1表 振幅値演算例

方式		演算原理	精度
加算形	A	$2\|\dot{X}\|=\|x_m\|+\|x_{m-1}\|+\|x_{m-2}\|+\|x_{m-3}\|+\|x_{m-4}\|+\|x_{m-5}\|$	誤差 ±1.7〔%〕
加算形	B	$\sqrt{2}\|\dot{X}\|=\|x_m\|+\|x_{m-3}\|+(\sqrt{2}-1)\|\|x_m\|-\|x_{m-3}\|\|$	誤差 ±5.5〔%〕
積加算形	A	$\|\dot{X}\|^2=x_m^2+x_{m-3}^2$	誤差なし
積加算形	B	$\dfrac{1}{4}\|\dot{X}\|^2=x_m^2+x_{m-1}^2-\sqrt{3}x_m x_{m-1}$	誤差なし
積加算形	C	$\dfrac{1}{2}\|\dot{X}\|^2=x_m^2+x_{m-1}^2+x_{m-2}^2$	誤差なし

(c) 位相差演算

　保護継電器特性を得る場合，二つの交流量の位相関係を求める演算が必要となるが，この場合，二つの交流量の位相差角 θ を直接求める方法と，積加算を用いる方法とがある．サンプリング周波数を系統周波数の12倍とした場合の代表的な原理式を第2表に示す．

第2表　位相差演算例

方式		原理	精度
直接演算形	A	$\theta \fallingdotseq 30° \times \left(\dfrac{\|x_{m-1}\|}{\|x_{m-2}\|+\|x_{m-1}\|} + 1 + \dfrac{\|y_m\|}{\|y_m\|+\|y_{m-1}\|} \right)$	補間演算により誤差が発生する
積加算形	B	$\|\dot{X}\|\|\dot{Y}\|\cos\theta = x_m y_m + x_{m-3} y_{m-3}$ $\|\dot{X}\|\|\dot{Y}\|\sin\theta = x_{m-3} y_m + x_m y_{m-3}$	誤差なし
積加算形	C	$\dfrac{1}{4}\|\dot{X}\|\|\dot{Y}\|\cos\theta$ $= x_m y_m + x_{m-1} y_{m-1}$ $\quad -(x_m y_{m-1} + x_{m-1} y_m)\dfrac{\sqrt{3}}{2}$ $\dfrac{1}{2}\|\dot{X}\|\|\dot{Y}\|\sin\theta = x_{m-1} y_m - x_m y_{m-1}$	誤差なし
積加算形	D	$\dfrac{1}{2}\|\dot{X}\|\|\dot{Y}\|\cos\theta$ $= x_m y_m - x_{m-1} y_{m-1} + x_{m-2} y_{m-2}$	誤差なし

テーマ14 直流送電方式と交流送電方式の比較および得失

電気が最初に使われていたころは直流で一般の需要家に供給する方式がとられていた．しかし，直流発電機は整流の問題があり，高電圧で大電力を発生することが困難であると共に，負荷側で使用する電動機は直流より交流の方が安価で，堅ろうであり使いやすい．また，大きな電力を輸送する場合，可能な限り電圧を高めて送電した方が効率よく輸送できるが，その際，直流では交流の変圧器のように経済的に電圧を変圧できない送電技術上の面から交流送電が普及していった．

しかし，直流送電は交流送電にない利点があるためわが国でも，異周波系統間の連系，北海道・本州間等の直流送電連系に採用され，将来は長距離大容量送電，系統安定化と短絡容量抑制対策などに適用することも検討されている．

1 直流送電系統の回路構成

直流送電の基本的な回路構成は第1図に示すように，変換器用変圧器，順変換器，直流リアクトル，直流送電線路，直流リアクトル，逆変換器，変換器用変圧器によって構成されている．順・逆変換器の交流側には無効電力を吸収する調相設備ならびに高調波を吸収する交流フィルタが設置さ

第1図 直流送電系統の基本構成

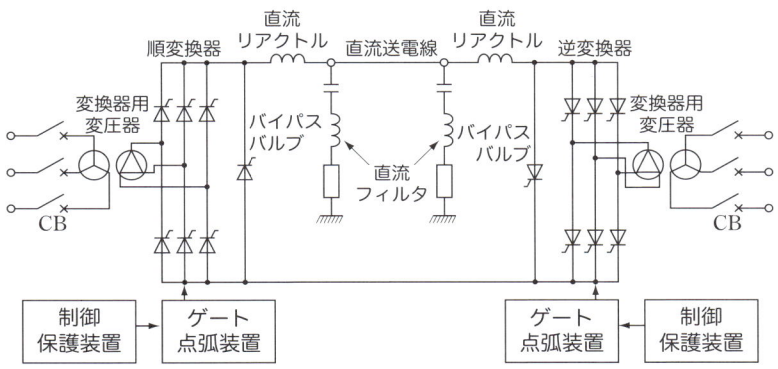

れている．また，直流側にも直流フィルタが設置されており，遮断器は交流側のみで直流側は大部分設置されていない．

　変換装置は直流送電系統の中心をなすもので，上記のように交流電力を直流電力に変換する順変換装置と，直流電力を交流電力に変換する逆変換装置とがあり，変換装置を構成するバルブ（整流器）は，当初，水銀整流器が用いられていたが，公害および信頼度面から最近では逆弧や消弧などの異常現象がなく，信頼度の高いサイリスタバルブが用いられるようになった．なお，サイリスタバルブに使用されるサイリスタ素子は量産される最大級のものでも，耐電圧 4 000〔V〕，電流 1 500〔A〕程度であるため，多数のサイリスタ素子を直並列接続して使用されている．また，順・逆変換装置共に遅れ無効電力を必要とするので，交流系統の電圧降下が起きないよう，電力用コンデンサや同期調相機を設置して進相電流を供給し補償している．サイリスタバルブは水銀アークバルブに比べて，

(1) 逆弧，失弧，通弧がなく，これに伴う保護装置が不要で，運転上の信頼度が向上する．

(2) 小形軽量で固体であることから，真空装置，化成といったものが不要となる．

(3) 温度制御が簡単で，取扱い，保守が容易である．

(4) 回路構成で定格電圧・電流が比較的自由に選べる．

などの利点があり，最近建設される変換所はサイリスタバルブが用いられている．

　直流リアクトルは直流電流の平滑，小電流運転での電流断続の防止および事故電流の抑制のために入れられている．

　交流フィルタは交流側に有害な高調波を出させないために使用し，5，7，11，13 次およびバイパスのフィルタが設置される．

　以上のほか，内雷や外雷による過電圧から機器を保護するための避雷器なども使用されている．

2　直流送電の現状

　直流送電設備は世界中で30か所以上あり，わが国でも佐久間，新信濃の周波数変換所と北海道・本州間，紀伊水道の海底ケーブルによる電力連系設備に採用されている．また，潮流制御，交流系統分割による短絡電流抑制を目的とした南福光直流連系設備がある．

　その一部を紹介すると，第2図に示す300〔MW〕の新信濃周波数変換所（昭和52年運開）は，順・逆変換器にサイリスタバルブを使用している．

　北海道・本州間は，津軽海峡を海底ケーブルで結ぶ250〔kV〕の直流送電線で連系しており，全こう長約168〔km〕（海底ケーブル43〔km〕）で，昭和54年12月に運開した．第3図に基本的系統構成を，第4図に変換所の概要を，第1表に主要機器の仕様を示す．なお，順・逆変換器にはサイリスタバルブを使用している．

第2図　新信濃周波数変換所（300〔MW〕）

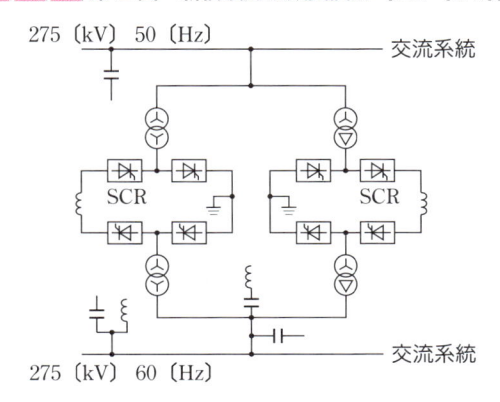

（注）SCR：サイリスタバルブ

第3図　北海道・本州間連系系統構成

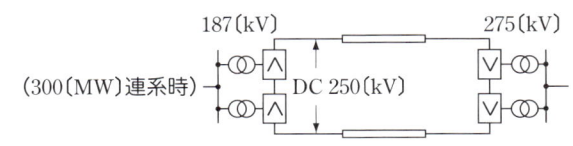

第4図 北海道・本州間連系変換所概要

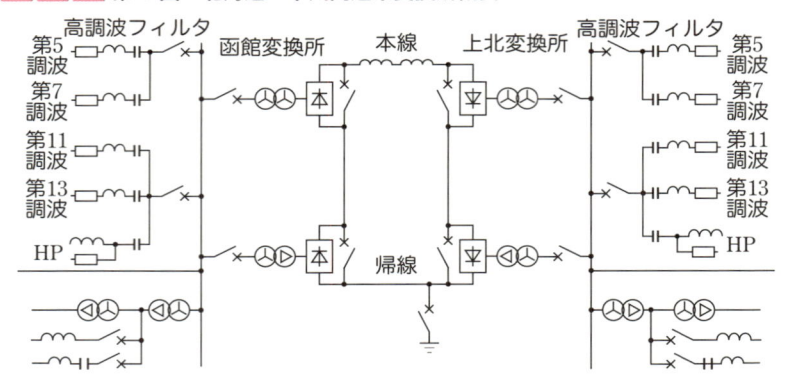

阿南・紀北間は，紀伊水道を海底ケーブルで結ぶ世界最高の大容量直流500〔kV〕OFケーブル（第5図参照）を採用している．第2表に阿南・紀北直流幹線の概要を示す．

第1表 北海道・本州間連系主要機器の仕様

項　　目	函館変換所	上北変換所
変換用変圧器 　電圧〔kV〕 　容量〔kV・A〕 　結線	 233.5～187～173/110 187 000 Y-△, Y-Y-(△) 内蔵	 325.3～275～251.5/110 187 000 Y-△, Y-Y-(△) 内蔵
交直変換器 　絶縁冷却方法 　構造 　ゲート点弧方式 　1アームあたりの 　　直列個数 　ブリッジ数	 空気絶縁風冷式 2アーム積層形 光点弧方式 114個（6個×19モジュール） 2	 同　左 同　左 同　左 112個（4個×28モジュール） 2
交流高調波フィルタ	5, 7, 11, 13 高域 合計基本波容量　95〔MV・A〕	5, 7, 11, 13 高域 合計基本波容量　95〔MV・A〕
直流高調波フィルタ	第　6　次　　　1.0〔μF〕 高　　域　　　　1.2〔μF〕 サージキャパシタ　0.1〔μF〕	第　6　次　　　0.3〔μF〕 サージキャパシタ　1.37〔μF〕
直流リアクトル	1〔H〕	1〔H〕

🏭🏭🏭 第5図　直流 500 〔kV〕大サイズ OF ケーブル
（外径：19〔cm〕，重量：100〔kg/m〕，7分割，3 000〔mm²〕）

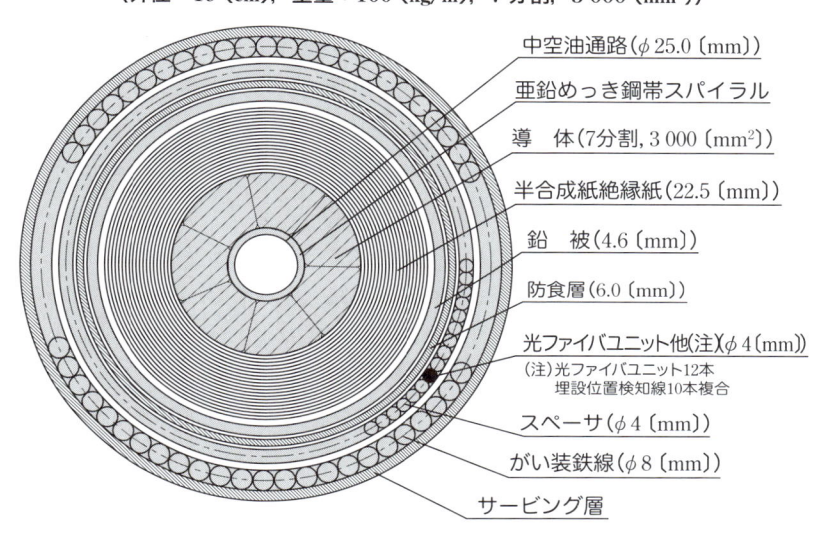

中空油通路（φ25.0〔mm〕）
亜鉛めっき鋼帯スパイラル
導　体（7分割，3 000〔mm²〕）
半合成紙絶縁紙（22.5〔mm〕）
鉛　被（4.6〔mm〕）
防食層（6.0〔mm〕）
光ファイバユニット他(注)（φ4〔mm〕）
（注）光ファイバユニット12本
　　　埋設位置検知線10本複合
スペーサ（φ4〔mm〕）
がい装鉄線（φ8〔mm〕）
サービング層

5 送電

🏭🏭🏭 第2表　阿南紀北直流幹線の概要

線路名	阿南紀北直流幹線（地中）
区間	自：阿南変換所（徳島県阿南市） 至：由良開閉所（和歌山県日高郡由良町）
電圧	直流 ±25万〔V〕（直流 ±50万〔V〕設計）
回線数	双極1回線（中性線2条）
こう長	50.7〔km〕（海底：48.0〔km〕，陸上：2.7〔km〕）
送電容量	140万〔kW〕/ 回線 （280万〔kW〕/ 回線：±50万〔V〕昇圧時）
管路	渚人孔：2か所 トンネル：φ2 800〔mm〕　1.9〔km〕 開削洞道：0.6〔km〕
ケーブル	海底：鉄線がい装ポリエチレン防食鉛被 OF ケーブル 陸上：ビニル防食アルミ被 OF ケーブル

3　直流送電の利点

　今日まで，電力輸送の手段として電圧の変換に便利な交流送電方式が全面的に採用されてきた．しかし，最近ではサイリスタを用いた順・逆変換器の発達と信頼性の向上に伴い，次の利点をいかした直流送電方式が大電力を長距離に送電する場合や異周波連系用に採用されている（第3表）．

(1) 送電線路の建設費が安価である

　直流送電はプラスとマイナスの2導体で送電できるほか，帰路用として大地（または海水）を利用する大地帰路（海水帰路）方式を採用すれば1導体ですみ，さらに経済的である．

(2) 送受電端に安定度問題がない

　リアクタンスの影響がないため，交流送電における発電機の同期化力に起因する安定度問題がない．したがって，長距離送電に適し，低い電

第3表　直流送電の適用分野

適用分野	交流と比較した技術的・経済的な利点	従来の適用例
長距離大電力送電	・交流送電のような直列リアクタンスによる同期機間の安定度問題がない ・送電線路の建設費が安価である	太平洋岸南北連系 　（アメリカ） カボラバッサー 　（南アフリカ） ネルソンリバー 　（カナダ）
海底ケーブル送電 （離島送電，系統間送電）	・充電電流によるケーブルの容量低減がない ・ケーブルが安価である	ゴットランド島 　（スウェーデン） 英仏連系 北海道・本州連系
過密都市への ケーブル送電	・充電電流によるケーブルの容量低減がない ・ケーブルが安価である ・短絡容量対策面で有利	キングスノース 　（イギリス）
非同期連系 （系統間連系，系統分割）	・送受電端で同期運転の必要がないので安定度対策上有利 ・短絡容量対策面で有利	イールリバー 　（カナダ） スティーガル 　（アメリカ）
周波数変換 （異周波数系統間連系）	・送受電端で同期運転の必要がないので周波数の異なる系統間の連系に適している（非同期連系の一例）	佐久間 新信濃

圧で送電線の熱的な許容電流まで送電することができる．

(3) **異周波連系が可能**

周波数に無関係であるから，異なった周波数の連系（非同期連系）が容易である．

(4) **系統の短絡容量の増加を防止できる**

直流送電は有効電流は供給するが，無効電力の伝達はしないので，交流系の短絡事故時に流れ込む電流容量（系統の短絡容量）を増大することなく，電力系統を連系することができる．

その他，電線1条あたりの送電効率が高く，変換器の格子制御またはゲート制御により，潮流制御が迅速，かつ容易である．また，ケーブル送電の場合，充電電流が流れないため，誘電損が発生しないと共に，分路リアクトルを設置して無効分を補償する必要がない．

4　直流送電の欠点

(1) **順・逆変換装置が高価である**

現行の系統に組み合わせて直流送電方式を採用する場合には高価な順・逆変換器が必要であり，この価格が直流送電の経済性を将来とも大きく左右する．また，現状の変換器では，有効電力に対して$50〜60$〔％〕の無効電力を必要とするので，これを補償するための調相設備にも費用がかかる．

(2) **高調波や高周波の対策が必要である**

順・逆変換器から直流線路側にはnp次，交流線路側には$(np+1)$次の各種高調波を発生する．ここで，nは正の整数，pは整流相数である．また，バルブは1サイクルごとに電流の開閉作用を瞬時的に繰り返しているので，回路のインダクタンスやストレイキャパシタンスにより，電流の開閉時に高周波振動（数百〔kHz〕以下）を発生する．これは送電線をアンテナとして遠方まで波及するものや，比較的近くではラジオノイズとして作用することもある．したがって，高調波吸収用のフィルタ設備や高周波防止用のシールドが必要となる．

以上がコスト面の問題であるが，技術面の課題として高性能の直流遮断器が研究中の現状では，直流線路を分岐状に構成するのに制約があったり，

大地帰路方式では電食を，海水帰路方式では船舶への磁気コンパスの影響を引き起こすおそれがあるなどがあげられる．

しかし，これらの欠点は高電圧サイリスタ変換器の開発や制御方式の発達などにより，しだいに明確化されつつある．

5　直流送電の制御

直流送電の制御は基本的には順・逆変換装置のゲートパルスの「位相制御」で行われ，交流系統の電圧変動に対して変換装置の力率の悪化を避けるために，変換器用変圧器のタップ制御が二次的に用いられる．制御方式には，後述する定電流方式などが使用されるが，基本となるのは定電流制御と定余裕角制御または定電圧制御である．現在わが国では，順変換装置には定電流制御つきの定電力制御を，また逆変換装置には定余裕角制御つきの定電圧制御が採用されている．

主な基本制御を以下に説明する．

(1)　**定電流制御（ACR）**

この制御は直流の電流を一定にする制御であって，定常時は順変換装置の ACR が動作し，直流電流が 10～20〔%〕以上（電流マージン I_u）低下したときに逆変換器の ACR が動作するようになっている．

(2)　**定余裕角制御（AδR）**

逆変換装置が転流失敗を起こさせず，正常な運転を続けるためには制御進み角 β（π −制御角 α）が重なり角 u（転流中に同時に電流が流れる期間）より大きいだけでなく，一定の余裕角 δ を含めて $u+\delta$ より大きくする必要がある．このような制御を行うことを AδR という．

(3)　**定電圧制御（AVR）**

直流の電圧を一定にする制御であって，直流電圧の検出点を送電端または受電端とする 2 通りの方法がある．

(4)　**定電力制御（APR）**

交流側の電力を一定にする制御であり，ACR で送受電端の交流電圧が一定であればこの制御となる．交流系統の電圧が変動しているときも直流電力を一定に制御するためには交流側の電力を検出し，設定値との差で ACR を動作させれば APR となる．

直流送電用の変換器は順・逆変換とも位相制御のため遅れの無効電力を必要とするので，進相無効電力を供給してこれを補償しなければならない．無効電力は制御角が大きいほど増加するので，変換器用変圧器のタップ制御で制御角を小さくする必要がある．

テーマ 15 架空電線路の着氷雪による事故の種類と事故防止対策

　架空送電線には，冬季に着氷，着雪がしばしば発生して，時には架空送電線に多大な被害・事故を発生させる．架空送電線の着氷雪事故は，過大な着氷雪荷重による支持物の倒壊，電線の張力切れなどの重大な設備被害の発生や，着氷雪の脱落時に起こるスリートジャンプや着氷雪断面が非対称（飛行機の翼に似た翼状）のときに起こるギャロッピングなどにより，線間短絡などの電気事故を誘発する事故とに大別することができる．
　以下，着氷雪の発生と着氷雪による事故防止対策を中心に述べる．

1　着氷と着雪の違い

　着氷は大気中にある水分が過冷却されその水滴が電線に衝突して凍結・発達するものであり，着雪は水分を含んだ雪が水の表面張力の作用で電線に付着して発達するものである．

(1) **着氷現象**

　着氷は，気温が0〔℃〕以下のときに発生するが，通常，0〜−10〔℃〕での発生が多く，風速が強いほど着氷量も多くなることが分かっている．さらに，着氷は地形の及ぼす影響が大きく，山岳地帯で発生する山岳着氷と平地で発生する平地着氷に大別される．わが国では，地形，気象条件などから，山岳着氷がほとんどである．
　着氷は，発達時の気温・風速・水滴の大きさなどの諸条件の相違により，雨氷，樹氷，粗氷の三つの性状に大別することができる．
　樹氷・粗氷は，一般に過冷却水滴が凍結しながら，風上方向へエビのシッポ状に成長していくもので，これに対して，雨氷は気温が0〔℃〕に近く，着氷としては高温域で発生するので，凍結し終わらない水滴が風下側へ流れていき，不定形な着氷となりやすい特徴がある．

(2) **着雪現象**

　着雪の発生は，気温，風速，降雪量などによって左右されるが，この条件さえ整えば，平地・山地を問わず，どこでも発生する可能性がある

ので，着氷に比較すると事故の発生率が高い．氷点下の気温のときに降る雪は，水分をあまり含まず乾いているので，電線に衝突しても着雪となることはない．

しかし，気温0〔℃〕付近（0〜+2〔℃〕程度）の降雪時は，雪片の一部が溶けて湿雪となっているため，水の表面張力の作用で電線に付着する．また，気温が+2〔℃〕程度以上では，雪は溶けて雨となり着雪とならない．

着雪の発達は，一般には第1図に示すように電線上に積もった雪がある程度大きくなると風の影響を受けて電線の周囲を回転し，雪の含有率が適当であると太く成長していくものである．

第1図　着雪の成長過程

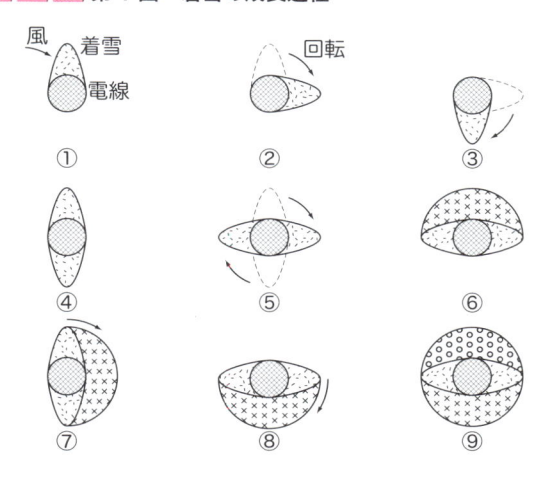

2　着氷雪事故の種類

(1) 支持物の倒壊

架空送電線の着氷雪による被害としては，わが国におけるもっとも厳しいもので，最近発生した着氷雪による架空送電線の主要な鉄塔倒壊事故については，着氷によるものはみられず，着雪（強風下）によるものである．

諸外国においては，山岳，平地着氷による鉄塔倒壊事故も発生している．

(2) 電線の張力切れ

電線に着氷雪があると，電線の張力は常時の値より数倍大きくなり，その張力が電線の破断張力を超えると電線破断に至り，大事故となる．

また，この張力切れによる電線の不平均張力で，二次的に支持物倒壊などの被害を発生することもある．

(3) ギャロッピング

ギャロッピング（gallopping）とは，馬が全速力で駆けている様子を示す「動名詞」である．つまり，ギャロッピングを起こしている電線が，あたかも，全力で駆けている馬の様子のようにみえることから名付けられた電線の振動である．

振動の原因は，電線の表面に，電線の断面に対して非対称な形に氷雪が付着し，これが肥大化すると，微風振動の場合と同様にして電線の風下側に比較的に規模の大きいカルマンの渦が発生し，電線に対して鉛直方向に上下交互の周期的な交番力が加わる．

このとき交番周波数と電線の固有振動数が一致すると，共振状態になり振動が発生する．

電線断面に非対称な形で氷雪付着が生じる傾向は，スペーサのために電線の回転ができない複導体や多導体方式の方が単導体方式より強い．したがって，複導体方式や多導体方式の場合に発生することが多く，また，電線断面積の大きい電線路で発生する．

このような電線路は，大型・長径間であるので電線の張力の割には電線重量が大きくなるので電線路の固有振動数は比較的に低いことが推察され，実測によれば，振動の周波数は，0.2～0.5〔Hz〕程度であり，さらに，交番風圧から受けるエネルギーが大きく，振動の全振幅は，最大では10〔m〕以上となる大規模な振動のため，電線およびこれを支持するがいしとその金具類への機械的なストレスは甚大である．

したがって，ギャロッピングが発生すると，径間での相間短絡を起こしやすく，一度再閉路が成功しても，再度相間短絡を起こしやすい．また，①電線の過大張力による素線切れおよび断線の発生，②スペーサの損傷およびがいし金具の疲労による機械的強度の低下，などの障害が発生する．

(4) サブスパン振動

複導体や多導体の一相内のスペーサとスペーサの間隔をサブスパンという．サブスパンは，支持点付近を 15 〜 40〔m〕とし，径間中央部では 60 〜 80〔m〕とする不平等間隔で挿入されている．また，スペーサの電線保持間隔は，複導体 50〔cm〕，4 導体 40〔cm〕または 50〔cm〕，6 導体 60〔cm〕である．このような，サブスパン内で起こる振動を総称してサブスパン振動と呼んでいる．この振動は，着氷雪による非対称電線断面の風下にできるカルマンの渦の上下交互の交番圧力とサブスパン内の電線の固有振動数が共振して発生する（→ギャロッピングの発生機構と相似）．

また，同一相内の電流力も何らかの形で影響を与えているものと考えられている．

実測によれば，振動周波数 1 〜 2〔Hz〕，全振幅 10 〜 50〔cm〕程度となる．

サブスパン振動がギャロッピングと相似的な現象であるということは，(サブスパン)/(スパン) = 1/4 〜 1/8 をサブスパンの振動数（周波数）に掛け算すると，(∵ 一般に，弦の固有振動数は，同一張力であれば，弦の長さに反比例する) ギャロッピングの振動数にほぼ等しくなり，(スパン内の電線の総受風面積)/(サブスパン内の電線 1 本の受風面積) = 導体数 × 1/1 導体 × (1/4 〜 1/8) をサブスパンの全振幅に掛け算すると，ギャロッピングの振幅にほぼ等しくなることから推察できる．

この振動が発生すると次のような障害を引き起こす．

① スペーサの電線支持物と電線の間で生じる電線の表面損傷（コロナ発生に不利）およびスペーサの機械的強度の低下
② 同一相電線の衝突による電線荒れ（同上）
③ ほかの振動を誘発する原因となる

(5) スリートジャンプ

着氷雪の脱落時の電線の跳躍現象をスリートジャンプといい，上記四つのような自励(共振)振動とは異なり，減衰振動であり持続性はない(数秒〜数十秒)．しかし，跳躍が大きい（数〔m〕）と相間短絡を引き起こすことがあるので対策を要する．

多雪地帯における雪害のうち，電線に対して脅威となるのは，氷雪付着による弛度および張力の増加，弛度の不ぞろいによる混触の危険，被氷雪がはく脱するときの電線の跳び上がりによる混触の危険である．

跳び上がりの場合は，氷雪付着時の弛度のほぼ2倍の垂直振動をなすものと想定し，風の息と同時に起こるものと考えて，リサジューだ円を描き，電線位置の相互関係の協調を図ることもできる．また跳び上がり時の電線は氷雪付着時に持っていた弾性エネルギーと位置エネルギーの和が一定の範囲で，上下左右に運動すると実験的にいわれている．

3 着氷雪による事故防止対策

(1) 現場での除氷雪作業

着氷雪が外径数十〔cm〕以上に達した場合，人が現地に出向き，着氷・着雪を絶縁棒，ロープなどでたたいたりして，これを落とす方法をとることがある．しかし，この方法は多大な労力を要すると共に，危険を伴うことなどから，実際には以下の対策を行うこととしている．

(2) 支持物の強化

電気設備技術基準の解釈では，着氷雪地域における設計条件として，着氷雪（スリート）厚さ6〔mm〕，比重0.9，風圧490〔Pa/m²〕（風速28〔m/s〕）を標準として設備の強化を図っているが，経過地の着氷雪実績，支持物重要度などによっては，さらに過酷な着氷雪荷重を設計にとり入れている．

(3) 小サイズ電線の太線化，高抗張力電線の採用

電線が細いと着氷雪荷重により，断線するケースがあるので，電線の太線化や高抗張力電線を採用する．

(4) 離着雪電線・難着雪リングの採用

架空送電線への着雪を軽減するには，着雪が電線の周囲を回転したり，径間長の長い電線自身が着雪と一緒に回転して，筒雪に発達していくのを防止することが必要となる．

高い湿雪の場合は，着雪は電線のより方向に滑っていくため，この回転防止として，難着雪リングを取り付け，また電線自身の回転防止として，径間途中にダンパウエイト（ねじれ防止ダンパ）を取り付け，着雪

発達を防止する．

(5) **通電による着雪防止対策**

電線を流れる電流による発熱（ジュール熱）を利用して着雪を融解する方法である．この方法は，北海道のごく一部の線路で採用されている．

(6) **防振装置の採用**

フリーセンタクランプ（第2図参照）などの防振装置を採用する．フリーセンタクランプは，電線の動揺に応じて自由にシーソー運動ができるように，懸垂点に回転の中心の低いクランプで，ある径間内で起きた振動をそれに隣する径間に減衰分散することができる．

第2図 フリーセンタ形懸垂クランプ

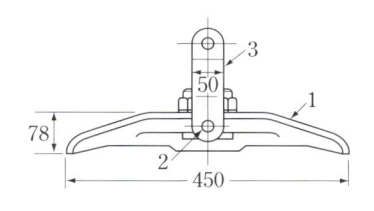

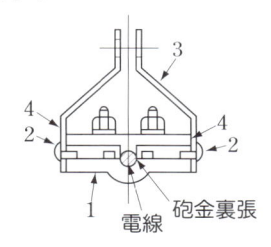

また，クランプ部の電線の補強も同時に行うと効果が高い．第3図のように，クランプ部の電線に，長さ1～3〔m〕でテーパを有する線（アーマロッド）またはテーパがなく電線に巻き付けやすい形にあらかじめ成形加工したプレフォームドアーマロッドを使用する．このような，支持点の電線を補強して，損傷を防御するために用いるむち状の細い棒を総称してアーマロッドといい，電線の補強と同時に振動エネルギーの吸収も行うので，振動全般に対して効果的である．

第3図 アーマロッド

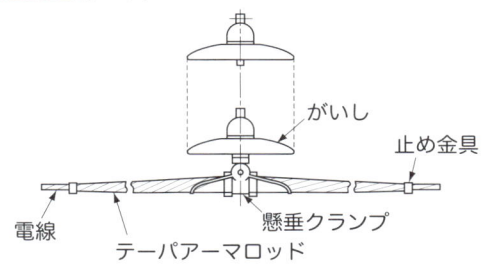

(7) 相間スペーサの取付け，オフセットの採用

スリートジャンプ，ギャロッピングなどによる短絡事故を防止するために，相間スペーサの取付け，オフセット（第4図参照）を行う．
また，サブスパン振動に対しては，スペーサの適正配置を行う．

第4図　オフセット

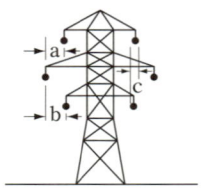

(8) ルート選定による着氷の軽減

着雪は，山岳地，平地を問わず発生する可能性があり，ルート選定による着雪量の相違はほとんどないといえる．一方，着氷の場合には，地形の及ぼす影響が大きく，ルート選定が着氷量に大きな影響を与える．着氷が発生しやすいのは，

① 冬季の主風向が線路とほぼ直角に吹きあたるところ
② 海岸に近く，冬季主風向に直接さらされる尾根上などであり，着氷の発生しやすいルートを極力避けることが，着氷軽減のうえからは重要となる

テーマ 16 架空送電線路の雷害防止対策

今日の社会の仕組みが電力エネルギーに大きく依存した構造となり，加えて使用する機器に対する電子回路の搭載，各装置間を結合する広域通信ネットワークの構築と電力の停止がサージなどによる瞬時のものでも広範囲に深刻な影響を与える社会構造となっている．

サージ電圧を発生させる要因はさまざまであるが，ここではその中で自然現象である雷サージに着目し，その影響とその対策について述べる．

1 夏季雷と冬季雷

雷雲中の電荷分離蓄積機構を以下に説明する．

雷雲中で大気の水蒸気が断熱膨張を起こし，大きな氷の粒であるひょうやあられと小さな粒の氷晶が形成される．これらの粒は温度差による電荷分離が起こり，温度の高い（−10〔℃〕）ひょうやあられは負に，温度の低い（−20〔℃〕）氷晶は正に帯電する．

粒の大きさの違いと上昇気流によって電荷が分離され，雷雲の上部では正極，下部では負極の電荷が蓄積される（第1図参照）．

雷雲下部の負電荷によって大地表面に正電荷が蓄積される．このため強い電界が生じ，大気の絶縁破壊に至ると直撃雷となる．負電荷が地上へ落ちていく方向なので，負極性の雷と呼ばれる．雷雲の形状で上部の正電荷と大地表面の負電荷による放電現象もあり，この場合，正極性の雷と呼ばれる．

季節によって発生状況と特徴が次のように異なる．

(1) 夏季雷

第1図に示す熱雷と呼ばれる夏季の強い日射に地表面が熱せられ，局地的に発生した上昇気流で発生する

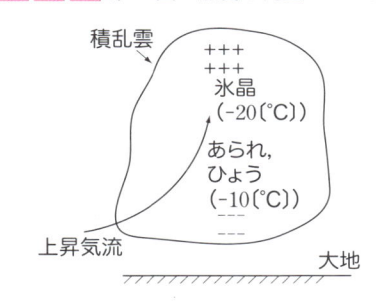

第1図 熱雷の発生メカニズム

積乱雲
+++
+++
氷晶 (−20〔℃〕)
あられ，ひょう (−10〔℃〕)
− − −
上昇気流
大地

雷雲が主で，太平洋側に多く発生し，大半は負極性の雷といわれている．

(2) **冬季雷**

第2図に示す界雷と呼ばれる寒暖両気団が接する前線に沿って発生する上昇気流によって発生する雷雲が主で，日本海側に多く発生する．夏季雷は海岸からの距離に関係なく発生するのに対して，冬季雷は海岸線に沿うように発生する．正極性の雷が多く，電荷量の異常に大きいのも特徴である．

第2図　界雷の発生メカニズム

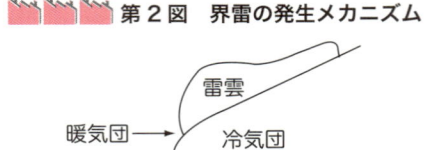

2　直撃雷と誘導雷

(1) **直撃雷**

雷が送配電線その他の機器に直接落雷することをいう．

(2) **誘導雷**

誘導雷は二つに大別される．

直撃雷によって強い電磁界が発生し，その電磁誘導で付近の通信線や電力線に電圧が発生する．これを電磁誘導雷と呼ぶ（第3図参照）．

第3図　電磁誘導雷の発生メカニズム

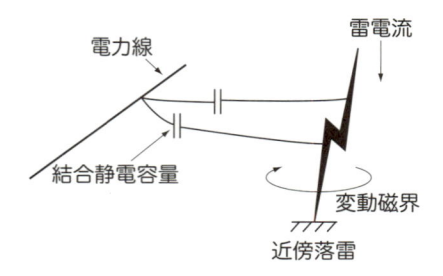

また，雷雲下の地表付近に静電界があり，その中に送電線がある場合，その送電線はがいしの漏れ抵抗を通して帯電される．雷雲の電荷が雷雲間の放電，あるいは送電線から離れた大地に放電して，雷雲の電荷で拘束されていた送電線上の電荷が自由になると，送電線上を二つに分かれて伝搬する．これを静電誘導雷と呼ぶ（第4図参照）．

第4図　静電誘導雷の発生メカニズム

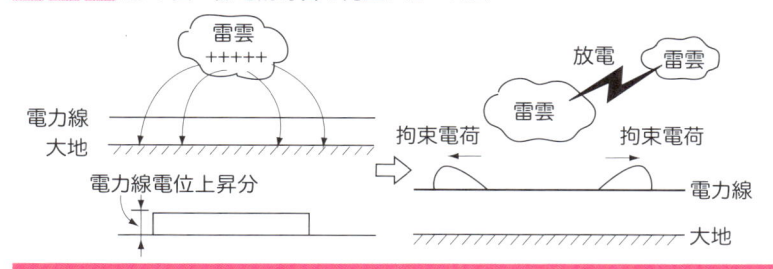

3　架空送電線の雷過電圧の種類は二つ

架空送電線の雷事故には、大別して遮へい失敗事故と逆フラッシオーバ事故とがある。遮へい失敗事故とは、雷が電力線を直撃してアークホーンにフラッシオーバを発生させるものである。逆フラッシオーバとは、架空地線あるいは鉄塔への雷撃によって架空地線あるいは鉄塔の電位が上昇し、架空地線と導体間、またはアークホーンにフラッシオーバが発生するものであり、雷撃からフラッシオーバまでには、雷遮へい、雷サージ伝搬、鉄塔塔脚接地、鉄塔電位上昇および気中フラッシオーバなどの諸現象が関与する。

(1)　導体直撃雷による雷過電圧

わが国の主要送電線には導体直撃を避けるように架空地線が設置されているが、波高値の小さな雷電流や傾斜地を通過する送電線の場合には導体へ直撃雷が侵入する。この時発生する過電圧が大きい場合はアークホーンにフラッシオーバを発生させ、小さい場合にはそのまま変電所に侵入する。導体直撃時の雷過電圧 V は次式で与えられる。

$$V = \frac{Z_c Z_0}{Z_c + 2Z_0} I_0 \;\text{〔kV〕}$$

ただし、I_0：雷撃電流波高値〔kA〕

　　　　Z_c：導体のサージインピーダンス〔Ω〕

　　　　Z_0：雷道インピーダンス〔Ω〕

(2)　架空地線・鉄塔への雷撃による過電圧

架空地線や鉄塔に雷撃があった場合にも雷過電圧が発生し、雷電流が大きいと鉄塔の電位が上昇し、導体との間に大きな電位差が生じ、逆フ

ラッシオーバが発生する．

この場合のがいし装置に加わる雷過電圧 V は次式で与えられる．
$$V = (K_i - C_i) Z_T I_L + e \quad 〔kV〕$$
ただし，I_L：雷撃電流波高値

K_i：i 相アームの電位上昇率

C_i：i 相と架空地線の結合率

Z_T：塔頂の電位上昇インピーダンス

e：商用周波対地電圧

送電線の場合，山岳部を長距離にわたって鉄塔で布設されるため，直撃雷を非常に受けやすい．

また，事故点も 1 か所の事故でなく，同時に他回線への事故に進展することがある．高圧配電線と同様，相導体溶断・がいしの熱損壊に至る例も報告されている．第 5 図に概要を示す．

第 5 図　送電線への被害様相

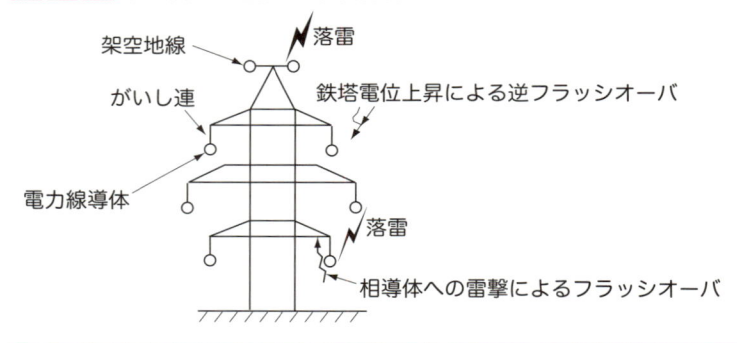

4　架空送電線の雷害防止対策

(1) 耐雷対策の基本 3 項目

自然界にさらされている架空送電線の電気事故の大半は雷に起因している．架空送電線の雷事故低減対策として，以下の三つがあげられる．

① 塔脚接地抵抗の低減

鉄塔の塔脚接地抵抗を小さくすることによって雷撃電流による鉄塔の電位上昇を抑制し，逆フラッシオーバを防止する．

② 架空地線の多条化

電力線への雷撃を防止し，遮へい失敗事故を減少させると共に，鉄塔や架空地線への雷撃時の電位上昇を抑制し，逆フラッシオーバも防止する．また，第6図に示すように，弱電流電線への影響を考慮した下部遮へい線への設置を実施する場合もある．

③　がいし装置の改良（高絶縁化，不平衡絶縁）

高絶縁化とはがいし装置の絶縁強度を上げフラッシオーバ事故を防ぐことである．また，不平衡絶縁とは2回線送電線の両回線の絶縁強度に差をつけ，2回線にまたがる事故を1回線事故にとどめる方式である．

第6図　送電線での対策例

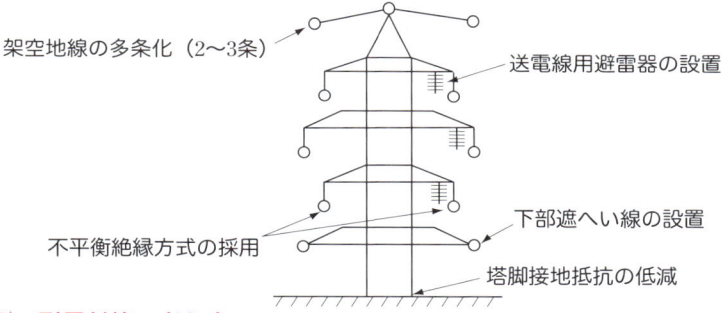

架空地線の多条化（2～3条）
送電線用避雷器の設置
不平衡絶縁方式の採用
下部遮へい線の設置
塔脚接地抵抗の低減

(2) **耐雷対策の考え方**

架空送電線の耐雷対策の考え方を第7図に示す．架空送電線の耐雷設計は，雷撃電流の大きさと波形，雷の発生率，線路条件と内部過電圧から定まる絶縁諸元などから決定される基本的な鉄塔形状，ならびに鉄塔の塔脚接地抵抗などから雷事故率を予測し，系統の信頼度面および経済性などを総合的に勘案し，耐雷対策を決定する．送電線雷事故防止対策を第8図に示す．66および77〔kV〕送電線の現実的な雷事故防止対策としては，前述の3項目が基本となっている．

①　塔脚接地抵抗は，逆フラッシオーバが生じるか否かを左右する重要な要因であり，耐雷設計でも細心の注意がはらわれる．接地抵抗は土壌によって大幅に異なるが，設計目標値として通常25〔Ω〕程度，耐雷性を特に高めるためには，10～15〔Ω〕程度が推奨されている．接地抵抗を低減するために，埋設地線や深打電極および接地シートなどが施される．

テーマ１６　架空送電線路の雷害防止対策

第7図　架空送電線の耐雷設計の考え方

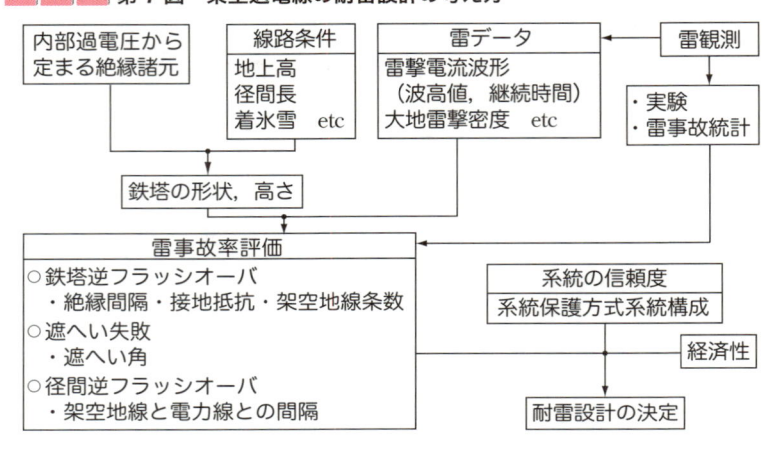

```
┌─────────────┐  ┌──────────┐  ┌─────────────────┐  ┌──────┐
│内部過電圧から│  │線路条件  │  │雷データ         │◀─│雷観測│
│定まる絶縁諸元│  │地上高    │  │雷撃電流波形     │  └──────┘
│             │  │径間長    │  │（波高値，継続時間）│  ・実験
│             │  │着氷雪 etc│  │大地雷撃密度 etc │  ・雷事故統計
└─────────────┘  └──────────┘  └─────────────────┘
                      │
                  ┌─────────────┐
                  │鉄塔の形状，高さ│
                  └─────────────┘
┌──────────────────────────────────┐
│雷事故率評価                       │
│○鉄塔逆フラッシオーバ             │
│ ・絶縁間隔・接地抵抗・架空地線条数│
│○遮へい失敗                       │
│ ・遮へい角                         │
│○径間逆フラッシオーバ             │
│ ・架空地線と電力線との間隔        │
└──────────────────────────────────┘
           ┌──────────────┐
           │系統の信頼度  │
           │系統保護方式系統構成│──経済性
           └──────────────┘
           ┌──────────────┐
           │耐雷設計の決定│
           └──────────────┘
```

第8図　架空送電線雷事故防止対策

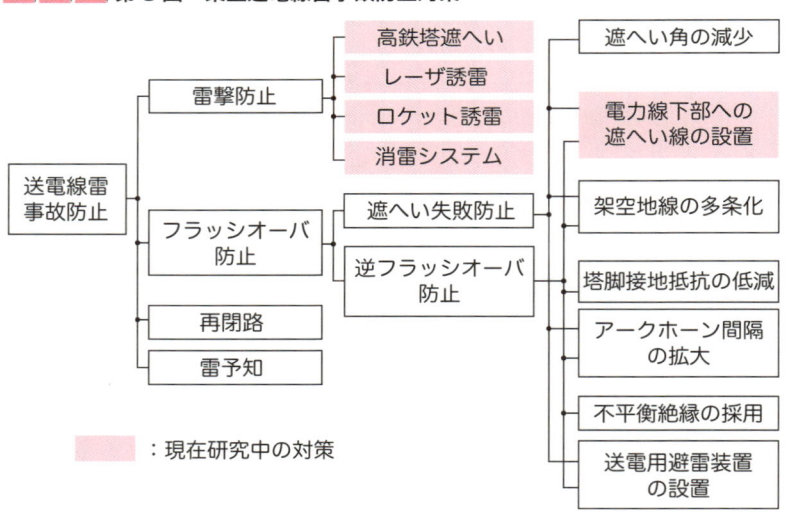

```
送電線雷      ┌雷撃防止──┬高鉄塔遮へい──遮へい角の減少
事故防止      │          ├レーザ誘雷
              │          ├ロケット誘雷──電力線下部への
              │          └消雷システム    遮へい線の設置
              ├フラッシオーバ┬遮へい失敗防止──架空地線の多条化
              │防止          └逆フラッシオーバ─塔脚接地抵抗の低減
              │              防止           ─アークホーン間隔の拡大
              │                             ─不平衡絶縁の採用
              │                             ─送電用避雷装置の設置
              ├再閉路
              └雷予知
```

　　　：現在研究中の対策

② 架空地線の多条化は，雷遮へい効果によって雷が電力線を直撃する遮へい失敗事故を防ぐと共に，雷撃電流による鉄塔電位上昇を抑制し雷事故の発生を防ぐことを目的としている．

　架空地線の雷遮へいに関しては種々の理論および設計手法があるが，現在ではA–W理論に基づいた設計が主流になっている．A–W

理論とは，第9図に示すように架空地線および導体から半径が雷撃距離 r_{sc} に等しい円を描き，架空地線の円弧および導体の円弧に到達した雷は，それぞれ架空地線，導体に直撃するとするもので，r_{sc} は雷撃電流波高値 I_0〔kA〕の関数として次式で与えられる．

$$r_{sc} = 6.72\, I_0^{0.8}\ 〔\mathrm{m}〕$$

なお，架空地線の多条化といっても，3本以上に架空地線の条数をむやみに増やしても雷遮へい効果が格段に向上するものでもない．むしろ，遮へい角が問題であり，わが国の送電線のほとんどは多条といっても2条で遮へいしており，500〔kV〕送電線では2条の架空地線で「負の遮へい角」を採用してその効果を上げている．

③　2回線にまたがる事故を極力1回線内にとどめる手法が不平衡絶縁方式である．この方式は両回線間の絶縁強度に格差をつけるもので，常規商用周波電圧差を考慮した高低両ホーンの絶縁強度差を示す不平衡絶縁係数 β は，一般に10〔%〕程度に設定される．また，全事故を低く抑える必要がある場合は，両回線とも絶縁を標準より高くする平衡高絶縁方式が採用される．

第9図　A–W理論の雷撃距離

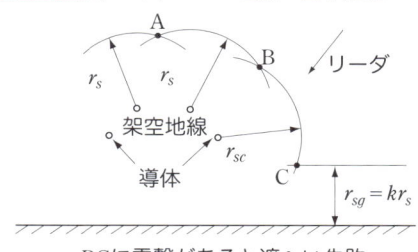

BCに雷撃があると遮へい失敗

5　送電用避雷装置の採用で雷事故低減

架空送電線の雷事故低減対策としては，従来より前述の対策が実施されているが，これらの対策はフラッシオーバの低減対策であって抜本的な対策にはいたっていない．そこで近年では雷事故の防止を図るために，送電線に酸化亜鉛素子を用いた送電用避雷装置が開発され，実線路に適宜適用され始めている．送電用避雷装置は，がいし連と並列に設置したもので，

テーマ16　架空送電線路の雷害防止対策

がいし連でのフラッシオーバを防止することにより，雷事故防止を図るものである．

(1) 送電用避雷装置の構成および構造

① 構成

送電用避雷装置は鉄塔のがいし連と並列に設置して用いられ，酸化亜鉛素子を収納した避雷要素部と直列ギャップとからなるギャップ付きタイプと，避雷要素部と切離し装置とから構成されるギャップなしタイプとがある．

その概念図を第10図に示す．

第10図　送電用避雷装置の概念図

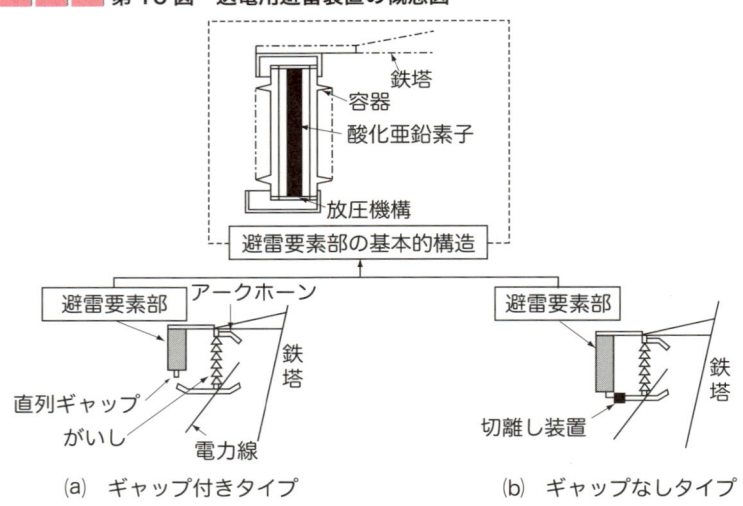

(a) ギャップ付きタイプ　　(b) ギャップなしタイプ

② 構造

(a) ギャップ付きタイプ

避雷要素部は，非直線抵抗特性を持つ直径約50〔mm〕，厚さ約20〔mm〕程度の円盤状の酸化亜鉛素子を電圧階級に応じ複数個積み重ね，磁器製のがい管もしくは有機絶縁物で構成した容器に収納されている．この容器は，素子故障による容器内地絡事故時に安全に放圧するよう放圧機構を有している．

(b) ギャップなしタイプ

避雷要素部の構造はギャップ付きタイプと同様であるが，酸化

亜鉛素子の個数をギャップ付きタイプより多くしてある．これはギャップなしタイプの場合，酸化亜鉛素子は常時課電で使用されており，長期的な劣化や，雷サージ，開閉サージによる動作時の熱安定性を考慮しているためである．また，容器は，常時課電されることにより磁器製がい管が使用されている．

　送電用避雷装置は，雷撃時に線路事故を防止すること，既設鉄塔に設置可能なことが要求されており，以下の条件を満足するように設計される．

(c) 設計
　(イ) 機能面
　　① 雷撃時にアークホーン間に発生する過電圧を抑制し，アークホーンのフラッシオーバを防止する
　　② 通常は線路から絶縁されている
　　③ 万一避雷装置が故障した場合にも再送電を妨げない
　(ロ) 適用面
　　① 万一避雷装置が故障しても周辺に被害を及ぼさない
　　② 寿命が長い
　　③ 自然条件に耐える
　　④ 既設鉄塔への取付けが容易である
　　⑤ 自然条件に対して所定の絶縁寸法が確保できる
　　⑥ コロナ障害を発生しない
　　⑦ 運搬・保管が容易で取り扱いやすい
　　⑧ 保守点検が容易である

　送電用避雷装置は，直列ギャップによって常時は電力線から絶縁されているギャップ付きタイプと，常に系統電圧が課電されているギャップなしタイプとがあり，その主な違いについて第1表に示す．

(2) 送電用避雷装置の動作原理

　送電用避雷装置の動作原理説明を第11図に示す．
① ギャップ付きタイプの動作
　(a) 雷撃により鉄塔電位が上昇し，電線と鉄塔間の電位差が増大し，避雷装置の直列ギャップが放電する．

テーマ16　架空送電線路の雷害防止対策

第1表　ギャップ付きタイプとギャップなしタイプの比較

項　目	ギャップ付きタイプ	ギャップなしタイプ
基本構成	避雷要素部／直列ギャップ／がいし／電力線	避雷要素部／がいし／電力線
強行再送電	ZnO素子の処理能力を超える過大雷サージなどを吸収して，永久地絡故障状態になっても，直列ギャップによって電力線から絶縁されるため，強行再送電が可能である．	永久地絡故障状態になった場合は再送電ができず，切離し装置が必要となる．
動作特性（動作プロセス）	(i) 雷撃による過電圧発生 (ii) 避雷装置の直列ギャップ放電 (iii) ZnO素子により過電圧を抑制しホーン間フラッシオーバを防止 (iv) 系統からの続流がZnO素子に流入 (v) 最大1/2サイクル後に，直列ギャップが続流を遮断し，もとの状態に復帰	(i) 雷撃による過電圧発生 (ii) 直列ギャップがないため瞬時に応答し，過電圧を抑制してホーン間フラッシオーバを防止 (iii) 無続流 〔直列ギャップがないため確実に動作し，安定した保護性能が得られる〕
劣　化	避雷要素部は常時電力線から絶縁されているため素子の課電劣化などがなく，続流遮断性能から決まる長さまで素子長を短縮できる．	避雷要素部は常時課電されているため，課電劣化や熱安定性を考慮した素子長が要求される．
構造　容器	通常，電力線から切り離されているため，容器に磁器がい管以外の材料を用いることができる．	容器に常時系統電圧が印加されるため，磁器がい管が用いられている．また，十分な汚損設計が必要である．
構造　重量	磁器がい管以外の材料を使用できること，および素子枚数が少ないことによりギャップなしタイプより小型・軽量化が容易である．	容器に磁器がい管を用いるため，避雷装置全体の重量の大半は容器が占める．
鉄塔への取付け	風などの振動に対して，直列ギャップ長があまり変動することがないよう工夫が必要である．	比較的簡単な取付け金具により設置することができる．

第11図　送電用避雷装置の動作原理説明図

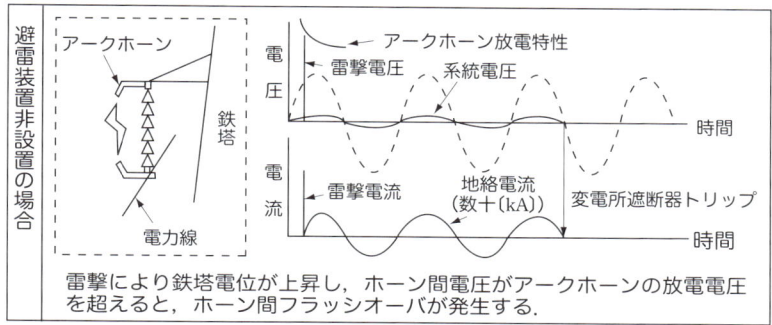

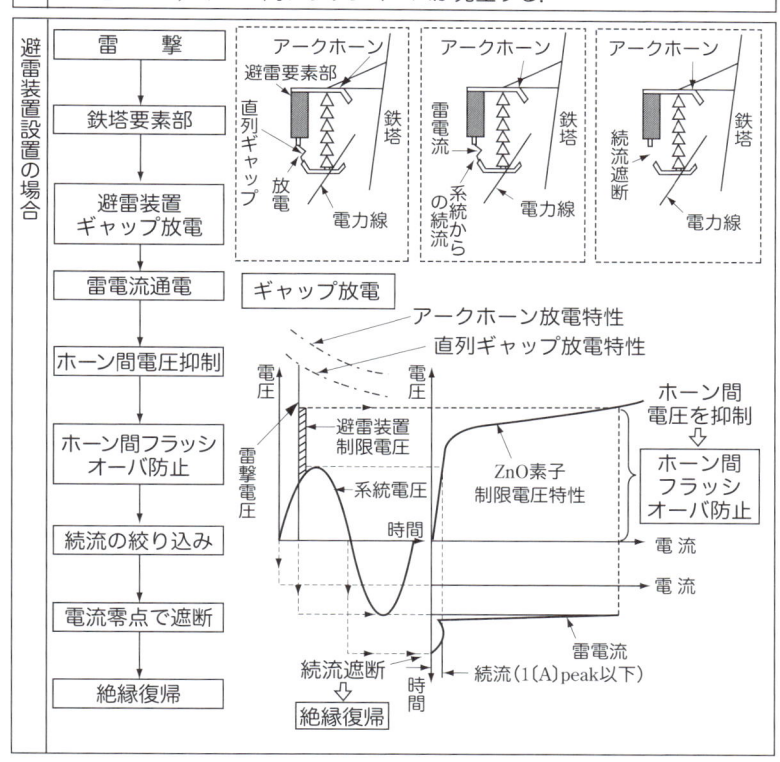

雷撃により鉄塔電位が上昇し，ホーン間電圧がアークホーンの放電電圧を超えると，ホーン間フラッシオーバが発生する．

(b) 避雷装置に雷電流が流れる．避雷装置は優れた非直線特性を持った酸化亜鉛素子を収納しており，印加電圧が低いときは絶縁物なみの高い抵抗値となって微少な電流しか流さないが，印加電圧が高くなると抵抗値が激減して大電流を流し，それ以上の電圧上昇を抑制する．

これにより，避雷装置に雷電流が流れてもホーン間電圧は放電電圧レベルに至らず，アークホーン間のフラッシオーバが発生しない．

(c) 雷電流が流れた後に系統から流れ込む交流電流（続流）は酸化亜鉛素子の制限電圧特性に応じて通常は 1〔mA〕以下まで絞り込まれ，最初の電流零点で直列ギャップにより遮断され，その後系統の絶縁が回復する．

したがって，地絡状態が継続している時間は最大でも 1/2 サイクル程度であり，続流は数〔A〕以下で，電圧降下もないため，変電所のリレーは動作せず，遮断器トリップとならないため停電には至らない．

② ギャップなしタイプの動作

ホーン間電圧が上昇すると酸化亜鉛素子の制限電圧特性に従って避雷装置に雷電流が流れ，ホーン間電圧が抑制されフラッシオーバが抑制される．雷電流が流れた後は避雷要素部には系統の対地電圧が印加されるが，この場合に酸化亜鉛素子に流れる電流は通常 1〔mA〕以下であるため，実質的に無続流となり絶縁を回復する．ギャップなしタイプは放電現象がないため，サージに対する応答性に優れている．

③ 避雷装置非設置の場合

架空地線や鉄塔への雷撃により鉄塔の電位が上昇し電線との電位差が大きくなる．この電圧が，がいし装置のアークホーンの放電電圧以上に達するとアークホーン間でフラッシオーバが発生し，がいしが短絡状態に至る．これにより系統の電流が鉄塔を経て大地に流れ込み地絡状態となるが，この事故を除去するためには変電所の遮断器をトリップしてがいしを短絡しているアークを消弧する必要があり，その結果停電となる．

(3) 発変電所用避雷器との比較

送電用避雷装置も発変電所用避雷器も酸化亜鉛素子を用いている点では同じであるが，その設置目的や責務などに顕著な違いがあり，その比較を第2表に示す．

第2表 送電用避雷装置と発変電所用避雷器の比較

項目	送電用避雷装置	発変電所用避雷器
基本構成	ギャップ付きタイプ / ギャップなしタイプ（鉄塔，避雷要素部，直列ギャップ（気中単一ギャップ），電力線）	ギャップ付きタイプ / ギャップなしタイプ（電力線，直列ギャップ（容器内多段ギャップ），特性要素（SiC），酸化亜鉛素子）
設置目的	雷撃時のアークホーン間の電位上昇を抑制することによりホーン間フラッシオーバを防止し，送電線雷事故低減を目的に設置される．	電力線から侵入する雷サージ過電圧，あるいは遮断器や断路器の開閉時に発生することがある開閉サージ過電圧から発変電所の電気設備を保護することを目的に設置される．
設置場所	鉄塔上にがいし装置と並列に設置される．	発変電所の送電線引込口や変圧器の近傍に設置される．
責務	○雷サージ ・開閉サージ＊ ・AC短時間過電圧＊ 　＊：ギャップ付きタイプでは一般に考慮されない． ○：支配的要因（エネルギー責務）	・雷サージ ○開閉サージ ・AC短時間過電圧 ○：支配的要因（エネルギー責務）
保護性能	がいし装置アークホーンの放電特性との協調が対象となる．	雷インパルス耐電圧レベル（LIWL）や開閉インパルス耐電圧レベル（SIWL）が対象となる．
構造	鉄塔への取付けを考慮し，小型，軽量化が必要である．また，構成部品の落下がない防爆構造が要求される．	—
保守	劣化点検方法は今後の課題である．	漏れ電流を管理している．

5 送電

テーマ 17 送電線路のコロナ放電現象と障害および防止対策

1 コロナ放電発生の要因

　架空送電線では絶縁を施さない裸電線を使用し，その絶縁は空気に頼っている．このため送電電圧が高くなると，空気の絶縁性を考慮しなければならなくなる．空気の絶縁耐力には限界があり，気温 20〔℃〕，気圧 1 013.25〔hPa〕の標準状態において，波高値で約 30〔kV/cm〕，実効値で 21.1〔kV/cm〕の電位の傾きに達すると，空気は絶縁力を失い，電線表面から放電が始まる．これをコロナ放電と呼び，次の性質がある．
　① 薄光および音を伴い，電線，がいし，各種の金具などに発生する．
　② 細い電線，素線数の多いより線ほど発生しやすい．
　③ 晴天のときよりも雨，雪，霧などのときの方が発生しやすい．
　架空送電線では細い素線を何本もより合わせた「より線」を使用しているので電線表面には凹凸があり，電線表面の電位の傾きは平等ではない．このため 30〔kV/cm〕の電位の傾きを生じた部分にだけ，局部的に放電が生じることになる．
　電線表面全体が 30〔kV/cm〕の電位の傾きとなればフラッシオーバに至るが，コロナ放電はフラッシオーバに達しない状態での持続的な部分放電であり，薄光および音を伴い，一般に電線，がいし，各種の金具などに発生する．
　電線表面の電位の傾きが，ある値を超すと空気が電離してコロナが発生するが，このコロナが発生し始めるような電位の傾き（コロナ臨界電位の傾き）は次の実験式によって求められる．

$$E_{g0} = \frac{30}{\sqrt{2}} \delta^{\frac{2}{3}} \left(1 + \frac{0.301}{\sqrt{r\delta}}\right) \text{〔kV/cm〕} \tag{1}$$

　ここで，δ は相対空気密度であり，気圧 p〔hPa〕と気温 t〔℃〕により次式から求められる．

$$\delta = \frac{0.2892p}{273+t} \quad (2)$$

δ の値は，気圧 1 013.25〔hPa〕，気温 20〔℃〕のとき 1 となる．r は電線半径〔cm〕である．

実際の送電線では，電線の表面状態，天候などの影響を考慮に入れた次式（単導体方式の場合）が使用されている．

$$E_0 = m_0 m_1 48.8 \delta^{\frac{2}{3}} r \left(1 + \frac{0.301}{\sqrt{r\delta}}\right) \log_{10} \frac{D}{r} \quad \text{〔kV〕} \quad (3)$$

ただし，

m_0：電線表面の状態に関係した係数であり，表面の精粗，素線数によって第 1 表の値をとる（表面係数と呼ばれる）．

m_1：天候に関係する係数であり，雨天のときの空気の絶縁力の低下度を表し，晴天のとき 1.0，雨，雪，霧などの雨天のとき 0.8 とする（天候係数と呼ばれる）．

第 1 表 電線の表面係数

電線表面の状態	m_0 の数値
みがかれた単線	1.0
表面の粗な単線	0.93 〜 0.98
中空銅線	0.90 〜 0.94
7 本より電線	0.83 〜 0.87
19 〜 61 本より電線	0.80 〜 0.85

【コロナ臨界電圧の性質】

(3)式から次のことが分かる．

(a) E_0 は相対空気密度 δ の 2/3 乗に比例するから，山地などの標高の高い地域を通る送電線では，気圧 p が低下し，δ が減少するので，標高の低い地域よりも E_0 の値が低くなり，コロナが発生しやすい．

(b) 夏に気温が上昇すると相対空気密度 δ は小さくなるからコロナは発生しやすくなる．

(c) 天候係数は雨天のとき小さい値をとるから，雨天時にはコロナが発生しやすい．

(d) 線間距離 D が変化しても D/r の対数に比例して E_0 が変化するので，

5 送電

その影響は小さく，E_0 は電線半径 r に比例して変化するので，細い電線ほどコロナが発生しやすい．

(e) 素線数の多いより線ほど電線表面の凹凸が多いので表面係数は小さく，コロナが発生しやすい．

なお，送電線の設計では，(3)式を用いて計算した E_0 が，送電線の平常時における対地電圧よりも高くなるように電線半径を選定しているので，常時コロナが発生することはないはずである．しかし，実際には電線表面に付着したちりなどの汚損物，電線輸送中あるいは架線工事中に生じた傷などが微小突起となってコロナが発生することがある．このように(3)式によるコロナ臨界電圧 E_0 以下の電圧で発生するコロナを"部分コロナ"と呼んでいる．これに対して，コロナ臨界電圧 E_0 以上の電圧で発生するコロナを"全コロナ"と呼んでいる．

2　コロナ放電による障害

送電線にコロナが発生すると，電力損失，ラジオ障害，電力線搬送通信設備への障害，コロナ振動障害，消弧リアクトルの消弧力低下，直接接地系での誘導障害など種々の障害を引き起こす．ただし，雷サージが電線を伝搬してゆくときはコロナがその波高値を減衰させる役割を果たすという利点がある．コロナ放電による障害をまとめると，以下のとおりである．

(a) コロナ損

送電線にコロナが発生すると，有効電力損失が生じる．これは晴天時には非常に小さく問題とならないが，雨天時にはかなり大きくなり，送電効率を低下させる要因となる．

(b) コロナによる高調波電流の発生

コロナは送電線の交流電圧がコロナ臨界電圧を超えた部分のみにおいて発生するので，それによって奇数次高調波を含んだコロナ電流が流れる．このため，近接する通信線に誘導障害を与えたり，送電線の電圧波形をひずませることがある．

(c) コロナ雑音

送電線にコロナが発生すると，コロナ放電の際，過渡的に発生するパルス性の電圧あるいは電流（コロナパルス）は電線に沿って両方向に伝

搬していき，無線周波数の雑音源となり，送電線近傍にあるラジオ受信器や搬送波通信設備に雑音障害を与えることがある．この雑音を一般に「コロナ雑音」と呼び，前者をラジオ障害，後者を搬送波雑音と区別している．

(d) **コロナ振動**

電線表面の電界の強さと付着水分によって発生する．電線下面で垂下状態にある水滴がコロナ放電により電線をけって放散するとき，その反動で生じる振動である．低周波で比較的振幅が大きいため，がいしとその金具類などの支持物の機械的疲労や，ゆさぶりによる共振障害を発生する可能性がある（第1図参照）．

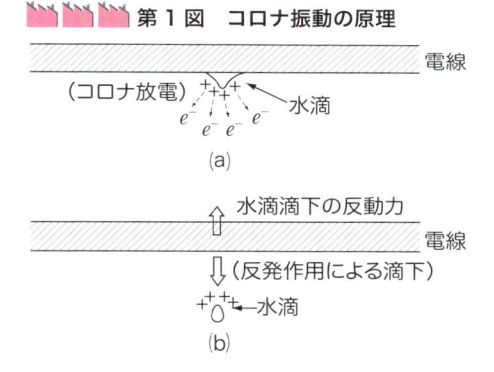

第1図　コロナ振動の原理

(a) （コロナ放電）水滴　電線
(b) 水滴滴下の反動力／（反発作用による滴下）水滴　電線

【解説】

(1) **コロナ損**

コロナ臨界電圧以上の電圧に対するコロナ損計算式としては，次式で与えられるピーク氏の実験式が有名である．

$$P = \frac{241}{\delta}(f+25)\sqrt{\frac{d}{2D}}(E-E_0)^2 \times 10^{-5} \quad \text{(kW/km)}$$

ここで，

　P：電線1条の1〔km〕あたりの損失電力〔kW〕
　E：対地電圧実効値〔kV〕
　d：電線直径〔cm〕
　D：線間距離〔cm〕
　f：電源周波数〔Hz〕
　E_0：(1)式で与えられるコロナ臨界電圧

上式から，コロナ損に関する以下の性質が推察される．

(i) コロナ損は，電線の対地電圧とコロナ臨界電圧の差の2乗に比例して急激に増大する．

(ii) コロナ損は電線表面の状態，天候，気温，気圧の影響を複雑に受け，特に相対空気密度の影響が顕著に現れる．

(2) コロナによる高調波電流の発生

第2図にコロナ電流 i_c の発生状況を示す．この i_c をフーリエ級数で分解すれば，基本波のほかに第3，第5，‥‥の奇数次高調波が現れてくる．図では基本波と第3高調波のみを示している．これらの奇数次高調波のうち，第3高調波は，三相各相分が同相となるために，中性点には1相分の3倍の電流が流れようとする．このため，

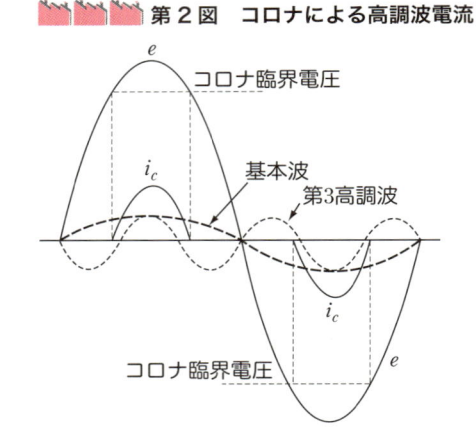

第2図 コロナによる高調波電流

(i) 中性点が接地されている場合には零相電流となり，近接する通信線に誘導障害を与える原因となる．

(ii) 中性点が接地されていない場合には，第3高調波が現れ電圧波形をひずませることとなる．

(3) コロナ雑音

コロナ雑音は1点のコロナ放電によるものではなく，送電線上の無数の点で生じるコロナ放電による多数のコロナパルス群によって形成されている．

コロナ雑音に含まれる周波数の範囲は15〔kHz〕〜380〔MHz〕程度にわたる広いものであり，周波数にほぼ反比例して雑音電界強度が減少する特性を持っている．したがって，一般に問題となるのは10〔MHz〕程度までであり，特にAMラジオ放送帯（0.5〜1.5〔MHz〕）が影響を受け，周波数帯域の高いテレビやFM放送には影響は少ない（第3図参照）．

コロナ雑音は，晴雲天時のような通常の気象条件下ではほぼ安定した大きさを示しているが，降雨や濃霧の下では著しく変動し，超高圧送電

線などでは，降雨時は晴天時に比べて 10 〜 20〔dB〕増加する．これらの増加は，主に電線表面に付着する水滴の先端からコロナが著しく発生することによるものである．

第3図　コロナ雑音と放送帯域

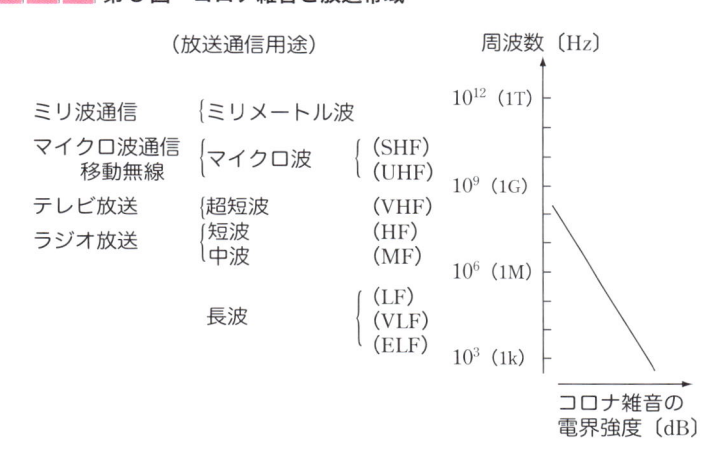

（放送通信用途）

			周波数〔Hz〕
ミリ波通信	ミリメートル波		10^{12}（1T）
マイクロ波通信 移動無線	マイクロ波	(SHF) (UHF)	10^9（1G）
テレビ放送	超短波	(VHF)	
ラジオ放送	短波 中波	(HF) (MF)	10^6（1M）
	長波	(LF) (VLF) (ELF)	10^3（1k）

コロナ雑音の電界強度〔dB〕

(4) コロナ振動

　電線下部で垂下状態にある水滴表面はとがっているため，尖端効果（帯電体表面の電界の強さはとがっている部分ほど強い）が生じる．コロナ放電が起こるような強い電界になると，電界により電子を失い，正に帯電した水の微粒子は，同じ極性にある電線をけって電線から放散する．

　このとき，電線は水滴の反動力を受ける．この力の，ある周波数と電線の固有振動数が一致して共振したときに発生する振動をコロナ振動という．気象条件としては，降雨量が 5〔mm/h〕以上で，無風のときに発生しやすい．

　したがってその特徴は，
① 気象条件や架線状態に著しく左右される．
② 振動の周波数は 1 〜 3〔Hz〕，全振幅は 9 〜 10〔cm〕程度である．

3　コロナ障害の防止対策

(1) 送電線側でとられる対策

　コロナ臨界電圧を上げるために，以下の対策がとられている．

① 外径の大きい鋼心アルミより線（ACSR）などを用いる．
② 電線を多導体化する．
③ がいし装置の金具はできるだけ突起物をなくし，丸みを持たせた構造とし，シールドリングなどを用いたコロナシールドを行う．
④ がいし連の重量加減を行って，その区間の電線-がいし連系の固有振動数をコロナ放電による振動数である1〜3〔Hz〕から遠ざける．

(2) **コロナ雑音受信機側でとられる対策**
① 放送出力を増強する．
② 共同アンテナとし，S/N比の高いところで受信した信号を分配する．
③ 受信アンテナに指向性を持たせる．

【解説】
(1) **多導体方式の採用**

送電線でコロナを防止するには，電線表面の電位の傾きを小さくすることが先決であり，太い電線を使用するのが一番早い方法である．しかし電線を太くするよりも，1相あたりの電線を2〜6本とする多導体方式が多く採用されている．

多導体方式の例を第4図に示す．多導体電線の各電線を素導体と呼ぶが，各素導体同士を一定間隔に保つために絶縁体のスペーサが用いられる．このような多導体を使用すると，同じコロナ臨界電圧を与える電線直径が単導体の場合よりも小さくなる．第2表は1相あたりの導体の全断面積が等しい場合の単導体および多導体方式のコロナ臨界電圧の比較を示す

第4図　多導体方式

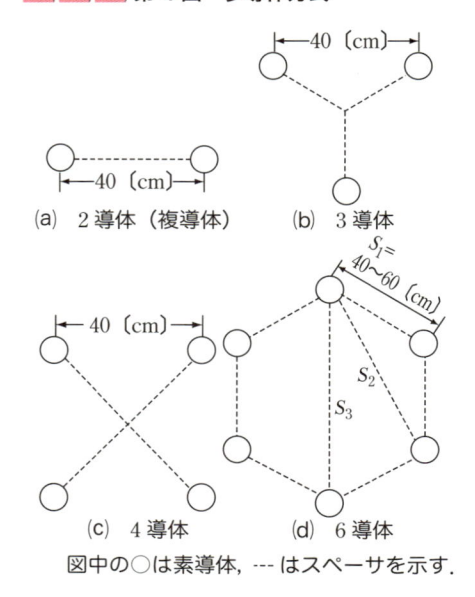

(a) 2導体（複導体）　(b) 3導体　(c) 4導体　(d) 6導体

図中の○は素導体，---はスペーサを示す．

第 2 表　単導体方式と多導体方式とのコロナ臨界電圧の比較
($m_0 m_1 = 0.83$, $\delta = 1$, $D = 10$ [m], $S = 40$ [cm])

導体方式	単導体	多導体		
		2 導体	3 導体	4 導体
導体半径 r [cm]	2.5	$\dfrac{2.5}{\sqrt{2}} = 1.77$	$\dfrac{2.5}{\sqrt{3}} = 1.44$	$\dfrac{2.5}{\sqrt{4}} = 1.25$
導体間隔の幾何平均 S [cm]	−	40	40	44.9
コロナ臨界電圧（線間電圧）[kV]	543	582	634	690

もので，単導体より多導体，また多導体では素導体数が増すほどコロナ臨界電圧は高くなることが分かる．

(2) **電線表面の保護**

　電線表面の状態がコロナ臨界電圧に影響を与えるから，電線架線工事の際に表面に傷を付けないよう注意する必要がある．また表面の汚れを除くことも必要である．電線は経年変化によりコロナ雑音が減少してくることがある．これは大気中の炭素が表面に付着し，尖起部を包んでしまうといわれている．電圧が高くなるにつれて各種の金具の凹凸が問題となり，できる限り丸みを持った構造とし，シールドリングなどを用いたコロナシールドを行うことが必要となる．

(3) **コロナ雑音の軽減**

　送電線においては上述の対策を行ってコロナ発生を軽減すると同時に，次のような受信機側での対策がとられる．放送出力の増強，共同アンテナ，指向性アンテナの設置，送電線を放送用空中線として利用する送電線放送，フィルタ形雑音防止器の挿入，さらには，交さあるいは平行している配電線と送電線との結合が小さくなるように，遮へい線の設置，ケーブル化などの対策をとる．

テーマ 18 架空送電線路の事故と再閉路方式の種類

1 架空送電線路の高速度再閉路とは

高速度再閉路とは，線路の故障区間を両端同時に高速で遮断し，一定の無電圧時間を経て再び両端同時に再投入する方式であり，無電圧中に故障原因が除去される一過性の故障に対しては，きわめて有効な手段である．

2 架空送電線路事故の特徴と高速度再閉路の特徴

送電線に発生する事故は，雷などによるがいしフラッシオーバのような気中フラッシオーバ事故が多いが，このような事故はいったん停電させてアークを消滅させれば，再び送電しても再びフラッシオーバしない場合が多いので，高速度自動再閉路方式が多く採用されている．

高速度自動再閉路方式は，各種の送電線保護継電器からの信号で起動し，系統の各種条件を確認して規定時間後に投入指令を出す方式である．この規定時間を無電圧時間と呼んでおり，無電圧時間を決定する要因として，遮断器の許容再投入時間のほかに消イオン時間，系統安定度がある．一般に，再閉路する時間は早ければ早いほど系統に及ぼす影響が少なく，系統安定度の向上のため有利であるが，あまり早過ぎると再閉路により電圧を印加したとき，消イオン時間が短すぎてフラッシオーバ発生箇所で再発するおそれがあるため，ある一定時間後でなければ投入できない．したがって，この両者の協調をとった適当な値をとらなければならず，高速度再閉路では 0.5〜1 秒後程度の時間を採用している．

消イオン時間とは，事故点に発生した残留イオンが消滅して事故点の絶縁が回復するまでの時間をいうが，これは主として健全回線または健全相からの静電誘導および電磁誘導により事故点の残留イオンを通じて流れる電流により左右され，一般には系統電圧が高いほど，また遮断こう長が長いほど，この電流は大きくなり，絶縁回復するのに長時間を要するので，無電圧時間は系統電圧が高いほど，遮断こう長の長いほど，長くする必要

がある．第1図に消イオン時間と系統電圧の関係を示す．

第1図　最小消イオン時間

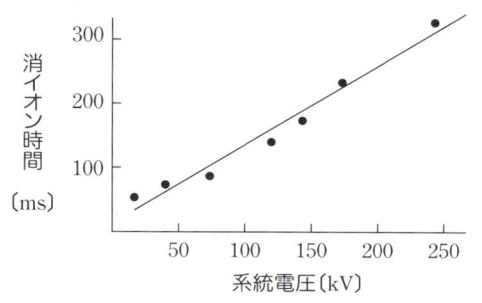

縦軸：消イオン時間〔ms〕、横軸：系統電圧〔kV〕

一般に無電圧時間は，三相再閉路で15～20〔サイクル〕，単相再閉路の場合は健全相からの静電誘導電圧があるので20～25〔サイクル〕としている場合が多い．超高圧2回線の1回線再閉路では静電誘導電圧が数千〔V〕にもなるので，無電圧時間を1～2〔サイクル〕延長する必要がある．

3　高速度自動再閉路方式による効果

高速度自動再閉路方式を行うことにより，次のような効果が期待できる．

(1) 事故が数箇所に多発しても電力の送受電を停止することなく事故除去を行うことができる．

(2) 系統の過渡安定度の向上が図れ，送電容量が増大する．

(3) 1系統が遮断したことによる他系統および機器の過負荷をそれらの過負荷許容時間内に復旧できる．

(4) 系統が自動復旧するため，運転の省力化が図れる．

高速度自動再閉路方式の採用理由の一つは系統復旧の自動化であり，もう一つは安定度の向上である．

前述のように架空送電線の再閉路成功率は90〔％〕以上と非常に高い．したがって，送電線が事故となったとき，停電させてアークを消滅させ，適切な無電圧時間後自動的に送電すれば，90〔％〕強の確率で送電の継続ができるわけで，高速度自動再閉路方式は有効な事故復旧の自動化といえる．

次に安定度向上であるが，高速度自動再閉路が成功すれば，再閉路成功後に当該送電線のインピーダンス低下により系統の同期化力が増し，安定度が向上する．この場合，再閉路時間が短ければ短いほど安定度向上に寄

与する．

　送電線には架空送電線と地中ケーブル送電線があるが，この高速度自動再閉路方式は架空送電線に使用され，地中ケーブル送電線には使用されない．その理由として，地中送電線に事故が発生した場合は，絶縁物が損傷しており，そのままの状態では再送電することが不可能なためである．また，地中送電線は架空送電線に比べて，事故の発生頻度も少なく，事故原因は路面の掘削工事などによる損傷や施工不良によるものがほとんどであり，その発生が散発的であることからも，再閉路の必要性は少ない．

4　高速度自動再閉路方式の種類

高速度自動再閉路の種類には，次のものがある．
① 三相再閉路方式
② 単相再閉路方式
③ 多相再閉路方式
④ 優先遮断再閉路方式
このうち，①と②は組み合わせて用いられる．

(1) 三相再閉路方式

　三相再閉路方式は事故相，事故相数に関係なく回線単位で三相同時遮断を行った後，再閉路する方式である．

　再閉路を行う場合には，両端の電源が同期運転していることを確認する必要があり，両端の電源が同期していない状態で再投入すると脱調を起こし，系統の解列，さらには大停電を招くことになりかねない．

　例えば第2図のように，平行2回線送電線において1号線に事故が発生し，両端の遮断器 CB-A1，CB-B1 が同時遮断して無電圧時間後に再閉路する場合，2号線を通じて連系が保護されていれば支障なく再閉路

第2図　平行2回線送電線の同期検出方法

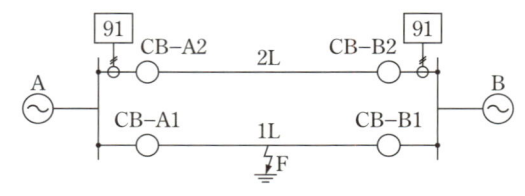

できる．したがって，この場合は2号線の潮流検出継電器91が動作していることを確認すればよい．また，同時に系統に事故が残っていないことも確認する必要がある．

(2) 単相再閉路方式

単相再閉路方式は1線地絡事故時に，事故相のみを遮断して残りの2相で電力の送受を行って同期を保ち，事故点の絶縁回復を待ってから再閉路する方式である．二相連系により同期は確保されているので三相再閉路のように，特別に同期検出を必要とせず1回線送電線にも適用できる．

単相遮断は，三相遮断に比べて無電圧となった導体付近に健全電圧が印加されている2相の導体があるため，消イオン時間が長くなり，無電圧時間も三相再閉路に比較して時間を必要とする．

(3) 多相再閉路方式

多相再閉路は，いかなる事故に対しても事故相のみを遮断するので，遮断中の送電電力が大きく，過渡安定度面でも有利である．このため，主幹系統の再閉路方式として広く採用され，供給信頼度の向上に寄与している．

再閉路条件として，事故相遮断後の隣回線を含めた健全相の相数（同名相は複数でも1相として扱う）が条件となり，通常2相または3相残りを条件としている．また，この方式を適用するには，いかなる事故においても事故相を確実に判別できる保護方式が必要である．

(4) 優先遮断再閉路方式

優先遮断再閉路方式は高抵抗接地系統に用いられ，平行2回線系統において両回線にわたる多重事故発生時のいずれかの回線を遮断すれば残る事故は1線地絡事故だけとなる場合，両回線同時に遮断せずに，とりあえず一方の回線だけを三相遮断・再閉路し，その後他方回線を三相遮断・再閉路することにより両端子の連系を保持したまま事故を除去する方式である．第3図にその動作過程を示す．

この方式は，単相再閉路や多相再閉路のように事故相のみを遮断することは必要としないので回路が簡単となる．

第3図　優先遮断再閉路の動作過程

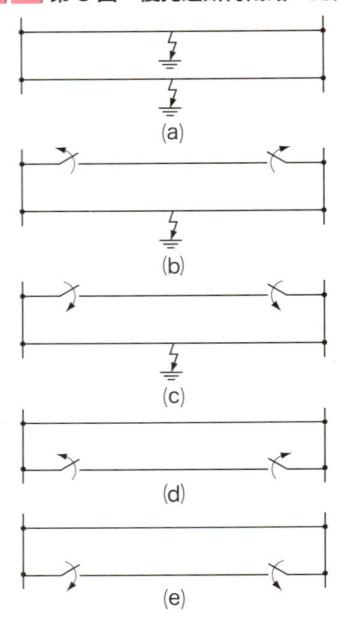

5　高速度再閉路方式の利害得失

(1)　三相再閉路方式

① 平行2回線送電線に適す．
　1回線送電線では，故障により三相とも遮断すると，両系統は切り離され同期が保てなくなる．
② 装置が各相再閉路に比べて簡単である．
③ 消イオン時間が短く，無電圧時間を短くできる．
④ 平行2回線では再閉路時，平行回線の潮流検出，相差角の検出を行って，系統が連系されていることを確認しなければならない．
　1回線送電線では両系統の電圧位相角を確認して再閉路する方法があるが，両端がシリーズ投入になることと，位相角確認に時間を要するため低速度再閉路となる．

(2)　各相再閉路方式

① 1回線送電線にも適用可能である．

② 故障相を遮断しても，系統は健全な相（1回線の場合は二相，2回線の場合は6線に対し異なる二相以上）によって連系されているため，不平衡送電ではあるが，同期化力としての電力の送受が行われるので，三相再閉路よりも過渡安定度が高く，また再閉路に際して両端の同期状態を確認する必要はない．

③ 装置が複雑である．また，短絡故障に対しては三相同時に行うので，遮断器は1極のみでしかも3極同時に操作できる構造のものを使用する必要がある．

④ 消イオン時間が，再閉路に比較して長い．

⑤ 消弧リアクトル系統では，1線遮断時，中性点電位が上昇するので適用できない．

⑥ 故障相を遮断すると，故障に引き続き発電機に不平衡電流が流れ，逆相電流による機械的，電気的，熱的な悪影響がある．水力よりも火力発電機に影響が大きく，回転子の表面温度の上昇，発電機とタービン間の結合部に過大なねじりトルクの発生，固定子コイル端部に電磁力などを生じる．

6　発電機のねじり現象と低周波共振現象

(1) 発電機のねじり現象

第4図に示すように再閉路時に発電機が発生するトルクによって，発電機と原動機の回転子から構成される軸系にはねじり振動が起こる．特に，タービン車室数個と発電機とで構成されるタービン発電機の軸系では，振動の様相も複雑である．再閉路を実施する場合には，電力系統の

第4図　再閉路時の発生トルク

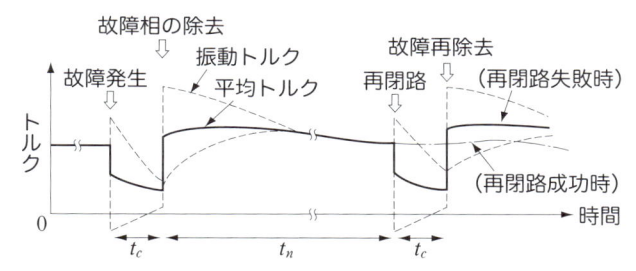

条件，再閉路の種類および発電機と原動機の軸系が相互に適合している必要がある．

(2) 低周波共振現象

長距離送電線の許容送電力量を増加させる目的で直列コンデンサを設置した系統（第5図(a)）においては，このコンデンサと回路の定数とで定まる電気的固有振動数 f_e（商用周波数 f_n より小さい）がある．発電機は周波数 f_e に対しては誘導発電機として働き，回転子の滑りは負となる．このため，回転子の等価抵抗 r_R（滑りの逆数に比例）が負となり，これが電気回路のほかの全抵抗 r より大きくなれば全体が負抵抗となって，この周波数成分の電流は発散し自己励磁現象が起こる．

全体が正抵抗であっても，電機子回路から回転子には $f_n - f_e$ の周波数を持つトルク成分が作用するので，発電機の軸系ねじり固有振動数 f_m が $f_n - f_e$ の周波数と一致すると，あるいはこの近傍にあるときには，周波数 f_m の軸系振動が助長され，電機子回路の周波数 f_e の電流も増大していく．これが低周波共振現象（SSR）である．

不安定領域を第5図(b)に示す．運転点が不安定領域にある場合あるいは安定領域であっても制動効果の小さい運転点の場合には，系統のじょう乱時などに電気回路および軸系に過大な振動が誘発されるおそれがあるので，計画時には十分な検討が必要である．1970年と1971年の2回にわたってアメリカのネバダ州のモハーベ（Mohave）火力発電所で生じたタービン軸損傷は，この現象により発生したものとして知られている．

第5図　低周波共振現象（SSR）

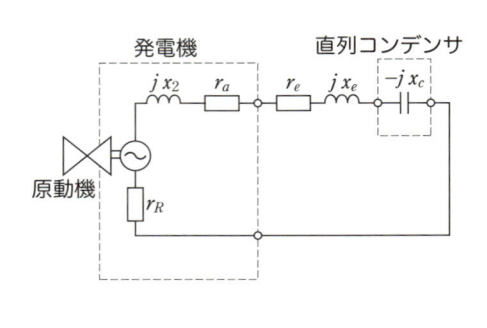

(a) 回路モデル

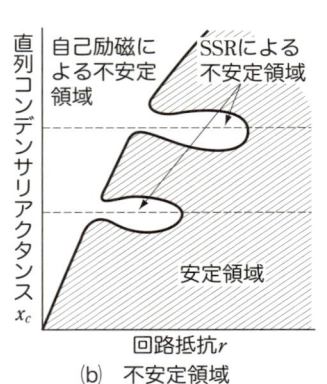

(b) 不安定領域

テーマ19 送電系統の中性点接地方式の種類と得失

　中性点の接地方式は電力系統の地絡時に，異常電圧発生の抑制，事故点およびその他の設備の損傷軽減，消弧作用ならびに地絡リレーの確実な動作などを考慮して定められており，直接接地，抵抗接地，補償リアクトル接地，消弧リアクトル接地，非接地方式に大別される．設備事故除去リレーは中性点接地方式によって大きく影響されるので，適用にあたって対象系統の中性点接地方式に合った保護方式を選定しなければならない．

1　中性点接地の目的

電力系統における中性点接地の目的は次のとおりである．
(1)　アーク地絡その他による異常電圧の発生を防止する．
(2)　地絡故障時の健全相の対地電圧の上昇を抑え，電線路および機器の絶縁レベルを低減できるようにする．
(3)　地絡故障が起きたときに保護継電器を確実に動作させる．
(4)　消弧リアクトル接地方式では1線地絡アークを消弧させる．

2　中性点接地方式の種類と概要

前述したように，中性点接地方式には次の種類がある．
(1)　非接地方式
(2)　直接接地方式
(3)　抵抗接地方式
(4)　消弧リアクトル接地
(5)　補償リアクトル接地

(1)　非接地方式
　この方式は33〔kV〕以下の系統で短距離送電に採用される．地絡時の故障電流が小さく誘導障害が小さいが，1線地絡時には健全相の対地電圧は相電圧の$\sqrt{3}$倍に上昇する．また条件によっては間欠アーク地絡を生じ，きわめて高い電圧の上昇をきたす．

非接地方式は，地絡時の故障電流が小さく，系統に与える影響も小さいので，過渡安定度は大きい．また，誘導障害も小さく，故障電流のアークは自然消弧してそのまま運転が継続できる場合も多い．また，中性点を必要としないので第1図のように変圧器を△-△結線とすることができ，変圧器の故障や点検修理で作業するときなど，一時的にV結線として電力を供給することができる．

しかし，長距離送電線では，1線地絡時に流れる故障電流は全対地充電電流と等しいのでかなり大きくなる．また条件によっては間欠的なアーク地絡となり，きわめて高い異常電圧を発生することもある．さらに，地絡故障を検出するような接地保護継電方式の適用が困難である．このため，配電系統では接地変圧器を介して中性点接地を行ったり，33〔kV〕以下の特別高圧系統でも送電線の距離が長い場合には，変圧器の結線をY結線とし，その中性点を抵抗接地している．

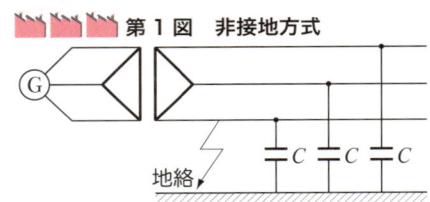

第1図　非接地方式

(2) **直接接地方式**

変圧器の中性点を直接接地する方式で，187〔kV〕以上の超高圧送電線路に採用される．地絡故障時の健全相の対地電圧はほとんど上昇しないので，送電線路および機器の絶縁レベルを低減することができる．

その反面，地絡電流が大きいので通信線への電磁誘導障害について，十分な検討が必要となるが，地絡継電器が確実に動作することから，高速度で選択遮断することが可能である．

直接接地方式は第2図のように，系統の変圧器の中性点を極力低いインピーダンスとなるように，直接導体により接地する方式で，地絡故障時の健全相の対地電圧は相電圧の1.3倍以下とする有効接地の条件を満足している．

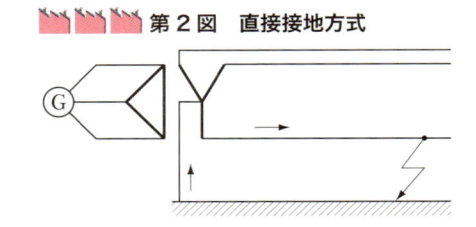

第2図　直接接地方式

(a) 直接接地方式の利点
① 1線地絡故障時の健全相の電圧上昇がほとんどないので，送電線路のがいしの個数を少なくし，機器の絶縁レベルを低減できる．
② 中性点は故障時においてもほぼ大地電位に維持されるので，変圧器の巻線内の各コイルの対地絶縁は，線路側から中性点に従って低減できる．これを段絶縁といい，変圧器の寸法，重量を縮小することができる．例えば，275〔kV〕の変圧器では中性点側のブッシングは77〔kV〕のものを使用している．
③ 各相対地電圧の上昇が小さいので，定格電圧の低い避雷器で系統の保護ができる．例えば，275〔kV〕の系統では，一般に266〔kV〕の避雷器が用いられている．
④ 1線地絡電流が大きいので，線路の対地充電電流などの影響を受けず，保護継電器の動作は迅速確実となり，保護方式の信頼度を高めることができる．

(b) 直接接地方式の欠点
① 1線地絡電流が大きいので，通信線に対する電磁誘導障害が著しくなる．この対策として，高速遮断器を採用して軽減を図ったり，遮へい線の採用，通信線のケーブル化などを実施している．
② 地絡故障に対する過渡安定度が低く，このため0.1秒以内の遮断と再閉路方式の高速化が望ましい．
③ 地絡電流は短絡電流と同様に大きく，場所によっては短絡電流を上回ることもあり，遮断器の遮断容量の選定に注意を要する．

以上のように直接接地方式は，送電電圧が高くなるほどその絶縁設計を比較的に低減できるなど，経済的，技術的に有利である．また，前述の欠点も技術的には克服可能であることから，187〔kV〕以上の超高圧系統はすべて本方式を採用している．

(3) 抵抗接地方式

変圧器の中性点を抵抗を通して接地する方式で，高抵抗接地方式が110〔kV〕，154〔kV〕系統で広く採用されている．直接接地方式と比べて地絡故障時の電流が小さく，通信線に対する誘導障害は少ないが，健全相の電圧上昇は高くなり，絶縁レベルを低減させることはできない．

また，接地抵抗が大きくなるほど地絡電流は小さくなるので，高感度の地絡継電器が必要となる．

抵抗接地方式は第3図のように，変圧器の中性点を抵抗を通して接地する方式で，直接接地方式の特性に近い低抵抗接地方式と，非接地方式に類似した利害のある高抵抗接地方式があるが，わが国では誘導障害防止の立場から，110〔kV〕，154〔kV〕系統に高抵抗接地方式を広く採用している．低抵抗接地方式は66〔kV〕，77〔kV〕系統において採用している．

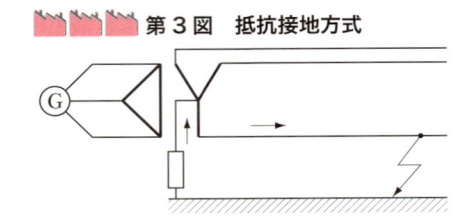

第3図　抵抗接地方式

中性点に挿入する抵抗値は，電磁誘導障害を通信に支障のない程度に抑え，故障時に異常電圧を生ずることなく，また，地絡継電器が動作して，故障回線の選択遮断が確実に期待できる程度の大きさの地絡故障電流になるような値を選定している．一般に，地絡電流として100〜250〔A〕，抵抗値としては154〔kV〕で400〜900〔Ω〕，66〔kV〕系統で200〜400〔Ω〕程度（低抵抗といっても，諸外国のような50〔Ω〕以下ではない．後述するケーブル系統で50〔Ω〕以下の低抵抗接地を採用している）である．

抵抗値を高くとれば，非接地系と同様に1線地絡時の健全相対地電圧は相電圧の$\sqrt{3}$倍，すなわち線間電圧になると共に間欠アーク地絡が発生するおそれがある．また，継電器の動作も問題となる．

都市部のケーブル系統では，地絡時のケーブル充電電流を補償するために，中性点補償リアクトル接地を採用しているが，これによる地絡時の零相自由振動を防ぐために，電流容量200〜3 000〔A〕程度の低抵抗接地を併用している．

(4) 消弧リアクトル接地方式

変圧器の中性点に送電線の対地静電容量と並列共振する誘導性リアクタンス値を持ったリアクトルを通じて接地する方式で，主に66〔kV〕，77〔kV〕系統に採用される．地絡電流は非常に小さく（理論上は零とする）大部分は自然消弧するが，その反面送電線のねん架不十分により中性点

に残留電圧がある場合などに送電線の対地静電容量とリアクトルが直列共振を起こし，中性点電位が異常に上昇するおそれがある．

消弧リアクトル接地方式は第4図のように，送電線の対地静電容量と並列共振するインダクタンス値を持ったリアクトル（$\omega L_e = \dfrac{1}{3\omega C_s}$）により，変圧器の中性点を接地する方式で，発明者であるドイツのペテルゼン氏の名をとってペテルゼンコイル（P.C.）接地方式とも呼ばれている．

この方式では故障の大部分を占める1線地絡故障時の対地静電容量の充電電流を中性点のリアクトルによる遅れ電流によって打消し，地絡アークを自然消弧させて，自動的に故障を回復させることができる．また，故障電流が小さいので，電磁誘導障害が軽減できると共に，系統過渡安定度の向上に効果的な方式である．

ただし，送電線のねん架の不十分による中性点残留電圧や1線断線故障によって生じる直列共振現象，および不足補償タップ（$\omega L_e > \dfrac{1}{3\omega C_s}$の場合）を用いている場合の1線地絡故障時などに異常電圧が発生するおそれがある．また，地絡故障が永久故障の場合は接地継電器が動作できないので，消弧リアクトルに並列抵抗を入れて抵抗系として抵抗器電流を流し，選択遮断できるようにする必要がある．

この方式は，系統の変更があるたびにタップの入替えを行う必要があることと，大幅な系統変更があると消弧リアクトル自体の取替えが必要となることから，近年，特定の系統以外採用されなくなった．

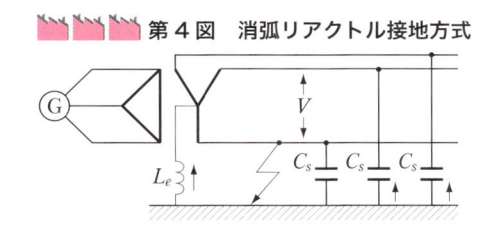

第4図 消弧リアクトル接地方式

(5) **補償リアクトル接地方式**

この方式は，都市部のケーブル系統増加に伴う対地充電電流の増大対策として，補償リアクトルを中性点に接続することによって，対地充電電流を補償する方式である．これにより保護継電器の動作を確実にし，1線地絡時の健全相電圧の異常上昇を抑制する．

第1表に各種接地方式の比較を，第2表に各種接地方式の標準を示す．

第1表　電線の表面係数

項　目	非接地方式	直接接地方式	抵抗接地方式	消弧リアクトル接地方式
地絡電流値	小さい	非常に大きい	中ぐらい	非常に小さい
地絡事故時の健全相電圧	対地充電電流が大きいと異常電圧が発生する場合がある	有効接地条件が保たれていれば常時対地電圧の1.35倍以上には上昇しない	線間電圧より高くなる場合がある（ただし，非接地より小）	同　左
1線地絡時の自然消弧	対地充電電流の小なる系統ではかなり自然消弧する	大部分永久事故となる	同　左	大部分自然消弧する
保護方式	自然消弧できないものは順序遮断により事故回線を遮断する．中性点抵抗器がある場合は，これを投入して選択遮断する	地絡電流が大きいので確実，高速度に選択遮断できる	高感度地絡継電器により選択遮断できる	自然消弧できないものは順序遮断により事故回線を遮断する中性点抵抗器がある場合は，これを投入して選択遮断する
その他の問題点	間欠アーク地絡による異常電圧が発生する場合がある	地絡電流が大きいので通信線への電磁誘導電圧が高くなりやすい	抵抗器電流が大きい場合，通信線への電磁誘導電圧が高くなる場合がある	直列共振による異常電圧が発生する場合がある
価　格	不　要	電力用変圧器中性点を直接接地するので安価	電力用変圧器が△結線の場合には接地変圧器を設置するので高価	抵抗接地系より高価

3　地絡保護装置の動作への考慮

　近年，送電電力の増大により，送電線の並列回線数が増加傾向にある．そのため，1回線あたりの地絡電流が不足して，地絡保護装置が不動作となることのないように，特に中性点装置の電流値を考慮する必要がある．
　また，どのような故障点に対しても，その系統を保護する継電器に適した十分な故障電流を流せるように検討することが大切である．

第2表　中性点接地方式の標準

種　別		中性点接地方式		摘　　要
送電系統	187〔kV〕以上の系統	直接接地		一　般
	154〔kV〕系統	抵抗接地	抵抗接地	一　般
			補償リアクトル接地	ケーブル系統など充電電流が大きく，かつ，電磁誘導障害のおそれがある場合
	154～66〔kV〕系統	抵抗接地	抵抗接地	一　般
			消弧リアクトル接地	1線地絡事故に対し，無停電供給が可能．雷害事故の多い架空系統に適用
			補償リアクトル接地	ケーブル系統など充電電流が大きく，かつ，電磁誘導障害のおそれがある場合
	33～22〔kV〕系統	抵抗接地		一　般
機器	発電機調相機	非接地		小容量で過電圧が発生するおそれのない場合
		抵抗接地		上記以外の場合

4　異常電圧の抑制

　故障時に発生する異常電圧の中で，もっとも発生回数が多く，長時間継続するのは1線地絡時の健全相の電位上昇である．この健全相の電位上昇は，中性点接地方式が抵抗性の場合，定態値で非有効接地系統で許容される1.92倍以下におさまれば，過渡異常電圧の減衰が早いから危険はないと考えられる．

　ただし，非接地方式，あるいは，中性点接地が故障時の系統分断などによって純リアクタンス性になるおそれがある場合には，過渡異常電圧が長時間継続するため，系統の絶縁に対し安全な電圧以下になるよう十分検討することが必要である．

5　過渡安定度への影響に対する判断

　中性点接地方式によって過渡安定度が影響を受けるのは，故障様相が1線地絡時または2線地絡時の場合であるが，2線地絡時の場合は短絡継電器により除去されるので，中性点接地方式が故障除去時間を決定するのは，1線地絡時のみである．したがって，中性点接地方式と過渡安定度との関

係は，1線地絡時のときがもっとも重要になる．大きな二つの電力系統を連系している送電線の中間において1線地絡が生じた場合，送電電力の変化 ΔP は，故障時の受電電力の故障直前の受電電力に対する比で求めると，第5図から，

$$\Delta P = 2 \cdot \frac{X^2 + \sqrt{2+\sqrt{3}}\,XZ_0 \sin(\phi+75°)}{4X^2 - 4XZ_0 \sin\phi + Z_0^2}$$

ただし，
・故障点よりみた正相および逆相リアクタンス

$$jX_1 = jX_2 = j\frac{X_a X_b}{X_a + X_b}$$

・故障点よりみた零相インピーダンス

$Z_0 \varepsilon^{j\phi}$ （θ（相差角）は故障前 30° とする）

・$X_a = X_b = X$ になる箇所で故障が生じたものとする

となる．この ΔP に保護装置遮断時間をかけたものを一つの目安として，過渡安定度の悪さを表す量とみなし，その大きさを 154〔kV〕，短絡容量 7 000〔MV・A〕の系統を例にして求めると，零相インピーダンスの大きさおよびその位相によって，中性点接地方式の過渡安定度に及ぼす影響は，第6図のように変化する．

第5図　1線地絡時の等価正相回路

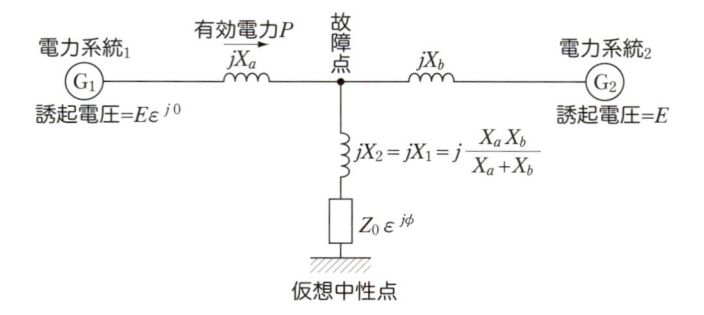

この図が示すように，中性点接地方式の過渡安定度に及ぼす影響は，零相インピーダンスが 50〔Ω〕以上であれば3相短絡に比較してかなり少ないことが分かる．

直接接地方式以外では，零相インピーダンスは最小値でも地絡電流

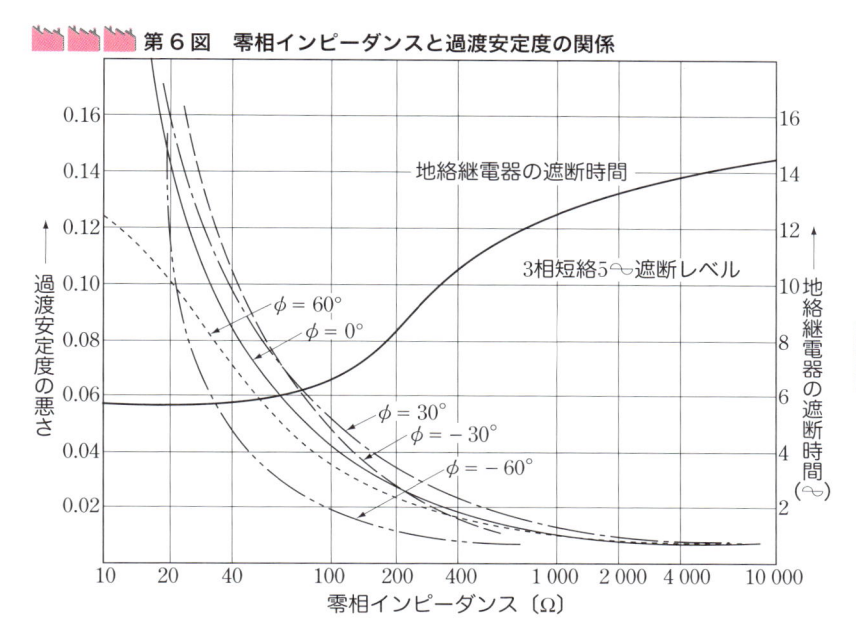

第6図 零相インピーダンスと過渡安定度の関係

（グラフ：横軸 零相インピーダンス〔Ω〕10〜10 000、左縦軸 過渡安定度の悪さ 0.02〜0.16、右縦軸 地絡継電器の遮断時間〔～〕2〜16。曲線：地絡継電器の遮断時間、3相短絡5～遮断レベル、$\phi=60°$、$\phi=0°$、$\phi=30°$、$\phi=-30°$、$\phi=-60°$）

4 000〔A〕相当として，$20 \times 3 = 60$〔Ω〕程度と考えられるので，直接接地方式以外の接地方式では，過渡安定度上，問題となることは少ないと判断することができる．

6 誘導障害に対する考え方

　弱電流電線に対して，誘導障害対策を施さなくても誘導電圧が許容限度以内におさまるのが理想である．

　しかし，系統が急速に拡大している現状では対地充電電流も増加し，また，同一電気所から引き出される回線数も増加する傾向にあることから，誘導障害対策を施さなくてもすむ程度に地絡電流を制限するとすれば，地絡保護装置の入力電流の力率がきわめて悪くなるか．また，補償リアクトルで補償した場合でも，補償リアクトルと対地キャパシタンスによる自由振動によって保護装置の信頼度が低下することになるので，対地キャパシタンスの非常に大きな系統では，これらの誘導障害と地絡保護装置の信頼度などを総合勘案した上で，経済的かつ必要な対策を実施しなければならない．

7 零相自由振動の抑制検討の考え方

ケーブル系統のように対地キャパシタンスの大きな系統では，故障電流を大きくしないで保護装置の動作を確実にするため，前述のように補償リアクトル接地方式が用いられる．この場合，ケーブル系統の等価零相回路は，第7図のとおりとなる（ケーブル線路のインピーダンスは小さいため省略）．

第7図　補償リアクトル系統の零相回路

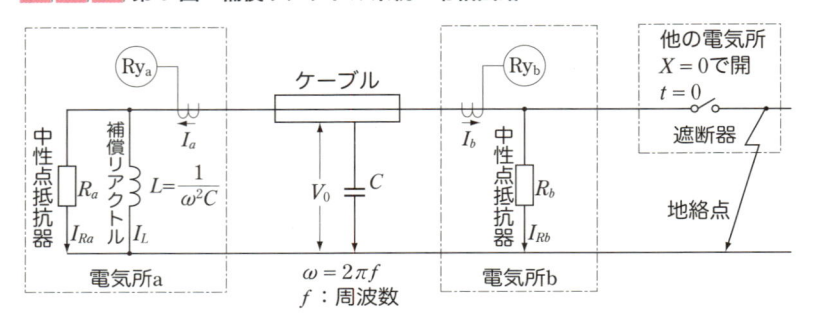

第7図のようにケーブル系統外の点で1線地絡故障が生じ，零相電圧が最大値 $\sqrt{2}E$ のときに遮断された場合を考えると，実系統では補償度100〔％〕で，

$$L = \frac{1}{\omega^2 C}$$

$$\omega^2 \gg \left(\frac{1}{2CR}\right)^2$$

$$R = \frac{R_a R_b}{R_a + R_b}$$

という条件が成り立つ．

したがって，ケーブル系統側の零相電圧および電流の実効値は近似的に，

$$V_0 = E\varepsilon^{-\frac{t}{2CR}}$$

$$I_a = I_{Ra} + I_L = \left(\frac{1}{R} - j\omega C\right)E\varepsilon^{-\frac{t}{2CR}}$$

$$I_b = I_{Rb} = \frac{E}{R_b}\varepsilon^{-\frac{t}{2CR}}$$

として与えられる．

　この電流 I_a，I_b には E/R または E/R_b に比例した項があり，明らかに V_0 と同成分の電流が含まれ，しかもこれが継電器入力電流となっていることから，$\varepsilon^{-\frac{t}{2CR}}$ の値が小さくなるまでの間は電気所 a，電気所 b のそれぞれの継電器 a および b が，あたかもケーブル内に1線地絡事故が生じたのと同様な判定を行うことを意味している．

　このような自由振動は，ケーブル系統外の地絡故障ごとにどうしても発生することになる．また，故障発生確率もケーブル系統内より架空送電線部分の方がはるかに大きく，系統の拡大に比例して増大することから，上記の自由振動の抑制については十分検討する必要がある．

8　零相自由振動の減衰方策

　零相自由振動は前述したように，発生回数も多く，系統の保護に悪影響（継電器の誤動作，高速度化に対する支障など）を与えることから，極力発生を抑制することと合わせて，発生したものについては，速やかに減衰させなければならない．

　時定数は $2CR$ であるから，これが小さいほど減衰が早くなることが分かる．系統の全対地充電電流を $\sum I_C$，全抵抗電流を $\sum I_R$ とすると，

$$\frac{\sum I_C}{\sum I_R} = \frac{\omega CE}{\frac{E}{R}} = \omega CR$$

であるから，

$$2CR = \frac{2}{\omega}\cdot\frac{\sum I_C}{\sum I_R}$$

となり，時定数を小さくするには $A = \sum I_C / \sum I_R$ を小さくしなければならない．零相電圧が 30〔%〕（地絡継電器の最小動作値程度）に減衰するまでの時間および振動周波数と $\sum I_C / \sum I_R$ との関係は，第8図のとおりとなる．

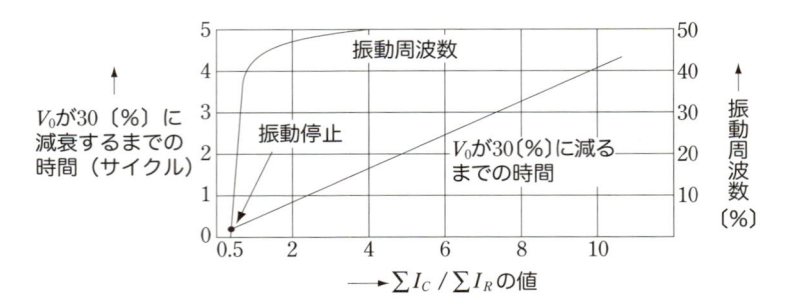

第8図　時定数・振動数と $\sum I_C / \sum I_R$ の関係

系統全体の $\sum I_C / \sum I_R$ が小さくても，故障点が取り除かれた後の $\sum I_C / \sum I_R$ が大きくなることがあるので，中性点接地についてはその点も考慮して，できるだけ $\sum I_C / \sum I_R$ を小さくする．すなわち，零相電流の有効分（抵抗電流）を十分大きくとることが大切である．

9　共振現象などの防止

消弧リアクトル接地方式のように，零相インピーダンスが非常に大きい中性点接地方式では，共振現象，他系統からの静電誘導や電磁誘導などによって，系統の対地電位が不安定となる．

したがって，非接地方式は極力避け，また，消弧リアクトル接地方式は常時抵抗投入方式とする．

10　中性点接地装置の配置時の考慮事項

中性点接地装置の配置については，次の点を考慮すること．
① 系統構成が変更されると，同一零相系統内の中性点接地の組合せおよび中性点接地箇所数が変わるため，通常の系統運用における系統構成の変更によって，中性点接地の目的が系統に適合しなくなることのないように配置すること．
② 二重母線の発変電所においては，母線を分けて運用すること．ならびに，中性点接地装置の点検などによる停止に対しても十分考慮すること．

なお，保護方式とも関連するが，系統構成からみて事故点が選択遮断されても分離した各電源のある系統が非接地にならないように，十分検討して設置する必要がある．

テーマ20 送電線路の通信線に及ぼす誘導電圧の種類と電磁誘導障害対策

1 誘導電圧の種類

　送電線と通信線が接近しているとき，相互の誘導的結合によって，通信線に電圧が誘起される現象を電磁誘導といい，通常，高電圧の三相送電線は故障以外はほとんどバランスして相電流が流れているので，大電流が流れてもある程度通信線が離れていると，各相と通信線の間の相互インピーダンスはほとんど等しく，電磁誘導電圧は生じない．

　しかし，送電線に地絡が発生して過大な電流が流れると，その大地を帰路とする電流成分による電磁誘導作用によって，通信線に大きな電磁誘導電圧を生じ通信線の作業員に危害を加えたり通信機器を破壊するなどの障害を与えるおそれがある．

　電磁誘導によって通信線に誘起される電圧には，次の3種類がある．

(1) **異常時誘導電圧**

　　送電線の地絡事故や断線事故などにより流れる零相電流によって生じる電圧であり，送電線接地方式や事故形態にもよるが，大きな誘導電圧が発生する．実際には，主として送電線の1線地絡事故によるもので，電磁誘導電圧の制限値は，わが国では，中性点直接接地方式の超高圧送電線の場合は430〔V〕，0.1秒，その他の送電線では300〔V〕を基準としている．

(2) **常時誘導電圧**

　　常時負荷電流の各相（I_a，I_b，I_c）の不平衡，送電線と通信線の不整とによる相互インピーダンス（M_a，M_b，M_c）のアンバランスなどによって生じる電圧であるが，常時は三相電流がほぼ平衡しており，かつ送電線の線間距離に対して通信線の離隔距離が大きく，各相の相互インダクタンスのアンバランスは小さいため，誘導障害は生じない．常時誘導危険電圧は制限値が60〔V〕と定められており，これは人体への影響を考慮して決定され，通信線における作業の支障となる．常時誘導縦電圧は

制限値が 15〔V〕であり，人体への危険はないが，ある種の通信機器の機能低下の原因となる．

(3) 誘導雑音電圧

送電線に流れる高調波に含まれる，主に第 3 調波成分などの零相分によって生じる電圧であり，特に 100〜1 000〔Hz〕のものは通信線に雑音を生じる．これには 0.5〔mV〕の制限がある．

2　異常時誘導電圧（1 線地絡故障）の求め方

送電線に 1 線地絡故障が発生したときに，電磁誘導により通信線に発生する誘導電圧 $\dot{V}_m$〔V〕を表す式は，次のように求めることができる．

電磁誘導障害は第 1 図のように原理的には相互インピーダンスを持つ電気回路で考えられ，閉回路の相互交さ磁束によって生ずる．

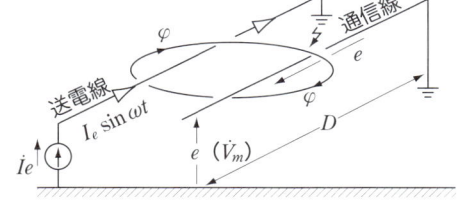

したがって，図のように $\dot{I}_e$，φ，e の正方向を決めれば，通信線に生じる単位長あたりの誘導電圧は，

第 1 図

$$e = \frac{d\varphi}{dt}$$

ここで両導体間の相互インダクタンスを M〔H/m〕とすると，$Mi = N\varphi \rightarrow \varphi = Mi/N$ を代入し，

$$e = \frac{d\varphi}{dt} = M\frac{di}{dt}$$

これに $i = I_e \sin \omega t$ を代入して，

$$e = M\frac{d}{dt}I_e \sin \omega t = \omega M I_e \cos \omega t \quad \text{〔V〕}$$

次に D〔m〕を乗じ絶対値を求める．

$$\therefore \quad V_m = |j\omega M \dot{I}_e D| = 2\pi f M I_e D \quad \text{〔V〕}$$

が求まる．また，三相送電線を考えると，各相の電線と通信線間の相互インダクタンスの相違を無視して，第 2 図のように，$M_A ≒ M_B ≒ M_C ≒ M$ と

すると，
$$\dot{V}_m = j2\pi f MD(\dot{I}_a + \dot{I}_b + \dot{I}_c) = j2\pi f MD \times 3\dot{I}_0 \ (\text{V})$$
で表される．ただし，上式の $\dot{I}_0$ は零相電流を表す．

したがって，上式より電磁誘導は送電線の零相電流によって誘起されることが分かる．

第2図　三相送電線の1線地絡故障による電磁誘導

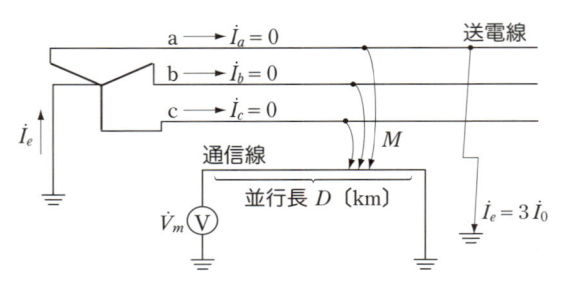

$\dot{I}_e$：送電線に流れる起誘導電流〔A〕
$\dot{I}_0$：零相電流〔A〕

3　電磁誘導障害対策

電磁誘導電圧の制限値はわが国では，中性点直接接地方式の超高圧送電線の場合は430〔V〕，0.1秒，その他の送電線では，300〔V〕を基準としていることは前述のとおりである．

国際電信電話諮問委員会では，一般の送電線では430〔V〕，0.2秒（小電流の場合最大0.5秒）以内に故障電流が除去できる高安定送電線では，人体の危険が大幅に減少するので650〔V〕までを許容としている．

(1) 送電線側の対策

① 架空地線で故障電流を分流させ，起誘導電流を減少させる（分流効果を増す）．

架空地線の条数を1条から2条にする．3条以上にしてもそれほど遮へい効果は上がらない．

架空地線に導電率のよい鋼心イ号アルミより線（IACSR）やアルミ被鋼より線（AS線）を用いる．

低減係数は，鋼より線1条で90〔%〕，2条で80〔%〕，AS線など

で 1 条 70〔％〕，2 条で 50〔％〕程度である．
② 送電系統の保護継電方式を完備して故障を瞬時に除去する．（1 回線…単相再閉路，2 回線…多相再閉路の採用）
③ 常時誘導を小さくするため，送電線のねん架を完全にし，できるだけ不平衡の生じないようにする．
④ 中性点接地箇所を適当に選び，また，接地箇所数を減少して，通信線に接近しているところの起誘導電流をもっとも小さくするようにする．
⑤ 負荷のバランスを図り，零相電流をできるだけ小さく抑える．
⑥ アークホーンの取付け．
⑦ 外輪変電所の変圧器中性点を 1～2 台フロート化（大地に接続しないで運用）するか，高インピーダンスを介して接地する．
⑧ 外輪変電所の変圧器中性点を 10～20〔Ω〕程度の低インピーダンスで接地する．

(2) 通信線側の対策

① ルートを変更して送電線の離隔を大きくしたり，交さする場合はできるだけ直角とする．
② アルミ被誘導遮へいケーブルのような特殊遮へいケーブルを採用し，遮へい係数を 60〔％〕以下にする．
③ 通信回線の途中に中継コイルあるいは高圧用誘導遮へいコイルを挿入して，誘導こう長を短くすることにより，誘導電圧を分割または軽減する．
④ 避雷器や保安器を設置する（V–t 特性のよいもの，避雷器の接地は A 種）．
⑤ 通信線と送電線の間に導電率のよい遮へい線を設ける（通信線に近く設置するほど効果は高い）．

テーマ21 電力系統に用いられる直列コンデンサ

1 直列コンデンサの適用と効果

直列コンデンサは電圧降下または電圧変動率の改善，送電容量の増大，安定度の向上，ループ系統の電力潮流分布の制御などの効果を有し，これらの効果が自律的で速応性を有することが特徴である．

(1) 電圧降下の改善

系統のリアクタンスを補償することにより電圧降下の改善を行うことができる．

第1図に示す単一送電線に直列コンデンサを挿入した場合の送受電端間の電圧降下は，

$$\Delta V \fallingdotseq I\{R\cos\theta + (X_L - X_C)\sin\theta\}$$
$$= I\{R\cos\theta + (1-k)X_L\sin\theta\}$$

補償度：$k = X_C/X_L$

となり，直列コンデンサによって電圧は $k\,IX_L \cdot \sin\theta$ だけ改善される．

第1図 直列コンデンサ補償送電系統の等価回路

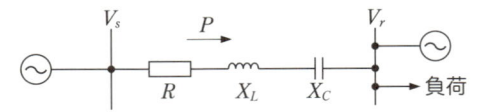

V_s：送電電圧　　　　　V_r：受電電圧
R：線路の抵抗分　　　P：送電電力
X_L：線路のリアクタンス分　X_C：直列コンデンサのリアクタンス

一般の送電線においては，k は100〔％〕以下であるが，配電系統では線路抵抗が大きいため，200〔％〕以上とされる場合もある．

(2) 送電容量の増大と安定度の向上

系統のリアクタンスを補償することにより送電線のこう長を等価的に短縮し定態安定度の向上を図ると共に，初期位相角を小さくし過渡安定度の向上を図ることができる．

一般の定電圧送電系統において，直列コンデンサ挿入時の送電容量

P は，送・受電両端電圧（V_s，V_r）の位相差角を θ として概略次式で与えられる．

$$P \fallingdotseq \frac{V_s - V_r}{X_L - X_C} \sin\theta = \frac{V_s - V_r}{X_L(1-k)} \sin\theta$$

したがって，同一の位相差角では直列コンデンサ挿入によって P が $1/(1-k)$ 倍になり，定態安定極限電力が増大する．また，同一の P を送電するものとすれば，θ が小さくなるため系統じょう乱に対する裕度が増え，過渡安定度が向上する．

(3) ループ系統の電力潮流分布の制御

電線サイズや電圧階級の異なる送電線がループ化されると，これらの線路にのる電力はほぼそれぞれの線路のリアクタンス分に逆比例することになるので，系統全体としてみた場合に経済的でなくなることがあり，直列コンデンサを挿入して電力潮流分布を改善することがある．

線路定数の異なる第2図のようなA送電線とB送電線を併用して運転する場合，A送電線の電流 I_A とB送電線の電流 I_B の比は，

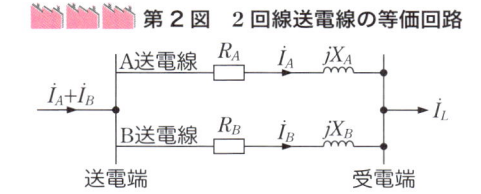

第2図 2回線送電線の等価回路

$$\frac{I_A}{I_B} = \frac{R_B + jX_B}{R_A + jX_A} = \frac{\dfrac{1}{R_A + jX_A}}{\dfrac{1}{R_B + jX_B}}$$

となり，各線に流れる電流は各線路のインピーダンスの逆数に比例することになる．

いま，A送電線およびB送電線の許容電流をそれぞれ I_{AO}，I_{BO} とし，I_{AO} と I_{BO} の比と Z_A と Z_B の逆数の比との間に $I_{AO}/I_{BO} > (1/Z_A)/(1/Z_B)$ の関係があるとする．この場合，A送電線の許容電流が大きいのでB送電線の許容電流により制約を受ける．したがって，A送電線の電流を相対的に多くするように潮流制御すれば2回線送電線の送電能力を大きくすることが可能となる．

このために，第3図に示すようにA送電線の受電側に直列コンデン

第3図 直列コンデンサを挿入した2回線送電線の等価回路

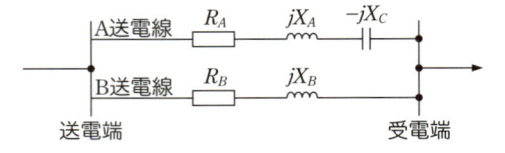

サ X_C を挿入すると，

$$X_C = X_A - \frac{I_{BO}}{I_{AO}} \sqrt{R_B^2 + X_B^2 - \left(\frac{I_{AO}}{I_{BO} R_A}\right)^2}$$

のとき，$I_A = |\dot{I}_A| = I_{AO}$，$I_B = |\dot{I}_B| = I_{BO}$ を与える送電容量を最大とする条件を得ることができる．

2 直列コンデンサの結線方式

直列コンデンサの結線方式は第4図に示すように，2種類考えられている．

第4図 直列コンデンサ補償方式

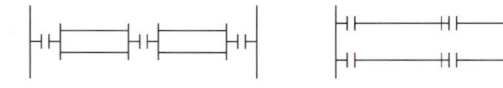

(a) 2回線一括補償方式　　(b) 各回線独立補償方式

　方式(a)は(b)に比較してコンデンサ容量が少なくできるが，1区間線路停止時には補償度が低下する．一方，方式(b)は1区間線路停止時の補償度の低下はないが，方式(a)よりコンデンサ容量が多くなり，コストが高くなる．
　この方式は，用地事情などから送電ルートの多ルート化が困難な場合に有効であるが，適用にあたっては下記の問題に留意する必要がある．

・送電線事故時に，直列コンデンサの保護のためギャップにより短絡し，事故除去後に再び挿入する保護装置の高速度化と高信頼度化
・直列機器であるため，特に大容量線路に適用する場合は大きな通過容量を必要とすること．

　わが国では関西電力の275〔kV〕大黒部幹線への適用，ほか1例（九州電力）があるのみであるが，外国ではスウェーデン，カナダ，アメリカに多くみられ，補償度は 25 〜 35〔％〕のものが大半で，最大で 50〔％〕程度である．

3 直列コンデンサの設備構成

直列コンデンサ設備は，一般に次の要素により構成されている．
① コンデンサ本体
② 保護装置
  保護ギャップ，ギャップ放電検出装置，コンデンサ故障検出装置など．
③ 側路開閉器
④ コンデンサ放電電流の抑制リアクトル
⑤ 絶縁架台

直列コンデンサ設備の結線方式を第5図に示す．主な構成要素について以下に説明する．

第5図 直列コンデンサ結線方式

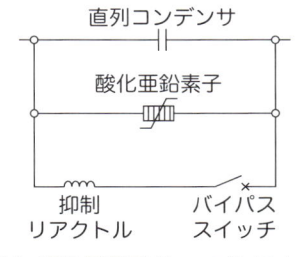

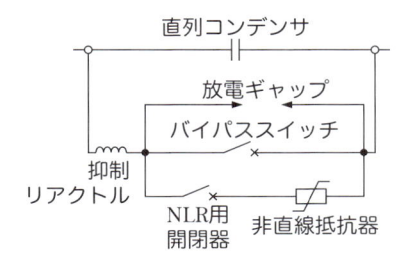

(a) 直列コンデンサの接続方式

(b) 酸化亜鉛形ギャップレス方式

(c) 大容量簡略形ギャップ方式

(1) コンデンサ

基本的には並列コンデンサと同様であるが，保護ギャップによりこれに加わる過電圧が制限されること，使用期間中における過電圧の大きさ，継続時間が想定されることにより，これらを勘案した絶縁設計をして経済性の向上が図られている．

(2) 保護ギャップ

線路に過電流（例えば，短絡事故時など）が流れると，直列コンデンサの端子電圧がこれに比例して上昇して過大になるので，並列に気中ギャップなどの保護ギャップを設置してコンデンサを短絡保護する．

近年では，優れた非直線性を持つ酸化亜鉛素子がこれにとって代わるものとして使用されている．

(3) **保護制御装置**

コンデンサ故障時の不平衡保護や過電流・過電圧保護のための継電器は絶縁架台上に設置して，架台上の故障は架台上で保護するのが一般的である．制御用電源をコンデンサ端子からとり，地上への制御信号伝達と側路開閉器の操作は，圧縮空気を利用した設備，絶縁架台上の電源をコンデンサ分圧式の逆PDより得て，架台上と地上間の制御・保護用の信号伝送に光ファイバによる光伝達方式を採用した設備などがある．

4　直列コンデンサ適用上の考慮事項

① 地絡故障発生時に直列コンデンサが短絡しない場合は，故障点からみた零相／正相インピーダンスが大きくなるため，健全相の電圧上昇が大きくなる．

② 遮断器が動作して送電線を開放するとき，直列コンデンサの残留電荷の影響によって過渡回復電圧が大きくなるおそれがある．

③ 直列コンデンサを通して無負荷または軽負荷の変圧器を励磁する場合には，一種の直列共振を起こすおそれがある．

④ 距離継電方式または方向距離継電方式を適用すると送電線リアクタンスからコンデンサリアクタンスが差し引かれるので，事故点までの距離を見誤ることがある．

【影響と現象】

交流系統における過渡現象の周波数は，通常，商用周波数より高くなるが，直列コンデンサを挿入することにより，商用周波数より低い直列共振周波数が加わる．直列コンデンサは低い周波数に対しては，そのリアクタンスが増大するので，商用周波数より低い周波数での次のような不安定現象を発生しやすくなるが，いずれも解析手段が確立しており，系統定数さえ明確であればそれらの現象の有無を予測することができ，対策も可能である．

(1) **直列コンデンサ挿入時の過渡過電圧**

この場合の過渡過電圧の大きさは，補償度や三相コンデンサの挿入さ

れる順番などによって異なる．この過電圧軽減策としてコンデンサ挿入用開閉器の回路に線形抵抗または非直線性抵抗が使用される．

(2) **系統故障電流に対する影響**

　系統事故時の短絡電流による直列コンデンサの端子電圧は，故障発生後徐々に大きくなるもので，短絡故障直後の短絡電流に与える影響はなく，時間遅れを持って影響が現れる．したがって，保護ギャップが早く動作すれば，遮断器の遮断容量に与える影響も，送電線の距離継電器などの系統継電器に及ぼす影響もなくなる．

(3) **分数調波振動（鉄共振現象）**

　直列コンデンサ系統において負荷側にある無負荷変圧器を挿入すると励磁突入電流のため，コンデンサが直流的に充電され，その結果，変圧器には電源電圧とコンデンサ直流電圧との差が加わり，正逆両方向の突流が交番的に流れて系統周波数よりも次数の低い分数調波が発生持続する．この分数調波によって変圧器鉄心などが過励磁となって過熱することがある．これを避けるために，必要に応じて分数調波抑制装置，あるいは分数調波検出継電器を付設して，分数調波発生時に側路開閉器を投入して分数調波現象の持続を回避したり，系統無電圧時には，直列コンデンサを側路開閉器によって短絡しておくようシーケンスを組むなどの方策がとられる．第6図に1/3調波振動発生の波形例を示す．

(4) **同期機の負制動現象**

　電力系統に接続されている同期機間は同期化トルクにより同期運転が保たれているが，与えられたじょう乱によって，同期化トルクは一定の制動条件が満足されなければ大きな乱調状態となり，安定度に問題が発生する．

　同期機の乱調は，電機子抵抗がリアクタンスに比べて大きいときに発生しやすく，直列コンデンサを使用することによってさらにリアクタンスが減少して乱調が発生する条件を生じやすくする．これを同期機の負制動現象と呼び，直列コンデンサを採用する場合，考慮しなければならない重要な現象の一つである．

(5) **誘導電動機の自己励磁現象**

　直列コンデンサ系統で誘導電動機を始動すると，誘導電動機の途中回

第6図　1/3調波振動発生時の波形

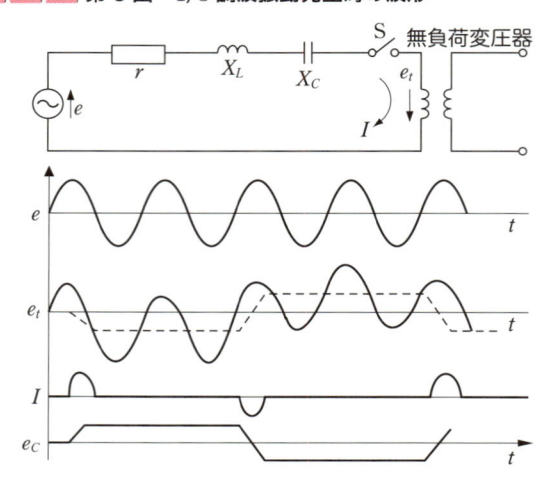

転数での L と直列コンデンサの C とが直列共振となり，電動機は電源周波数の電力を受けて駆動され，回転数が上昇せず電流が増大し，電動機を焼損することがある．この現象を誘導電動機の自己励磁現象といい，これは直列コンデンサ系統に直接電動機が接続される配電線で，しかもかなり補償度の高い場合に発生するが，送電線では電動機からみたコンデンサのオーム値が非常に小さくなるので問題とはならない．

テーマ22 送電線の不良がいし検出方式

　自然条件下にさらされた送電線では，雷撃などによって，懸垂がいしの不良が発生することがまれにある．不良がいし検出器は，送電線の懸垂がいしの良否を活線状態で判定検出し，がいし連の断連事故の発生を未然に防止するために使用されており，その方式には第1図に示すような種類がある．

第1図　不良がいし検出器の種類

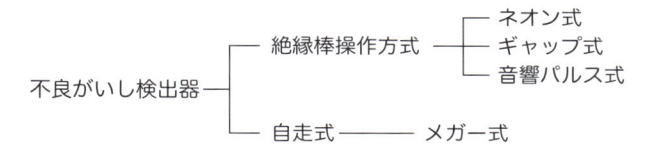

```
                  ┌─ 絶縁棒操作方式 ─┬─ ネオン式
不良がいし検出器 ─┤                  ├─ ギャップ式
                  │                  └─ 音響パルス式
                  └─ 自走式 ───────── メガー式
```

1　不良がいし検出方法の変遷

　不良がいしの検出方法としては，活線のまま検出することから，がいしの分担電圧を測定する方法が一般的に採用されてきた．

　このうち，もっとも古くからあるのはネオン式不良がいし検出器で，昭和8年ごろには外国製のものが輸入され使用されている．その後，戦争の拡大と共に輸入が困難となり，国産のものが生産されるようになった．戦後には，次々と改良が重ねられ，超高圧以下の送電線の不良がいし検出用として現在でも多く採用されている．

　ネオン式不良がいし検出器に続いて開発されたのが，ギャップ式（音響式）不良がいし検出器で，これはアメリカですでに開発されていたバズステッキ式不良がいし検出器を改良したもので，戦後まもなく開発されている．その後275〔kV〕送電線の登場に伴い改良が行われ，昭和26年に超高圧用として関西電力で採用された．

　ギャップ式不良がいし検出器に続いては，KD式不良がいし検出器が昭和25年に開発され，各社で採用されるようになった．これは従来のネオン式では検出できなかった，ピンがいしおよび2～3個連の懸垂がいしに

適用できるように開発されたものである．

また，この方式をさらに改良し，分担電圧を手元のメータに表示できるようにした，音響パルス式の検出器を昭和 48 年に採用している．

次に昭和 48 年 5 月には，500〔kV〕送電が開始されたが，500〔kV〕送電線ではがいし装置が長大となり，従来の絶縁棒操作方式では作業性が悪いため自走式の不良がいし検出器（分担電圧式）が開発され，昭和 49 年に東京電力で採用された．その後，検出部のみ分担電圧方式からメガー式に改良され，昭和 51 年より採用されている．

各方式における不良がいし検出器の特徴を第 1 表に示す．

第 1 表　各方式の不良がいし検出器の特徴

項目 方式	作業性	良否の判定	経済性
ネオン式不良がいし検出器	○操作手順は単純 ○操作にかなりの労力を必要とする	○ネオンランプの明るさにより判定するため，経験を必要とする	○構造が簡単であり，安価である
音響式（ギャップ式）不良がいし検出器	○操作手順は単純 ○操作にかなりの労力を必要とする	○放電音の大きさにより判定するため，経験を必要とする	○構造が簡単であり，安価である
音響パルス式不良がいし検出器	○操作手順は単純 ○操作にある程度の労力を必要とする	○分担電圧を直読でき，数値による判定が可能	○電圧表示のための装置は必要であるが，比較的安価である
自走式（メガー式）不良がいし検出器	○操作手順は繁雑 ○500〔kV〕での作業労力が軽減できる	○絶縁抵抗値を直接測定し結果を自動判定する ○自動記録装置により事後のチェックができ検出精度は高い ○汚損の程度によっては，がいしが湿っているときの検出が困難である	○自走のための装置や自動記録装置等が必要であり，多少高価である

2　ネオン式不良がいし検出器の概要

　本器は，がいし1個1個の分担電圧によってネオンランプを点灯させ，その明るさからがいしの良否を判定するもので，事前に健全がいしの正規電圧分担状態でのネオンランプの明るさを確認し，判定基準を明確にしておく必要がある．

(1)　構造

　ネオン式不良がいし検出器の構造は第2図のように，ホーン，発光部，絶縁部，把持部に大別される．ホーンはがいしの上下金具部分に接触するためのものであり，発光部には抵抗，可変式間げき装置，コンデンサ，ネオンランプを内蔵している．

第2図　ネオン式不良がいし検出器の構造

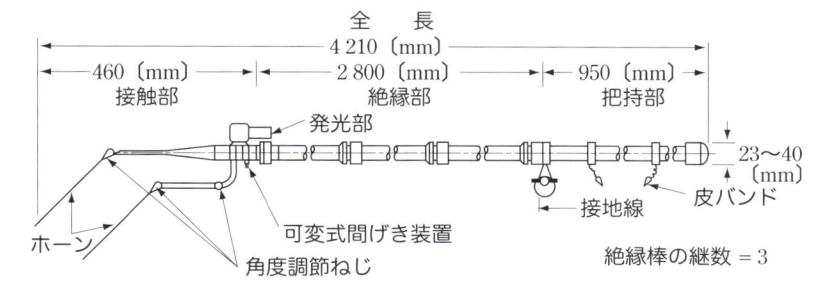

全　長 4 210 [mm]
460 [mm] 接触部　　2 800 [mm] 絶縁部　　950 [mm] 把持部　　23〜40 [mm]
発光部／可変式間げき装置／角度調節ねじ／ホーン／接地線／皮バンド
絶縁棒の継数 = 3

(2)　原理・性能

　この検出器の原理を第3図に，性能を第2表に示す．ホーン H_1，H_2 間で取り出されるがいしの分担電圧によって，間げきに火花放電が起こり，ネオンランプの明るさが分担電圧の大きさにより変化する．このときのネオンランプの明るさから，がいしの良否を判定するもので，絶縁不良がいしほど分担電圧が小さくなり，ネオンランプの明るさが暗くなる．なお，可変間げき装置によってネオンランプの発光を任意の明るさに調整できるようになっている．

第3図 ネオン式不良がいし検出器の原理

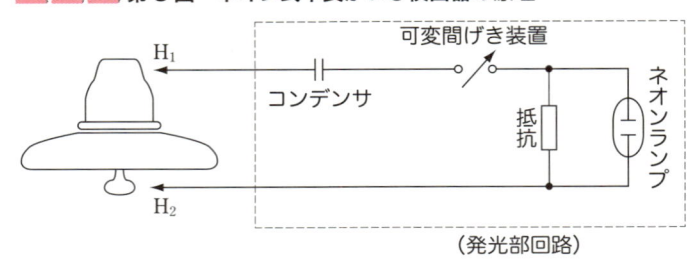

第2表 ネオン式不良がいし検出器の性能

項　目	性　　　能
使用電圧	220～275〔kV〕
ホーン間耐圧	AC 30〔kV〕1分間
絶縁強度	AC 75〔kV/300mm〕5分間加えて異常がないこと．また，このとき漏れ電流100〔μA〕以下
動作性能	○ 1 500〔V〕±10〔%〕で発光 ○ 500～1 000〔lx〕の明るさで検出可能
重　量	5.5〔kg〕

3　ギャップ式不良がいし検出器の概要

　本器は，ネオン式と同様に分担電圧を利用してギャップを放電させ，その放電可聴音の強弱からがいしの良否を判定するもので，事前に健全がいしの正規電圧分担状態での放電音の大きさを確認し，判定基準を明確にしておく．

(1) 構造

　ギャップ式不良がいし検出器の構造は，第4図のように，ホーン，円筒コンデンサ，放電ギャップ，絶縁棒および把持部からなる．

第4図 ギャップ式不良がいし検出器の構造

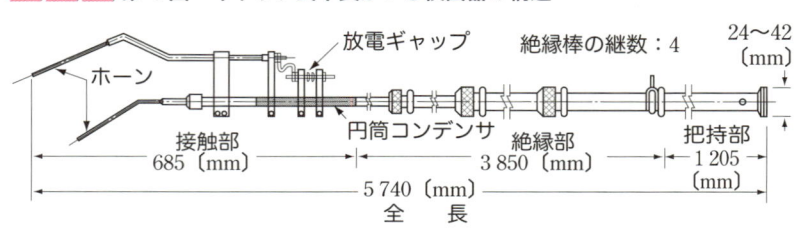

(2) 原理・性能

　この検出器の原理を第5図に，性能を第3表に示す．ホーン H_1，H_2 間で取り出されるがいしの分担電圧により，間げきに火花放電が生じる．このときの放電音の大きさから，がいしの良否を判定するもので，絶縁不良がいしほど分担電圧が小さくなって放電音が小さくなる．

第5図　ギャップ式不良がいし検出器の原理

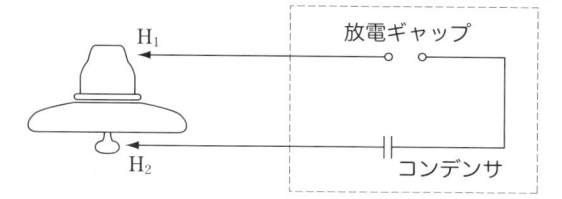

第3表　ギャップ式不良がいし検出器の性能

項　目	性　　　　能
使用電圧	160～270〔kV〕
ホーン間耐圧	AC 15〔kV〕3分間
絶縁強度	AC 75〔kV/300mm〕5分間加えて異常がないこと．また，このとき漏れ電流 100〔μA〕以下
動作性能	○8〔kV〕で放電（ただし，ギャップ調整により変更可） ○音響出力 60 ホン以上
重　量	4.4〔kg〕

4　音響パルス式不良がいし検出器の概要

　本器は，がいしの分担電圧を直流に変換し，コンデンサの充放電を繰り返して音響パルスをスピーカから発生させ，この音響パルスをマイクロホンで受信し，手元のメータで分担電圧として表示するものである．コンデンサの充放電の繰り返しの速さはがいしの分担電圧に比例するので，がいしの良否を判定することができる．実際には長連結がいし連での分担電圧特性は U 字特性であることから，電圧の大きさだけではがいしの良否は判断できないので，健全がいしの標準分担電圧カーブなどと対比させて良否判別する必要がある．

(1) 構造

音響パルス式不良がいし検出器の構造は第6図のように，ホーン，絶縁棒，把持部，指示メータに大別される．先端部にはコンデンサ，放電管，スピーカを内蔵している．

第6図　音響パルス式不良がいし検出器の構造

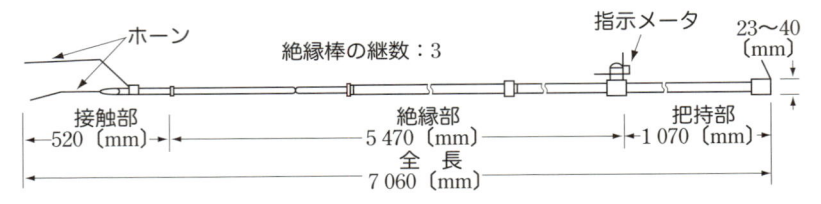

(2) 原理・性能

この検出器の原理を第7図に，性能を第4表に示す．がいしの分担電圧は先端のホーンより取り出され，整流器で変換された後，抵抗を通してコンデンサを充電する．このコンデンサ電圧が徐々に上昇して放電管の放電開始電圧に達したとき，スピーカから音響パルスが発生する．

第7図　音響パルス式不良がいし検出器の原理

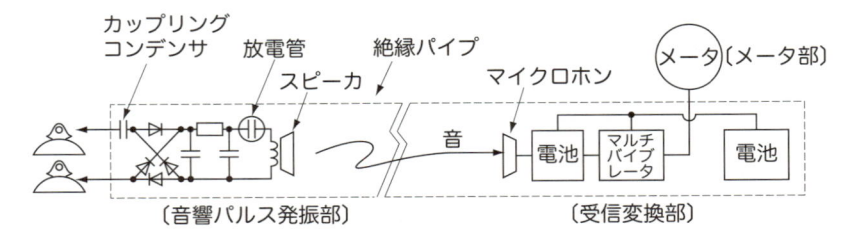

第4表　音響パルス式不良がいし検出器の性能

項　目	性　　能
使用電圧	200～500〔kV〕
ホーン間耐圧	AC 30〔kV〕1分間
絶縁強度	AC 75〔kV/300mm〕5分間加えて異常がないこと．また，このとき漏れ電流50〔μA〕以下
動作性能	AC 1～20〔kV〕を検出
重　量	4.3〔kg〕

放電により，コンデンサの電圧はほとんどなくなるので放電は停止し，再び抵抗を通してコンデンサの充電が行われる．以下，同じことを繰り返し，音響パルスの発生を続けるが，この繰返しの速さはがいしの分担電圧の大きさに比例する．そこでスピーカから発生した音をマイクロホンで受信し，その数をカウントすることによって手元のメータに分担電圧が表示される．

第8図に実線路における健全がいしの分担電圧の測定例を示す．

第8図 実線路における健全がいしの分担電圧の測定例

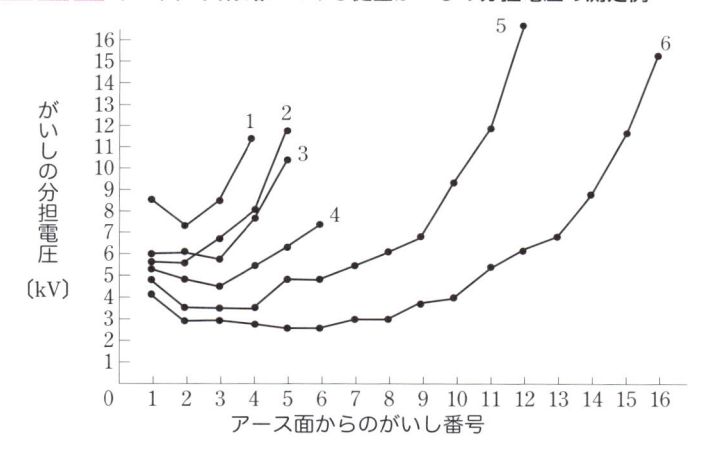

試番		1	2	3	4	5	6
公称電圧〔kV〕		66	66	66	66	154	154
対地実電圧〔kV〕		37	37	37	37	85.5	85.5
が い し 構 成	がいしの種類	250〔mm〕標準懸垂	同左	同左	同左	耐霧スモッグ	250〔mm〕標準懸垂
	がいし個数	4個	5個	5個	二連6個	12個	16個
	吊り形	耐張	耐張	耐張	懸垂	懸垂	耐張
	ホーンの有無	無	有	無	有	有	有
測定分担電圧の合計〔kV〕 対地実電圧との差〔%〕		36.3 −1.9	37.9 +2.3	36.4 −1.6	34.8 −5.9	82.5 −3.5	86.4 +1.0

5　メガー式不良がいし検出器

　本器は，従来の検出器が長尺絶縁棒の手動操作による分担電圧測定方式であったのに対し，大型送電線に対応させるため，検出器自体に自動走行機構をとり入れて省力化を図り，かつ検出方式も課電無課電に関係なく，がいしの絶縁抵抗が直接測定できるメガー方式を採用して検出精度の向上を図ったものである．

⑴　構造

　メガー式不良がいし検出器（耐張用，Ｖ吊り・懸垂吊り用）の構造は第9図(a)，(b)のように，駆動部，検出部および自動記録装置部より構成され，さらにペン書きオシロ再生装置，絶縁チェーン，絶縁棒などを付属する．耐張用は2連以上のがいし装置の2連にまたがるくら形構造で，検出器自体に蓄電池，直流モータおよび駆動用1輪ローラなどからなる駆動機構を備え，がいし連上を滑らかに1個1個移動することができる．Ｖ吊り・懸垂吊り用は，がいし装置の1連におおいかぶせるかご形構造で，自重でがいし1個1個を移動することができる．

⑵　原理・性能

　この方式の検出器は，課電されたがいしに静電容量の大きいコンデンサを並列に接続し，交流電流をバイパスすることにより課電状態で，がいしの直流絶縁抵抗が測定できることを利用したものである．第10図の検出機構のように，がいし連上を自動的に走行する駆動部に1 000〔V〕メガー機構と不良表示用発振機構からなる検出部およびカセットテープ機構による自動記録装置部を搭載し，2本の電極でがいしギャップ間の直流絶縁抵抗を順次測定する．その際，モニタ用スピーカからの不良表示音の聴取，および自動記録したテープの再生オシログラフによって不良を判定している．この検出器の性能を第5表に示す．

▰▰▰ 第9図 (a) メガー式不良がいし検出器の構造(耐張用)

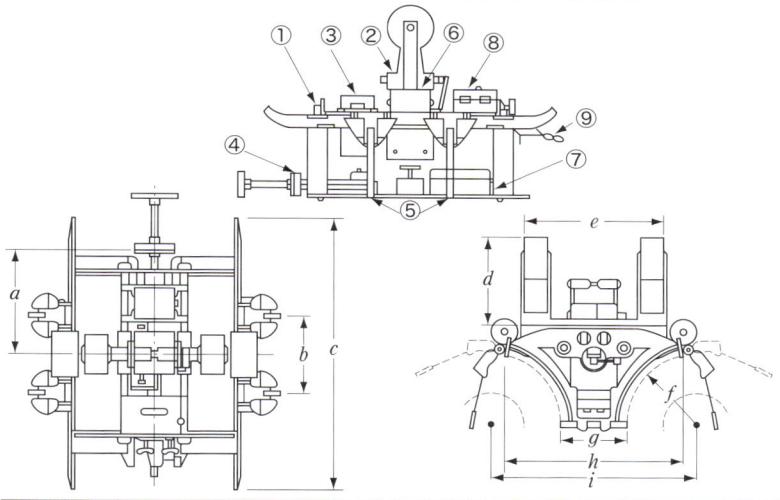

記号	品 名	備 考
①	くら形フレーム	FRP，アセタール樹脂製
②	駆動用機械部	アセタール樹脂製フレーム，ポリエチレン製ローラ，6〔V〕，1〔A〕直流モータ
③	駆動用電源電池	シールド式，6〔V〕，3〔A·h〕
④	逸走防止用ストッパ	FRP，アセタール樹脂製（逆吊り用調整アダプタを含む）
⑤	検出電極	ステンレス製電極 アセタール樹脂製スライド形
⑥	バイパスコンデンサ	高圧モールドセラミックコンデンサ 2 000〔pF〕，DC 30〔kV〕
⑦	メガー検出器	直流1 000〔V〕スピーカによる不良表示回路
⑧	カセットテープ式 自動記録装置	カセットテープ式レコーダ MR-1000型
⑨	絶縁チェーン	アセタール樹脂製 10〔m〕

適用がいし		重量	a	b	c	d	e	f	g	h	i
280〔mm〕	標準	12.5	240	170	570	170	300	140	160	370	450
320〔mm〕 340〔mm〕（小型）	標準	13.2	270	185	650	190	320	160 170	155	400	500
360〔mm〕	標準	13.4	320	220	650	210	330	180	120	420	500
420〔mm〕	標準	14.0	330	250	740	225	400	210	165	480	600

5 送電

テーマ２２　送電線の不良がいし検出方式

▰▰▰ 第９図　(b) メガー式不良がいし検出器の構造（V 吊り・懸垂吊り用）

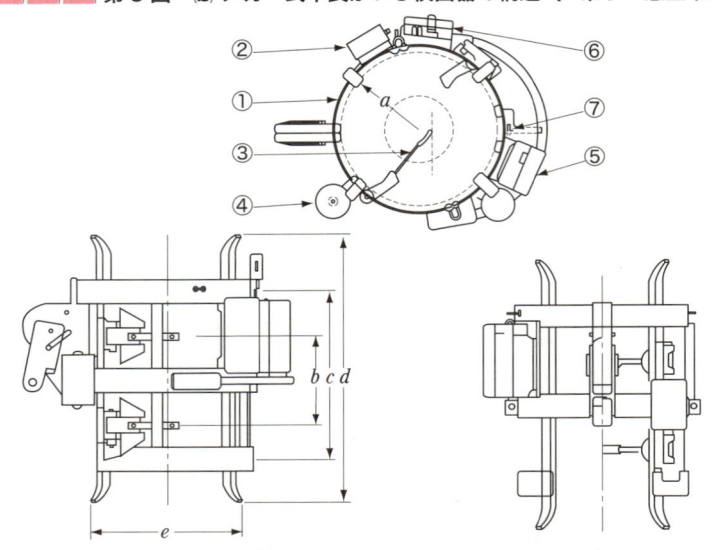

記号	品　名	備　考
①	かご形フレーム	FRP，アセタール樹脂
②	駆動用（メガー用）電源電池	シールド式鉛蓄電池 6〔V〕，3〔A・h〕
③	検出電極	ステンレス製電極 アセタール樹脂製スライド
④	バイパスコンデンサ	高圧モールドセラミックコンデンサ 2 000〔pF〕，DC 30〔kV〕
⑤	メガー検出器	直流 1 000〔V〕スピーカによる不良表示回路
⑥	カセットテープ式 自動記録装置	カセットテープ式レコーダ MR-1000 型
⑦	絶縁チェーン	アセタール樹脂製 10〔m〕

適用がいし	重量	a	b	c	d	e
290〔mm〕標準	8.7	140	175	330	530	290
320〔mm〕標準，スモッグ	10.5	160	195	380	600	330

▰▰▰ 第10図　メガー式不良がいし検出器の検出機構

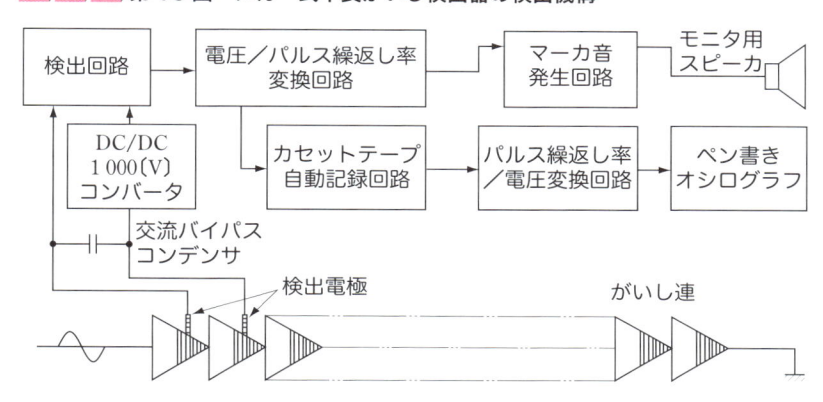

▰▰▰ 第5表　自走式不良がいし検出器の性能

項　目	性　　　能
使用電圧	500〔kV〕
絶縁強度 （絶縁操作棒，絶縁チェーン）	AC 75〔kV/300mm〕5分間加えて異常がないこと．また，このとき漏れ電流 50〔μA〕以下
動作性能	設定絶縁抵抗値（300〔MΩ〕または 50〔mΩ〕）に対し ±10〔％〕の誤差で動作
自走性能	○検出速度 8秒/個 ○自走可能 カテナリ角　正吊り 30°〜逆吊り 25° （正吊 30°以上は絶縁チェーンによる補助が必要）
電　源	○耐張用（検出，駆動電源）　鉛直電源（6〔V〕，3〔A·h〕） ○V吊り・懸垂吊り用（検出電源）　鉛直電源（6〔V〕，3〔A·h〕）
絶縁棒曲げ強度	先端荷重　30〔kgf〕以上
チェーン引張荷重	静荷重　100〔kgf〕
重　量	○耐張用　15〔kg〕　○V吊り・懸垂吊り用　9〔kg〕

5　送電

テーマ23 地中ケーブル布設工事の種類と地中ケーブル送電容量を増大する対策

1 地中ケーブルの布設方式

布設方式としては，直埋式，管路式，暗きょ式が用いられている．

(1) 直埋式

　　線路を大地中に直接埋設する方式で，一般に線路防護のため，コンクリート製トラフなどに納めて埋設しており，埋設深さは重量物の圧力を受けるおそれのある場所で，土冠 1.2〔m〕，その他の場所で 0.6〔m〕以上としている（技術基準）．

(2) 管路式

　　あらかじめ管路および適当な間隔にマンホールを作っておき，マンホールからケーブルをこの管路に引き入れ，マンホール内でケーブルを接続し布設する方式である．

(3) 暗きょ式

　　地中に暗きょ（洞道）またはふた付開きょ（CAB：第1図参照）を構築し，床上あるいは棚上にケーブルを布設するもので，管路式で多条数のケーブル発熱によって送電効率が著しく低下するような場合にこの方式が用いられる．

　　これらの各布設方式の利害得失を第1表に示す．

第1図　キャブ：CAB 断面

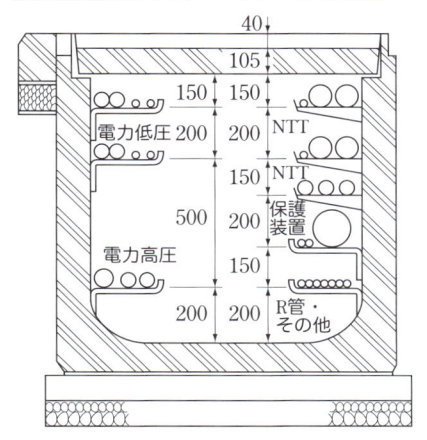

第1表 各種布設方式の得失

布設方式	長所	短所
管路式	(i) 増設，撤去が容易である． (ii) 外傷は比較的少ない． (iii) 保守・点検に便利である．	(i) 管路の工事費が大きい． (ii) 条数が多いと送電容量が制限される． (iii) 伸縮，振動によりケーブル金属シースが疲労する． (iv) 管路の湾曲が制限される． (v) 急斜面ではケーブルが移動する．
直埋式	(i) 布設工事費が少ない． (ii) 屈曲部が多少あっても布設には支障がない． (iii) 熱の放散は大きい． (iv) 工事期間が短い．	(i) 外傷を受ける機会が多い． (ii) 保守・点検に不便である． (iii) 増設，撤去に不利である．
暗きょ式	(i) 熱の放散が大きい． (ii) 多条数の布設に便利である．	(i) 工事費が非常に大きい． (ii) 工事期間が長い．

2 布設形態による許容電流の影響要因

(1) 埋設深さ

地表に近いケーブルほど気温の影響を受ける．また，夏季の許容電流は小さくなる．これに対して地表から深いほど気温の影響を受けにくくなり，季節の影響はさほど受けなくなる．しかし，実際の計算においては，深くなればなるほど熱の放散が悪くなるため熱抵抗は増加し，許容電流は減少する．

(2) 土壌の温度および湿度

土壌の温度が低いほど，また水分含有率が高く，湿度が高いほど固有熱抵抗が減少するため許容電流は増加する．

(3) 布設方法

直埋式，暗きょ式，管路引入れ式の3種類があるが，このうち，直埋式および暗きょ式は管路式より熱抵抗が小さく，許容電流は増加する．

(4) ケーブル条数および配置

管路内またはトラフ内ではケーブルの条数が少ないほど，またケーブルの相互間隔が大きいほど放熱が相互に影響し合わないので温度上昇は少なく，また，均一化され，許容電流は大きくなる．

3 許容電流算出基本式

送電電力 P は，線間電圧を V，線電流を I とすると(1)式のようになり，高電圧化，大電流化を図ることによって大容量送電が可能となる．

$$P = \sqrt{3}V \cdot I \tag{1}$$

高電圧化を図るためには高絶縁耐力の絶縁材料の選定が必要であり，大電流化のためには発生熱の低減化とその除去が必要となる．高電圧化においては，国内では 275〔kV〕OF，CV 送電線ならびに最近では 500〔kV〕CV ケーブルも運転され，今後，長距離用としての使用が増えてくる．

ケーブルの許容電流は，(2)式に示すように通電による温度上昇が，そのケーブルの許容温度以下になるように決めている．

$$I = \sqrt{\frac{T_1 - T_0 - T_d}{n r_{ac} R_{th}}} \tag{2}$$

n：ケーブル線心数
r_{ac}：交流導体実効抵抗〔Ω/cm〕
T_1：常時許容温度〔℃〕
T_0：基底（土壌）温度〔℃〕
T_d：誘導体損失にもとづく温度上昇〔℃〕
R_{th}：全熱抵抗〔℃・cm/W〕

4 送電容量増大方法

(2)式から，電流を大きくするためにはケーブルに通電したときに生ずる電力損失（導体損，誘電損，シース損など）を少なくする必要がある．そのイメージ図を第 2 図に示す．

(1) 導体抵抗を小さくすること

直接の対策は銅導体を基本とすると，大サイズ化を図ればよいが，大導体となると表皮効果などのために単に大サイズ化を図っても効果が薄いことから，分割導体，素線絶縁（酸化第二銅被膜の素線絶縁）を採用する．このことにより，10〔%〕の容量アップを図ることが可能となる．

しかし，サイズの上限は現状では，素線絶縁を採用しても 3 500 〜 4 000〔mm²〕が限度と考えられる．実情では，表皮効果係数の低減効果

第2図　ケーブルの大容量化

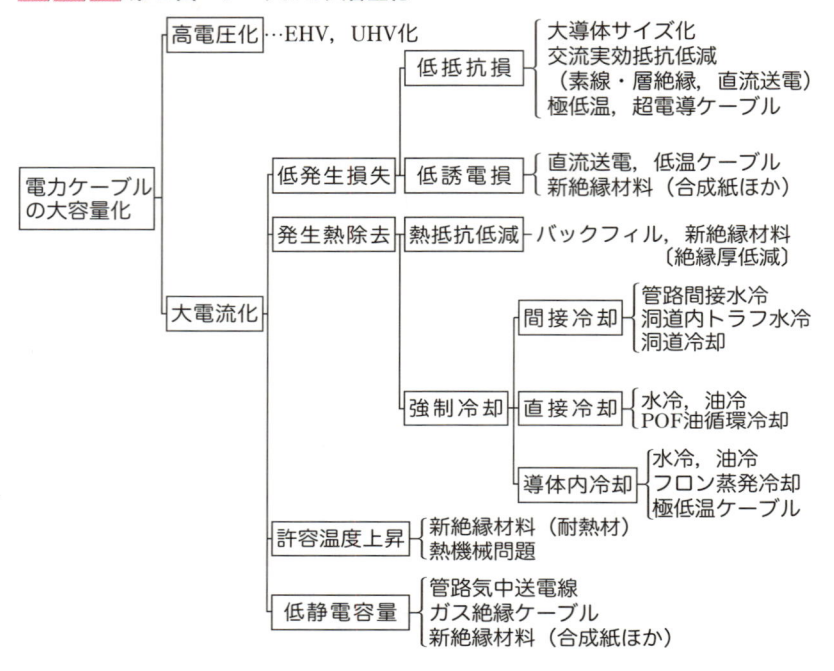

```
電力ケーブル ─┬─ 高電圧化 … EHV, UHV化
の大容量化    │
              ├─ 大電流化 ─┬─ 低発生損失 ─┬─ 低抵抗損 ─┬─ 大導体サイズ化
              │            │              │            │  交流実効抵抗低減
              │            │              │            │  （素線・層絶縁，直流送電）
              │            │              │            └─ 極低温，超電導ケーブル
              │            │              │
              │            │              └─ 低誘電損 ─┬─ 直流送電，低温ケーブル
              │            │                            └─ 新絶縁材料（合成紙ほか）
              │            │
              │            ├─ 発生熱除去 ─┬─ 熱抵抗低減 ── バックフィル，新絶縁材料
              │            │                              （絶縁厚低減）
              │            │              │
              │            │              └─ 強制冷却 ─┬─ 間接冷却 ─┬─ 管路間接水冷
              │            │                            │            ├─ 洞道内トラフ水冷
              │            │                            │            └─ 洞道冷却
              │            │                            │
              │            │                            ├─ 直接冷却 ─┬─ 水冷，油冷
              │            │                            │            └─ POF油循環冷却
              │            │                            │
              │            │                            └─ 導体内冷却 ┬─ 水冷，油冷
              │            │                                          ├─ フロン蒸発冷却
              │            │                                          └─ 極低温ケーブル
              │            │
              │            └─ 許容温度上昇 ┬─ 新絶縁材料（耐熱材）
              │                            └─ 熱機械問題
              │
              └─ 低静電容量 ┬─ 管路気中送電線
                            ├─ ガス絶縁ケーブル
                            └─ 新絶縁材料（合成紙ほか）
```

は 1/4 〜 1/7 である．

(2) 基底温度を低下させる

① 間接冷却方式の採用

　　管路式とトラフ内式が採用されており，パイプ内に水を通して循環または放流してケーブルからの発生熱を吸収させる．

　　実際の運転において 20 〜 30〔％〕の電流容量アップの効果を上げている．

② 内部冷却方式の採用

　　ケーブル本体中心に冷却媒体（油，水）を循環させて導体温度上昇を抑制する方式で，比較的短い線路に適用される．

　　水冷却の場合は絶縁面からみた処理（純水管理）が重要である．

③ 外部冷却方式の採用

　　一般にパイプ形の OF ケーブルにおいて油循環方式を採用しているが，管路直接冷却や洞道内に換気ファンを設置するなどの方策もこの

部類に入る.

第3図にこれらの方式を，第4図に送電容量の比較を示す．

第3図 電力ケーブル冷却の代表例

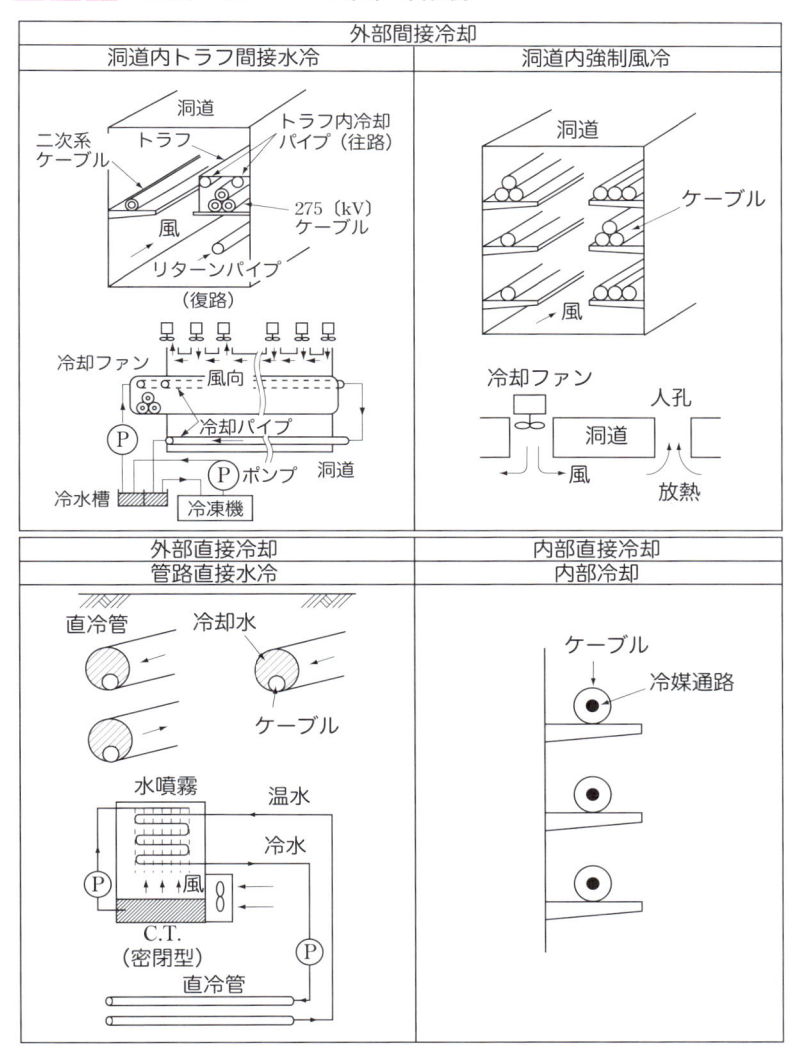

外部間接冷却	
洞道内トラフ間接水冷	洞道内強制風冷

（洞道内トラフ間接水冷の図：二次系ケーブル，洞道，トラフ，トラフ内冷却パイプ（往路），275〔kV〕ケーブル，風，リターンパイプ（復路），冷却ファン，風向，冷却パイプ，冷水槽，冷凍機，ポンプ(P)，洞道）

（洞道内強制風冷の図：洞道，ケーブル，風，冷却ファン，人孔，放熱）

外部直接冷却	内部直接冷却
管路直接水冷	内部冷却

（管路直接水冷の図：直冷管，冷却水，ケーブル，水噴霧，温水，冷水，風，C.T.（密閉型），直冷管，P）

（内部冷却の図：ケーブル，冷媒通路）

6 地中送電

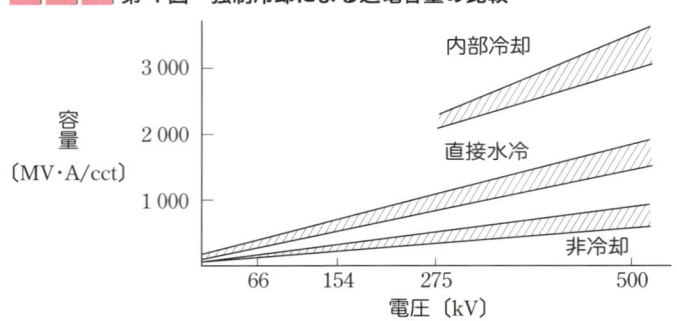

第4図 強制冷却による送電容量の比較

(3) 導体許容最高温度の上昇

紙ケーブル（70〔℃〕）からCVケーブル（90〔℃〕）の採用や，OFケーブルにおいて鉱油（80〔℃〕）絶縁油から合成油（85〔℃〕）に変更するなどの方策をとる．

一般にケーブルは，絶縁体の熱劣化面から上記値が決まるため，熱特性面の改善が必要となる．

第2表に導体最高許容温度の例を示すが，最近ではこれらの許容温度を見直す研究も進められている．

第2表 導体最高許容温度例

ケーブル種別		常時〔℃〕	短時間〔℃〕	短絡〔℃〕
ベルト H SL	6〔kV〕以下	80	95	200
	20〔kV〕未満	75	90	
	20〔kV〕	70	85	
	30〔kV〕	65	80	
架橋ポリエチレン		90	105	230
低ガス圧		75	90	200
OF		80, 85	90	150
パイプ形		80, 85	90	200

(4) 渦電流損の減少

電力ケーブルでは，事故時の事故電流を流すために絶縁体の外側に金属テープや金属シースが施されているので，導体に電流を流すことにより金属テープや金属シースに渦電流や循環電流が流れ損失を生ずる．

シース損失はケーブルの配置，接地方式に大きく関係するため，ケー

ブルの配置を収納スペースが許す限り，損失が小さくなる配置とすることが望ましい．また，接地方式についてはケーブルの両端を接地すると大地を介して閉ループができて大きな循環電流が流れ，場合によっては導体損失よりも大きな損失になることもあり，実際の設計においては片端接地方式などさまざまな検討を行い，接地方式を決定している．さらに，渦電流損の低減を図るため，近年において 66〔kV〕以上の CV ケーブルでは金属テープに代わってワイヤシールド方式が採用されて効果を上げている．また，高電圧ケーブルにおいては，シース損失抑制のために，絶縁接続箱を使用し，シースをクロスボンド方式（第 5 図参照）にて接地している．

第 5 図 クロスボンド方式

さらには，相離隔布設方式で約 70〔％〕，ステンレスシース方式で 90〔％〕以上の損失低減が図られる．

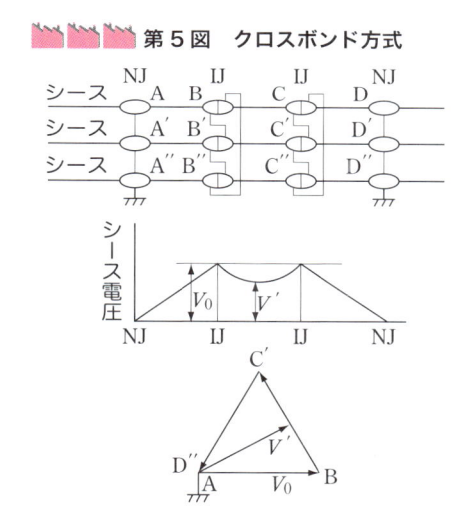

(5) 誘電損の低減

電力ケーブルは，導体を中心としてその外側を絶縁物で被覆したものであり，この絶縁物（誘電体）に交流電圧 V を印加すると第 6 図のように，δ〔rad〕だけ位相のずれた電流 I が流れる．このため，V と同相分となる I_r が誘電体内で電力として消費される．これが誘電損 W_d であり，

$$W_d = VI\cos\theta \fallingdotseq \omega CV^2 \tan\delta$$

で表されることから，静電容量 C と誘電正接 $\tan\delta$ を小さくすることが，誘電損を小さくすることになる．C（$\propto \varepsilon$：誘電率）と $\tan\delta$ は絶縁体の材料に依存するものであり，これらの値の小さい絶縁材料を使用することが必要となる．

また，誘電損は電圧の 2 乗に比例することから，超高圧ケーブルになればなるほど，$C(\varepsilon)$ と $\tan\delta$ を小さくすることが重要である．

第6図 絶縁物の tan δ

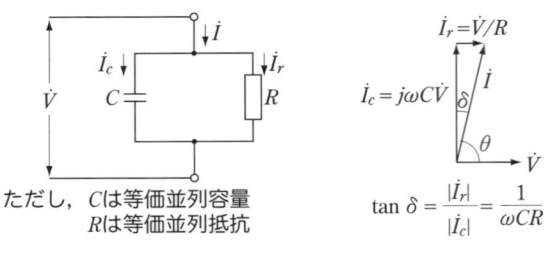

ただし，Cは等価並列容量
Rは等価並列抵抗

$$\tan \delta = \frac{|\dot{I}_r|}{|\dot{I}_c|} = \frac{1}{\omega CR}$$

近年，紙ケーブルにおいては，従来のクラフト紙に代わってプラスチック・フィルムの良好な電気特性とクラフト紙の優れた油流特性，機械特性を兼ね備えた積層一体化による複合絶縁紙が開発された（これによると，$\varepsilon \times \tan \delta$ が従来の 3.4×0.2〔%〕から 2.8×0.1〔%〕と小さくでき，容量も 20～30〔%〕アップできる）．

さらに，tan δ 面などでは架橋ポリエチレンケーブルが優れている．

(6) 土壌固有熱抵抗の改良

バックフィル材（砂などでねん土質のものの土壌を改良する）を用いて固有熱抵抗を減少させる．

(7) 新種ケーブルの採用

① 管路気中送電線の採用（GIL）

導体と金属シースの間を SF_6 などの絶縁性ガスで充てんしたケーブルで，導体を大サイズ化できると共に，SF_6 ガスが熱容量，熱伝導共に優れているので，強制冷却を加えた場合，500〔kV〕で 8 000〔A〕の電流を流すことにより，600～1 000万〔kW〕の送電容量を得られる．

第7図にGILの基本構造を示す．

第7図 管路気中送電線（GIL）の基本構造

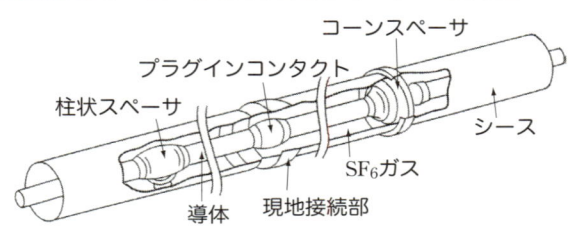

② 極低温ケーブルの採用

導体に高純度のアルミもしくは銅を使用し，この導体を 20～80〔K〕の極低温に冷却し，導体抵抗を 2 桁程度に下げることにより大電流を送電しようとするものである．

ケーブルの構造は従来のパイプ形 OF ケーブルと同様にパイプ中に導体を挿入し，冷却方式としては導体の中空部分に冷却媒体の液体水素や液体窒素を通すものが考案されている．

このケーブルでは，500～700〔kV〕の電圧で 300～500 万〔kW〕の送電容量を目標としている．

③ 超電導ケーブルの採用

超電導現象を利用し，絶対温度で抵抗が零になる現象から「無損失大容量送電」の夢を実現するもので，液体ヘリウムや液体窒素で温度を 4～5〔K〕まで下げ，導体に Nb，Sn などの超電導材料を使用するものである．近年においては新素材の研究が進められ，高温超電導（30〔K〕程度）の研究が進められている．いずれも 1 000〔kW〕以上の送電容量を目標としている．

④ 高周波送電方式の採用

パイプ状の導波管を用い数〔MHz〕のマイクロ波で送電を行う方式で，送受信装置を別にすると送電容量はきわめて大きい．また超電導現象を利用し，管壁温度上昇を十分に小さくすることができると，半径 1〔cm〕の導波管で 10 000〔MW〕の送電も可能であるといわれており，伝送損失も 1～3〔%〕程度になる．ただし，電力→マイクロ波への変換，マイクロ波→電力または熱への変換での変換装置と変換効率が今後の問題になる．

テーマ24 地中送電線路の防災対策

　地中線設備は火災その他による被災を防止するための対策をとる必要がある．特に地中送電線路は，地絡・短絡による火災や OF ケーブル鉛工時の残り火やゲリラなどによる放火などさまざまな災害が予想される．以下そのポイントの概略を述べる．

1　地中送電線路のケーブル防災対策の適用

(1) 洞道内ケーブルの防災

　洞道内は低圧から超高圧まで各種ケーブルが収容されており，また作業者の出入りも多いので，外傷および火災を主対象に，特に対策が必要である．洞道内ケーブルの防災対策としては下記のものが採用されており，線路の重要度，ケーブルの配置状況などから適宜組み合わせることが必要である．

(a) パイプまたはトラフ（ピットを含む）内布設

　ケーブル，給油管など難燃性のパイプまたはトラフ内に布設する．トラフの中に砂を入れた例もあるが，最近は行われていない（第1図参照）．

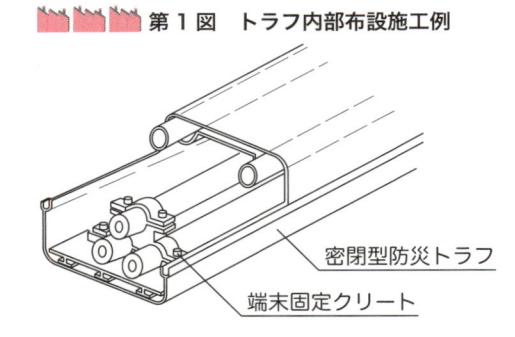

第1図　トラフ内部布設施工例

密閉型防災トラフ
端末固定クリート

(b) 耐燃性の防食層・プラスチックシースの採用

　ケーブルの防食層，プラスチックシースに耐燃性を一層高めた材料を使用する．

(c) 耐火材等の巻付け

　ケーブル，給油管などにガラステープなどの耐火材や耐燃性の高い防災テープや防災シートを巻き付ける（第2図参照）．

第2図 防災シート施工例

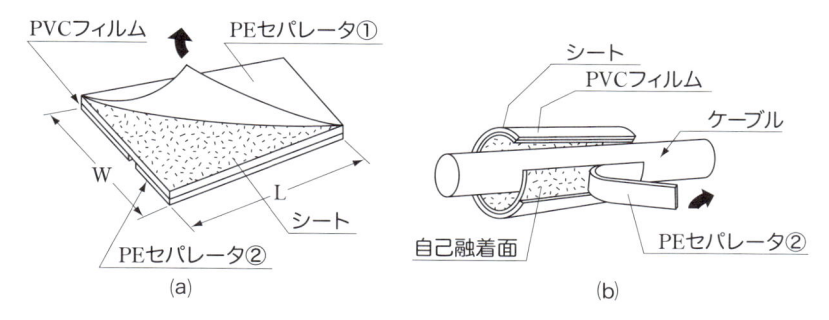

(a) PVCフィルム／PEセパレータ①／W／L／シート／PEセパレータ②

(b) シート／PVCフィルム／ケーブル／自己融着面／PEセパレータ②

(d) 洞道床面の砂利敷き

　洞道の床面に $\phi 3$ 〔mm〕以上の粗い砂利を厚さ15～20〔cm〕程度均一に敷き並べる．床面砂利敷きは，ケーブル破壊時に漏れた油を吸収流下させ，油面に直接アークが接触するのを防止し，砂利の熱容量と相まって着火の機会を阻止しようとするものである．

(e) 隔離板，隔離壁などの設置

　ケーブル，接続部などを難燃性の板，耐火性の隔壁などで相互に隔離する．

(f) 自動消火装置の設置

　マンホール内およびマンホール側近の洞道部に消火装置を設置する．

(g) 感知線による異常熱源発生箇所の検知

　火災感知線をケーブルに添って設置するなどして，熱源発生箇所の早期発見を行う．感知センサの施工例を第3図に示す．

第3図 火災センサの施工例

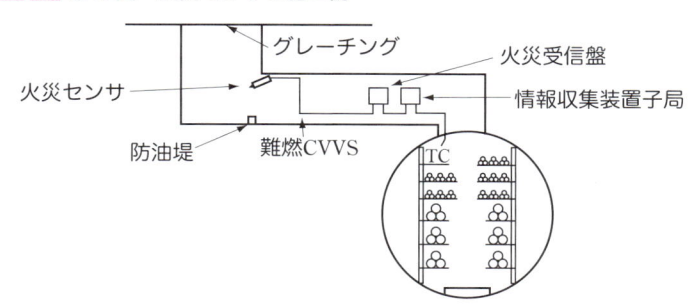

グレーチング／火災受信盤／火災センサ／情報収集装置子局／防油堤／難燃CVVS／TC

6 地中送電

(2) マンホール内ケーブルの防災

基本的には洞道内ケーブルの防災と同じである．OF接続部の防災シート，防災テープ巻の施工例を第4図に示す．

第4図 OF接続部の防災シート・防災テープ施工例

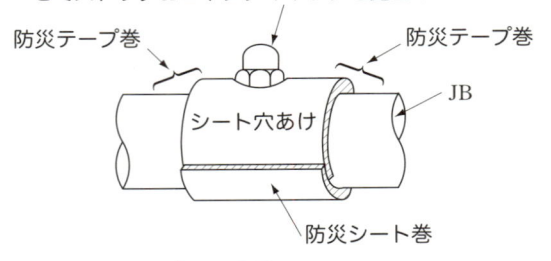

(3) 変電所内ケーブルの防災

基本的には洞道内ケーブルの防災と同じであるが，変電所内は消防法による規制も厳しいので，その規制もクリアするよう施工する必要がある．特にケーブルヘッドが階をまたがるような場合は第5図に示すような防火区画とする必要がある．

第5図 ケーブル貫通部防火区画施工図例

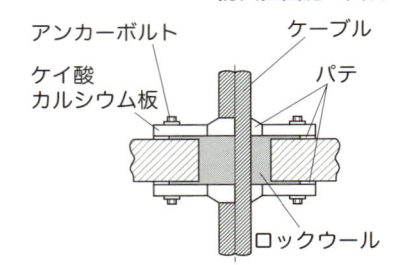

その工法は日本建築センター（BCJ）の性能標定を取得したものを基本として適用している．

〔東京都火災予防条例関連〕

区画を貫通する電線管，ケーブルなどと区画貫通部とのすき間には不燃材を充分に充てんすること．特にケーブルをグループ化して貫通する場合は，当該ケーブルが延焼媒体となるおそれがあるので，貫通部にすき間がないように不燃材料を充てんすること，またこの区画は変電設備およびその付属設備の専用不燃区画とする必要がある．

〔建築基準関連〕

ケーブル貫通部の防災措置として，配電管（金属管や合成樹脂管）が法に定められた防火区画や防火壁を貫通する場合について，次のように

定めている.

(ア) 配電管が耐火構造の防火区画を貫通する場合，管と防火区画とのすき間をモルタルその他の不燃材料で埋めなければならない（施行令第112条）.

(イ) 配電管が耐火構造の防火区画，防火壁，界壁，間仕切壁，または隔壁を貫通する場合，管の貫通部とその両側1〔m〕以内の部分を不燃材料で造ること．ただし，耐火構造の床や壁および甲種防火戸で建築物の外の部分と区画されたパイプシャフト，パイプダクト等の中にある部分はこの限りでない（施行令第129条の2）.

2 給油設備に関する防災対策の適用

(1) **変電所内，調整所等（屋内設置箇所）**

(a) 変電所内，調整所等のケーブル調整室には，変電所と協調を図り固定式消火装置等を設置すると共に，防油堤の設置や調整室の床面を下げる等，油の流出防止措置を講じる．第6図に防油堤施工例を示す．

(b) 給油管は防災シース仕様給油管を適用するものとし，変電所内，調整所の設計に合わせてピット，またはダクトに収容する．

(c) 油槽等の立入り部等で給油管が露出する部分は透明な合成樹脂製の管で外傷防止を図るものとし，貫通部は耐火材で遮へいするものとする．

(d) 給油管と電力ケーブル等との併設は極力避けるものとするが，やむを得ず併設する場合には，電力ケーブル等に防災シース仕様の適用，または防災シース・テープ巻を施す．

(e) 給油設備用の電源ケーブルおよび信号ケーブル等については，難燃仕様品を適用する．

(2) **マンホール部**

マンホール部に設置する給油設備は，防油堤を設置することを標準とする．

(3) **防油堤**

防油堤は，ケーブル調整室や油槽設置マンホール場所等からほかの場所へ油が流出することを防止するために設置するものである（地中線洞道の換気口部で外部から液体状の可燃物を投下された際，洞道内への流

出を防止するために設置する防油堤は除く).

このため，構造的には，油が流出しないことはもとより，耐火材を使用する必要があり，具体的には第6図のような施工例を標準として設置する.

(4) 変電所構内等（屋外設置箇所）

変電所および開閉所構内等に給油設備を設置するときには，漏油時における油の外部流出を防止するため，防油堤を設置する.

また，架台上に油槽を設置する場合で，民家が隣接する場合には隔離板等により隔離するものとする.

第6図　防油堤施工例

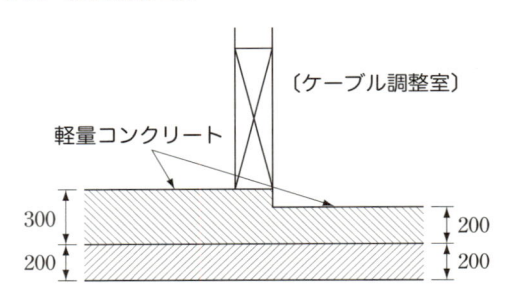

床シンダー厚を他の室より薄く(300〔mm〕→200〔mm〕)して，油だめとなるようにする.

この場合の床シンダー厚さの考え方は，実質部屋容積と流出油量を考慮して決定する必要があるが，建築施工面から100〔mm〕程度とする.

なお，建物構造面で床シンダーによる油だめができない場合は，油槽設置マンホール場所と同様の方法により防油堤を構築する.

3　冷却設備に関する防災対策の適用

(1) 冷水製造設備（機械室）

冷凍機を設置する機械室への自動消火装置の設置は，基本的に省略する．ただし，調整所規模・設備形態から消防関係法令および条例等で，自動消火設備が必要となる場合にはこれによる.

(2) 電源設備（電源室）

電源室への自動消火装置の設置は，基本的に省略する．ただし，調整

所規模・設備形態から消防関係法令および条例等で，自動消火設備が必要となる場合にはこれによる．

なお，直流電源用バッテリには，酸性ガスの発生のないシール型鉛蓄電池を使用するものとする．

(3) **自動酸素濃度測定装置（調整所）**

冷凍機の冷媒漏えいによる酸欠を検出するため，冷却設備内に自動酸素濃度測定装置（酸素センサ）を設置する．設置高さは，「冷凍装置の施設基準」（高圧ガス協会）に基づき，床面から30〔cm〕以内とする．なお，ケーブルシャフト，パイプシャフト（PS）等で冷却設備室と区画された室内および冷却設備室が1階にある場合には，PS室，玄関入口部にも設置するものとする．

また，自動酸素濃度監視盤については玄関入口付近に設置するものとし，ドア警報操作箱内に酸欠状態表示信号を出力するものとする．

(4) **冷水製造設備および電源設備を変電所内に設置する場合には，変電所の防災対策と協調を図るものとする**

4　橋りょう添架設備に関する防災対策の適用

(1) **管路下部からのたき火等対策**

地上から管路下面までの高さが4〔m〕以下の箇所を対象として，管路下面（必要に応じて側面も含める）に耐火パネルを設置する．橋りょう下面に取り付ける耐火パネルについては，これまでのたき火等を想定した実験結果および想定される燃焼規模に対する裕度を見込んだもの（銅板＋ケイ酸カルシウム複合板）を取り付ける．

(2) **橋げた空間への侵入者による失火対策**

「橋げた空間への侵入防止対策」と「添架管路の不燃化対策」があげられるが，対策の選定にあたってはコスト面，添架重量面等で効果的な対策を講じることとする．仮に侵入防止が図れない箇所については，管路上面および管路側面に耐火パネル（上面：波付鋼板，側面：鋼板）を取り付ける．

5　洞道・マンホール部の防災侵入防止対策

　換気孔出入口の二重施錠，マンホールふたの固着を行うほか，共同溝と連系する洞道においては，共同溝のセキュリティ確保を図るため，共同溝連系部の洞道側に隔壁を設置する．

　また，特に過激派対策が必要と認められる場合は，換気孔出入口のグレーチング溶接，マンホールふたの溶接，特殊ボルト固定等で対処する．

　また，強行侵入の早期発見，早期通報の観点から，警報センサの設置等についても必要により考慮する．

6　地中送電線路の再送電の取扱い

(a)　**地中単独線路**

　　原則的に再送電は行わない．

(b)　**架空・地中混在送電線路**

　　次の条件を満足する場合は，自動再閉路または自主操作により再送電可能としている．

　　再送電によってケーブルの損傷等の拡大のおそれのない場合，または再送電箇所で地中部分の事故でないと判断される場合．

・ケーブルの損傷等の拡大のおそれのない場合
・洞道，マンホール，ピット内に布設されている場合は，当該ケーブルおよびそれに近接する他ケーブルの気中露出部分が，防災テープまたは防災シートによる防護対策が施されていること．
・ケーブル部分，接続部分とも単独布設または回線離隔などで，ほかのケーブル等へ事故波及の懸念がないこと．

テーマ 25 配電線の電圧降下補償

1 配電線の電圧降下と供給電圧

(1) 配電線の電圧降下

配電線路に流れる負荷電流によって，高圧配電線，柱上変圧器，低圧線，引込線などの各部で電圧降下が生じ，送電端電圧と受電端電圧とに差が出る．この電圧の差を電圧降下という．

(2) 供給電圧

電気事業法第26条で「一般電気事業者は，その供給する電気の電圧を経済産業省令で定める値に維持するように努めなければならない」と規定されており，その値として，101 ± 6〔V〕，202 ± 20〔V〕が定められている．

2 電圧降下の計算方法

第1図に示すように $r + jx$〔Ω〕なるインピーダンスの線路に，力率 $\cos\theta$ なる負荷電流 $\dot{I}$ が流れた場合の送受電端電圧 $\dot{E}_s$, $\dot{E}_r$ の関係は，$\dot{E}_r$ を基準とすると，

$$\dot{E}_s = \dot{E}_r + I(\cos\theta - j\sin\theta)(r + jx)$$
$$= (\dot{E}_r + Ir\cos\theta + Ix\sin\theta) + j(Ix\cos\theta - Ir\sin\theta)$$

第1図 電圧降下のベクトル図

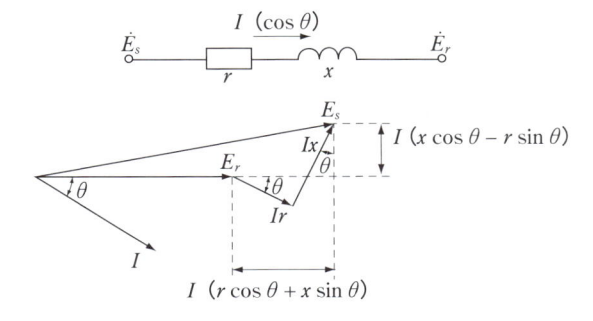

テーマ２５　配電線の電圧降下補償

　ここで，虚数部は，$\dot{E}_s$と$\dot{E}_r$の絶対値にあまり影響を及ぼさないので省略すると，電圧降下の略算式は，
$$v = \dot{E}_s - \dot{E}_r \fallingdotseq I(r\cos\theta + x\sin\theta)$$
となる．いろいろな負荷による電圧降下を以下に示す．

(a)　末端集中負荷の場合

　　電圧降下の式は，
$$v = kIr_e l$$
となる．

　　k：配電方式による定数

　　　単相2線式　$k = 2$

　　　単相3線式　$k = 1$

　　　三相3線式　$k = \sqrt{3}$

　l：配電距離〔km〕

　I：負荷電流〔A〕

　r_e：電線1条1〔km〕あたりの等価抵抗〔Ω/km〕

　　$(r_e = r\cos\theta + x\sin\theta)$

(b)　均等間隔平等分布負荷

　　第2図のような場合，各区間ごとの電圧降下を加えればよいから，
$$v = k(ir_e l' + 2ir_e l' + \cdots + nir_e l')$$
$$= kir_e l'(1 + 2 + \cdots + n)$$
$$= kir_e l' \frac{n(n+1)}{2}$$
$$= k\frac{ir_e l'(1+n)}{2} \quad 〔V〕$$

🏭🏭🏭　第2図　均等間隔平等分布負荷

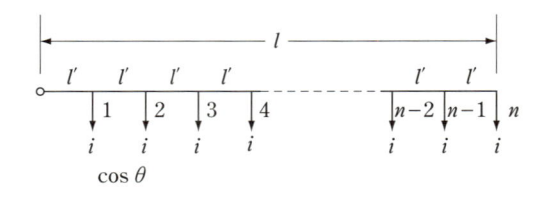

(c) 一様平等分布負荷の場合

　高圧線のようにこう長の長い線路区分における電圧降下は線路各部の電流が一様に分布しているものとして計算できる．第3図のように線路区分に流入する電流を I_1，線路区分より流出する電流を I_2 とし，この間に一様に負荷が分布しているとす

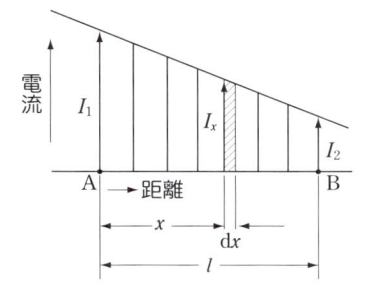

第3図　一様平等分布負荷

れば，流入端より x の距離にある点を流れる電流 I_x は，

$$I_x = \frac{l-x}{l}(I_1 - I_2) + I_2 = I_1 - \frac{x}{l}(I_1 - I_2) \quad \text{(A)}$$

したがって，この点における dx 部分に生じる電圧降下は，

$$dv = kI_x r_e\, dx = k\left\{I_1 - \frac{x}{l}(I_1 - I_2)\right\}r_e\, dx$$

ゆえに，この区間全体の電圧降下は，

$$v = kr_e\int_0^l \left\{I_1 - \frac{x}{l}(I_1 - I_2)\right\}dx = \frac{kr_e l}{2}(I_1 + I_2) \quad \text{(V)}$$

(d) 規則的な不均等負荷

　不均等な負荷分布の場合の電圧降下は第1表のようになる．

3　変電所における電圧調整方法

　配電用変電所では，フィーダごとに送出電圧を調整せず，実用上支障がなく経済的に有利な電圧調整方法として，変電所バンク単位に一括調整を行う方式を主に採用している．

　一般的な送出電圧の調整方式としては，目標とする電圧を負荷電流に応じて自動的に調整する L.D.C.（Line Drop Compensation）方式と，時間によって送出電圧を調整する電圧指定時間スケジュール方式（プログラムコントロール方式）とがある．

　調整装置としては，負荷時タップ切換変圧器（LRT），負荷時電圧調整器（LRA）などが用いられている．

テーマ２５　配電線の電圧降下補償

第１表　規則的な不均等負荷の場合の電圧降下

負荷状態	負荷分布および負荷電流分布	電圧降下
末端ほど大きい負荷電流	電流分布：I_1, I_x, I_2／負荷電流分布／l(km) $I_x = I_1 - (I_1 - I_2)\left(\dfrac{x}{l}\right)^2$	$v = klr_e I_1 \times \left(\dfrac{2+\gamma}{3}\right)$ $\gamma = \dfrac{I_2}{I_1}$
中央ほど大きい負荷電流	電流分布：I_1, I_x, I_2／負荷電流分布／l(km) $x < \dfrac{1}{2}$ では，$I_x = I_1 - \dfrac{2}{l^2}(I_1 - I_2)x^2$ $x > \dfrac{1}{2}$ では，$I_x = 2I_1\left(1-\dfrac{x}{l}\right)^2 - I_2\left\{2\left(1-\dfrac{x}{l}\right)^2 - 1\right\}$	$v = klr_e I_1 \times \left(\dfrac{1+\gamma}{2}\right)$ $\gamma = \dfrac{I_2}{I_1}$
末端ほど小さい負荷電流	電流分布：I_1, I_x, I_2／負荷電流分布／l(km) $I_x = I_1\left(1-\dfrac{x}{l}\right)^2 - I_2\left\{\left(1-\dfrac{x}{l}\right)^2 - 1\right\}$	$v = klr_e I_1 \times \left(\dfrac{1+2\gamma}{3}\right)$ $\gamma = \dfrac{I_2}{I_1}$

(1) 送出電圧の調整方式

　変電所送出電圧の調整方式の種類を第２表に示す．また，L.D.C. 方式とプログラムコントロール方式についてその概要を解説する．

　(a)　L.D.C. 方式

　　電圧降下は電流に比例することから，系統内の一定点の電圧を一定にすることをねらい，線路電圧降下補償器（L.D.C.）を用いて負荷比率に応じて適切な値に保つ方法である．変電所における送出電圧の調整は，高圧線路の電圧降下を補償するものであるから，電圧検出リレーの整定値（基準電圧）を負荷電流に応じて，可変的に変えることと等

第2表 変電所送出電圧調整方式の種類と比較

種類	原理	説明	特徴
プログラム方式	(変圧器→プログラム)	負荷電流に関係なく，希望の送出電圧を実現する．	計算により最適送出電圧を求め，その電圧を負荷電流に関係なく実現する．そのためフィーダ電流の増減が大きいフィーダを持つバンクについては不適当である．
バンクL.D.C.方式	(変圧器フィードバック)	電圧降下は電流に比例することから系統内の一定点の電圧を一定にする．	（上部に最適送出電圧と負荷曲線（バンク）のグラフ，横軸1, 12, 24）上図のように最適送出電圧曲線と負荷曲線が類似している場合，この方式がよい．
L.D.C.+プログラム方式	(変圧器＋タイマ)	1日24時間を任意の時間帯（例えば2時間帯）に分け，タイムスイッチにより設定値を切り換えることによって昼間帯と点灯時間帯の矛盾を解決する．	（グラフ：最適送出電圧と負荷曲線（バンク），○印あり，横軸1, 12, 24）上図のような負荷曲線の場合，○印の時間帯はタイマを用いて基準電圧値を上昇させ上記の矛盾を解決する．
フィーダ選定L.D.C.方式	(変圧器フィードバック)	補償すべき電圧降下の時間変化とできるだけ相似な負荷曲線を選ぶことによって，よりよい電圧を実現する．	（グラフ：最適送出電圧と負荷曲線（選定フィーダ），横軸1, 12, 24）上図のようにあるフィーダの負荷曲線が最適送出電圧曲線に類似している場合にこの方式が採用されるが，1フィーダの電流を制御入力としているため当該フィーダ事故時の対策を必要とする．

7 配電

価になる．

第4図に示すように，線路インピーダンスに等価にインピーダンス要素を内蔵し，線路における抵抗降下分とリアクタンス降下分とに相当した電圧をCTの二次電流によって，L.D.C.の二次側に発生させ，この電圧をVTの二次回路に印加する．

このように，変電所送出電圧をインピーダンス降下分だけ高く調整し，配電線路の適当な点の電圧を一定に維持する．

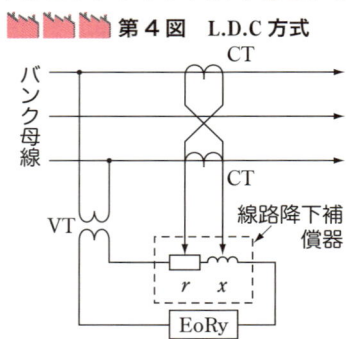

第4図 L.D.C方式

(b) プログラムコントロール（プロコン）方式

変電所の母線負荷特性とそのバンク配電線に接続されている負荷特性が時間的にずれている場合には，L.D.C.方式では全領域にわたって許容電圧範囲内に維持することが難しい．例えばバンク送出電流がピーク時に，オフピークとなる負荷特性を持つフィーダがある場合，そのフィーダ電圧が高くなるなど電圧管理が困難となる．

このような特性を有するバンクでは，L.D.C.方式で電圧維持の万全を期すことはできないので，一日中の送出電圧のプログラムを作成しておき，それに従って，母線の負荷の大小に無関係に設定した電圧値を送り出す方式である．

(2) **電圧調整装置**

変電所送出電圧調整装置には，負荷時タップ切換変圧器（LRT）と負荷時電圧調整器（LRA）がある．この二つの装置について解説する．

(a) 負荷時タップ切換変圧器

主変圧器本体に負荷時タップ切換装置を内蔵させたもので，タップ切換を一次側でするものと二次側でするものに分けられる．また，負荷電流が流れるタップを直接切り換える直接方式と，直列変圧器とこれに電圧を発生させる電圧調整用タップ巻線を設け，この巻線のタップを切り換える間接方式に分けられる．さらにタップ切換時に流れる横流を制限するために，抵抗を用いるか，リアクトルを用いるかによっ

て抵抗式とリアクトル式に分けられる．第5図〜第7図に諸方式の例を示す．

第5図 直接式の例（1相分）

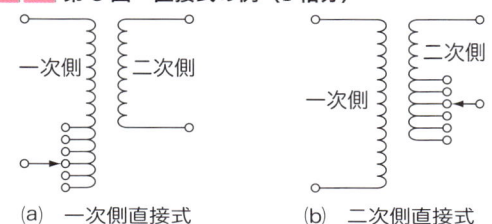

(a) 一次側直接式　　(b) 二次側直接式

第6図 間接式の例（1相分）

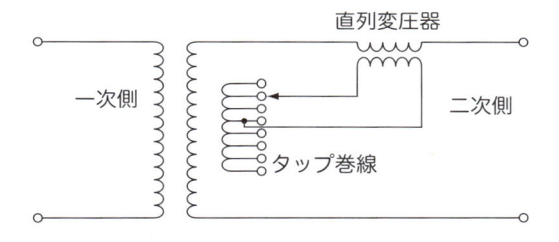

直列変圧器
一次側　タップ巻線　二次側

第7図 抵抗式とリアクトル式

タップ巻線
タップ選択器
限流抵抗
切換開閉器
限流リアクトル

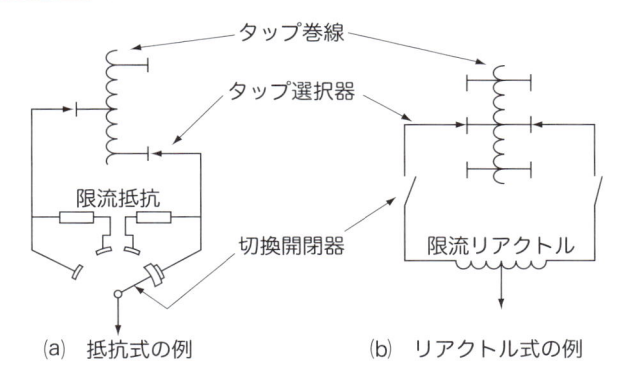

(a) 抵抗式の例　　(b) リアクトル式の例

(b) 負荷時電圧調整器

主変圧器が負荷時タップ切換機構を持たない場合に，主変圧器と直列に接続して使用する電圧調整器である．結線方式を第8図に示す．

第8図　負荷時電圧調整器の結線例（1相分）

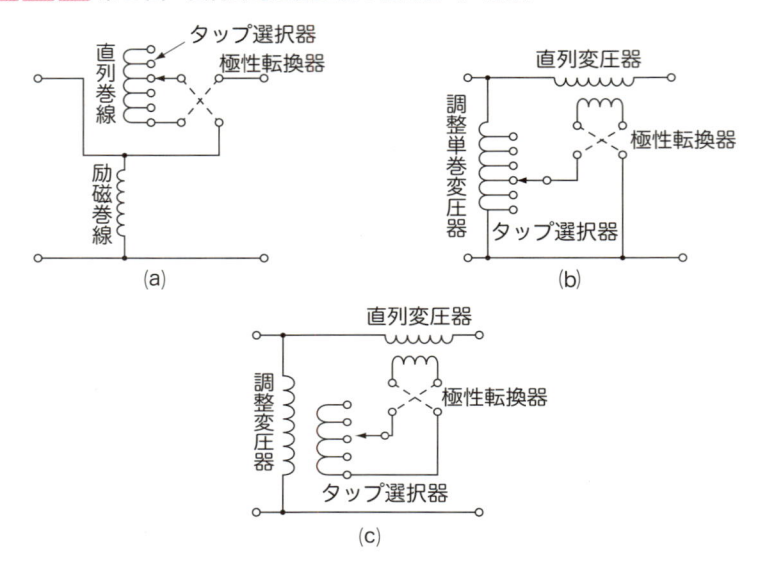

(a) 直列巻線／励磁巻線／タップ選択器／極性転換器

(b) 調整単巻変圧器／直列変圧器／極性転換器／タップ選択器

(c) 調整変圧器／直列変圧器／極性転換器／タップ選択器

4　配電線における電圧調整方法

　高圧配電線は，こう長，負荷の大きさ・分布，ピーク負荷時間帯などフィーダにより個々に異なるが，電圧調整の面からは，可能な限り電圧降下が少ないことが望ましい．

　電圧調整には次の装置が用いられている．

　① 　高圧自動電圧調整装置（Step Voltage Regulator）
　② 　固定昇圧器
　③ 　高圧コンデンサ
　④ 　柱上変圧器

　電力需要の増加に伴い電圧降下は増大していくため，変電所送出電圧の見直しと共に，第3表〜第5表のような電圧改善対策を実施していく必要がある．

(1)　高圧自動電圧調整装置（SVR）

　　　配電線路途中に施設され，施設位置以降の高圧線電圧を調整し，配電線末端付近の電圧降下を補償する．負荷電流の変動に応じて自動的に変

第3表 高圧線電圧改善対策

改善方法	改善方法の概要
配電線新設	フィーダ新設による負荷分割
電線張替え	太線化による電流密度の減少
高圧系統の切換	現状設備による負荷分割
電圧調整装置の設置	線路途中に設置
電圧格上げ	6〔kV〕から 22・33〔kV〕

第4表 低圧線電圧改善対策

改善方法	改善方法の概要
変圧器移設	変圧器の設置位置を負荷中心に移す
低圧線分割	変圧器バンクを新設し，負荷を分割
低圧線張替え	太線化による電流密度の減少

第5表 引込線電圧改善対策

改善方法	改善方法の概要
単3化	単相2線式を単相3線式に変更
引込線分割	単独引込線の新設（連接引込の改修）
引込線張替え	太線化による電流密度の減少

圧器のタップを選択することにより，適正な送出電圧を得ることができる．

SVRの回路構成を第9図に示す．

SVRは，取付け点より負荷側の要求する電圧調整タップ幅を有し，線路容量に見合う自己容量のものが選定される．

また，制御方式は，L.D.C.方式が一般的で，電圧継電器の整定，柱上変圧器のタップの定め方は，母線電圧調整の場合と同様である．

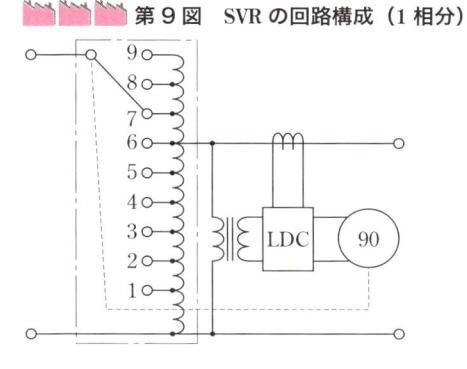

第9図 SVRの回路構成（1相分）

電圧降下が大きくSVR 1段では調整できない場合は，直列多段使用することがあるが，次の点に注意する．

① 末端に近いものほど動作回数が増加し，寿命が短くなる．
② 自動区分開閉器がある場合，再送電時に全区間送電が完了するまで，適正な電圧を送り出せない可能性がある．
③ 電力損失が増加する．

(2) 固定昇圧器

昇圧のみの機能を持つもので，無負荷区間が連続している場合などに施設される．

適用にあたっては，次の点を考慮する必要がある．
① 電圧変動の改善には向かない．
② オフピーク時に電圧を上げ過ぎるおそれがある．
③ 逆送電時には，電圧を下げるように働く．

(3) 高圧コンデンサ

コンデンサの線路併入方法により二つの電圧改善方法がある．
① 直列に設置し，線路リアクタンスを減少させ電圧降下を軽減する．
② 並列に設置し，遅れ無効電力を改善することにより電圧降下を軽減する．

(4) 柱上変圧器

高圧配電線の電圧降下に応じて適切なタップを選定することにより，変圧器二次側の電圧を調整し，配電線の電圧降下限度を大きくすることができる．

テーマ 26

地中配電方式と架空配電方式の比較得失

　地中配電線は，導体としてのケーブルとこれを収容するための設備（管路，トラフ，ハンドホールまたは洞道や共同溝などの構築物など）からなっており，大部分は地中に埋設される．このため環境との調和が容易で，風雨や雷など天候に左右されることが少なく，電力供給上の信頼度が高い．

　しかし，建設に多額の費用を必要とすることや事故復旧に長時間を要することなどから，架空線施設が法令などにより規制される市街地や，人家密集地域（電力供給密度の非常に高い地域）などを中心に採用されてきた．近年においては用地事情や区画整理地の美的環境などから，市街地ばかりでなく今後発展が予想される郊外にも採用されてきており，今後ますますこの傾向は高まるものと予想される．

1　架空配電線と比較した地中配電線の利点

(1)　同一ルートにケーブルを多条布設することができ，需要密度の高い過密地域などへの供給が可能である．
(2)　都市の美観を阻害することが少なく，かつ，交通や消防活動などを妨げることがない．
(3)　暴風雨などの気象条件の影響を受けにくい．
(4)　樹木など他物接触の影響を受けにくい．
(5)　全体的に充電部が隠ぺい化されており，感電災害が少ない．

　地中配電線の利点は以上であるが，架空配電線と比較すると地上施設の工作物と地中施設の工作物から，その違いならびに使用される電線（絶縁電線とケーブルの違い）によるものである．

　以下，地中配電線の具体的な施設方法（布設方法）と使用されるケーブルについて解説する．

【地中配電線の布設方法】

　地中ケーブルの布設方法としては，主に直埋式（直接埋設式），管路式および暗きょ式が採用されている．

(1) 直埋式

直埋式によるケーブルの布設形態を第1図に示す．直埋式は埋設条数の少ない本線部分や引込線部分で用い，土中に防護物を並べケーブルを引き入れてから直接埋設する方法で，ケーブル取換えの場合には再掘削が必要となる．鋼帯がい装ケーブルやCDケーブルのように外層の機械的強度の大きなものは，防護物なしで布設することも可能であるが，道路工事の多い昨今では外傷事故防止の観点から，ケーブルを鉄筋コンクリート管や鋼管などの堅ろうな防護物内に収めることが多い．この場合には，管路式と同様にケーブル引入れが可能である．

第1図　直埋式ケーブル布設形態

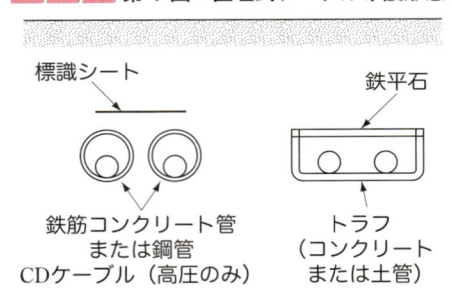

標識シート
鉄平石
鉄筋コンクリート管または鋼管
CDケーブル（高圧のみ）
トラフ（コンクリートまたは土管）

(2) 管路式

管路式によるケーブルの布設形態を第2図に示す．管路式はケーブル条数の多い場所や交通量や舗装などの関係で再掘削が困難な場所に用いられる方式で，地中箱（マンホール，ハンドホールなど）間を多条数の管で結んだものである．ケーブルの引入れ，引抜き，接続などの作業はマンホールやハンドホール内で行うため，ケーブル工事に伴う再掘削は不要である．

管路として使用する管材は，ケーブル本体の防護と共に，ケーブル引入れ，引抜き作業の容易化が目的であり，管材の選定には，布設条数および埋設環境等を考慮する必要がある．一般的には第1表に示す管材が使用され，一般に1〜5〔m〕程度の長さのものを結合させて管路を形成する．

第2図　管路式ケーブル布設形態

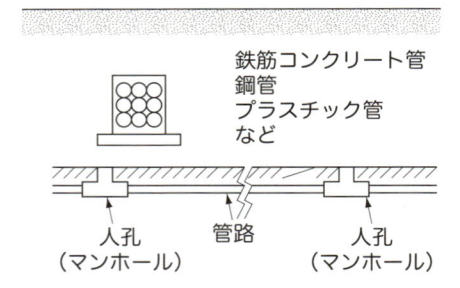

鉄筋コンクリート管
鋼管
プラスチック管
など
人孔（マンホール）
管路
人孔（マンホール）

第1表 管材の種類

管材	適用区分
亜鉛めっき鋼管（GP）	・各種埋設物が集中し，再掘削の頻度が多いと想定される箇所 ・車道など重量車両が通行する箇所
コンクリート多孔管（PFP）	・各種埋設物が集中し，再掘削の頻度が多いと想定される箇所 ・車道など重量車両が通行する箇所
ポリコン管（PFP）	・各種埋設物が集中し，再掘削の頻度が多いと想定される箇所 ・車道など重量車両が通行する箇所 ・狭い場所など重機による運搬が困難な箇所
耐衝撃性塩化ビニル管（SVP）	・歩道または中級舗装程度の車道 ・簡易管路
ガラス繊維強化プラスチック管（FRP）	・軽量化が要求される橋りょう添架
波付硬質ポリエチレン管（FEP）	・曲線部または障害物などにより，GP，PFP，SVPなどが使用困難な箇所

　また，マンホール・ハンドホールは，ケーブルの引入れ，引抜き，接続，分岐などの工事，点検その他の保守を容易にするため，管路の途中に施設するコンクリートの箱で，開口可能な鉄ぶたなどを持つ．構築方法には，現場打ちマンホールと工場製品のプレハブマンホールがあるが，工事の簡素化および工期の短縮化を図るため，プレハブマンホールが広く使用されている．

(3) **暗きょ式**

　暗きょ式によるケーブルの布設形態を第3図に示す．暗きょ式はあらかじめトンネル状の構造物を構築しておき，その側壁に設けた受棚上に

第3図 暗きょ式ケーブル布設形態

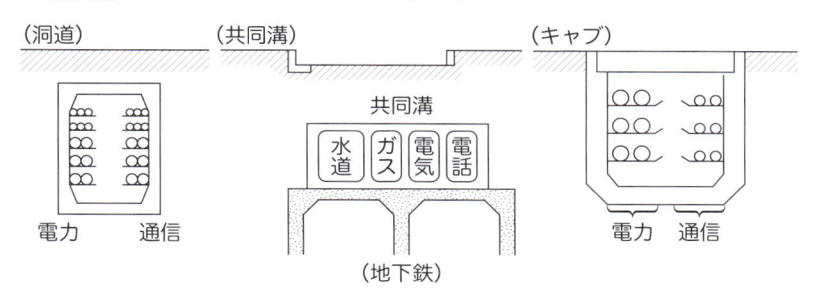

ケーブルを布設する方法で，変電所の引出口などでケーブル条数の多い場所に使用する洞道や，幹線道路やビル街などで道路の反復掘削防止や地下空間の有効利用などを目的に，電力，通信，ガス，水道，下水などを一括して収納する共同溝などがある．

共同溝のうち，配電線のように需要家供給を目的とした設備だけを収納するものを供給管共同溝と呼び，再掘削しなくても側壁を貫通するだけで需要家に供給可能な構造をしており，主に歩道部分に設けられるものである．

(4) その他の場合

他のケーブル布設方法の例を第4図に示す．河川横断部分で橋に添架したり専用橋を設ける方法，水底に施設する方法，変電所構内などで重量物の影響のないところで用いるピット式などがあり，最近では配電線の地中化のため，歩道部分に電力，通信などのケーブル類を共同して収容する簡易な方法（ふたかけU字溝，キャブ）も試用されている．ただし，キャブは電気設備技術基準上，暗きょ式に含まれる．

第4図　その他のケーブル布設形態

（ピット）　　　　（プレハブ多孔管）

【地中配電線に用いられるケーブル】

地中配電線に用いられるケーブルは，かつてはSLケーブル（22,33〔kV〕）やPTAケーブル（6.6〔kV〕直埋用），PLZケーブル（6〔kV〕管路用）などの油浸絶縁紙を絶縁に用いたものが主流であったが，その後ブチルゴムを絶縁に用いたBNケーブルが現れ，現在では架橋ポリエチレンを絶縁に用いたCV，CVTケーブルが主に使用されている．これらのケーブルの種類を第5図に示す．

CVおよびCVTケーブルは，絶縁体に架橋ポリエチレン，外装に塩化ビニル混和物を用いているため，油浸絶縁紙鉛被ケーブルやゴム系絶縁ケーブルと比べて耐熱性に優れ，許容温度を90〔℃〕まで高められるほ

か（SLケーブルは70～65〔℃〕；PTA，PLZ，BNは80〔℃〕），軽量で取扱性がよい，耐水性，耐薬品性が優れているなどのメリットがあり，昭和40年ごろから実用化された．当初は，単心3本を介在物（ジュートなど）と一緒に円形により合わせたうえに，一括してビニル外装（シース）を施したCVケーブルを使用していたが，最近では温度特性や接続作業性がよいことなどから，ビニル外装した単心ケーブルを3本より合わせたCVTケーブルが使用されている．

特殊なケーブルとしては，ポリエチレン製保護層を有し直接土中に埋設できるCDケーブル（高圧ケーブルのみ使用可），遮水層を入れ潮流による摩耗を防ぐためにワイヤシールドを施した架橋ポリエチレン絶縁鉄線がい装水底ケーブルなどがある．

第5図　地中配電用ケーブルの構造

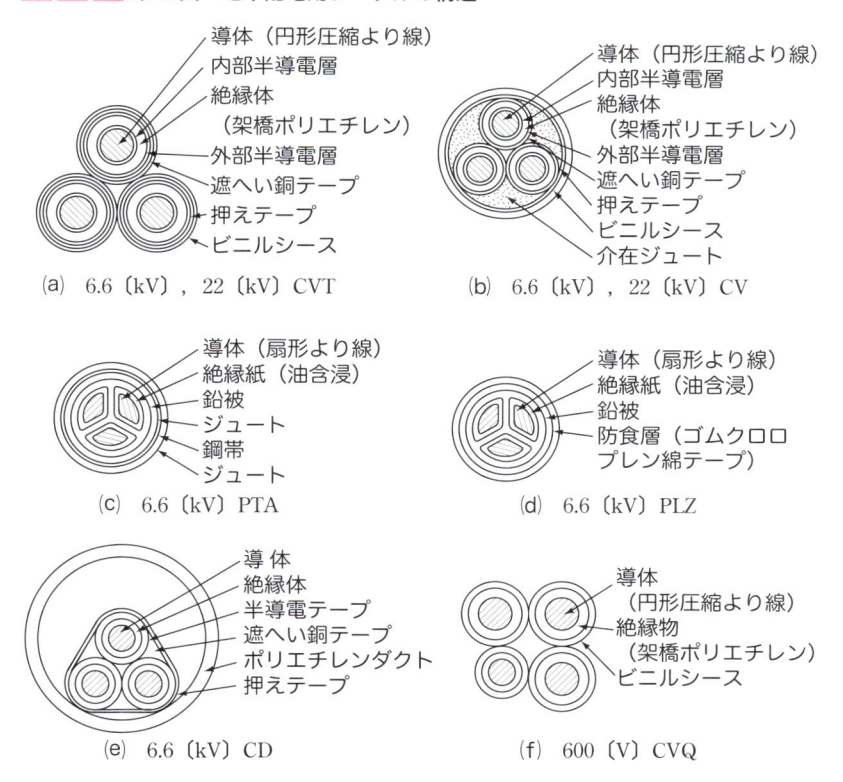

(a) 6.6〔kV〕，22〔kV〕CVT
- 導体（円形圧縮より線）
- 内部半導電層
- 絶縁体（架橋ポリエチレン）
- 外部半導電層
- 遮へい銅テープ
- 押えテープ
- ビニルシース

(b) 6.6〔kV〕，22〔kV〕CV
- 導体（円形圧縮より線）
- 内部半導電層
- 絶縁体（架橋ポリエチレン）
- 外部半導電層
- 遮へい銅テープ
- 押えテープ
- ビニルシース
- 介在ジュート

(c) 6.6〔kV〕PTA
- 導体（扇形より線）
- 絶縁紙（油含浸）
- 鉛被
- ジュート
- 鋼帯
- ジュート

(d) 6.6〔kV〕PLZ
- 導体（扇形より線）
- 絶縁紙（油含浸）
- 鉛被
- 防食層（ゴムクロロプレン綿テープ）

(e) 6.6〔kV〕CD
- 導体
- 絶縁体
- 半導電テープ
- 遮へい銅テープ
- ポリエチレンダクト
- 押えテープ

(f) 600〔V〕CVQ
- 導体（円形圧縮より線）
- 絶縁物（架橋ポリエチレン）
- ビニルシース

2　架空配電線と比較した地中配電線の欠点

(1) 同一容量の架空配電線に比べ，建設費が非常に高い．
(2) 事故時の故障点の発見や修理など，事故復旧に時間がかかる．
(3) 施工時に工事騒音，振動の防止，建設廃材の処理，地下埋設物の防護などが必要となる．
(4) 需要増の多い地域では，道路の再掘削が必要になるなど，需要変動に対する裕度が低い．
(5) 対地静電容量の増加により，深夜などオフピーク時に電圧上昇のおそれがある．

架空配電系統と地中配電系統では上記のように特に事故の状況が異なる．架空配電線は地上の施設であることから，自然劣化のほかに雷事故（直撃雷，誘導雷）も多く発生している．地中配電線は地中施設のために自然劣化（特に水トリー）による事故が多く，事故点がみえないことから，正確な事故点の検出（事故点評定）が復旧時間短縮のカギとなっている．

また，地中供給系統は，事故時間ならびに適用箇所が高信頼度を要請される地域であることから，分岐系統であっても末端をほかの系統と連系したり，あるいは系統を二重化する方式が採用されている．

高圧の地中供給系統の構成を都内で示すと第6図のようで，変電所からのフィーダは，多回路開閉器で2～4回路に分岐される．各分岐線は高圧の需要家や地上設置形，地下設置形の変圧器などを連系しながら，ほかの多回路開閉器に連系しセクションを形成している．このため，ケーブル系統のどこで事故が発生しても切換により事故点の分離が可能で，早期に停電が解消できる系統構成となっている．

地中配電線は周囲が地面であることから，対地静電容量が相当大きくなることを考慮しておかなければならない．

【高圧架空電線路の雷事故】

(1) 線路に侵入する雷

高圧架空配電線に侵入する雷は線路に直接落雷する直撃雷と，線路周辺での落雷あるいは雷雲間での放電による空間の急激な電界の変化によって線路に誘起される誘導雷に分けることができる．配電線では直撃

第6図 高圧地中供給系統の構成例

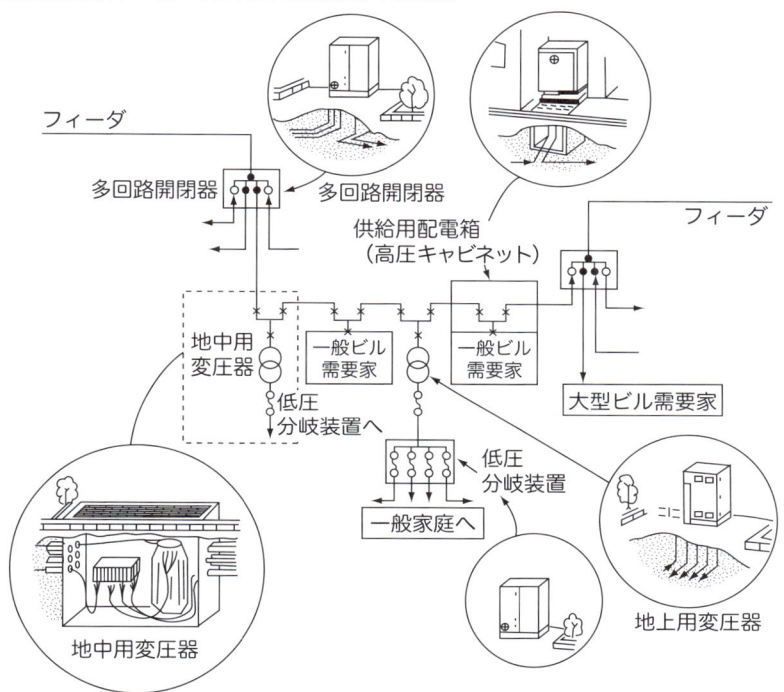

雷による雷害事故の頻度が少ないうえ，万一落雷した場合には線路機器の絶縁強度をはるかに超える異常電圧となるため，直撃雷に対する保護が困難である．したがって，高圧架空配電線の耐雷対策では一般に誘導雷が対象となる．

(2) 避雷器

避雷器は線路に侵入した雷電圧に対し，機器の衝撃絶縁耐力より低い電圧で放電して雷電流を大地に流した後，これに続く商用周波の続流を遮断する機能を有する．

従来の配電線路用避雷器はギャップ付きのもので，特性要素には炭化けい素（SiC）を主成分とする非直線抵抗素子を用いた弁抵抗形が主に使用されていた．しかし，最近では第7図のようにSiCより優れた非直線の抵抗特性を持ち，定格電圧でもほとんど続流の流れない酸化亜鉛（ZnO）素子を用いた避雷器が主流となっている．また，変圧器など配

電機器の確実な雷害防止を目的としてZnO素子を内蔵した変圧器，カットアウトおよび開閉器などが開発され，実用化されている．

第7図　電圧‐電流特性

(a)：酸化亜鉛抵抗体
(b)：SiC抵抗体

(3) 架空地線

架空地線による効果は次のとおりである．

・直撃雷に対しては，雷電流を架空地線を通して大地に流入させ事故防止を図る．
・誘導雷に対しては，架空地線の接地線から流れ出す電流が相導体との結合によって相互誘導電圧を生じさせ，それが誘導雷電圧を低減させる．

(4) 絶縁電線の溶断事故

高圧架空配電線の絶縁被覆化に伴い，雷サージフラッシオーバ時の続流アークによる電線の溶断事故がクローズアップされるようになってきた．そこで，前述の耐雷対策のほかに，本線のみ絶縁レベルを格上げした格差絶縁方式と組み合わせて，放電クランプ（第8図参照）や耐雷ホーン（第9図参照）を高圧がいしに取り付け，続流アークによる電線の溶断とがいしの破損を防止している．また，溶断特性を向上させた改良形絶縁電線も採用されるようになった．

第8図　放電クランプ

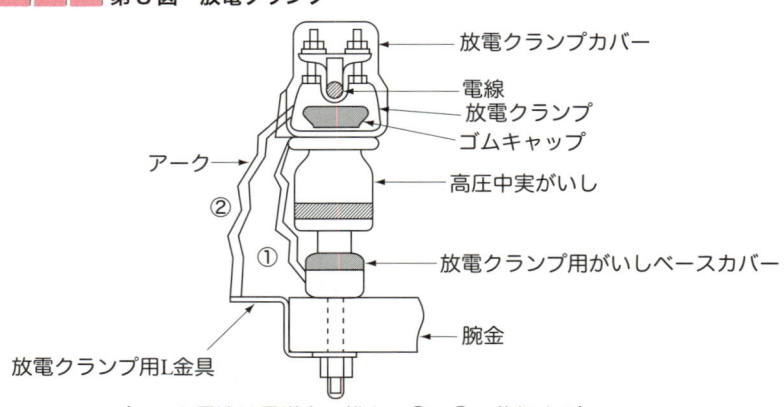

放電クランプカバー
電線
放電クランプ
ゴムキャップ
高圧中実がいし
放電クランプ用がいしベースカバー
腕金
アーク
①
②
放電クランプ用L金具

（アーク電流は電磁力の働きで①→②へ移行する）

第9図　耐雷ホーン

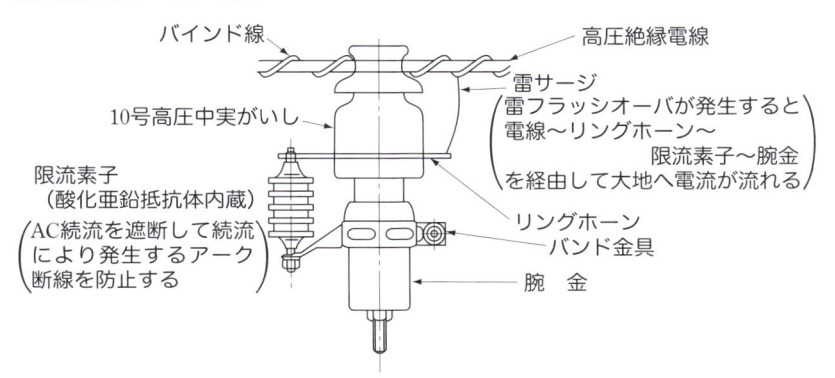

（図：耐雷ホーン）
- バインド線
- 高圧絶縁電線
- 10号高圧中実がいし
- 雷サージ（雷フラッシオーバが発生すると電線～リングホーン～限流素子～腕金を経由して大地へ電流が流れる）
- 限流素子（酸化亜鉛抵抗体内蔵）（AC続流を遮断して続流により発生するアーク断線を防止する）
- リングホーン
- バンド金具
- 腕金

【CVケーブルの水トリー】

水トリーとは水分と電界の共存下で樹枝状に成長していく白濁部をいう．

水トリーの発生要因は第10図のように，絶縁体中に侵入した水と異物，ボイド，突起などの欠陥に加わる局部的電界集中の相乗作用によるもので，電気トリーに比べてきわめて低電界で発生する．

第10図　水トリーの発生要因

（図：外導水トリー，内導水トリー，ボウタイ状水トリー，交流電界 E，絶縁体）

水トリーの形態はさまざまであるが，発生の起点により内導水トリー，ボウタイ状水トリー，外導水トリーと呼ばれている．内導水トリーおよび外導水トリーは，内外半導電層に導電性テープを用いた場合が多く，布テープのケバなど突起物を起点として発生する．形状が蝶ネクタイに似ていることから名付けられたボウタイトリーは，絶縁体中のボイド，異物を起点として発生する．

水トリーは，直径 $0.1 \sim 1 \,[\mu m]$ の無数の水滴の集合体で，水トリーが発生したケーブルでは $\tan\delta$，直流漏れ電流が増大するので，これらが劣化状況を推定する有力な手掛かりとなる．

3　地中配電線の適用箇所

わが国の配電方式は，架空配電線を標準として発展してきた．現在，架空配電線は6〔kV〕三相3線式が一般的であり，放射状方式とループ配電方式を中心に構成されているが，架空配電線としての制約条件や前述の特徴をいかして次のような場合に地中配電線が採用される．

(1)　配電用変電所の引出口などで，架空配電線を引出すのが困難なところ．
(2)　軌道，高速道路，河川などの横断箇所のうち，工法や保守などから架空線とするのが不適当なところ．
(3)　繁華街の高圧引込線など，美観上，あるいは工法上，架空線とするのが不適当なところ．
(4)　架空線では行き詰まりを生ずることが明らかであり，かつ現時点で地中線を施設しないと将来地中化が困難なところ．
(5)　法令等で規制されたところ．

最近では，特に市街地の幹線道路や高層ビル街など都市が整備され，地域の環境が重視される場所において架空配電線を撤去する地中化工事が計画的に実施されており，ケーブルのほか変圧器や開閉器なども地上あるいは地下に設置する方式がとられてきている．

テーマ 27 地中系統のスポットネットワーク方式の構成機械の役割

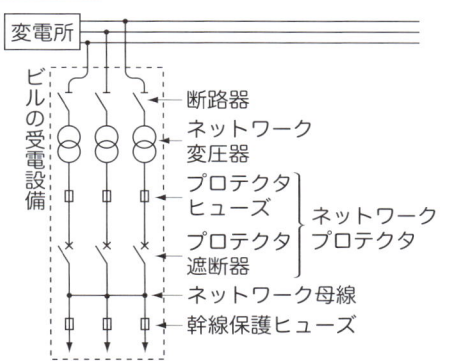

1 スポットネットワーク受電設備の構成

第1図に示すように，スポットネットワーク受電設備は常時2～4回線より受電し，各回線の変圧器二次側を連系した方式で，もし，1回線が停止しても何の支障もなく受電できる．スポットネットワーク受電設備を変圧器の二次側電圧で分類すれば，高圧スポットネットワーク受電設備および低圧スポットネットワーク受電設備があるが，わが国では直接使用電圧となる低圧スポットネットワーク方式が採用されている．

第1図 スポットネットワーク方式

（変電所／ビルの受電設備／断路器／ネットワーク変圧器／プロテクタヒューズ／プロテクタ遮断器／ネットワークプロテクタ／ネットワーク母線／幹線保護ヒューズ）

変圧器単機容量は受電回線によって決定されるが，プロテクタ遮断器やテイクオフ装置から変圧器の単機容量は，現行では一般的に 2 500〔kV・A〕以下であり，これを超える単機容量が必要の場合は，複数のスポットネットワーク受電を行う．

また変圧器単機容量の決定に際しては，ネットワーク変圧器の過負荷特性を 100〔％〕連続運転後 130〔％〕8時間の過負荷運転を行うとして，次式で計算を行う．

$$変圧器の単機容量〔kV・A〕= \frac{〔最大電力〕}{〔ネットワーク群〕（〔受電回線〕-1）\times 1.3}$$

第1表に主要構成機器一覧を示す．

第1表　主要構成機器一覧表

機器名称	定格	備考
一次断路器	24〔kV〕　600〔A〕 励磁電流開閉能力　3〔A〕	
ネットワーク変圧器	油入自冷式またはH種乾式自冷式 3φ4〔W〕1 500〔kV・A〕60〔Hz〕 22〔kV〕/420〔V〕　△-Y %Z=7.5〔%〕	130〔%〕過負荷8時間 連続可能
プロテクタヒューズ	500〔V〕　3 000〔A〕 遮断電流100〔kA〕	
プロテクタ遮断器 （A，B，C）	600〔V〕　3 000〔A〕 遮断電流75〔kA〕	
プロテクタ継電器	逆電力遮断特性 0.1–0.3–1–2–3〔%〕 差電圧投入特性 0.5–1–1.5–2–3〔V〕 　　　　　　　（110〔V〕換算） 位相特性進み 20°–10° 0° 　　　　遅れ 10°–20°	整定値 0.1〔%〕 0.5〔V〕 0°
ネットワーク母線	絶縁母線　3 000〔A〕	
テイクオフ装置	460〔V〕　600～1 500〔A〕 遮断電流100～150〔kA〕	

2　スポットネットワーク方式の一般的特徴

(1) 特別高圧側設備および保護装置が簡素化できる

　　ネットワーク変圧器から電源側の系統事故を変圧器の低圧側に施設したネットワークプロテクタ（気中遮断器，プロテクタヒューズ，電力方向継電器からなる）により検出して保護を行うため，受電用遮断器やその保護装置の省略が可能であり，設置スペースの縮小と経費の節減ができる．

(2) 高信頼度が確保できる

　　20〔kV〕級配電線やネットワーク変圧器などの故障は，変圧器の低圧側に設けたプロテクタと，供給変電所の送り出し遮断器により自動除去するため，需要家停電はネットワーク母線以降に事故がない限り発生しない．

(3) 取引き計量装置を簡素化できる

　　特高受電であるが，取引きのための計量は一般的に二次側計量となる

ため，MOF 装置を簡素化できる．
(4) **保守点検が容易である**
　ネットワーク母線以外の設備の保守・点検に際し，負荷制限や負荷停止を伴うことがなく，随時必要箇所から切り離して，安全かつ的確に作業を行うことができる．
(5) **ネットワーク変圧器二次側は，通常，Y 結線とし，240/400〔V〕としている**
(6) **自動化により受電設備運転の省力化が図れる**
　ネットワークプロテクタによる自動制御機構により，事故などに際し，自動的に系統の操作ができ，運転の省力化が図れる．

3　スポットネットワーク線路の特徴

(1) **需要家の電力需要規模に対し適用性が広い**
　500〔kW〕程度の小規模需要から，10 000〔kW〕以上の大規模需要まで広く供給でき，かつ，レギュラーネットワーク方式を組み合わせることにより，低圧需要にも供給することができる．
(2) **ネットワーク線の常時稼動率を高めることができる**
　ループや本線予備線方式は稼動率の最大が 50〔%〕であるが，SNW 方式は標準 3 回線として 67〔%〕と稼動率を高めることができる．
(3) **ネットワーク線は樹枝状系統であるため，面的に広がる需要家群の供給に適し，需要変動に対し線路の弾力性が高い**
　SNW 方式は樹枝状配電線に T 分岐で接続されるため，需要家の新設などに対し対応が行いやすく，面的に広がる需要家群の供給に適する．

4　ネットワーク方式を実施する際の留意点

(1) **ネットワーク系統の保護協調**
　ネットワークプロテクタは次項に示す三つの特性を満足すると共に，その過電流引外し装置は，変圧器，電線の I–t 特性より下側にあることが必要である．また，高圧フィーダの CB との協調も必要である．具体的には以下のような理由による．
① 二次側および幹線保護装置の遮断容量が大きくなる．

ネットワーク母線が短く，バスダクトなどでネットワーク変圧器群を並列するため，短絡容量が大きくなり，そのため低圧幹線以降の負荷設備の短絡電流強度・保護協調に留意する必要がある．
② ネットワーク母線には高信頼度が要請される．

従来方式の二次側母線は必要により分割できるため，事故の場合は区分して受電することが可能であるが，SNW方式では全停となることから，事故の起きにくい，さらに事故の影響を受けにくい構造とする必要がある．

③ プロテクタ遮断器を中心としたインタロック回路を確立する必要がある．

ネットワーク系統の運用は需要家のネットワーク母線まで影響する．需要家側としてはプロテクタ遮断器の開閉が中心となることから，誤操作防止インタロック機構を備えなければならない．

また，需要家内受電設備の開閉器の開閉状態が系統運用および作業安全に大きく影響を及ぼすため，操作指令責任を明確にする必要がある．

⑵ **配電方式**

バンキングと同様，灯動共用三相4線式とするが，バンキングの場合より一般に大きなブロックを形成するため，Y結線方式とする．

⑶ **ネットワーク用変圧器**

ネットワーク用の変圧器は，短絡電流抑制および変圧器間の負荷分担を均等にするため，インピーダンスと過負荷耐量の大きいものを選ぶ．また変圧器間の横流が生じないよう，変圧器タップは同一とすると共に，高圧回線間の電圧に不ぞろいが生じないよう考慮する必要がある．

また，受電設備の増設や増容量が困難であるため，増設する場合は，20〔kV〕級のケーブルと受電変圧器の新設または取替えが必要となることから，設備計画は最終需要を見込んで行う必要がある．

5 ネットワークプロテクタの機能

スポットネットワーク方式の保護装置としては，高圧側の停電に対するほかの高圧回線からの逆流を防止するためにネットワークプロテクタが使用される．

ネットワークプロテクタは，ネットワーク変圧器の低圧側にあって，自動再閉路特性および開閉制御の機能を，もっとも簡単な構造のもとに満足させるようにした一種の遮断装置で，遮断器部と継電器部とからなっており，次の三つの機能を持っている．

(1) **無電圧投入特性**

　ネットワークに供給する全フィーダが，変電所において遮断されている状態で，いずれかのフィーダが投入する．これを無電圧投入特性という．

(2) **過電圧（差電圧）投入特性**

　ネットワーク側がいきている状態において，プロテクタが開かれている変圧器が一次側から充電されてきた場合には，変圧器の二次側の電圧とネットワーク側の電圧との関係が，プロテクタが閉じたときに，電流が変圧器からネットワーク側へ流れ込む状態にあるときに限って閉路する．これを過電圧投入特性という．

(3) **逆電力遮断特性**

　ネットワークに供給するフィーダが，変電所において遮断されると，ネットワーク側から変圧器側へ逆電流が流れる．これを遮断する機能を逆電力遮断特性という．

6　ネットワークプロテクタ継電器の不必要動作

　ネットワークプロテクタ継電器のこれら動作特性は微妙で，整定誤りや，特性そのものによって不必要動作が発生する．これら不必要動作の代表例をあげれば次のとおりである．

(1) **受電電圧の不ぞろい**

　受電系統の1回線にネットワークで受電しない大きな負荷があったり，受電回線の線路こう長に著しい差があったりすると，受電電圧の高い系統から低い系統へ，ネットワーク変圧器を通じて逆電力供給となり，ネットワークプロテクタ継電器の不必要動作が発生する．

(2) **回生電力による逆電力発生**

　スポットネットワーク負荷として大きな電動機負荷があった場合など，その回生電力によって，スポットネットワーク負荷に供給しても，まだあまりある場合は線路へ逆電力供給となり，ネットワークプロテク

7 配電

タ継電器の不必要動作が発生する．回生電力はエレベータの制動時，誘導電動機，無負荷起動時の起動電流消滅時などに発生する．これら回生電力による不必要動作防止策としては，
① 逆電力遮断時間をのばす
② 多回線同時逆電力発生時に継電器をロックする
③ エレベータ回路，逆電力発生時に継電器をロックする
④ ダミー負荷の挿入

などが考えられるが，継電器の時限を延長することは，本来の機能を消滅することになり望ましくない．

⑶ **継電器動作時限の不ぞろい**

第2図のようにスポットネットワーク需要家A，Bの電源側で断線事故が発生した場合，A需要家が逆電力遮断をしたにもかかわらず，Bは動作時限が長いため，その間にAは過電圧投入する．このことがBの需要家が逆電力遮断を行うまで続くこととなる．

第2図 継電器不ぞろいによるポンピング現象

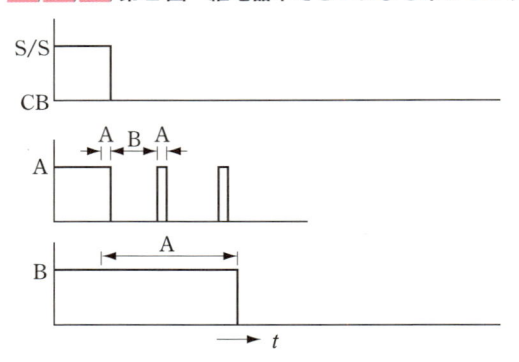

⑷ **ネットワーク母線の進み力率**

第3図(c)逆電力遮断特性から，ネットワーク負荷として大きな進み電流を取った場合，不必要動作となる可能性があるので，ネットワークの負荷の力率には十分注意しなければならない．

第3図 ネットワークプロテクタ継電器の特性例

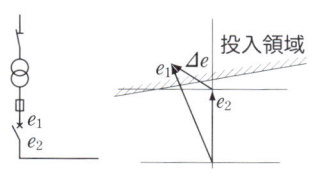

(a) 投入特性

e_1：ネットワーク変圧器二次側母線
e_2：ネットワーク母線側電圧

(b) 遮断特性

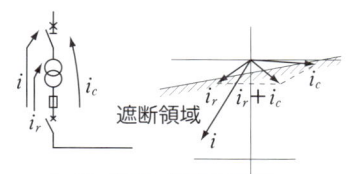

i：20〔kV〕側事故電流
i_r：変圧器充電電流
i_c：20〔kV〕ケーブル充電電流

(c) 位相特性

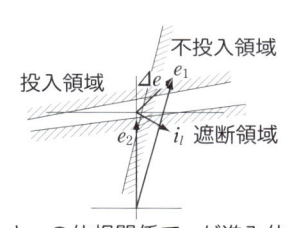

e_1とe_2の位相関係でe_2が進み位相になるとΔeによりi_lなる見かけ上の電流が逆流することになり、ポンピング現象が発生する．これを防止するため位相特性を付加する．

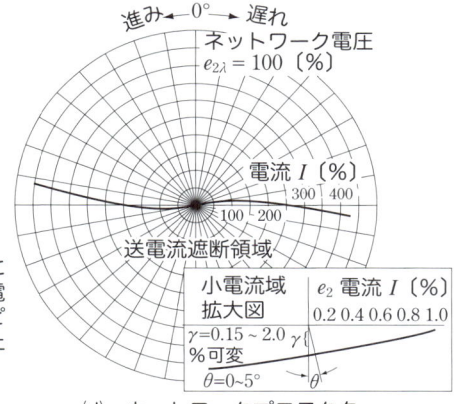

(d) ネットワークプロテクタ継電器遮断特性(b)の例

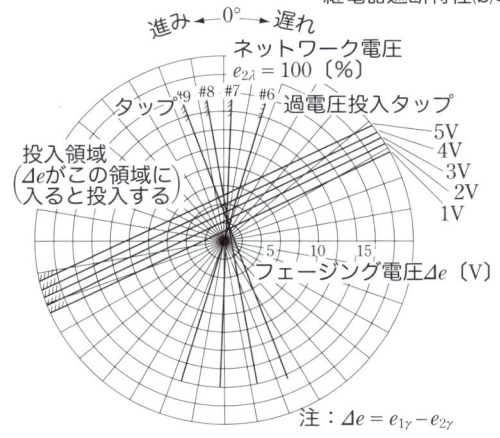

ネットワーク電圧 $e_{2\gamma} = 100$〔%〕
送電流遮断領域
小電流域拡大図
$\gamma = 0.15 \sim 2.0$ γ〔%可変〕
$\theta = 0 \sim 5°$
e_2 電流 I〔%〕
0.2 0.4 0.6 0.8 1.0

(e) ネットワークプロテクタ継電器投入特性(a)+(c)の例

ネットワーク電圧 $e_{2\gamma} = 100$〔%〕
タップ #9 #8 #7 #6 過電圧投入タップ
投入領域（Δeがこの領域に入ると投入する）
フェージング電圧 Δe〔V〕
注：$\Delta e = e_{1\gamma} - e_{2\gamma}$

7 配電

テーマ 28 特別高圧電路と高圧電路に施設するリアクトルの種類と用途

　誘導リアクタンスを電力系統に接続して利用する装置をリアクトルと呼び，回路に直列に使用する限流リアクトル，直列リアクトル，直流リアクトル，並列に使用する分路リアクトル，中性点を接地する補償リアクトル，消弧リアクトルがある．

1　リアクトルの構造上の分類

　リアクトルは構造上，主脚鉄心の有無から空心形と鉄心形に大別される．第1図に単相リアクトルの鉄心構成を示す．

(1) 空心リアクトルの特徴

　空心リアクトルは，リアクタンスが広範囲にわたり直線性が必要で，ギャップ付き鉄心形では不経済な場合，さらに鉄共振や高調波の鉄損が問題となる場合に用いられる．

　空心形では主磁束が巻線内を通るため，過電流や電磁機械力が大きくなる．また，磁束が空間に分散するため近接金属を過熱させるおそれがあるので設計上注意が必要である．

第1図　単相リアクトルの鉄心構成

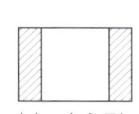

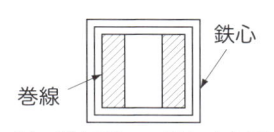

(a) 空心形
(b) 磁気遮へい付き空心形
(c) 継鉄付き空心形
(d) 閉路鉄心形
(e) ギャップ付き鉄心形（中心脚内鉄形）
(f) ギャップ付き鉄心形（2脚内鉄形）

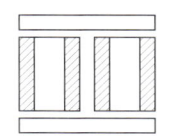

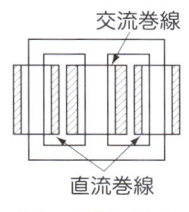

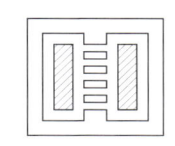

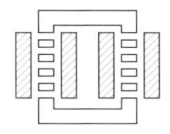

(2) 鉄心リアクトルの特徴

　リアクトル巻線に鉄心を挿入すると透磁率が大きくなるため，巻線と鎖交する磁束が大きくインダクタンスは著しく増大する．したがって，大きなリアクタンスを必要とする場合は有利である．しかし，閉路鉄心形では鉄心の飽和のため一定電流以上ではほとんど空心形リアクトルと同様に作用し，その非直線性で電圧または電流が著しくひずむので，目的によっては使用に耐えない．

　ギャップ付き鉄心形の特性は空心形と閉路鉄心形の中間に位置し，両者の長所を兼ね備えている．

2　電力系統・回路に直列接続して使用するリアクトル

(1) 限流リアクトル

　限流リアクトルには一般にインダクタンスが不変の空心形が用いられる．インダクタンスが小さい22〔kV〕以下で屋内設置用は乾式，33〔kV〕以上または屋外用は油入形が一般に採用される．乾式リアクトルの場合は裸または耐熱絶縁より線を多層円筒形に巻き，コンクリート・磁器などで支持し，その支持脚には支持がいしを，金属部には黄銅を使用する．油入リアクトルでは磁気遮へいまたは継鉄を付け，円形コイルを絶縁支持物を通して強固に固定すると同時に，漏れ磁束によるタンクの過熱防止の対策が必要である．限流リアクトルは短絡電流に対し熱的・機械的に耐えるように強固な構造にする必要がある．第2図に限流リアクトルの適用例を示す．

第2図　限流リアクトル

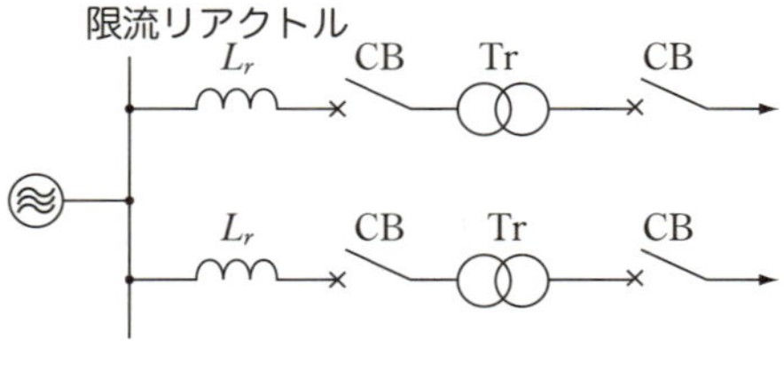

【瞬時電圧変動対策としての限流リアクトル】

　高圧一般配電線に分散型電源を系統連系する場合，コンピュータ，OA機器，産業用ロボットなどの情報機器は，定格電圧の10〔％〕以上の瞬時電圧低下で機器停止等の影響を受ける場合があるため，並解列時の瞬時電圧低下は10〔％〕以内に抑制することが必要となる．以下第3図に示す高

第3図

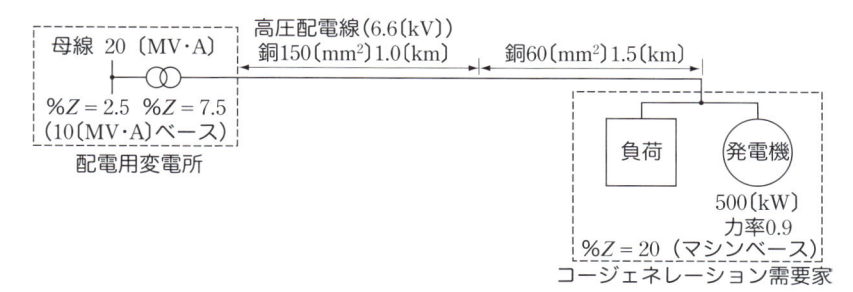

配電用変電所: 母線 20〔MV·A〕, %Z = 2.5, %Z = 7.5 (10〔MV·A〕ベース)

高圧配電線(6.6〔kV〕) 銅150〔mm²〕1.0〔km〕 — 銅60〔mm²〕1.5〔km〕

コージェネレーション需要家: 負荷, 発電機 500〔kW〕 力率0.9 %Z = 20 (マシンベース)

圧配電線での検討例を示す．

① 誘導発電機並列の場合の瞬時電圧低下計算例

発電機設置点から系統側の全インピーダンス：$R_O + jX_O$〔％〕

誘導発電機の拘束リアクタンス：X〔％〕

並列瞬時の無効分突入電流による発電機設置点の電圧降下率 ε は，次式で表される．

$$\varepsilon = \frac{\Delta V}{V_r} = \sqrt{\frac{R_O{}^2 + X_O{}^2}{R_O{}^2 + (X_O + X)^2}} \times 100 \quad 〔\%〕$$

V_r：コージェネレーション需要家連系前の受電端電圧

ΔV：コージェネレーション並列時の瞬時電圧変動分

〔計算例〕

モデルケースについて，10〔MV·A〕をベースにしたインピーダンスを求めると次のようになる．

① 配電用変電所主変圧器より上位側……… $j\,2.5$
② 配電用変電所………………………………… $j\,7.5$
③ 高圧配電線………銅 150〔mm²〕 1.0〔km〕
    $2.8 + j\,7.5$
④ 高圧配電線………銅 60〔mm²〕 1.5〔km〕
    $10.8 + j\,12.2$

ゆえに，発電機設置点から，系統側の全インピーダンスは，①＋②＋③＋④で求められ，

$R_O + jX_O = 13.6 + j\,29.7$

発電機効率を 0.9 と仮定すると，発電機の拘束リアクタンス X は，

$$X = 20\,\% \times \dfrac{10\,000\,\text{kV·A}}{\left(\dfrac{500}{0.9}\right)\text{kV·A}} = 360\,\text{〔\%〕}$$

R_O, X_O, X を上式に代入すると, 電圧降下率 ε は,

$$\varepsilon = \sqrt{\dfrac{13.6^2 + 29.7^2}{13.6^2 + (29.7 + 360)^2}} \times 100 = 8.4\,\text{〔\%〕}$$

となる.

また, V_r を 6 600〔V〕とすると, $\varDelta V$ は,

$$\varDelta V = \varepsilon \times V_r = \dfrac{8.4}{100} \times 6\,600 = 554\,\text{〔V〕}$$

となり, 低圧換算値 $\varDelta V$ は,

$$\varDelta V = 554 \times \dfrac{105}{6\,600} = 8.8\,\text{〔V〕}$$

したがって, 重負荷時の常時電圧が 95〔V〕とすれば, 低圧側の瞬時電圧 V_i は,

$$V_i = 95 - 8.8 = 86.2\,\text{〔V〕}$$

となり, 100〔V〕の電灯回路では下限値が 90〔V〕であることから, 連系条件を満足できない.

この対策として, 限流リアクトルを設置する場合の容量計算例を以下に示す.

② 限流リアクトルによる電圧変動制御計算例

発電機設置点から系統側の全インピーダンス : $R_O + jX_O$〔％〕
誘導発電機の拘束リアクタンス : X〔％〕
限流リアクトルのインピーダンス : X_1〔％〕

とすると, 並列瞬時の無効分突入電流による発電機設置点の電圧降下率 ε は次式で表される.

$$\varepsilon = \dfrac{\varDelta V}{V_r} = \sqrt{\dfrac{R_O^2 + X_O^2}{R_O^2 + (X_O + X + X_1)^2}}$$

計算条件は, 上記①と同様とすれば, 低圧側の瞬時電圧 V_i を 90〔V〕以上にするためには,

$$90 < 95 - \varepsilon \times V_r \times \frac{105}{6\,600}$$

を満足しなければならない．

$$\varepsilon = \sqrt{\frac{13.6^2 + 29.7^2}{13.6^2 + (29.7 + 360 + X_1)^2}}$$

より，

$$90 < 95 - \sqrt{\frac{13.6^2 + 29.7^2}{13.6^2 + (29.7 + 360 + X_1)^2}} \times 6\,600 \times \frac{105}{6\,600}$$

これを解くと，$X_1 > 296$〔％〕となり，10〔MV・A〕ベースで296〔％〕以上のインピーダンスを持つ限流リアクトルを設置すれば，連系条件を満足する．

(2) 電力コンデンサ用リアクトル

　調相用コンデンサは線路に並列接続され，コンデンサのリアクタンスの大きさは周波数に反比例するので，線路電圧に高調波を含む場合，周波数の高い成分ほどコンデンサ回路に流れやすく，高調波を増幅してひずみを増大させ，系統に悪影響を与える．これを避けるためコンデンサと直列に直列リアクトルを接続し，高調波源に対し合成リアクタンスを誘導性としている．

　このほか，コンデンサ投入時の突入電流の抑制ならびに開放時の再点弧防止にも有効である．三相系統では負荷が平衡している限り3の倍数高調波は△結線の変圧器巻線により短絡還流して線路に現れないため，第5，第7などの高調波に比較して小さくなるので，第5高調波に対してコンデンサとの合成インピーダンスを誘導性にするため，直列リアクトルのリアクタンスをコンデンサリアクタンスの4〔％〕以上にすればよく，JISでは6〔％〕に規定している．第4図に高圧用並列コンデンサの回路図を示す．

第4図　高圧用並列コンデンサ設備

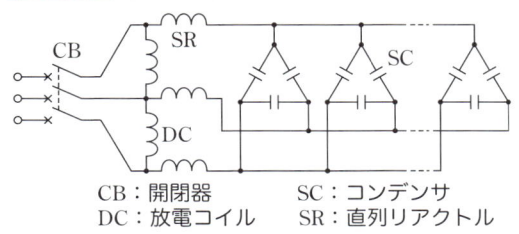

CB：開閉器　　SC：コンデンサ
DC：放電コイル　SR：直列リアクトル

(3) 直流リアクトル

第5図のように使用されるリアクトルであり，北海道と本州間の海峡横断直流送電の両端や，本州内の 50 と 60〔Hz〕の異周波系統連系点の交直変換装置などに使用されている．

第5図　直流リアクトル

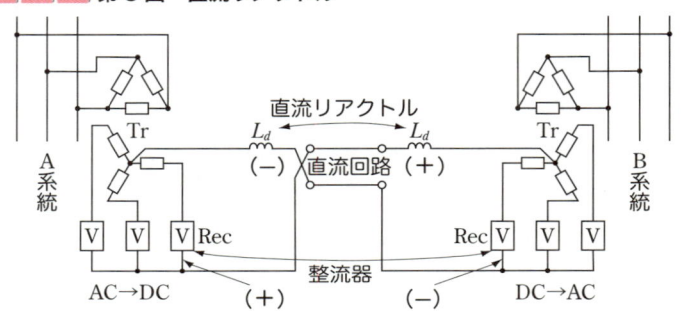

3　電力系統に並列使用する分路リアクトル

(1) 設置の目的

分路リアクトルは電力系統の分路に接続され，進相電流を補償する目的で使用されるリアクトルで，同期調相機に代わって単独にあるいは電力用コンデンサと共に使用される調相設備である．一般には三相リアクトルで，系統に直接または変圧器の三次側に接続し，負荷に応じて，適宜，投入したり切り離したりして使用される．

また，分路リアクトルは発電機をより遅れ力率で運転し，系統の定態安定度を向上させたり，開閉サージの抑制に対しても効果的である．

分路リアクトルの送電線路への適用については，無効電力の潮流制御，系統安定度の向上および開閉サージの抑制効果を総合的に検討し，送電端，受電端，中間開閉所などの設置場所や設備容量を決めることが望ましい．

【解説】

送電系統のインピーダンスは抵抗分が少なく，リアクタンス分が多いので，系統の負荷側の電圧変動は有効電流よりも無効電流によるところが大きく，遅れ無効電流が流れれば電圧は低下し，進み無効電流が流れ

たときは電圧が上昇することになる．

　負荷そのものの力率は遅れ 70 ～ 80〔％〕であり，重負荷時にはこのような遅れ大電流が送配電線に流れるので，電圧降下が大きく，負荷端および一次変電所などに進み電流をとる調相機あるいは電力コンデンサを設置すれば，電圧降下を軽減し，負荷端の電圧変動を少なくすることができる．

　また，軽負荷時には負荷電流が小さくなるのに対して，負荷端あるいは配電線路のコンデンサや送電線路の充電電流，特に高電圧電力ケーブルの充電電流などには変化がないので，電圧降下は少なくなるが，その逆に送電端電圧より受電端電圧が高くなる，いわゆるフェランチ効果を生ずることがある．この進み電流を相殺させるように調相機や分路リアクトルで遅れ電流をとらせ，電圧変動を改善することができる．

(2) 構造

　分路リアクトルはリアクタンス特性を直線にし，リアクタンス値を調整するため，磁気回路に空げきを設け，各相あたり1巻線であることが原理上変圧器と異なる．磁気エネルギーの大部分が蓄積される空げきの形式により，空心形と空げき付き鉄心形に大別される．

　空心形リアクトルはコイル内部に鉄心脚を持たず，磁束の帰路と磁気遮へいの目的でコイル外周に磁気シールド（遮へい鉄心）が設けられている．

　空げき付き鉄心形リアクトルはコイル内部の鉄心脚に空げきが設けてある．この空げきは磁束フリンジングによる漂遊損失を軽減するため，細分して鉄心脚の全長にわたって分布してある．

【解説】

(a) 空心形リアクトル

　　小容量の分路リアクトルは鉄心形で製作されるが，大容量のものは振動源であるエアギャップおよび鉄心ブロックの構造が難しく，また経済的に設計すると脚部分はほとんどエアギャップになってしまうので，第6図のような空心形で製作する．

　　遮へい鉄心があるとリアクタンスの増加の割合は第7図のようになるので，コイルは直径の大きい背の低いものが有利となる．遮へい鉄

第6図 遮へい鉄心の入れ方

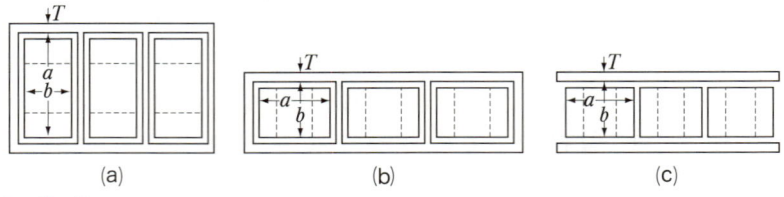

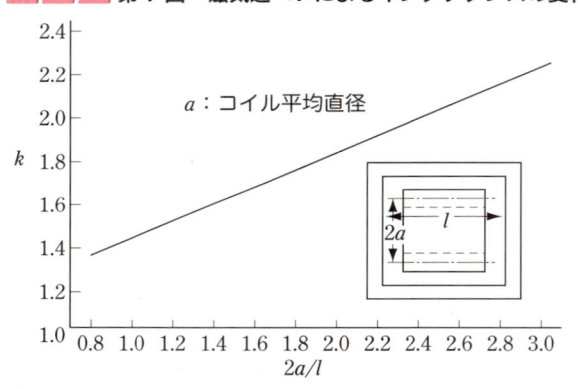

(a) (b) (c)

第7図 磁気遮へいによるインダクタンスの変化

a：コイル平均直径

心には変圧器と同様に積層鉄板が用いられるが，積厚寸法は大幅に広げられている．また同一容量の変圧器より単位長さあたりのアンペア回数が大きいので，漂遊損を低減するため，紙巻平角線の代わりに転位ケーブルが用いられる．

(b) 空げき付き鉄心形リアクトル

空心リアクトルに成層鉄心を挿入すれば，透磁率が大きくなってインダクタンスが著しく増加するので，大きなリアクタンスを必要とする場合は，空心形リアクトルに対して鉄心形リアクトルが非常に有利である．

鉄心脚には第8図のように空げきを設けるが，空げきが小さ過ぎると鉄心を飽和させないためにコイルの巻線を減じて鉄心断面積を大きくしなければならないので，ごく小型のリアクトルの場合を除いて鉄機械となる．逆に空げきが大き過ぎるとごく大型のリアクトルを除いて銅機械となる．

一般に空げき部分は絶縁紙，フェノール樹脂積層板などを用い，漏

第8図 リアクトル鉄心

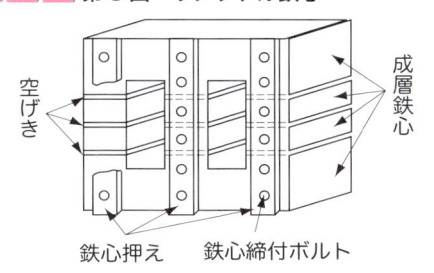

れ磁束の増加を防ぐため数個に分けて挿入する．この空げき付き鉄心部分は，磁気吸引力により鉄心および空げき絶縁片部の振動が大きく，組み立てる際の締付構造を強固にしたり，鉄心ブロックと絶縁片を接着したりしてその振動対策を施す．

(3) **絶縁方式・冷却方式**

分路リアクトルの絶縁方式や冷却方式は油入変圧器のものとほぼ同様であるが，分路リアクトルはひとたび系統に接続されれば定格容量で運転されるため，損失の低減が重要である．分路リアクトルの損失は，その約10〔％〕が巻線の抵抗損であり，残りの30〔％〕が鉄損などの漂遊損である．損失の大部分を占める巻線抵抗を低減するためには，導体全長を減少させることが必要である．

分路リアクトルの導体全長を短くして巻線紙抵抗損を低減するためには，空間の磁束密度の増加，絶縁構造・冷却構造の合理化により，コンパクトに設計・製作することが必要である．近年，大型計算機による解析技術が向上し，電磁界解析，熱解析などが十分に行われて合理的な設計が進められており，損失も低減されつつある．

(4) **電圧改善**

分路リアクトルを投入して受電端の電圧を下げた例を第9図に示す．(b)図は分路リアクトルを使用しないときのベクトル図であり，(c)図は分路リアクトルを使用したときのベクトル図である．(c)図では分路リアクトルを使用することにより，V_r，θの大きさが(b)図の場合より小さくなることが確認できる．

第9図　分路リアクトルによる電圧制御

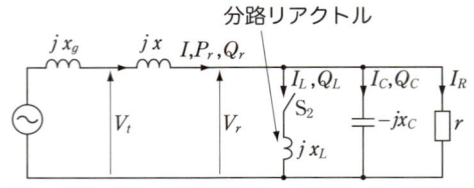

(a) 軽負荷時の分路リアクトルによる電圧制御

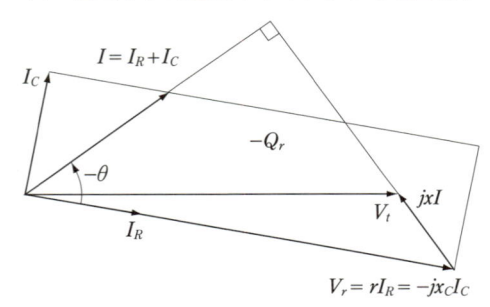

(b) 分路リアクトルを使用しないときのベクトル図（S_2 – OFF）

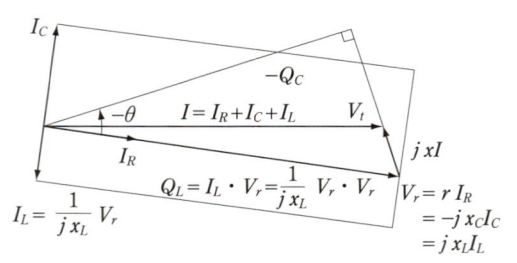

(c) 分路リアクトルを使用したときのベクトル図（S_2 – ON）

4　中性点と大地間に接続されるリアクトル

　送電線地絡事故時の健全相対地電位の異常上昇を防止するため，変圧器の中性点を抵抗によって接地する方式が採用されるが，地絡電流は線路の対地静電容量による進相電流であるため，これを補償する（打ち消す）目的で，抵抗の代わりにリアクトルを中性点と大地間に接続する．補償の程度によって次の2種類がある．

(1) 補償リアクトル

都市部などのケーブルの多い系統の進相充電電流を遅相電流で補償して地絡電流を減少させ通信線への誘導障害の低減，接地継電器の誤動作防止，異常電圧抑制などの目的に使用されるリアクトルであるが，補償度やその調整は，次の消弧リアクトルほど厳密ではない．

また，非接地系の高圧配電線路における1線地絡電流を減少させて，技術基準に示されたB種接地抵抗値の制限の緩和を目的とする補償リアクトルもある．

磁気遮へい付き空心形が経済的である．中心脚内鉄形変圧器と類似の構造で，巻線内に鉄心脚がないので対地静電容量が小さく，インパルス電圧に対する電位分布特性はよい．短時間定格ではあるが，漏れ磁束による構造材の局部過熱が生じないように配慮する必要がある．

(2) 消弧リアクトル

送電線の対地静電容量によるリアクタンス X_C と完全に並列共振するリアクタンス X_L で中性点を接地し，地絡電流を零として事故点のアークを消滅（消弧）させるもので，ペテルゼンコイル（Peco）とも呼ばれる．

消弧リアクトルはギャップ付き鉄心形の単相リアクトルであるが，短時間定格であり，直列共振を鉄心の飽和で防ぐため電流密度および磁束密度は可能な限り高くとられる．鉄心は一般に中心脚内鉄形が使用される．消弧リアクトルには次のものが取り付けられる．

① タップ切換器

無電圧状態でタップ切換を行う．

② 抵抗器巻線

地絡事故が永続するとき，消弧リアクトル接地を一時抵抗接地に切り換え，選択遮断する方式がとられる．

第10図に補償リアクトルと消弧リアクトルの概略図を示す．

第10図 補償リアクトルと消弧リアクトル

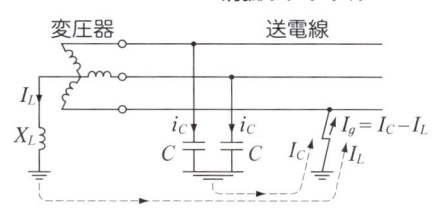

テーマ29 電力系統に発生するサージ過電圧

　電力系統では，通常の運転電圧のほかに種々の過電圧が発生する．過電圧とは，系統のある地点の相と大地，あるいは相間に発生する通常の運転電圧よりも高い過渡的な電圧であり，異常電圧と呼ぶこともある．これらの過電圧のうち電線路や電気所母線を進行する高周波の過電圧がサージである．

1 電力系統に発生するサージ過電圧

　電力系統に発生する代表的なサージ過電圧は，①雷サージ，②断路器サージ，③開閉サージ，④事故サージ，の四つがあげられる．

　特に，電力系統に発生する過電圧は第1図に示すように，サージ性過電圧と短時間交流過電圧に大別され，さらにサージ性過電圧は雷サージと開閉サージに分けられる．

第1図　過電圧の種類

サージ性過電圧 ― 雷サージ ……… 外雷
　　　　　　　　開閉サージ
短時間交流過電圧 ― 高調波過電圧　｝内雷
　　　　　　　　　商用周波過電圧

　サージとは，分布定数線路における進行波の波動のことであり，電圧波および電流波が送電線を伝搬し変電所に侵入する．そして，各所で往復反射を繰り返して電圧の大きさや波形が変化する．このような過電圧がサージ性過電圧であり，そのうち雷による過電圧が雷サージ，電力系統の開閉に伴う過電圧が開閉サージである．

2 雷サージについて知る

　雷サージとは，雷撃により発生するサージで，ピークまでの時間が数〔μs〕，サージ継続時間が数十〔μs〕程度のきわめて急しゅんな過電圧である．系統に発生する過電圧の中でもっとも大きなもので，導体への直撃雷や鉄塔あるいは架空地線への雷撃による逆フラッシオーバなどにより発生する．

わが国の主要送電線には，導体への雷直撃を避けるために架空地線が設置されているが，傾斜地を通る送電線の場合には，導体に直接雷が侵入することもあり，過電圧が大きい場合はアークホーンにフラッシオーバを発生させることにより，過電圧を抑制する．一方，変電所では避雷器によって過電圧を抑制し，この電圧に機器が耐えられるように設計する．

　なお，他地点での落雷に伴う誘導電圧として現れる誘導雷は，発生回数は著しく多いが，過電圧はあまり大きくないので危険性は少なく，主に77〔kV〕以下の送電線あるいは配電線で問題となる．

【フラッシオーバと逆フラッシオーバ】

(a) 電力線に雷撃があった場合には，がいしがフラッシオーバし，雷撃電流は鉄塔を通じて大地に流れる．このとき電力線には，がいしのフラッシオーバ電圧に等しい波高値の電圧進行波が発生し，電力線の左右に伝搬し，電力線，変電所などに雷サージ過電圧をもたらす．

(b) 鉄塔に雷撃があった場合には，第2図に示すように雷撃電流が鉄塔および架空地線に流入し，電流進行波となって鉄塔塔頂と塔脚間および隣接鉄塔間で往復反射を生じ，鉄塔電位 V_t が上昇する．この V_t と電力線定常電圧 v_0 との電位差が，がいし連の絶縁破壊電圧を超えると，鉄塔から電力線への鉄塔逆フラッシオーバが発生し，電力線にはフラッシオーバ電圧に対応する進行波が侵入し，雷サージ過電圧を発生する．

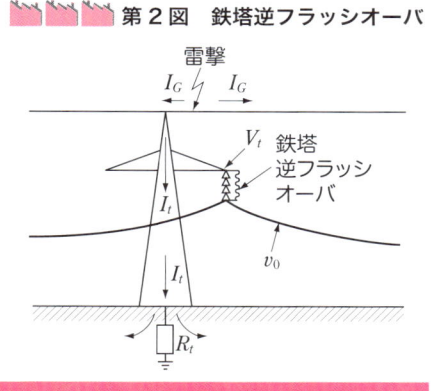

第2図　鉄塔逆フラッシオーバ

3　機器の耐雷サージ性能評価とは

　雷サージの波形と波高値は，線路のフラッシオーバ特性やサージインピーダンス，雷撃点からの距離などによって異なる．また，雷雲の分布や荷電状態，および湿度条件などにも影響され固有値を持たせることはできないが，電力機器の耐雷サージ性能を評価するため第3図の標準雷インパ

第3図　標準雷インパルス電圧波形

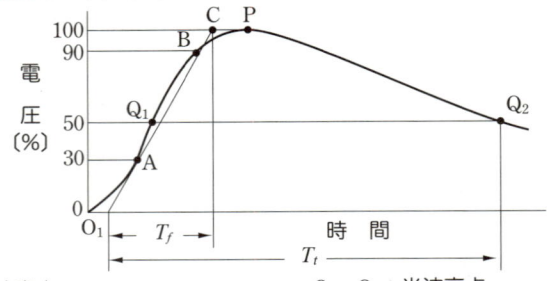

P：波高点
O_1：規約原点
T_f：規約波高長 = 1.2 $[\mu s]$ ±30 [%]
Q_1, Q_2：半波高点
P：波高値
T_t：規約波尾長 = 50 $[\mu s]$ ±20 [%]

ルス波形がJEC-212（1981）に定められている．

　実際に系統に発生する過電圧を「サージ」と呼ぶのに対し，試験電圧として与える急しゅん波過電圧を「インパルス」と呼ぶ．なお，かつては波形を $T_f \times T_t$ $[\mu s]$ で表示し，標準波形を 1×40 $[\mu s]$ としていたが，現在は国際的規格に合わせて，$T_f \times T_t$ と表示し，1.2/50 $[\mu s]$ を標準波形としている．また，参考に，雷インパルス電圧発生回路例を第4図に示す．

第4図　雷インパルス電圧発生回路

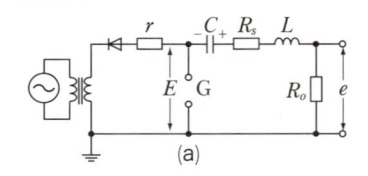

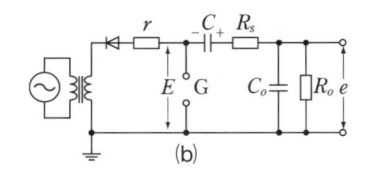

G：火花放電ギャップ
r：充電用抵抗（$r \gg R_s + R_o$）
E：直流充電電圧
C_o：供試体のキャパシタンスまたは付加コンデンサ
R_s：高周波振動の制動抵抗または波頭長調整用抵抗
C：電源コンデンサ
R_o：放電抵抗
e：インパルス発生電圧

4　断路器サージとは

　断路器サージとは，断路器により母線を開閉するときに生ずる急しゅんなサージであるが，一般に雷サージより小さい．断路器の設計法によりある程度抑制でき，必要ならば開閉時に抵抗を挿入することにより抑制される．

【断路器サージについて】

　送電線を母線から切り離す場合，まず遮断器を開き，次に断路器を開放する．このとき断路器は遮断器までの線路の充電電流を遮断することになり，断路器の極間で再点弧が生ずると過電圧が発生する．このサージは高周波振動であって雷サージの領域となり，その大きさは運転電圧波高値の3倍程度となることがあり，注意が必要である．

　なお，断路器サージも開閉サージの一部として分類されることもあるが，次項に述べる遮断器開閉時のサージとは性質が異なる．

5　遮断器開閉サージとは

　継続時間が ms（10^{-3} 秒）オーダの過電圧で，遮断器を用いて電力系統を開閉したときに発生するもので，遮断器を投入するときに発生する投入サージと開放するときに発生する遮断サージに大別される．

(1)　投入開閉サージ

　無負荷送電線を充電する場合，または事故時に一度線路を開き事故アークの消滅を待って再び閉路する高速再閉路の場合に，遮断器極間の電位差が線路を往復伝搬して，定常値に達するまでの過渡過電圧を投入開閉サージという．

　投入開閉サージの波形および波高値は，線路長，系統構成，電源容量，中性点の接地方式などの回路条件のほかに，遮断器投入時の位相と残留電荷によって大きく影響されるが，通常，立上りが数十〔μs〕から数〔μs〕，周波数が数百〔Hz〕から数〔kHz〕の減衰振動波形である．

(2)　遮断時の過電圧

　遮断器開放時に発生する代表的なサージとしては，無負荷送電線遮断サージ，および変圧器励磁電流遮断時のサージがある．無負荷送電線の充電電流を遮断するとき，遮断器の極間で再点弧が発生すると，条件によっては大きな過電圧を発生する．このサージは再点弧サージとも呼ばれる．再点弧サージは，極間の絶縁耐力の回復速度が速い無点弧遮断器によってほぼ完全に抑制することができる．

　また，無負荷変圧器あるいはリアクトル負荷の変圧器の励磁電流を遮断する場合，一般に電流が零点に達する前に遮断され（電流裁断），変

圧器あるいはリアクトルに蓄積されたエネルギーが変圧器側の対地静電容量を通して充放電を行うため，振動性の過渡過電圧が発生する．励磁電流裁断時の開閉サージは，変圧器側に設置された避雷器によって抑制される．

【無負荷送電線遮断時の開閉サージ】

無負荷送電線遮断時に発生する再点弧サージ発生の概念図を第5図に示す．電流が零点を通過した後で極間に再びアークが発生する現象を再発弧，1/4サイクル程度以上経過して再発弧する現象を再点弧という．再点弧に至るまでの過程は第6図に示すように t_0 で電流が遮断されると負荷側には e_2 で示される直流電圧が残り，端子間には e_2 と電源電圧 e_1 との差 e_3 が $(1 - \cos \omega t)$ の波形の電圧となって現れる．これは遮断後1/2サイクルで電源電圧波高値の2倍の電圧となり，極間の絶縁耐力の回復が遅れると，この電圧によって再点弧を引き起こす．

第5図　再点弧サージ発生の概念図

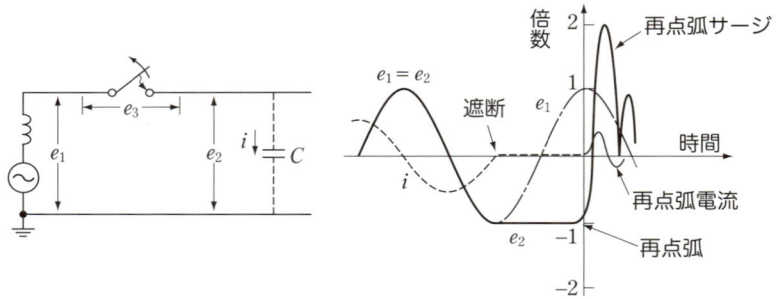

第6図　再点弧の発生過程の説明

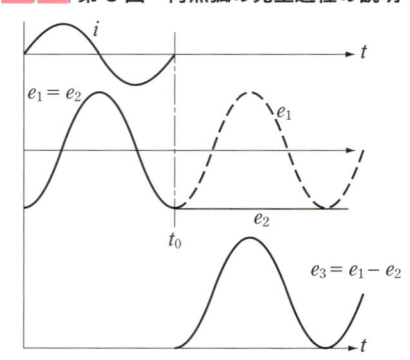

6　事故サージとは

　事故サージとは，線路事故時に発生するサージで，代表的なものに地絡サージがあり，波形は開閉サージに類似している．

　地絡サージとは，三相送電線地絡故障により健全相の商用周波電圧が上昇する際，定常状態に達するまでの間に過渡的に発生する振動性の過電圧をいう．地絡サージの大きさは系統条件，故障点および故障発生位相によって変化するが，直接接地系で最大運転電圧波高値の1.6～1.7倍程度である．

　また，系統の地絡や短絡などの故障電流を遮断する場合，電源側の電圧は商用周波の定常値に向かって過渡振動し，過渡過電圧が発生する．この過電圧を故障電流遮断サージ，または事故遮断サージ，あるいは単に遮断サージと呼ぶ．このとき極間に現れる電圧を再起電圧，再起電圧の定常分を回復電圧という．事故遮断サージの周波数は，投入サージや再点弧サージほど高くはない．サージの大きさは運転電圧波高値の2倍近くになることがあるが，電源側が小容量で回復電圧が高い場合には，2倍を超えることもある．

【故障電流遮断サージ】

　地絡事故を除去する場合に故障電流遮断サージが発生する概念図を第7図に示す．t_1で接触子が開離すると，接触子間にアークによる極間電圧 e_3 が生ずる．消弧能力がしだいに向上して電流零に近づくと極間電圧は顕著に変化し，故障電流 i が遮断されると接触子間に再起電圧を発生し，回復電圧に重畳して電源電圧の2倍近い過渡的な過電圧を生ずる．

第7図　故障電流遮断サージ発生の概念図

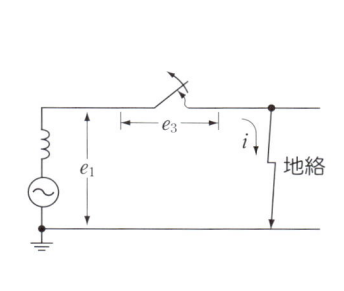

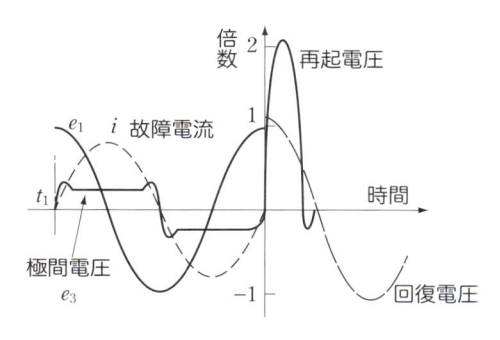

テーマ29　電力系統に発生するサージ過電圧

【注】事故サージの分類について

地絡サージは開閉サージと発生波形が類似していることと，地絡は回路の開閉の一形態と考えられることから，広義の開閉サージに含められることがある．また，事故遮断サージも遮断器の開放を伴うものであるから，単に開閉サージの一つとして扱われることもある．

7　変電所への侵入サージ対策

変電所では，侵入してきた雷サージは避雷器で機器を保護することが基本であり，避雷器によるサージの抑制を前提にして，各部に生じると想定される過電圧の最大値に耐えるように母線や機器の絶縁レベルを決定する．開閉サージに対しては，フラッシオーバが生じないように，がいし個数やクリアランスを設定する．

(1)　変電所の概要

第8図に送電線路から変圧器までの一例を単純化して示した．送電線路は第1鉄塔までで，引留鉄塔から変電所構内に入る．ここでは遮断器，母線，遮断器を経て変圧器に至るが，遮断器の両端にある多数の断路器は省略してある．避雷器は LA_1 と LA_2 で示したが，変圧器になるべく近づけて1台設置するほか，どこに何台置くかが絶縁設計上の一つの要因となる．

第8図　電力系統モデル

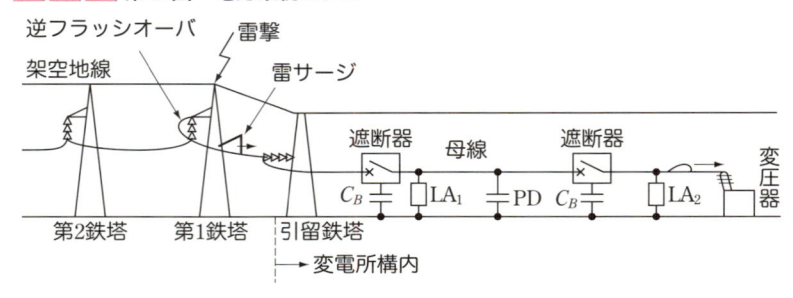

(2)　避雷器

避雷器は，第9図のように導体と大地との間に接続され，雷サージや開閉サージなどの過電圧が加わると，大地に電流を流して過電圧を抑制し，過電圧を除いた後は，通常印加されている運転電圧に対して電流を

第9図 避雷器の構成

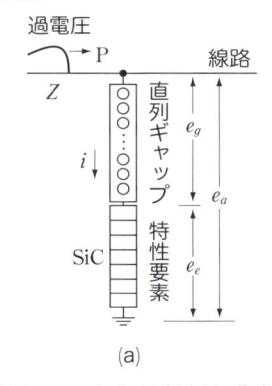

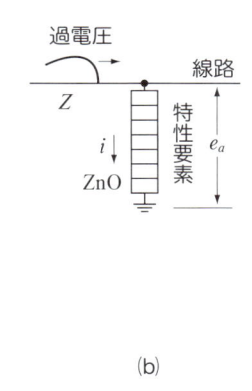

(a) 過電圧 → P 線路、Z、直列ギャップ（SiC）、特性要素、i、e_g、e_a、e_e

(b) 過電圧 → 線路、Z、ZnO、特性要素、i、e_a

抑制して，もとの状態に復帰する機能を持つ装置である．

　従来の避雷器は，第9図(a)のように直列ギャップと炭化けい素（SiC）などの非直線抵抗体からなる特性要素によって構成され，一定以上の過電圧が加わると直列ギャップが放電して放電電流 i を流し，点Pの対地電圧 e_a を低減して，機器に加わる過電圧を抑制し，保護する．

　最近は，優れた非直線抵抗特性を有する酸化亜鉛（ZnO）を主成分とする特性要素を用いることにより，第9図(b)に示すように直列ギャップを省略することができるようになった．ZnOの特性要素の電圧電流特性をSiCと比較して示すと第10図のようになり，ZnOでは，交流の運転電圧波高値が e_0 以下であればほとんど電流が流れないので，直列ギャップは不要となる．

第10図 特性要素の電圧電流特性

（グラフ：横軸 i、縦軸 e_e、e_0 を通る曲線、SiCとZnOの比較）

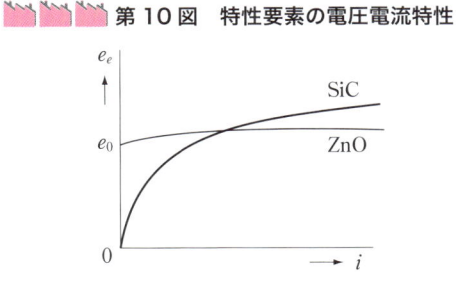

(3) 絶縁強度の考え方

　機器の耐電圧には，耐電圧試験によって保証される雷インパルス耐電圧値があり，これは避雷器の効果が十分に及びにくい引出口の線路側に設置されるコンデンサ形計器用変成器（PD）を除いて，変圧器，遮断器などの各機器において電圧階級ごとに統一されている．これが絶縁設計の基準となることから，以前はこれを基準衝撃絶縁強度（BIL）と呼

んでいた．最近では，雷インパルス絶縁レベル（LIWL）と開閉インパルス絶縁レベル（SIWL）に分けて定められており，開閉サージに対する耐電圧は，雷インパルス耐電圧の 83〔％〕程度となっている．

　変電所の絶縁設計は，機器の絶縁強度を各電圧階級ごとの絶縁レベルを基準に設計し，これに対し避雷器の保護レベルを適切な余裕度を持たせて協調をとるようにする．

8　送電線路での雷対策

　上述のとおり，変電所へ侵入した雷サージは避雷器で抑制することが基本であるが，送電線路では次のような対策がとられる．
① 電力線への雷撃を減少させるため架空地線を張って十分に遮へいする．
② 送電線の架空地線や鉄塔への雷撃による逆フラッシオーバが発生しにくくなるように鉄塔の接地抵抗を極力小さくする．
③ 雷サージ過電圧を大きくしないために，送電線のがいし装置の絶縁が強くなり過ぎないようにすることも必要である．

【具体的な対策】

　送電線路では，架空地線を張って雷撃を架空地線へ導き，鉄塔を通じて雷撃電流を大地へ流す．このとき電力線の電位に対して鉄塔電位ができるだけ上昇しないように塔脚の接地抵抗を小さくし逆フラッシオーバを防止する．

　また，がいし装置や導体と鉄塔，導体と架空地線の離隔距離（クリアランス）は，一般に開閉サージに対してフラッシオーバしないように設定し，雷サージに対しては，できるだけ線路絶縁を低くする．線路絶縁を強化すると，雷によるフラッシオーバ回数は減少するが，フラッシオーバしたときは，それだけ高い雷サージが変電所へ侵入することになるからである．また海岸近くでがいし個数が汚損によって決定され，雷サージに対して絶縁が強くなり過ぎるときは，アークホーンギャップ長で絶縁を調整する（第11図参照）．

第11図　電力系統におけるサージ性過電圧と絶縁

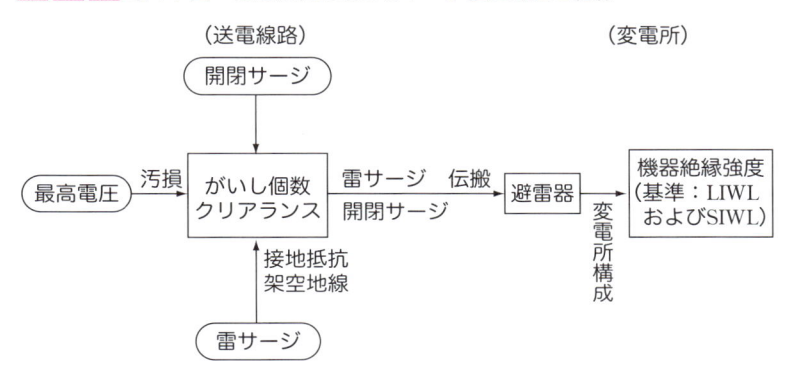

（送電線路）　　　　　　　　　　　　（変電所）

```
                    ┌─────────┐
                    │ 開閉サージ │
                    └────┬────┘
                         │
          汚損           ▼      雷サージ  伝搬           ┌─────────────┐
┌──────┐──────→┌──────────┐───────────────→┌──────┐        │ 機器絶縁強度  │
│最高電圧│      │がいし個数 │    開閉サージ    │避雷器│───────→│（基準：LIWL │
└──────┘      │クリアランス│                 └──────┘  変電所  │ およびSIWL） │
              └─────┬────┘                            構成    └─────────────┘
                    ▲
              接地抵抗
              架空地線
                    │
              ┌─────────┐
              │ 雷サージ │
              └─────────┘
```

8　施設管理

テーマ30 電力系統の周波数変動の要因と周波数変動が及ぼす影響と対策

1 周波数変動の要因

　電力系統の有効電力に関して需要と供給に不均衡が生ずると系統の周波数に変化が生ずる．

　つまり，電源脱落事故や基幹系統の分離などによる周波数異常低下と大容量負荷（揚水用動力含む）の脱落または基幹系統の分離などによる周波数の異常上昇が考えられる．

　また，平常時の周波数変動は，主として全系統の負荷変動に起因し，その変動様相は長周期成分と短周期成分とに分けて考えることができる．

　系統の周波数変化はその系統全域が同じように変化するので，周波数制御は系統全体をマクロ的にみて有効電力の需給が均等するように調整する．

　周波数の変化量には，系統容量と（系統定数）が大きくかかわってくる．

2 系統周波数特性と連系線潮流

(1) 系統周波数特性

　電力系統の需給の不均衡が生ずると，これに応じて周波数も変化する．この特性を系統周波数特性という．需給不均衡量と周波数変化量の間には次の関係がある．

$$\frac{\Delta P}{\Delta F} = \frac{\Delta G - \Delta L}{\Delta F} = -(K_G + K_L) = -K$$

ただし，
- ΔP：需給不均衡量〔MW〕
- K：系統周波数特性定数〔MW/0.1Hz〕
- ΔL：負荷変化量〔MW〕
- ΔF：周波数変化量〔0.1Hz〕
- K_L：負荷周波数特性定数〔MW/0.1Hz〕

ΔG：発電力変化量〔MW〕

K_G：発電機周波数特性定数〔MW/0.1Hz〕

K の値は，負荷構成の変化や併入されている電源の種類，運転状態の変化に伴い時々刻々と変化するが，系統容量に対する百分率％ K で表すと，通常は 1～2〔％ MW/0.1Hz〕程度の値が用いられている．

(2) 連系線の潮流・周波数特性

いくつかの電力系統が連系線で結ばれている場合の需給不均衡量 ΔP，周波数変化量 ΔF，連系線の潮流変化 ΔP_T の関係を，第1図に示すA，B2系統の場合について考える．

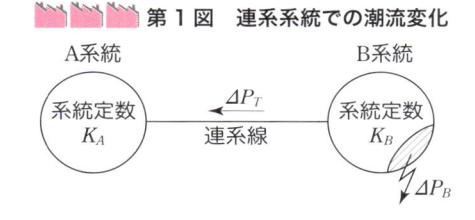

第1図 連系系統での潮流変化

A系統　系統定数 K_A　←ΔP_T　連系線　B系統　系統定数 K_B　↓ΔP_B

B系統に ΔP_B の需給不均衡が生じた場合，ΔF，ΔP_T の間には次の関係が成り立つ．

$$\Delta P_B = -(K_B \Delta F + \Delta P_T)$$
$$0 = -K_A \Delta F + \Delta P_T$$

上式から，

$$\Delta F = \frac{-\Delta P_B}{K_A + K_B}$$

$$\Delta P_T = \frac{-\Delta P_B}{K_A + K_B} K_A = \Delta F K_A$$

ただし，K_A，K_B：A，B両系統の系統周波数特性定数〔MW/0.1Hz〕

【周波数50〔Hz〕のA，B二つの電力系統を直流連系した場合】

次の条件で連系線潮流と周波数の変化を求めてみる．

【条件】

系統容量をそれぞれ $A = 5\,000$〔MW〕，$B = 2\,000$〔MW〕，各系統の周波数特性定数（系統定数）をそれぞれ％ $K_A = 1.0$〔％ MW/0.1Hz〕，％ $K_B = 0.8$〔％ MW/0.1Hz〕とする．

潮流制御は，両系統の周波数差に比例し，1〔Hz〕の差につき 300〔MW〕の応援潮流を流すものとする．A，B両系統基準周波数で運転され，連系

線の潮流が零であるとき，A系統の負荷が200〔MW〕増加した場合で検討する．

【計算例】

ある一つの系統について，突然の発電力の増加を ΔP_G〔MW〕，突然の負荷の増加を ΔP_L〔MW〕，その系統に連系線から流入する潮流の増加分を ΔP_T〔MW〕，系統定数を K〔MW/Hz〕とすると，周波数の増加分 Δf は次式で与えられる．

$$\Delta f = \frac{\Delta P_G - \Delta P_L + \Delta P_T}{K} \quad \text{(Hz)} \tag{1}$$

上式で，$\Delta P_G = 0$，B系統では $\Delta P_L = 0$ であるから，A系統に流入する ΔP_T を ΔP_{TA} とすると，A，B両系統でそれぞれ次式が成り立つ．

$$\Delta f_A = \frac{-\Delta P_L + \Delta P_{TA}}{K_A} \tag{2}$$

$$\Delta f_B = \frac{-\Delta P_{TA}}{K_B} \tag{3}$$

また，1〔Hz〕の周波数の差につき，300〔MW〕の潮流を流す条件から，ΔP_{TA} は次式で表される．

$$\Delta P_{TA} = 300\,(\Delta f_B - \Delta f_A) \tag{4}$$

(4)式に(2)，(3)式を代入し，ΔP_{TA} を求めると次式になる．

$$\Delta P_{TA} = \frac{300 K_B\, \Delta P_L}{K_A K_B + 300(K_A + K_B)} \tag{5}$$

上式で $\Delta P_L = 200$〔MW〕

$K_A = 5\,000 \times 0.01 \times 10 = 500$〔MW/Hz〕

$K_B = 2\,000 \times 0.008 \times 10 = 160$〔MW/Hz〕

これらを(5)式に入れて，A系統への連系線潮流は次のようになる．

$$\Delta P_{TA} = \frac{300 \times 160 \times 200}{500 \times 160 + 300(500 + 160)} = 34.532 \fallingdotseq 34.5 \text{〔MW〕}$$

各系統の周波数は，(2)，(3)式により，

$$f_A = 50 + \Delta f_A = 50 + \frac{-200 + 34.532}{500}$$

$$\fallingdotseq 49.67 \text{〔Hz〕}$$

$$f_B = 50 + \Delta f_B = 50 + \frac{-34.532}{160}$$
$$\fallingdotseq 49.78 \text{ (Hz)}$$

以上の結果から,各電力系統を連系することにより系統周波数の変化量Δfをより小さくすることができる.また,需給不均衡ΔPが大きいと連系線の応援電力ΔP_Tも大きく,事前潮流がΔP_Tと同方向に流れていると過渡安定度上の問題を生ずる.したがって,平常時の系統間連系潮流は目標値を定めてその値以内におさまるように発電調整をしている.

3 周波数変動が及ぼす影響

系統周波数が基準周波数を±0.5〔Hz〕程度以上変化すると,需要家設備に次のような悪影響を与える.
① 電動機の回転速度が変化し,製品の品質が悪化する.特に繊維工場や製紙工場は影響が大きい.
② 自動制御装置内の磁気増幅器や計算機の磁気ドラム,磁気ディスクが適正な動作をしなくなる.
③ 電気時計やワーレンモータが不精確になる.この場合は周波数の積分偏差値が問題となる.

一方,周波数低下による電力機器への影響は,
① 火力機のタービン最終段翼の振動
② 火力補機の給水制御,ボイラ燃焼制御の不安定
③ 発電機電圧の不安定
④ 変圧器の過励磁

などの問題が生じ,中でも①項が最大の障害である.

以上のことから,系統周波数の許容偏差は±0.1〜0.2〔Hz〕程度として運用している.

4 汽力発電所が受ける影響

(1) 周波数低下による影響

汽力発電所の運転中,系統事故により周波数が急減すると蒸気タービンの調速装置より加減弁(CV)は速度調定率(一般に4〜5〔％〕)に

応じて開方向に動作する．このため，発電機出力は急増し，各制御系が不安定になると共に，所内の各機器に悪影響を与える．

【解説】

　調速装置は，タービンの速度制御を行う装置で，負荷が変動しても常に一定の回転速度となるよう加減弁で蒸気流量を調整する．並列運転時の回転速度は電気系統の周波数で一定に保たれ，調速装置の設定点で負荷の増減を行うことができる．

　周波数の低下が各機器に与える悪影響は次のとおりである．なお，周波数低下の度合い，様相によっては運転継続が困難となる場合があるので，機器保護（主としてタービン）の観点からユニットをトリップさせることもある．

① ボイラ設備への影響

　(a) ボイラ補機能力の低下およびトリップ

　　ボイラ給水ポンプ，燃料油ポンプ，押込通風機など，汽力発電所の主要補機（タービン駆動給水ポンプは除く）の駆動源は誘導電動機であるため周波数の低下に伴いその回転数が低下する．このため，当該補機の圧力・流量の低下および駆動用電動機の過負荷などを招く．ボイラの給水ポンプ（電動形）では，吐出し圧力低下により十分なボイラへの給水が不可能となり，大幅な出力制限となる場合がある．

　(b) ボイラ制御系の不安定

　　周波数低下による加減弁開度増加により，主蒸気流量は急増し，主蒸気圧力低下，ドラム水位低下などが生ずる．

② タービン設備への影響

　(a) タービン動翼の共振

　　タービン動翼は，形状・材質などにより，動翼各段それぞれの共振周波数（固有周波数）を持っている．タービン動翼の共振周波数は定格周波数とずれるように設計されているが，低周波数運転を行うとタービン動翼の共振周波数と低下した周波数の倍周波数が一致して共振現象を起こし，動翼に過大な応力を与える．その疲労が累積してクラックが発生するので，各機種ごとに第2図に示すような

第2図　タービンの許容運転時間（50〔Hz〕機）

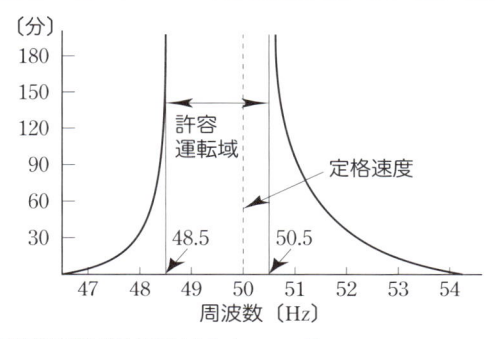

（縦軸：〔分〕　30, 60, 90, 120, 150, 180）
許容運転域　48.5 ～ 50.5
定格速度
横軸：周波数〔Hz〕47～54

運転時間制限が設けられている．

(b) タービン補機能力の低下

循環水ポンプ，復水ポンプなどは誘導電動機により駆動されており，周波数の低下に伴ってその能力は低下しユニットの運転を脅かす．タービン主油ポンプは通常タービン主軸に直結されているため，タービン制御油圧低下によりユニットトリップに至る場合もある．

③ 発電機への影響

(a) 発電機界磁回路，固定子の過熱

発電機電圧は界磁電流を一定とすれば回転数の低下に比例して減少する．また，固定子の磁束密度は電圧／周波数（V/Hz）の値に左右され，周波数が低下するとV/Hzの値が大きくなり，磁束密度の増加に伴い，固定子漏れ磁束が増加して，過電流により固定子の過熱を引き起こす．

(b) 発電機冷却能力の低下

回転子に設けられている冷却ファンの速度低下により冷却能力が低下する．

④ 変圧器への影響

V/Hz高による過励磁により，各部が異常過熱するおそれがある．

(2) 周波数上昇による影響

蒸気タービンの調速装置により加減弁（CV）および中間阻止弁（ICV）は閉方向に動作し，発電機出力を急減させる．このため，ボイラの制御が追従できず不安定となり，主蒸気圧力高あるいは燃料制御弁の急激な

絞り込みによる燃料圧力低下などによりユニットトリップに至る場合がある．各設備への悪影響は次のとおりである．
① タービン動翼の共振（周波数低下時と同様）
② 主蒸気圧力上昇によりボイラ安全弁が作動し大きな騒音を発生する
③ タービン・発電機過速度による機械的応力の増大
④ 急激な負荷減少によるタービン入口温度の低下による車軸や車室の熱応力の増大

5　周波数変動の対策

系統の周波数を常に標準値に保つよう周波数調整することが対策の基本である．以下，50〔Hz〕系を中心に述べる．

(1) 基本的な考え方

系統の周波数を常に標準値に維持するため，平常時における全系統の負荷変動による周波数変動ならびに大電源脱落事故などの異常時における急激な周波数変動を，それぞれ次に示す範囲内に調整できるよう発電所の調整能力を確保する．

① 平常時の考え方

平常時の周波数変動は，主として全系統の負荷変動に起因し，その変動様相は長周期成分と短周期成分に分けて考え，これらの負荷変動に対応して，発電力を調整し，周波数調整を行うが，そのためには負荷変化速度に対応する発電所の出力制御能力および負荷変動量に対応しうる発電所調整容量の確保が必要である．

この調整は，保有する運転予備力の範囲内で行うこととなるが，一般の発電所特性として，出力変化速度が速いほど，出力の調整可能幅（調整容量）は制約される．

また，調整は，電気事業者側で行うのが一般的であるが，短周期変動のうち，鉄鋼など大型，急変負荷に起因して周波数が著しく変動する場合は，需要家側に対策を要請し，これらを総合的に考慮する．

② 異常時の考え方

異常時としては，大電源の脱落または基幹系統の分離などによる周波数異常低下と大容量負荷（含む揚水用動力）の脱落または基幹系統

の分離などによる周波数異常上昇が考えられ，前者の場合には，非常に大きな電源不足量を発電機の調整だけで対処すると膨大な調整容量が必要となり著しく不経済となる．このため，電力会社同士の緊急応援電力の受電，揚水負荷の遮断ならびに緊急負荷遮断など運用上の対策を併用する．

後者の場合には，一般的には発電機の調速機能など回転数上昇に対する危険防止の機能により電源余剰量が比較的少ない場合，許容限度内におさまると考えられるが，基幹系統の分離などにより著しい電源余剰量が比較的少ない場合，許容限度内におさまると考えられるが，基幹系統の分離などにより著しい電源余剰量が発生する場合の対策としては，緊急電源遮断などの対策を検討する．

(2) **周波数調整の標準的な考え方**

① 平常時

50〔Hz〕系の例では，50 ± 0.2〔Hz〕以内に維持することを目標とするが，周波数偏倚連系線潮流制御方式や，時差について，運用上はこれらを総合勘案する．

② 異常時

周波数の異常低下または異常上昇により，系統の発電機の安定運転継続が困難とならない限度におさめると共に，可能な限り速やかに平常時の調整値に復帰させることを目標とする．

周波数の異常低下または異常上昇は，これにより連鎖的に火力，原子力発電所が系統から脱落し，停電が広範囲に及ぶのを防止する観点から定められ，火力，原子力発電機の安定運転限界を考慮すると系統周波数は少なくとも50〔Hz〕系の例では，48.5〔Hz〕以下または51.0〔Hz〕以上にとどまることのないようにする．

(3) **設備計画の考え方**

全系統の総合負荷状態に適合した各種電源の組合せ計画と，適正な供給予備力の確保をもとに，周波数調整能力として負荷変化速度に対応する出力制御能力と負荷変動量に対応する調整容量ならびにガバナ・フリー運転容量の確保を図ることが基本となる．

① 負荷変動の様相と制御能力

負荷変動様相は，1日の負荷変動傾向を示すような長周期成分とランダムな変動を示す短周期成分に分けて考える．

前者は，変動幅が大きく，発電機出力の最低から最大までの間で調整する必要があるが，後者と比較すれば，出力制御速度は小さくてよい．後者は，変動幅が小さく，調整容量は小さくてよいが，出力制御速度は大きなものが要求される．これら周波数調整能力の確保は，従来水力，火力発電所を対象として行ってきたが，今後原子力の電源構成に占める比率が増大することを考慮すると，原子力発電所にも周波数調整能力を持たせることが必要と考えられる．

しかし，いずれの場合も総合負荷状態に適合した各種電源の組合せ計画と，適正な供給予備力の確保が大切である．

② 制御機能と調整容量

(a) 基準出力制御（DPC）

基準出力制御（DPC）は，負荷変動の長周期成分（変動周期15分程度以上のもの）を分担し，主要発電機の運転基準出力を制御する．この制御領域での最大負荷変化速度は，2〔%〕/分（ピーク系統容量比）程度であるので，各種発電機を組み合わせた出力制御能力としては，この値を十分上回る必要がある．

(b) 自動周波数制御（AFC）

自動周波数制御（AFC）は，負荷変動の短周期成分のうち変動周期2〜15分程度のものを分担し，主要発電機の運転基準出力（DPC指令値）を中心に系統周波数の偏差に応じて，発電機出力を制御する．

この制御領域での負荷変化速度は，およそ2〔%〕/分（ピーク系統容量比）程度であるので，出力制御能力はAFC発電機の稼動率や制御系の時間遅れなどを考慮して，個々の発電機としては3〜5〔%〕/分（定格出力比）以上とする．

また，その調整容量は，平常時の周波数調整許容幅を50〔Hz〕系に例をとると，50 ± 0.2〔Hz〕以内に維持するためには，系統容量の4〔%〕程度（出力の増減調整の全幅）を実稼動分として確保する．

(c) ガバナ・フリー制御（GF）

　平常時における変動周期2分程度以下の負荷変動に対する調整と，大電源脱落事故時の周波数異常低下に対する調整のためには，発電機のガバナ・フリー運転の出力増加余力の確保が必要である．その量は，系統構成などから想定される電源脱落量の大小により異なるが，系統容量の10〔％〕程度の電源脱落を考慮した場合，周波数低下限度を火力，原子力発電機の安定運転限界を考慮し，48.5〔Hz〕を下回らないことを条件とすると，系統容量の少なくとも3〔％〕程度（出力増加調整余力）を分散保有する．さらに，想定以上の大きな電源脱落に対しては，不足周波数リレー（UFR）による負荷遮断により対処することが必要である．

(4) 周波数制御用発電所の応答特性

　負荷周波数制御の対象となる発電所は，次のような特性を備えていることが必要である．
① 十分な出力変化幅と出力変化速度を持つこと
② 出力変化範囲で高効率運転が行えること
③ 出力変動による機械系および水利系の影響が少ないこと
④ 送電系統上あるいは水利上の支障が少ないこと
⑤ 調整電力量が十分あるなど常時周波数制御が行えること

(5) 負荷周波数制御方式の採用

　系統が連系している場合，系統の連系状態に応じ，また制御目標に応じて次のような制御方式がある．
① 定周波数制御（FFC）
② 定連系線電力制御（FTC）
③ 周波数偏倚連系線電力制御（TBC）
④ 選択周波数制御（SFC）

テーマ31 電力系統の瞬時電圧低下による需要家機器への影響と対策

　コンピュータの普及，通信技術の発展などによって世の中は高度情報化社会として急速に進歩を遂げている．オフィスや工場あるいは家庭にエレクトロニクス機器が多数導入され，安定した高品質の電力の供給が必要とされている．特に24時間連続稼動の必要なシステムでは瞬時電圧低下（瞬低）による装置停止によって社会的な混乱や多大な被害を招くため，用途に応じた対策装置が不可欠である．

1　瞬時電圧低下の定義と発生メカニズム

(1)　瞬時電圧低下の定義

　瞬時電圧低下とは，電力系統を構成する送電線などに落雷などにより，故障が発生した場合，故障点を保護リレーで検出し，遮断器でそれを電力系統から除去するまでの間，故障点を中心に電圧が低下する現象をいう．

(2)　発生のメカニズム

　電力系統を構成する送電線などに落雷などにより，故障が発生した場合，設備の損傷を最小限にとどめ，また電圧，電力の動揺を最小限に抑え電力系統の安定度を維持するために，高速度で事故を検出し，系統から切離すことが必要である．この故障除去の間，瞬低が発生する．その発生メカニズムを第1図に示す．

第1図　瞬時電圧低下のメカニズム（出典：電気協同研究会）

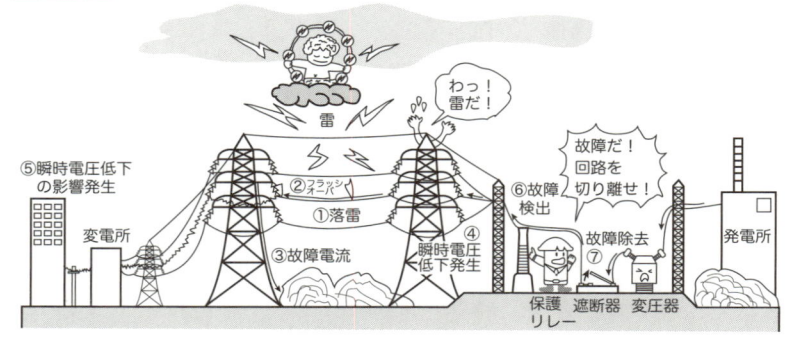

まず，雷が送電線に①落雷する．この雷サージにより電力線と鉄塔の間が②フラッシオーバし，この部分を通して③故障電流が流れる．この多大な電流が流れることにより電圧が低下し，④瞬低が発生し⑤瞬低の影響が発生する．そして保護リレーで⑥故障を検出することにより，遮断器を開き，⑦故障除去をする．この②〜⑦の間，瞬低が継続する．

(3) 瞬時電圧低下と停電

　例えば，第2図で2号線に落雷などによって故障が発生した場合を考える．保護継電器の検出によって故障設備を回線両端の遮断器を開放することで切り離す．故障を検出し，故障区間を切り離すまでの間，健全回線（1号線など）に故障の影響が波及し，「需要家A」，「需要家B」に電圧低下が発生する．これが瞬時電圧低下である．また，「需要家C」は再び遮断器が投入されるまでの間，電力供給が止まる．これが停電である．

第2図　瞬時電圧低下と停電

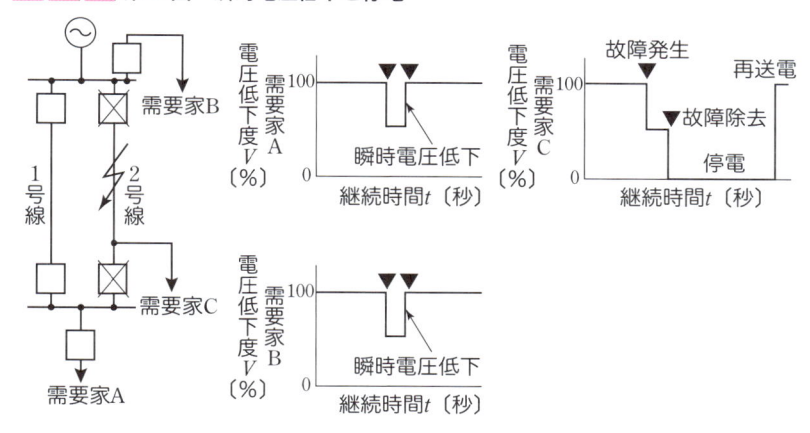

　超高圧など電圧の高い上位系統で故障が発生した場合，その影響（瞬低）は下位系統全体に及ぶ．

　瞬時電圧低下の継続時間は故障点が遮断器によって除去される時間，すなわち

　（保護継電器の検出時間）＋（遮断器動作時間）

　によって決定される．

テーマ31　電力系統の瞬時電圧低下による需要家機器への影響と対策

系統の安定度面の要求から上位系統ほど高速の保護システムが採用されている．

第1表に電圧階級別の継続時間を示す．

特高（66/77〔kV〕）系統での故障による瞬低が過半数を占めるため，瞬低の継続時間は 0.1 秒前後に集中している．

瞬時電圧低下の発生原因は第3図に示すように自然現象によるものが大半を占め，その中でも雷による場合が多い．

近年，電力送配電線網が整備され，わが国の電力供給信頼度は世界でもトップレベルにあり，停電の発生頻度は年 0.3 回以下である．しかし，瞬時電圧低下は原因が雷にあることから将来的にも避けられない現象である．

第1表　瞬低の継続時間

電圧階級	瞬低継続時間〔秒〕	主保護継電器による除去時間〔秒〕
500〔kV〕系	0.07～0.3	0.07
275〔kV〕系	0.07～0.3	0.07
154〔kV〕系	0.1 ～2	0.1
66/77〔kV〕系	0.1 ～2	0.1
6〔kV〕系	0.3 ～2	0.3

第3図　送変電設備の原因別故障比率（昭和 56～61 年度実績）

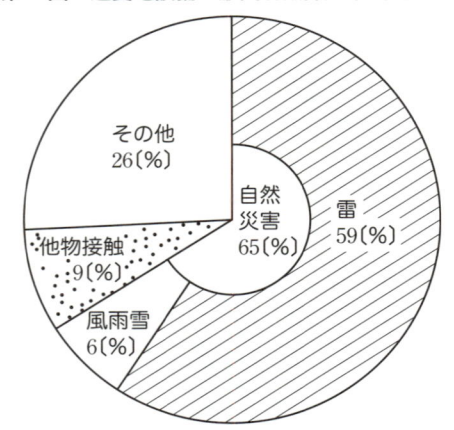

（注）その他：公衆過失，設備劣化・老朽，不明など

2 瞬時電圧低下の実態

瞬低発生の実態調査は全国レベルでは1987年に電気協同研究会の中に設置された「瞬時電圧低下対策専門委員会」の中で行われている．

第4図にその調査結果を示す．

① 20〔％〕以上低下する瞬低発生回数は5回／年程度である
② 発生回数の80〔％〕以上が0.2秒以内に集中している

瞬低の原因の大部分が雷であることから，発生回数には地域差があり，多雷地区では20〜30回／年発生することも珍しくない．また，季節的な差もあり，夏に発生回数が集中する．日本海側では冬季雷の影響で冬にも瞬低が多い．

第4図 平均的な年間の瞬時電圧低下の推定結果（出典：電気協同研究会）

年合計：$T = 12$〔回／年〕
（20〔％〕低下以上は5回／年）
（注）ここでいう〔回／年〕とは，6.6〔kV〕高圧配電線1回線あたり・1年あたりの回数である．なお，実際に機器が影響を受ける回数とは異なる．

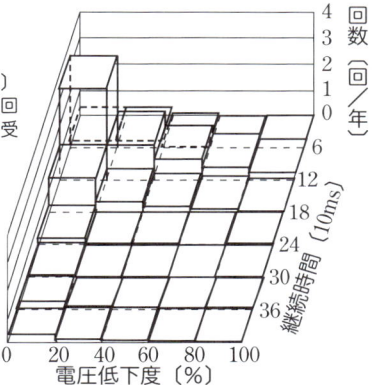

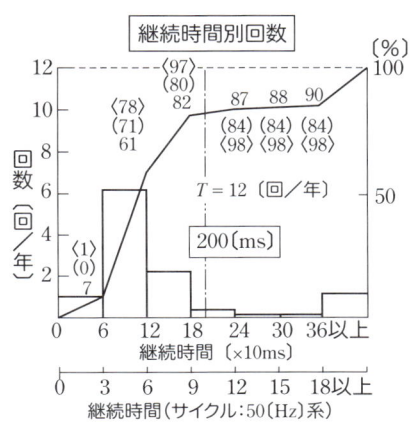

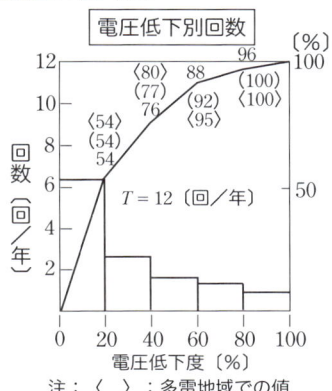

注；〈　〉：多雷地域での値
　　（　）：少雷地域での値

3 瞬時電圧低下の影響

第2表に瞬低に鋭敏な機器をまとめて示す．基本要素となる機種として，コンピュータなど五つの機器があげられる．これらがいくつか組み合わされて第5図に示すように装置，システムあるいは工場の生産ラインなどが構成されており，操業停止などの支障が生じる．

第2表　瞬低に鋭敏な機器

機種	適用箇所の例
コンピュータ （OA機器を含む）	・工場などのプロセス制御ロボット ・事務所などのオフィスコンピュータ，ファクシミリ ・医用電気機器
電磁開閉機器を使用している電動機	・工場の電動機大部分
パワーエレクトロニクス応用可変速電動機	・一般産業の電動機 ・エレベータ ・浄水場，下水処理場のポンプ用電動機
高圧放電ランプ	・店舗，ホールの照明 ・スポーツ施設，道路，トンネルの照明
不足電圧継電器	・工場など受電設備

第5図　瞬時電圧低下の影響を受ける機器　（出典：電気協同研究会）

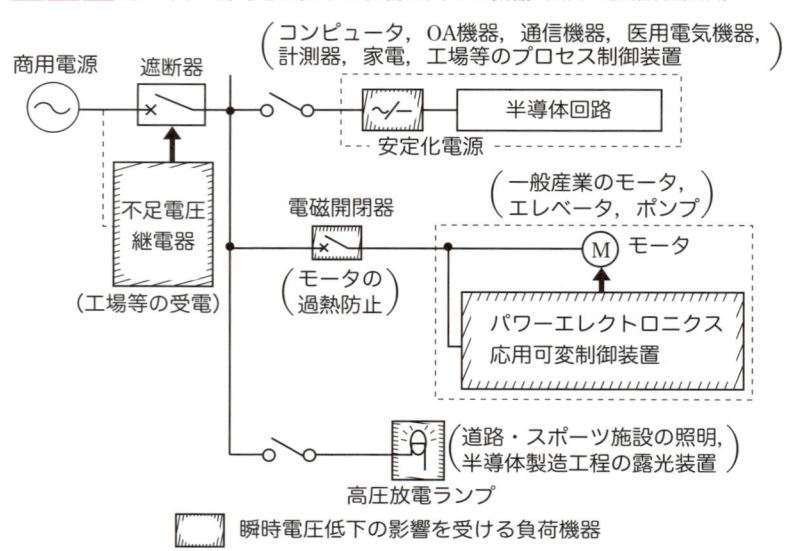

各機器に影響を及ぼす瞬低の規模は第6図に示すとおりである．

身近な例としてパソコンで考えてみる．AC 100〔V〕電源入力部分にはスイッチングレギュレータと呼ばれる直流安定化電源があり，AC 100〔V〕を整流し，パソコン内部の基板上のICチップなどに必要な直流 +5，+12〔V〕などの電圧に変換して供給している．通常，入力電圧に±20〔％〕程度の変動があったとしても安定した直流電圧を供給できるが，瞬低によって許容範囲を超えた場合にはICに必要な電圧を供給できなくなり，プログラム不動作などによってパソコン自身が停止する．

第6図　負荷機器の瞬時電圧低下の影響例

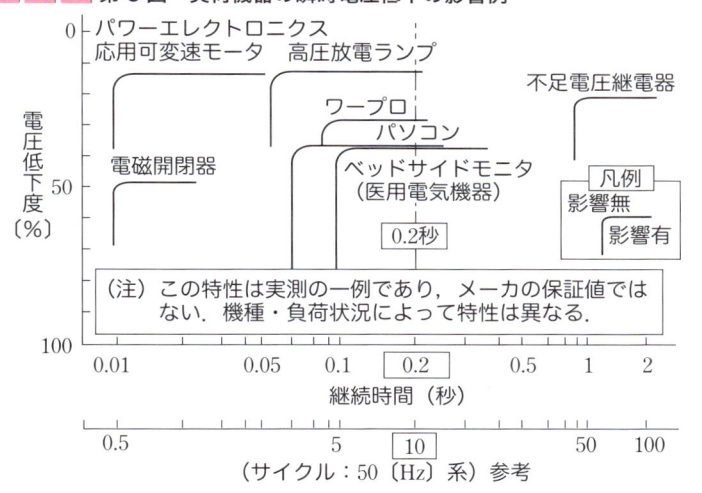

4　瞬時電圧低下に対する対策

瞬低に対する対応策は

① 電力系統側での対策
② 需要家側での対策

の二つに分類することができる．

(1) 電力系統側での対策

電力系統側での対策は架空地線の設置，避雷器の設置などである程度の効果が上がっているが，瞬低を完全になくすことは困難である．送電線の地中化など根本的な対策も考えられるが，経済性，電力供給の平等

性の観点から実現は困難である．

このため瞬低対策は影響度合いに応じて，被害額と対策のための投資額を検討し，需要家側で行うことが合理的である．

(2) 負荷機器側での対策

負荷機器側での対策には，無停電電源装置（UPS），コンデンサバックアップなどの正常に運転を継続させるものや，瞬低しても問題が生じないよう安全停止させる対策，データへのマーキングなどがあげられる（第3表参照）．

第3表 瞬時電圧低下対策の考え方

	対策の考え方		対策例
ⓐ 正常運転継続	瞬時電圧低下が発生しても，当該機器（部品を含む）・システムの本来の機能を損なうことなく，運転を継続する．	(注1)	・(UPS あるいは瞬時電圧低下の専門対策装置 *) ＋（対策なしの機器） ・直流安定化電源のコンデンサバックアップ ・遅延釈放形電磁開閉器など
ⓑ 自動停止・再起動	瞬時電圧低下が発生したら，安全かつ正常に機器・システムを自動停止する．あるいは，停止しても自動再起動する．		・瞬時再点灯形放電ランプ ・可変速モータの安全停止，自動再起動 ・家電製品の安全停止など
ⓒ ソフト的対策	(1)瞬時電圧低下の影響が発生したら，実用上の被害が生じないように使用者に告知する．		・データへのマーキングなど （機器は運転継続しているが，瞬時電圧低下継続中の異常データを使用者に告知する）
	(2)瞬時電圧低下が発生しても，多大な被害が生じないように事前に機器・システムを停止等する．		・雷情報の活用による操業形態の変更など （機器の予防停止）

注1：機器・システムの運転状態として，①正常運転状態，②異常運転状態，③停止状態とする．
　2：＊「瞬時電圧低下専門対策装置」とは，コンデンサバックアップなどにより瞬低専門に作られた装置．

① 瞬低耐量の強化，瞬低の補償

　遅延釈放形電磁開閉器の採用や，不足電圧継電器の時限特性をのばすなど，負荷機器自身の耐量を強化する方法と，専用の対策装置を設置する方法がある．

② 自動停止，再始動させる

　可変速電動機の安全停止，自動再始動にみられるように，瞬低発生時の電動機の減速，停止はやむを得ないものとし，その後正常に装置を再始動させれば，問題ない場合にとられる方法である．

③ ソフト的な対応

　雷情報などによって事前に装置を停止させ，被害を防ぐ方法である．

5　瞬時電圧低下対策装置（UPS）の設置

　需要家側での対策にはより確実で経済的な選択肢として，瞬時電圧低下対策装置が設置される場合が多い．

　瞬時電圧低下対策装置としてもっとも代表的なものは無停電電源装置（UPS）である．

(1) UPS の種類

　UPS の原理上の分類とその機能を第 4 表に示す．蓄電池と CVCF で構成される UPS は商用電源と負荷機器の間の電力交換を直流を介して行うため，電気の品質に万能的な装置を構成することが可能である．また，直列補償形の装置は，補償性能を瞬低に限定した専用装置であり，瞬時電圧低下以外の電圧品質の改善を期待できない．

(2) UPS システムの各方式の特徴

　第 5 表に UPS システムの分類を示す．

① 蓄電池充電方式

　No.1 の方式は整流器はサイリスタで構成され，常時蓄電池を浮動充電しながらインバータ電力を供給しているため，構成は単純であるが電源力率は低い．

　No.2 は直流スイッチ方式と呼ばれ，専用充電器が必要であるが整流器にはダイオードを使用できるため，力率・効率の点で優れており，主として大容量器に適用される．

テーマ３１　電力系統の瞬時電圧低下による需要家機器への影響と対策

第４表　瞬時電圧低下対策装置の分類とその機能

方式			(概念図)	停電	電圧の品質				
					系統の定常的電圧変動	電圧降下フリッカ	瞬低	高調波	不平衡
UPS	常時商用方式（SPS）	並列形	(商用電源―SW―インバータ―負荷、常時／非常時)	○1)	×	×	○2)	×	×3)
		トライポート方式（並列形）	(商用電源―SW―インバータ―AVR―負荷)	○4)	○	○	○5)	×	×6)
		直列形	(商用電源―SW―インバータ―負荷、常時／非常時)	×	×	×	○7)	×	×8)
	常時インバータ方式		(商用電源―CVCF―負荷、常時および非常時)	○9)	○	○	○	○	○

注１；SPS：Stand-by Power System，UPS：Uninterruptible Power System，
　　CVCF：Constant Voltage Constant Frequency
注２；○効果あり　×効果なし
〔備考〕1) 蓄電池付き，2) 半導体スイッチ付き，3) 補償動作中は改善，4) 蓄電池付き，5) 半導体スイッチ付き，6) 補償動作中は改善，7) 蓄電池の代わりにコンデンサを使用したものがある，8) 補償動作中は改善，9) 蓄電池付き

第5表 UPSシステムの分類

No.	分類	方式	システム構成
1	蓄電池充電方式	フロート充電方式	(整流器／充電器・インバータ構成図)
2	蓄電池充電方式	直流スイッチ方式	(整流器・インバータ・充電器・直流スイッチ構成図)
3	単機・並列冗長運転方式	単機運転方式	(UPS構成図)
4	単機・並列冗長運転方式	並列冗長運転方式	(No.1 UPS／No.n UPS 構成図)
5	バイパス切換方式	バイパス瞬断切換方式	(バイパス／単機または並列UPS 構成図)
6	バイパス切換方式	バイパス無瞬断切換方式	(バイパス／単機または並列UPS 構成図)
7	常時インバータ・商用給電方式	常時インバータ給電方式	(バイパス／常時インバータ 構成図)
8	常時インバータ・商用給電方式	常時商用給電方式	(商用バイパス／常時商用／常時インバータ 構成図)

② 単機・並列冗長運転方式

　No.4 は複数の UPS を並列冗長運転する方式で，特に高い信頼度を必要とする大容量システムに適用されている．この方式では，1 台の UPS がダウンすると，故障器はスイッチによって切り離され，残りの UPS で運転が継続される．

③ バイパス切換方式

　インバータを常時商用電源と同期運転とし，起動時あるいは過負荷時に負荷を商用に切り換え，定常状態に落ち着いたところでインバータに戻す運転方式である．本方式は経済的に信頼度を高められるため，最近ではほとんどの UPS がバイパス回路を備えている．

　バイパススイッチに機械スイッチを用いた瞬断切換方式と，半導体スイッチを用いた無瞬断切換方式がある．

④ 常時インバータ・商用給電方式

　UPS は常時インバータ方式（オンライン UPS）が主流であるが，常時の運転効率を高めるため，常時はバイパス回路により商用給電をする方式（SPS）があり，小型汎用器を中心にしだいに普及している．

6　瞬時電圧低下専用対策装置

　UPS は短時間の停電に対しても対応が可能な機器である．しかし，近年停電が発生することはまれであり，障害の大部分が瞬低によるものであるという状況を踏まえ，バッテリの代替にコンデンサを用いて省エネ，省メンテナンスをねらった瞬低専用の対策装置がある．第 7 図にその一例を示す．常時は商用電源から直接，負荷に給電すると共に整流器を通してコンデンサにエネルギーを蓄えておく．瞬低時にはインバータを運転し，インバータから電圧の不足分に相当する電圧を発生し，直列に加算して不足電圧を補償する．

　また，ほかにも「常時商用給電方式」の UPS と同様に瞬低時にインバータに切り換えて補償するタイプもある．補償時間は 0.35 秒程度であるが，瞬低の継続時間は 0.1 秒前後のものがほとんどであるため，ほぼ 100〔％〕の瞬低に対して補償が可能である．

第7図　瞬低専用対策装置の原理図と動作例

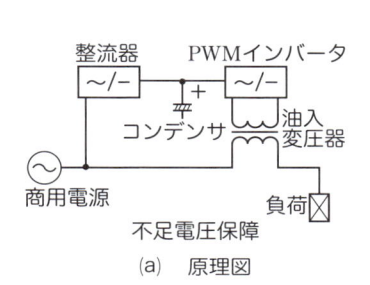

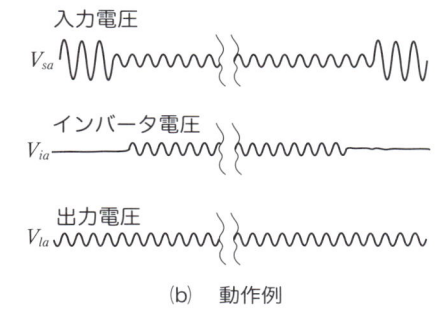

(a) 原理図

(b) 動作例

テーマ 32 電力系統における避雷装置の概要と特徴

　電力系統には，避雷装置が種々あるが，ここでは主に発変電所の機器を雷害から保護するための避雷器を中心に述べることとする．

1　避雷器の施設箇所

(1) 避雷器を設置しなければならない箇所

　電気設備技術基準の解釈第37条では，架空送電線や電力設備を雷害から保護するため，次のような重要な箇所に避雷器を施設することを義務づけている．

① 発電所または変電所もしくはこれに準ずる場所の架空電線引込口および引出口
② 架空電線路に接続する配電用変圧器の高圧側および特別高圧側
③ 高圧架空電線路から供給を受ける受電電力の容量が500〔kW〕以上の需要場所の引込口
④ 特別高圧架空電線路から供給を受ける需要場所の引込口

　架空送電線に落雷した場合には，非常に高い電圧の衝撃波が線路を伝搬し送電線路の施設や変圧器の絶縁を破壊し，電力の供給を不可能にしてしまう場合がある．この直撃雷に対し電路や機器の絶縁を十分に耐えるようにすることは実際上困難である．

　そこで，電路や機器を雷害から守るための保護装置の一つとして避雷器が使用されている．避雷器は雷のような異常電圧が襲来した場合，電路や機器の端子電圧を一定制限電圧以上に上昇させないように雷電流を大地に放電させ，放電後すぐにもとの状態に復帰させる機能を果たすものである．

　避雷器を施設しなければならない箇所を第1図に示す．

　避雷器は，インピーダンスの急激に変化する点に設置することがもっとも効果的である．特に，架空電線の引込口においては架空電線と変圧器のサージインピーダンスは非常に異なる．このような接続点に衝撃波

が進行してくると反射が生じ入射波と反射波の重畳により接続点の電位は入射波より高くなるので，この点に避雷器を設置すれば，異常電圧を効果的に放電させ機器の端子電圧を制限電圧以下に抑制して保護することができる．

　雷による異常電圧は架空電線路を通って進行するので避雷器の設置場所は発電所，変電所，需要場所の引込口，引出口ということになる．避雷器の設置義務のあるのは需要設備では高圧で500〔kW〕以上の場所であるが，実際には500〔kW〕以下の設備でも安全を確保するため施設される場合が多い．特別高圧の場合には，負荷容量にかかわらずすべて避雷器を設置することと規定されている．

第1図　避雷器を設置しなければならない箇所

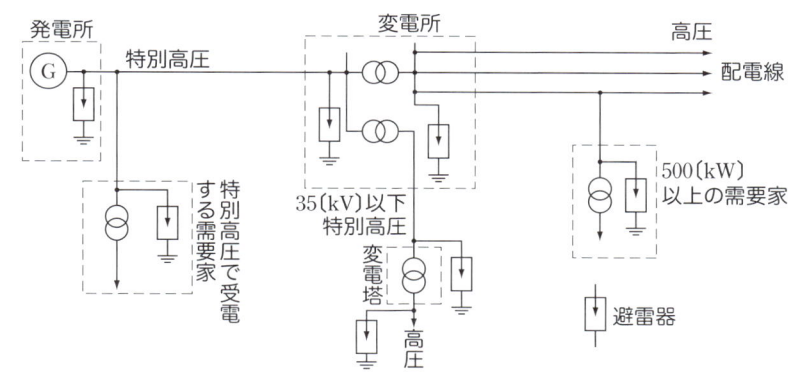

(2) 避雷器の施設を省略できる場合

　架空送電線路や架空配電線路の引込口および引出口には原則的に避雷器を設置することが義務づけられているが，次のような場合には設置してもあまり効果がないか，または設置することが無意味であるため省略することが認められている．

① 送電線路や配電線路が短い場合
② 使用電圧が60〔kV〕を超える特別高圧電路において同一母線から出る回線数が7以下である場合に常時5回線以上が接続されている場合，また回線数が8以上である場合に常時4回線以上が接続されている場合．ただし，同一支持物に2回線以上架空電線が設置されても，これを1回線とみなす．

2　避雷器の変遷

避雷器の役目は，雷などに起因する異常電圧を制限して電力設備の絶縁を保護すると共に，放電電流に続いて流れる商用周波の電流（続流）を効果的に遮断することである．

避雷器の変遷を第2図に示す．初期の火花ギャップからスタートし，その後続流を自動的に遮断するため，抵抗を挿入したギャップ抵抗形避雷器，ついで弁抵抗形避雷器を経て，続流遮断性能の向上を図った磁気吹消し形避雷器や限流形避雷器と改善されてきた．その後，昭和40年代後半に，直列ギャップを必要としない酸化亜鉛（ZnO）形避雷器が作られるようになり，現在では避雷器の主流となっている．

第2図　避雷器の変遷

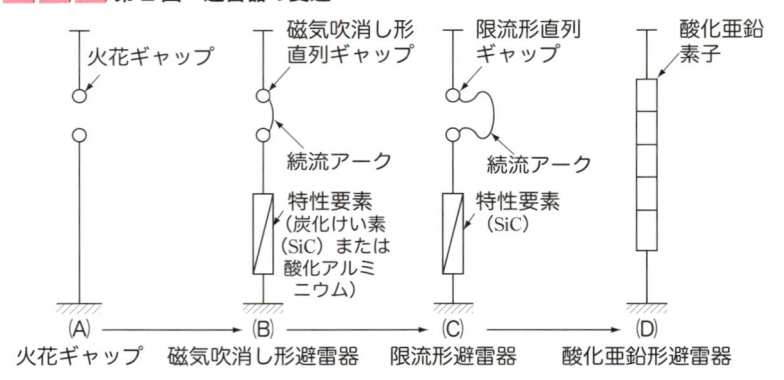

(A) 火花ギャップ　(B) 磁気吹消し形避雷器　(C) 限流形避雷器　(D) 酸化亜鉛形避雷器

従来形避雷器の特性要素である炭化けい素（SiC）素子は，運転電圧でも常時数〔A〕の電流が流れるため，直列ギャップで電路から切り離しておく必要があった．それに比べ，酸化亜鉛形避雷器の特性要素であるZnO素子は，第3図のように非直線抵抗特性が優れており，平常の運転電圧ではμAオーダの電流しか流れ

第3図　$v-i$ 特性の概念図

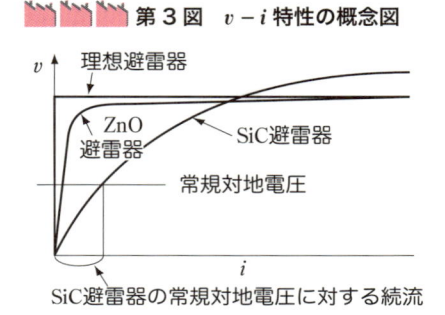

ず，実質的に絶縁物となるので，直列ギャップが不要となる．

3 酸化亜鉛（ZnO）素子とは

ZnO素子とは酸化亜鉛（ZnO）を主成分とし，これに微量の酸化ビスマス，酸化コバルト，酸化クロムなどの金属酸化物を加え，混合→造粒→成形→焼成して得られるセラミックである．

素子部分の微細構造は第4図のように，粒子径10〔μm〕の低抵抗のZnO粒子の周囲を添加物を主体とする1〔μm〕程度の高抵抗酸化物層（粒界層）が取り囲み，この粒界層を介してZnO粒子が立体的に接続された構成となっている．ZnO素子の優れた非直線性はこのZnO粒子を取り囲んでいる抵抗界面によるものである．

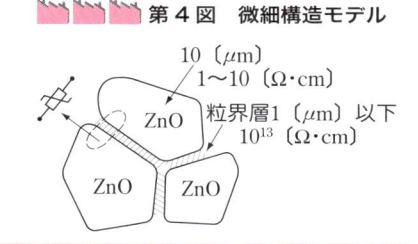

第4図 微細構造モデル

10〔μm〕
1～10〔Ω・cm〕
粒界層1〔μm〕以下
10^{13}〔Ω・cm〕

4 酸化亜鉛形避雷器の優れた特徴

酸化亜鉛形避雷器の特徴は次のとおりである．

(1) 保護特性が優れている

直列ギャップがないので，放電の遅れ，放電開始電圧の変動・ばらつきなどギャップの放電特性に起因する問題がなく，被保護機器が放電過渡現象を受けない．また，小電流から大電流サージ領域まで優れた非直線抵抗特性を持ち，第5図のような安定した制限電圧特性を示す．

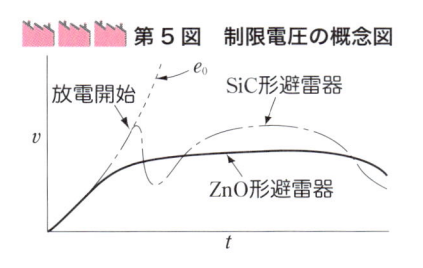

第5図 制限電圧の概念図

e_0
放電開始
SiC形避雷器
v
ZnO形避雷器
t

(2) 耐汚損特性が優れている

従来のがいし形直列ギャップ付き避雷器は，がい管表面が汚損および洗浄された場合，がい管表面の不均一電界分布の影響を受けて，直列ギャップ部分の放電電圧が低下する技術的課題があった．それに比べ，酸化亜鉛形避雷器は直列ギャップがないため，汚損時などの不均一電位

分布に対しても，内部電位分布を乱すおそれがないので，耐汚損特性に優れ，活線洗浄も可能である．

(3) **無続流のため動作責務能力が優れている**

　第6図に示すように，続流がほとんど流れないため，多重雷などに対する動作責務に余裕があるので，温度上昇が小さく，長寿命である．さらに，エネルギー処理の面から，過酷な責務である開閉サージ動作責務能力を大幅に高めることができる．

　なお，動作責務とは所定周波数，所定電圧の電源に結ばれた避雷器が雷または開閉サージにより放電し，所定の放電電流を流した後続流を遮断して，原状に復帰する一連の動作を数回繰り返す能力のことをいう．

第6図　動作オシログラム

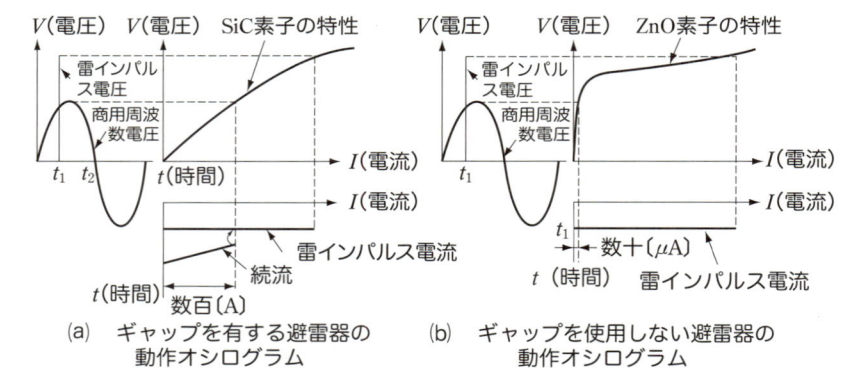

(a)　ギャップを有する避雷器の動作オシログラム

(b)　ギャップを使用しない避雷器の動作オシログラム

(4) **小形・軽量で構造が簡単である**

　酸化亜鉛形避雷器は直列ギャップを省略できるため，従来形に比べ構造が簡素化でき，容積，重量が1/5，1/10程度となる．また，これに伴って，耐震特性が向上すると共に，据付け面積の縮小化が可能である．

　構造はZnO素子の収納面から，第7図のようにがいし形とタンク形に区分できる．がいし形は一般変電所用であり，タンク形はSF$_6$ガス絶縁縮小形開閉装置（GIS）用である．

5　酸化亜鉛素子の劣化と劣化診断

　酸化亜鉛形避雷器は，系統に侵入する雷や開閉サージなどの動作ストレ

第7図　構造概念図

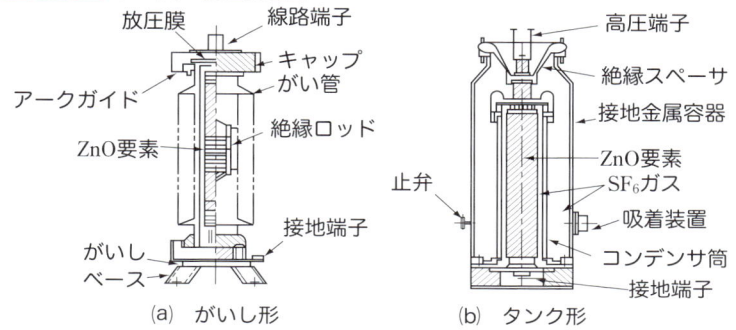

(a) がいし形

(b) タンク形

スによって徐々に劣化すると考えられている．万一，避雷器が劣化すると運転電圧での漏れ電流が増大し，それに伴う発熱によって特性要素（ZnO素子）の熱破壊を招くおそれがある．この漏れ電流を活線状態で検出する測定器を使用して，酸化亜鉛形避雷器の劣化診断を行っている．

酸化亜鉛形避雷器の電気的等価回路と電圧・電流波形を第8図に示す．ZnO素子の比誘電率は1 000程度でセラミックコンデンサなみの静電容量を持っているので，健全な避雷器の運転状態における漏れ電流 I_a は，電圧位相より $\pi/2$ 進んだ容量分漏れ電流 I_C が主成分で，電圧と同位相の抵抗分漏れ電流 I_R は微小でマスクされている．初期の抵抗分漏れ電流 I_R は，電圧階級や設計条件などによって異なるが，通常，数百〔μA〕以下である．

ただし，素子が劣化した場合には，抵抗分漏れ電流 I_R が増加する性質を持っているので，避雷器の劣化を正確に把握するためには抵抗分漏れ電流を全漏れ電流から分離して検出することが効果的である．

第8図　ZnO避雷器の電気的等価回路と電圧・電流波形

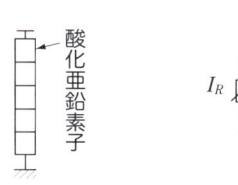

(a) 酸化亜鉛形避雷器

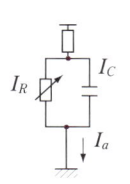

(b) 酸化亜鉛形避雷器等価回路

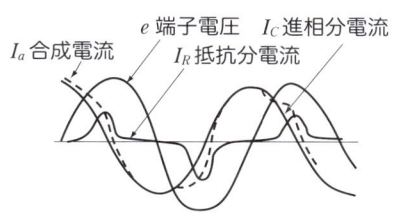

(c) 各成分電流

テーマ 33 電圧フリッカの発生原因とその防止対策

アーク炉等容量の比較的大きくかつ負荷変動の大きい負荷が接続されている電力系統において，そのアーク電流等によって，系統電圧が時間的に規則的または不規則に変動し，一般の需要家の電灯やテレビ受像機にちらつき感（「フリッカ」という）を生じることがある．

この現象は，同一電力系統のほかの不特定多数の需要家に支障を及ぼすので，アーク炉等の負荷に供給する場合，系統の実態と負荷の特性に適応したフリッカ対策が必要である．

1 電圧フリッカとその許容値

(1) 電圧フリッカ

電圧変動のうち，第1図のような一定周期あるいは不定周期の比較的早い電圧変動を電圧フリッカといい，白熱灯などの照明設備やテレビ画像に対して明るさのちらつきを生じ，人の眼に不快感を与える原因となる．

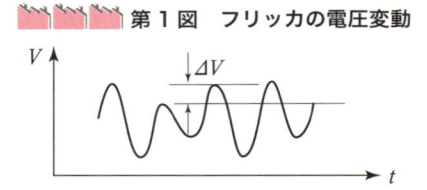

第1図 フリッカの電圧変動

人の眼に与えるちらつきは，電圧変動の割合 ΔV と変動周波数 f によって異なり，ちらつきの周波数が 10〔Hz〕のときもっとも敏感とされている．

電圧フリッカの発生源としては，製鋼用アーク炉が代表的であるが，このほかに圧延機やコンプレッサなどの電動機関連設備，抵抗溶接機などがあげられる．

(2) アーク炉

アーク炉は第2図に示すように，3本の電極とスクラップの間に三相交流の大電流アークを発生させ，アーク熱でスクラップを溶解させる構造となっている．

電極－スクラップ間の大電流アークは，スクラップの溶解と共に常に発

第 2 図 アーク炉の構造

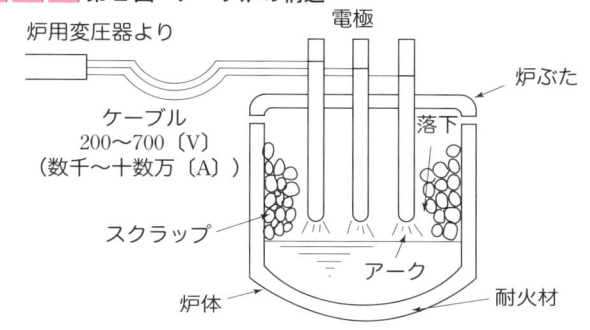

炉用変圧器より　電極　炉ぶた
ケーブル 200～700〔V〕（数千～十数万〔A〕）
落下　スクラップ　アーク　炉体　耐火材

弧点を移動し，アーク長が変動すると共に，スクラップの溶け落ちのためアークが突発的に短絡されるなど，急激かつ不規則に変動を繰り返す．

このアーク電流の変動に伴い電源側のインピーダンスに比例した周期的な電圧変動が繰り返され，電圧フリッカが発生する．製鋼用アーク炉によるフリッカには次の 2 種類がある．

① スクラップの溶け落ちにより 1 回／秒以下の頻度で発生するフリッカ（extremely frequent flicker）
② アークの発弧点の移動によるアーク長の変動で生ずる 1 回／秒以上の頻度で発生するフリッカ（cyclic flicker）

(3) **フリッカの表示と許容値**

電圧フリッカの大きさは，不規則な波形の電圧変化を同一のちらつき感を与える正弦波 10〔Hz〕の電圧変動幅 ΔV_{10} に換算して表す．この等価フリッカ ΔV_{10} は，10〔Hz〕のちらつきを基準にとり，ほかの周波数の正弦波のちらつきを比較した第 3 図のちらつき視感度曲線を使用し，次式で示される．

第 3 図 ちらつき視感度曲線

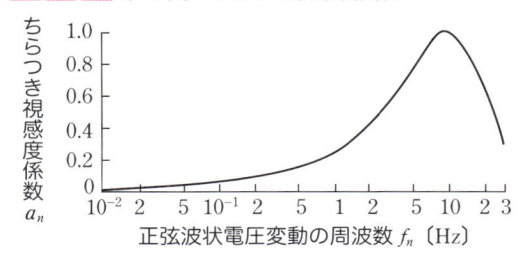

ちらつき視感度係数 a_n
正弦波状電圧変動の周波数 f_n〔Hz〕

$$\Delta V_{10} = \sqrt{\sum_{n=1}^{\infty}(a_n \cdot \Delta V_n)^2} \; \text{(V)}$$

ただし，ΔV_n：電圧動揺を周波数分析した結果得られる変動周波数 f_n の電圧変動成分の振れ（実効値）で，測定時間は1分単位

a_n：変動周波数 f_n に対応するちらつき視感度係数

フリッカの許容値は，ΔV_{10} とちらつきがあると感じる割合，すなわち認識率との関係は第4図のフリッカ認識率曲線から，最大値で 0.45 〜 0.58〔V〕以下，平均値で 0.32 〜 0.41〔V〕以下に抑制することが望ましいとされている．

第4図　フリッカ認識率曲線

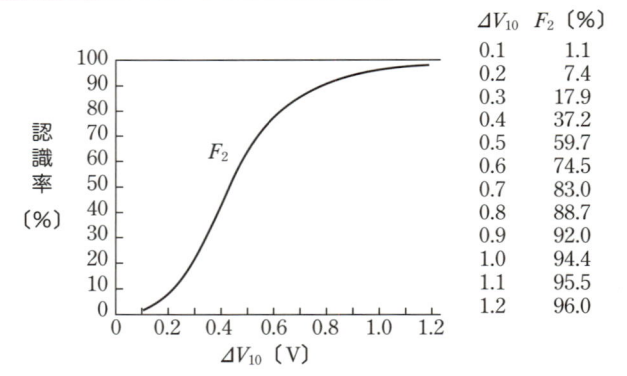

ΔV_{10}	F_2〔%〕
0.1	1.1
0.2	7.4
0.3	17.9
0.4	37.2
0.5	59.7
0.6	74.5
0.7	83.0
0.8	88.7
0.9	92.0
1.0	94.4
1.1	95.5
1.2	96.0

また，第1表に次のA，B二つのグループに考え方を分けたフリッカの許容値〔V〕を示す．

Aグループ：統一条件によるちらつき評価試験によって求めた認識率曲線（第4図 F_2）から苦情が出ないと考えられる点をとる．

Bグループ：過去の実績および現地試験によって得られた認識率曲線から，苦情が出ないと考えられる点をとる．

第1表　フリッカ許容値〔V〕

グループ	Aグループ	Bグループ
表示尺度	ΔV_{10}	ΔV_{10}
最大値	0.45	0.58
平均値	0.32	0.41

2　フリッカ防止対策は電源側と発生側

(1) 電源側の防止対策

供給系統の電圧変動は主として負荷の無効電力変動にもとづくものであり，電源側のリアクタンスを X_S とし，炉の無効電力の変動分を ΔQ とすれば，供給変電所の母線電圧変動分 ΔV は，次式で表すことができる．

$$\Delta V \fallingdotseq X_S \cdot \Delta Q$$

上式の ΔV を決められた許容値以下にすることがフリッカの防止対策の目的である．

X_S を減らすには，X_S の逆数が電源系統の三相短絡容量に比例することから，電源を強化すればよい．具体的には，次のような対策を施す．

(a) 電源系統の変更

アーク炉負荷とほかの一般負荷とを分離して別々に電力を供給する専用供給と，電圧階級の高い系統から供給する電圧格上げの 2 通りがある．

(b) 線路インピーダンスの減少

配電用変圧器の容量を大きく選定し，負荷側からみた電源のインピーダンスを小さくする．

(c) 直列コンデンサの設置

第 5 図のように，フリッカの問題となる点から電源側に直列コンデンサ X_C を挿入して系統のリアクタンス X を減少させ，見掛け上の短絡容量を増大させる方法である．

第 5 図　直列コンデンサの適用

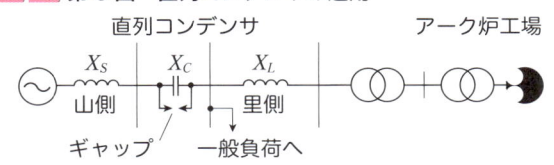

この場合，直列コンデンサの補償度〔$(X_C/X) \times 100$〔％〕〕を 70〜80〔％〕程度に選定するともっともフリッカ防止効果が大きくなり，無対策時の電圧変動をおよそ半分にできる．

(d) 3巻線補償変圧器による方法

第6図(a)のような3巻線変圧器の基準容量ベースに換算した一次～二次，二次～三次，三次～一次間の巻線の漏れリアクタンスX_{12}，X_{23}，X_{31}とし，(b)図の結線とすると，(c)の等価回路となる．

したがって，三次巻線より一般負荷へ，二次巻線より変動負荷へ専用供給するような系統において，3巻線変圧器の漏れリアクタンスを適当に選定することにより，一次巻線のリアクタンスを零または負の値にすることができ60〔％〕以上の改善度が得られる．

第6図 3巻線変圧器等価回路

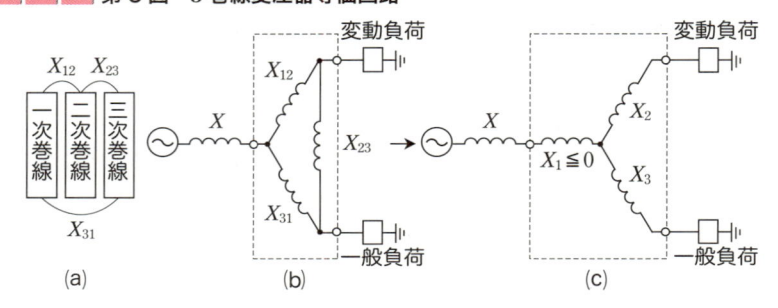

(e) ブースタによる方法

第7図に示すように，アーク炉工場への母線と一般負荷への母線との間にブースタを挿入し，アーク炉による電圧変動分を極性反転して一般負荷母線に追加することにより，一般負荷母線への電圧変動の影響を打ち消す方法で，改善度は80〔％〕程度となる．

第7図 ブースタ回路図

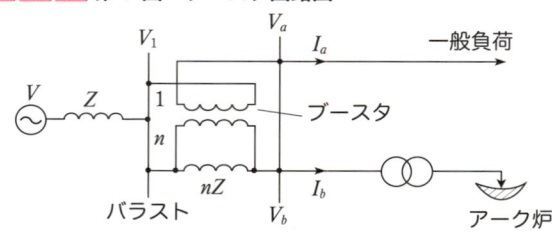

V：電源内部電圧
V_a：一般負荷側電圧（相）
V_b：アーク炉側電圧（相）
I_a：一般負荷電流
I_b：アーク炉負荷電流
n：ブースタ巻線比
Z：電源内部リアクタンス
V_1：母線電圧（相）

(f) 相互補償リアクトルによる方法

　第8図に示すように，2巻線リアクトルの相互誘導作用を利用して電源側インピーダンスを調整し，アーク炉による変動電流の影響が一般負荷に及ばないようにした方法で，改善度は 65〔%〕程度である．

第8図　相互補償リアクトル図

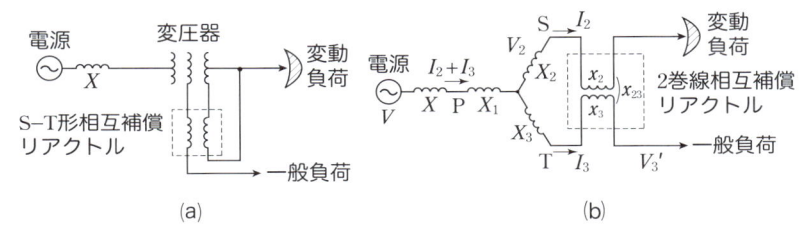

(a)

(b)

V：電源電圧
V_2：変動負荷側電圧（リアクトルの電源側）
V_3'：一般負荷側電圧（リアクトルの負荷側）
X：電源側リアクタンス
X_1：3巻線変圧器一次側リアクタンス
X_2：3巻線変圧器二次側リアクタンス（変動負荷側）
X_3：3巻線変圧器三次側リアクタンス（一般負荷側）
I_2：変動負荷電流
I_3：一般負荷電流
x_{23}：相互リアクタンス

(2) フリッカ発生側での防止対策

① 炉用変圧器の一次側に直列リアクトルや直列飽和リアクトルを挿入して電流変動を抑制する．

② 同期調相機と緩衝リアクトルの併用，あるいは，サイリスタを使って高速にコンデンサを開閉することにより，炉に発生する無効電力変動分を吸収する方法などがある．

　これらの諸対策に加え，負荷側では炉の無効電力変動部分 $\varDelta Q$ を吸収して見掛けの流入電力，無効電力の変動を少なくするため次のような対策がとられる．

(a) 炉用直列リアクトルによる方法

　アーク炉電流変動を抑制するため，直列リアクトルを挿入する．比較的容易に実行できるが，炉の操業能率低下を招く欠点がある．この場合の改善度は 60〔%〕程度である．

(b) 直列可飽和リアクトルによる方法

　(a)の欠点を除去するため，同一鉄心に交流巻線と直流巻線を巻き，直流側の小電流によって交流側のインピーダンスを大幅に変化させる非直線性リアクタンス特性を利用して変動電流の増大を抑制する方法である．

(c) 同期調相機と緩衝リアクトルによる方法

　電源–負荷間に直列リアクトルを挿入し，負荷と並列に同期調相機を接続する方法で，負荷の無効電力変動分を同期調相機が速やかに吸収する．

(d) サイリスタ利用コンデンサ開閉による方法

　第9図に示すように，並列コンデンサ群に直列にサイリスタ装置を接続し，サイリスタの高速スイッチング特性を利用して，アーク炉負荷変動量に応じた適正量のコンデンサを負荷に投入し，電源側の無効電力変動を減少させる．この場合の改善度は40〔％〕程度である．

第9図　サイリスタ利用コンデンサ開閉

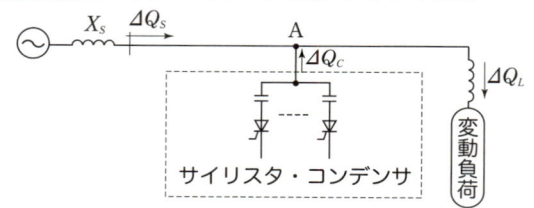

(e) サイリスタ利用リアクトル制御による方法

　第10図に示すように，同容量の進相用コンデンサと並列リアクトルを設置し，サイリスタ装置によって，並列リアクトルの容量を負荷変動に応じて高速，連続的に調節し，負荷の無効電力変動を補償する．改善度は70〔％〕程度である．

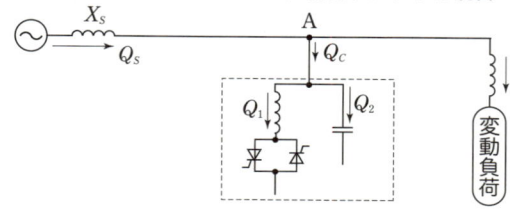

第10図　サイリスタ利用リアクトル制御

3 フリッカの規制地点の考え方

フリッカ規制地点は，フリッカ発生需要家の供給地点としている．ただし，専用供給設備で供給する場合は，その引出口とする．

なお，第11図で，A，B，C各需要家の規制地点における合成されたフリッカがおのおの許容目標値以内でなければならない．

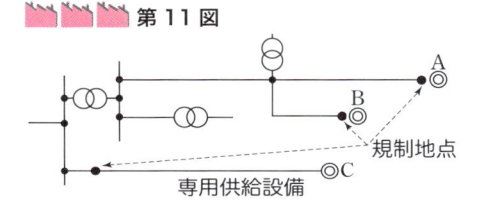

第11図

4 フリッカの予測法

アーク炉におけるフリッカ予測法は，一般に最大炉負荷変動量による予測法としている．

アーク炉の最大無効電力変動量 ΔQ_{max}（3相換算）のデータまたは，炉のインピーダンスが与えられる場合には，それらの値から当該需要家の需給地点の電圧変動の最大値 ΔV_{max} を計算により求めることができる．

(1) 基本予測式

$$\Delta V_{max} \fallingdotseq X_S \cdot \frac{\Delta Q_{max}}{10} \ (\%)$$

ΔQ_{max} ＝電極短絡時無効入力 − 平常運転時無効入力

$$\fallingdotseq \frac{100}{X_0}(\sin^2 \theta_S - \sin^2 \theta_R) \times 10 \ (\text{Mvar})$$

ここで，X_S：規制地点よりみた電源側リアクタンス（10〔MV·A〕ベース％）[注1]，X_0：炉の電極からみた電源側インピーダンス（10〔MV·A〕ベース％）[注2]，θ_S，θ_R：電極短絡時および平常運転時の回路インピーダンス角[注3]

注1：電源側リアクタンス X_S

電源側リアクタンスは，アーク炉設置時における規制地点の最小短絡電流から求めるものとする．その求め方は次による．

(1) 500〔kV〕または275〔kV〕変電所一次母線における短絡電流（二次側からの流入分を除く）は，最大短絡電流の80〔％〕とする．

(2) 規制地点の最小短絡電流は，原則として前記母線の短絡電流をベースにして，さらに1バンク停止または送電線1回線停止など実情に応じた系統構成を考慮し算出する．

注2：炉の電極からみた電源側インピーダンス X_0

$X_0 = X_S + X_T + Z_F$

ここに，X_T：炉用変圧器リアクタンス（10〔MV・A〕ベース％），
Z_F：炉インピーダンス（10〔MV・A〕ベース％）

炉インピーダンスは，設計値によるがタップ位置により異なるので取扱いに注意を要する．なお，炉インピーダンスが不明の場合は，第2表の値を参考とする．

第2表

炉変容量	$X_T + Z_F$（炉変ベース％）
25〔MV・A〕超過	45
16〜25〔MV・A〕	35
6〜15〔MV・A〕	25
5〔MV・A〕以下	15

注3：インピーダンス角（第12図参照）

アーク炉の最大無効電力変動は，厳密にはアークの解放時と電極短絡時との無効電力差であるが，電力会社の運用実績から次の値を採用する．

$\cos \theta_R = 0.85$（$\sin \theta_R = 0.527$）

$\cos \theta_S = 0$（$\sin \theta_S = 1.0$）

$\Delta V_{10} = k \cdot \Delta V_{max}$

ここで，$k = \dfrac{1}{3.6}$

係数 k は，一定期間内の電圧変動の最大値，標準偏差 σ および ΔV_{10max} の間には，次のような関係があるとされており，これより係数 k を求める．

$\Delta V_{max} = 6 \sigma$

（電気学会技術報告第69号，S40.5）

$\sigma = 0.6 \Delta V_{10max}$

（電気協同研究会第20巻8号，S39.11）

第 12 図 θ_R と θ_S の関係

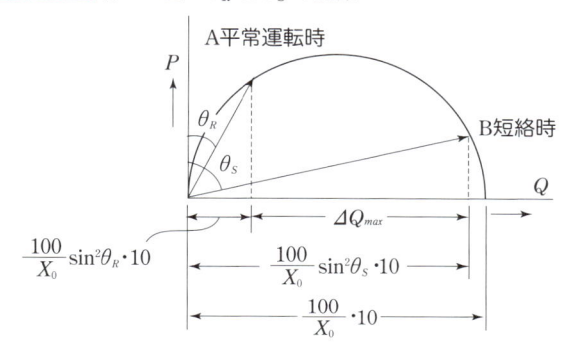

A 平常運転時
B 短絡時

$\dfrac{100}{X_0}\sin^2\theta_R \cdot 10$
$\dfrac{100}{X_0}\sin^2\theta_S \cdot 10$
$\dfrac{100}{X_0}\cdot 10$
ΔQ_{max}

(2) 複数炉のフリッカ合成

複数炉のフリッカ合成値は，それぞれの 2 乗の平方根とする．

複数炉の重量法としては，2 乗根法と 4 乗根法がよく知られているが，炉容量が相違する場合には，両重量法による差異が少なくなる．また 2 乗根法は，4 乗根法に比較して予測値として安全側にあることから 2 乗根法を一般的には採用することが多い．

5　フリッカの予測計算例

単独炉の場合について計算例をあげる．

(1) アーク炉負荷と電源系統条件

第 13 図による条件で計算する．

(2) 基本予測法

ΔQ_{max} ＝電極短絡時無効入力 − 平常運転時無効入力

$$\fallingdotseq \frac{100}{X_0}(\sin^2\theta_S - \sin^2\theta_R)\times 10 \quad \text{〔Mvar〕} \tag{1}$$

B 点における

$$\Delta V_{max} \fallingdotseq X_{S2}\cdot\frac{\Delta Q_{max}}{10} \quad \text{〔100V ベース：V〕} \tag{2}$$

$$\Delta V_{10} = k\cdot\Delta V_{max} \quad \text{〔100V ベース：V〕} \tag{3}$$

$$k = \frac{1}{3.6} \tag{4}$$

第13図

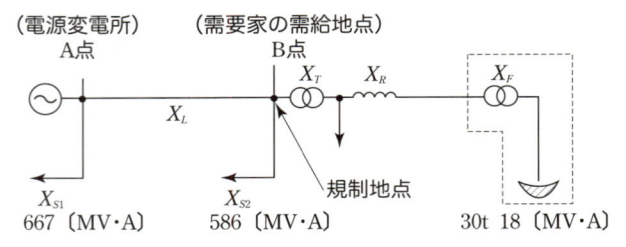

（電源変電所）　（需要家の需給地点）
A点　　　　　　B点

X_{S1}　　　　　X_{S2}　　規制地点
667〔MV・A〕　586〔MV・A〕　　　　30t 18〔MV・A〕

X_{S1}：電源リアクタンス（A点）：1.5〔%〕　（10〔MV・A〕ベース）
X_{S2}：電源リアクタンス（B点）：1.71〔%〕　（10〔MV・A〕ベース）
X_L：引込線リアクタンス：0.21〔%〕　（10〔MV・A〕ベース）
X_T：受電Trリアクタンス：5.03〔%〕　（10〔MV・A〕ベース）
X_R：バッファリアクトルリアクタンス：5.55〔%〕　（10〔MV・A〕ベース）
X_F：炉および炉用Trリアクタンス：24.20〔%〕　（10〔MV・A〕ベース）
X_0：合計リアクタンス（$X_{S2}+X_T+X_R+X_F$）：36.49〔%〕　（〃）

電極短絡時の $\cos\theta_S = 0$，平常運転の $\cos\theta_R = 0.85$（$\sin\theta_S = 1.0$，$\sin\theta_R = 0.527$）とすると，(1)式から

$$\Delta Q_{max} = \frac{100}{X_0}(\sin^2\theta_S - \sin^2\theta_R) \times 10$$

$$= \frac{100}{36.49}(1 - 0.527^2) \times 10 = 19.8 \text{〔Mvar〕}$$

受電点Bにおける電圧変動 ΔV_{max} およびフリッカ ΔV_{10} は(2)，(3)，(4)式より

$$\Delta V_{max} = X_{S2} \cdot \frac{\Delta Q_{max}}{10} = 1.71 \times \frac{19.8}{10} = 3.39 \text{〔V〕}$$

$$\Delta V_{10} = 3.39 \times \frac{1}{3.6} = 0.94 \text{〔V〕}$$

(3) フリッカ改善度と必要装置容量

B点におけるフリッカ規制値を補償装置により当該アーク炉の許容分として $\Delta V_{max} = 0.45$ に改善したいものとすれば，フリッカ改善度 α は

$$\alpha = \left(1 - \frac{0.45}{0.94}\right) \times 100 = 52 \text{〔%〕}$$

サイリスタ型フリッカ補償装置について，A社のフリッカ改善特性に

ついて次のように発表されている.

　この例の補償装置は,第14図より無効電力補償率 η は 50 〔%〕となる.

　補償装置容量 T は

$$T = \frac{10}{\dfrac{X_0}{100}} \times \eta = \frac{10}{\dfrac{36.49}{100}} \times 0.5 = 13.7 \ 〔\mathrm{MV\cdot A}〕$$

　したがって,補償装置容量 T は 14 〔MV・A〕となる.

　なお,計画にあたっては,メーカと十分に協議する必要がある.

第14図

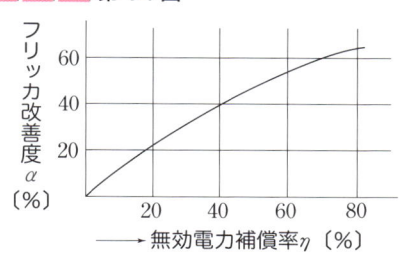

テーマ 34 配電系統の高調波発生源とその障害

1 配電系統の実在高調波を知る

　配電系統の高調波障害を防止するためには，まず，現在の配電線に実在する高調波の状態を的確に把握することが大切である．

　電気協同研究会にて実施された測定方法は，サンプリング・フーリエ解析方式の測定器を基準とし，これにヘテロダイン方式の測定器を補助的に利用することにより，39次までの高調波を24時間にわたって1時間間隔で連続測定された．

　測定結果については，配電線によってかなりばらつきがあるものの概略的に次に示すような結果となった．

① 高調波電圧，電流の中で特に含有率の大きいものは，3次，5次，7次，11次といった奇数調波である．偶数調波では2次が比較的大きい．

② 高調波の電圧レベルについては第5調波が一般的にもっとも大きく，9電力会社の平均値をみると1.8〔％〕程度である．これ以外の調波では3次，7次の順であるが，いずれも1〔％〕未満である．

③ 電圧ひずみ率については，ほとんどの場合3〔％〕未満（1.6～2.1〔％〕）となっており，3〔％〕を超過する場合でもその継続時間は3時間程度である．

　　また，変電所母線よりも配電線末端の方が総体的に大きくなっている．

④ 高調波（電流，電圧）の大きさと配電線負荷設備，負荷電流の大きさとの間には，一部地域を除いて相関性は薄い．

⑤ 高調波の時間的変化については概略次のような相関がみられる．
　　（電圧ひずみ率の時間的平均値）×1.5 ≒（電圧ひずみ率の最大値）

⑥ サンプリング・フーリエ解析方式測定器とヘテロダイン方式測定器のデータの間には，低次調波については大きな差異はない．

　以上の結果から特に②における第5調波による障害対策を講ずることが有効である．以下，配電系統の高調波発生源とその障害について述べるこ

ととし，その対策については，次テーマにて述べる．

2　ひずみ波形・高調波

　正弦波電源から，電力の供給を受けた場合，負荷が例えば電熱器・白熱電球のようなもの（線形負荷とみなせる負荷）以外の場合には，程度に違いはあるものの，その電流波形は第1図に示したように非正弦波となり，電源および線路のインピーダンスでの電圧降下により受電端での電圧波形は非正弦波形となる．このように一般の配電線における電圧・電流波形は厳密な意味ではすべて非正弦波といえる．正弦波以外の波形をひずみ波と称しているが，ひずみ波形は周期的なものであればその瞬時値 $y(\omega t)$ は，

$$y(\omega t) = A_0 + \sum_{n=1}^{\infty} a_n \cos n\omega t + \sum_{n=1}^{\infty} b_n \sin n\omega t$$
$$= A_0 + \sum_{n=1}^{\infty} A_n \sin(n\omega t + \phi_n)$$

ただし，$A_n = \sqrt{a_n^2 + b_n^2}$，$\phi_n = \tan^{-1} \dfrac{a_n}{b_n}$ のように直流分 A_0 と交流分の和として表され，交流分は基本波（上式で $n = 1$ の成分）と基本波の整数倍の周波数成分とから構成されている（第2図参照）．

　この基本波の整数倍の成分を高調波と称している．

第1図　配電線負荷の実測電流波形の一部

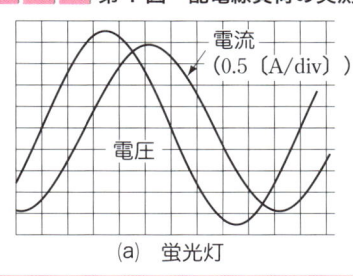

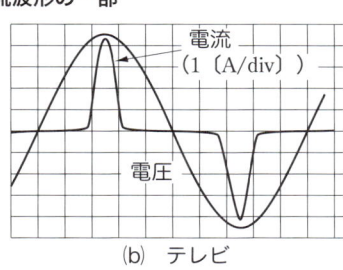

(a)　蛍光灯　　　　(b)　テレビ

3　高調波の発生源

(1)　整流回路などの電力変換器によるもの

　　大容量の半導体対応機器としては，三相整流器などの交直変換器が高調波電流の大きな発生源として考えられる．例えば第3図の6相電力変換

第2図　ひずみ波の構成成分の例

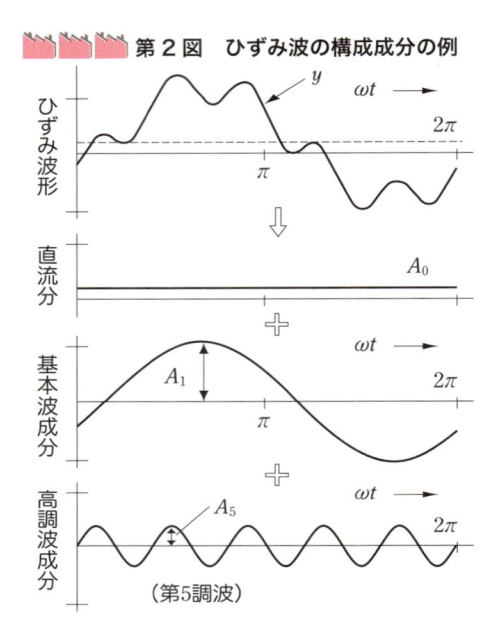

ひずみ波形（y）／直流分 A_0 ／基本波成分 A_1 ／高調波成分 A_5（第5調波）

第3図　6相電力変換装置

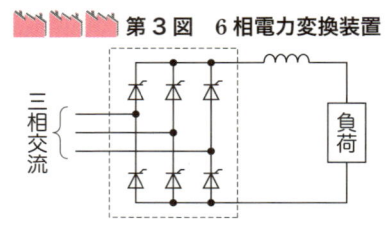

装置の回路について考えてみる．

いま，簡単にするため整流器の直流側インダクタンスが無限大で，転流リアクタンスが零の場合を考えると，整流器用変圧器の直流巻線には完全な方形波の電流が流れる．変圧器の結線に応じて交流巻線や配電線路には，第1表の上段のような方形波を重ね合わせた階段状波形の電流が流れる．

12相電力変換装置は，第1表(a)，(b)二つの変圧器結線を(c)のように組み合わせて作り，二つの平均となるので下段のような波形となる（実際の変換器では直流リアクタンスは有限の値であり，転流リアクタンスも零でないため，電流は完全には第1表のような方形波を組み合わせた波形とはならず，高調波成分は小さくなる）．

第3図は電流平滑型の電源回路であるが，これに対して電圧平滑型であるコンデンサインプット形電源回路の三相の場合の電源回路と電流波形は第4図のようになる．

第1表　三相整流器の交流側電流波形

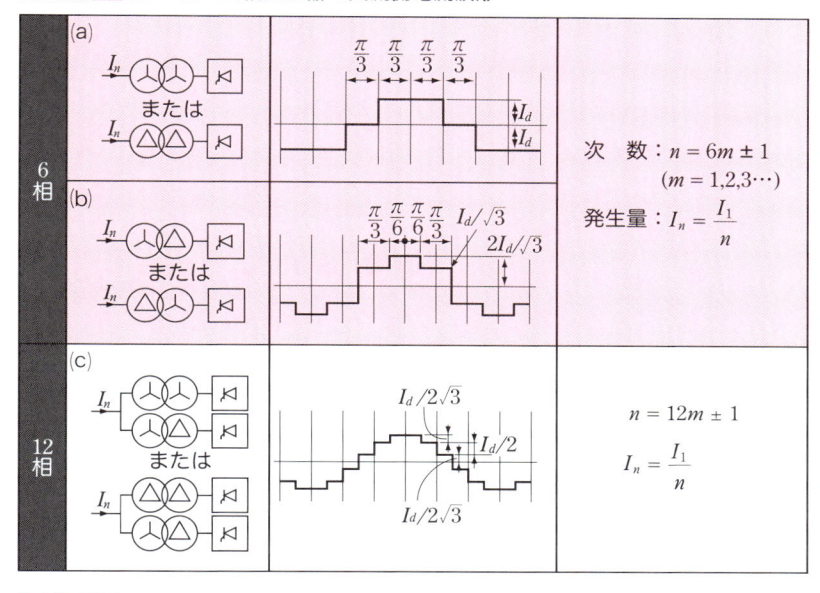

相	回路	波形	次数・発生量
6相	(a) ※または※	$\frac{\pi}{3}$ $\frac{\pi}{3}$ $\frac{\pi}{3}$ $\frac{\pi}{3}$、I_d	次　数：$n = 6m \pm 1$ $(m = 1,2,3\cdots)$ 発生量：$I_n = \dfrac{I_1}{n}$
6相	(b) ※または※	$\frac{\pi}{3}\frac{\pi}{6}\frac{\pi}{6}\frac{\pi}{3}$、$I_d/\sqrt{3}$、$2I_d/\sqrt{3}$	
12相	(c) ※または※	$I_d/2\sqrt{3}$、$I_d/2$、$I_d/2\sqrt{3}$	$n = 12m \pm 1$ $I_n = \dfrac{I_1}{n}$

第4図　三相コンデンサインプット形電源回路と電流波形

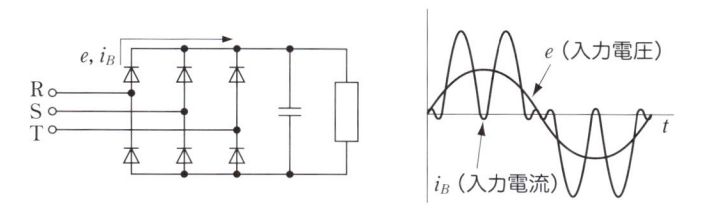

（回路図：R, S, T の三相入力とダイオードブリッジ、e, i_B ／ 波形図：e（入力電圧）、i_B（入力電流））

　以上のように，電圧に対して電流が線形に対応しない非線形負荷には，たとえ正弦波の電圧がかかっても正弦波の電流が流れないので，負荷電流の中に高調波電流が含まれる．この高調波電流が流れることが原因で電圧ひずみが発生する．

(2) 位相制御による交流電力調整器によるもの

　近年は，大きな高調波電流波を発生する半導体応用機器が産業用から家庭用に至るまで著しく発達し，これらの機器から発生する高調波電流の方が変圧器の励磁電流によるものより圧倒的に多いと考えられる．

　代表的なものについて波形をみると，電気こたつや照明の光量調整器

の電源回路に用いられている第5図のようなサイリスタ位相制御回路を有する交流電力調整器に，負荷として抵抗を使用したときの電流・電圧波形は第6図のようになる．この電流に含まれる各次調波の電流は第7図のようになる．αが180度に近づくにつれて，$n=1$，つまり基本波電流が小さくなるので，各次調波電流の含有率（基本波に対する割合）は第8図のように大きくなる．

第5図　交流電力調整器

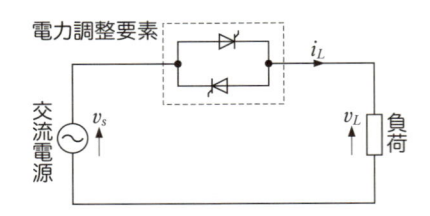

第6図　電力調整器による電流・電圧波形

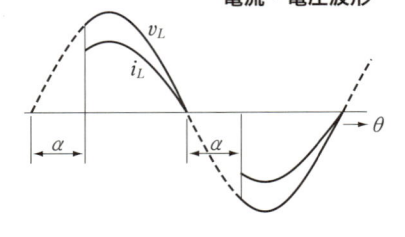

第7図　電力調整器の高調波電流

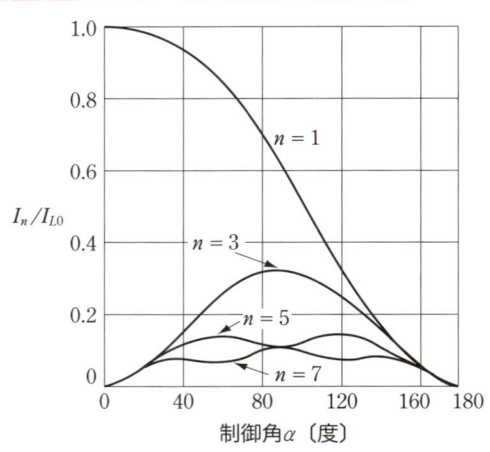

(3) 家電製品・OA機器などのコンデンサインプット形電源回路によるもの

　家電製品の電源回路は機器によってさまざまな種類があり，多くの高調波電流が流れるものとして，テレビやインバータエアコンなどのコンデンサインプット形電源回路を持つものがあげられる．この電源回路は

第8図 高調波電流含有率

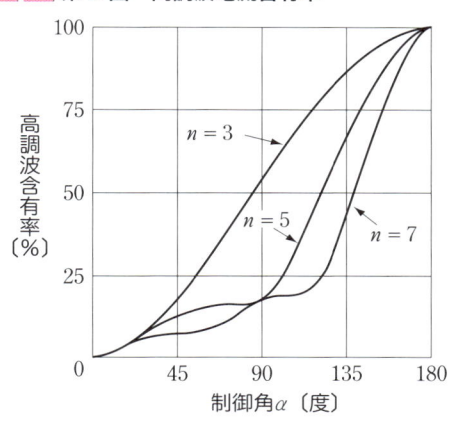

基本的には第9図の形をしており，電源電圧のピーク付近だけ電流が流れてコンデンサに電荷をチャージすることにより，直流電圧を得るものである．

第9図 コンデンサインプット形電源回路と電流波形

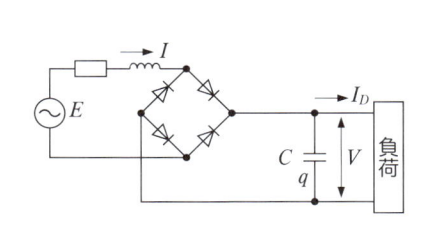

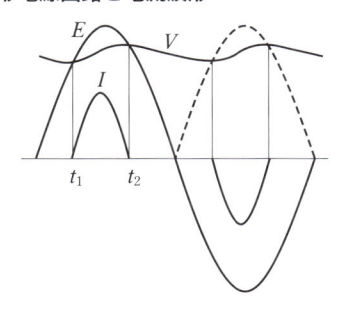

(4) 変圧器などの磁気飽和によるもの

無負荷状態の変圧器を考える．変圧器に正弦波の電圧 v が印加されると，その印加電圧に対向して起電力 e が発生する．鉄心中の磁束を ϕ，巻数を N とすると，

$$e = -v = -N\frac{d\phi}{dt}$$

の関係から，e が正弦波であれば，ϕ も正弦波となる．この起電力 e を発生させるために励磁電流 i_0 が流れるが，変圧器鉄心の磁化特性は直線ではなく，かつ，ヒステリシス現象があるため，第10図のように正弦波の

電圧を発生させるためには励磁電流は正弦波ではあり得ない.

したがって，変圧器が存在すれば必ず高調波を含んだ電流が流れることになる．この励磁電流の高調波含有率は鉄心の材質，磁束密度，構造により異なる．含有率の例を第2表に示す．

第10図　励磁電流波形

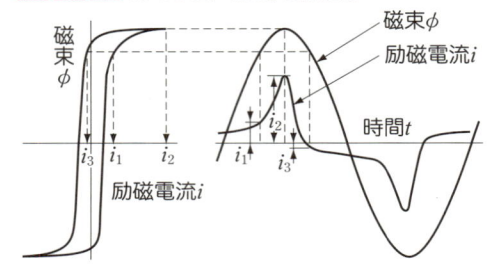

第2表　励磁電流中の高調波含有率の例

高調波次数	基本波	3	5	7	9	11
含有率〔％〕	100	58	36	20	11	6

4　高調波による障害

(1)　保護継電器の誤動作

電源機器の継電器には，従来誘導円板形や電磁形のメカ形が主に使用されていた．これらの周波数特性は，基本波に対する感度がもっとも良く，高調波に対しては応動しにくい構造である．

一方，トランジスタを用いた静止形継電器やディジタル形継電器は，耐振動特性，耐久性，CT・VTの低負荷の点から使用が増加している．

静止形は，メカ形と比較して，高調波に対して原理的に大きく影響を受けやすいため，高調波対策を行っていない静止形継電器において，メカ形では問題にならなかった波形で誤動作する例があった（第3表参照）．

(2)　配線用遮断器の誤トリップ

配線用遮断器（MCCB）は動作原理から熱動・電磁式，完全電磁式，電子式の3種類に分類でき，高調波の影響では各種別で若干の差がある．第4表に高調波の影響を示す．

(3)　漏電遮断器の誤トリップ

(a)　電子式の高調波特性

波高値検出方式と平均値検出方式の高調波特性例を第11図に示す．波高値検出方式は，波形が凹形の場合に感度電流が高くなる．平均

第3表 保護継電器のタイプ特徴

種別	静止形		誘導円盤形・電磁形（メカ形）
	ディジタル形	アナログ形	
高調波の影響	影響を受けやすいが，アナログフィルタとディジタルフィルタの併用により，安定な特性が得られる	影響を受けやすいが，アナログフィルタにより対策可能である	影響を受けにくい
備考	マルチタイプ，高機能タイプ等で採用が増加しつつある	普及している静止形ではこのタイプが多い	メカ形は，信頼性，実績面での評価が高いが，設定値によっては接点ギャップが小さくなり，耐震性能に不安が出る

第4表 配線用遮断器の高調波の影響

種別	動作原理	高調波の各特性に及ぼす影響		
		時延引外し	瞬時引外し	温度上昇
熱動電磁式	抵抗によるジュール熱の利用（バイメタル）	高調波の含有率が30〔％〕を超えると引外し電流値が低下する	電磁力を利用しているので高い周波数では引外し電流値が上昇する	導体の表皮効果等により若干発熱するが，その値は無視できる
完全電磁式	オイルダッシュポットパイプ中の油粘性（時限）と電磁力	波形によって変化．周波数が高くなると引外し電流値が上昇する	同　上	ヒステリシス損や渦電流損が増加し温度が上昇する
電子式（実効値検出）	負荷電流の実効値に等しいDC信号を専用ICへ入力	高調波を含んでも実効値が同じ値であれば大きな変化はない	短時限・瞬時はピーク値が変化した信号を用いているため波形の波高率により特性が変化する	熱動電磁式と同じ

値検出方式では，凸形の場合に感度電流が高くなる．

(b) 電磁式の高調波特性

この場合は，高調波の影響を受けにくく，感度電流の変化は少ない．

(4) 過熱現象

(a) 進相コンデンサの過熱

進相コンデンサ回路の高調波電流は，周波数が高くなるほど流入しやすくなり，基本波に高調波が重畳するため，誘電体の損失増加によ

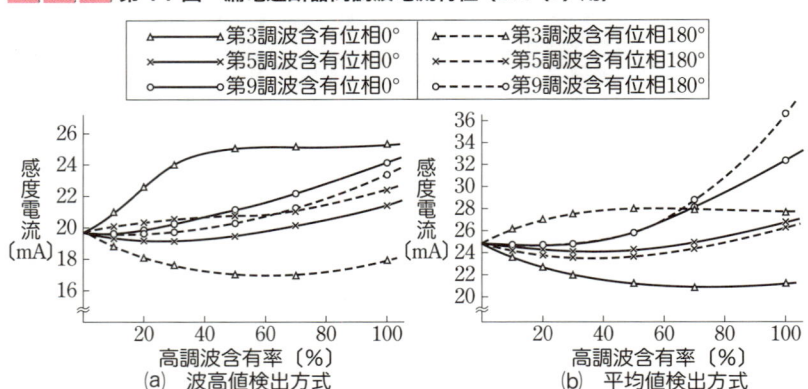

第11図　漏電遮断器高調波電流特性（200〔V〕用）

凡例：
- △──△ 第3調波含有位相0°
- ×──× 第5調波含有位相0°
- ○──○ 第9調波含有位相0°
- △----△ 第3調波含有位相180°
- ×----× 第5調波含有位相180°
- ○----○ 第9調波含有位相180°

(a) 波高値検出方式
(b) 平均値検出方式

縦軸：感度電流〔mA〕　横軸：高調波含有率〔%〕

る温度上昇および電流実効値の増大によるブッシングやリード線の過熱が考えられる．

(b)　直列リアクトルの過熱

　　直列リアクトルは，その機能および構造上，連続使用時の高調波流入量の許容限度は電圧的にはほとんど影響を受けることなく，むしろ鉄心の過熱，巻線や油の温度上昇の増大などが発生している．

(c)　変圧器の過熱

　　変圧器の過熱は，高調波電流の重畳による銅損，鉄損の増加により起こり，その発熱は高調波を含んだ合成皮相容量で決まる．

(d)　MCCBの過熱

　　構造的に完全電磁式の場合，高調波によるヒステリシス損や渦電流損が増加し，温度上昇となる．

(5) 異常音

(a)　変圧器からの異常音

　　変圧器の騒音は，次のような振動によるものと考えられる．

① コイル導体またはコイル間の電磁力による振動
② 鉄心の継目および成層間に働く磁気力による振動
③ けい素鋼板の磁気ひずみ現象による振動

　　このうち主たる要因は，③の磁気ひずみ現象によるもので，けい素鋼板が交番磁界のもとで伸縮運動を起こして騒音の原因となっている．

(b) 進相コンデンサからの異常音

　　振動音としては，コンデンサ素子の電極部分の振動とリード線やケースの電磁振動や伝達による共振振動とが考えられる．

(c) 直列リアクトルからの異常音

　　直列リアクトルからの騒音の発生は，鉄心のギャップ部の磁気吸引力や磁気ひずみ振動が主原因であり，これが鉄心，外箱放熱器に伝わり，共振，反射などの現象を伴って伝達される．

(6) **発電機の過熱**

　固定子巻線，制動巻線などの損失を増加させると共に，電圧波形のひずみも増大させることになる．

(7) **計測器への影響**

　高調波電流が基本波電流に重畳することによって非線形特性となり，測定誤差を生ずることが考えられる．電力量計では，高調波を極端に含んだ電圧または電流を印加すると，電圧磁気回路または電流磁気回路の非線形特性により，電圧・電流磁束が完全に対応して変化しないことがあり，含有量によっては，精度に影響が出る可能性もある．

(8) **OA，TVなどの整流回路への影響**

　OA機器や通信機器などの電源回路の多くには，コンデンサインプット形の全波整流回路が使用されて，内部装置に直流電源を供給している．この整流方式は，原理的に交流側電圧波形のピーク近くの電力を消費して，直流電圧を持続させる構造となっているため，第3，第5高調波電圧の影響を受けて，交流側の電圧波形のピーク部分が降下したり，上昇した場合には，交流側電圧の実効値による変化は小さくても直流側の電圧に大きな変化を生じ，機器の動作に影響を与えることがある．

テーマ35 高調波抑制対策

前テーマでは，高調波発生源とその影響について述べたが，本講では高調波抑制対策を中心に述べることとする．

1 高調波抑制対策技術指針の基本的な考え方

高調波抑制対策ガイドラインは，高圧または特別高圧で受電している需要家の高調波流出電流に上限値（第1表）を設定し，電力系統の高調波電圧ひずみを高調波環境目標レベル以下に維持することを目的としている．

第1表 契約電力1〔kW〕あたりの高調波流出電流上限値 (単位：mA/kW)

受電電圧	5次	7次	11次	13次	17次	19次	23次	23次超過
6.6〔kV〕	3.5	2.5	1.6	1.3	1.0	0.9	0.76	0.70
22〔kV〕	1.8	1.3	0.82	0.69	0.53	0.47	0.39	0.36
33〔kV〕	1.2	0.86	0.55	0.46	0.35	0.32	0.26	0.24
66〔kV〕	0.59	0.42	0.27	0.23	0.17	0.16	0.13	0.12
77〔kV〕	0.50	0.36	0.23	0.19	0.15	0.13	0.11	0.10
110〔kV〕	0.35	0.25	0.16	0.13	0.10	0.09	0.07	0.07
154〔kV〕	0.25	0.18	0.11	0.09	0.07	0.06	0.05	0.05
220〔kV〕	0.17	0.12	0.08	0.06	0.05	0.04	0.03	0.03
275〔kV〕	0.14	0.10	0.06	0.05	0.04	0.03	0.03	0.02

ここで，流出電流により管理することとしたのは，電圧ひずみ率では需要家間に不公平が出るためである．つまり，先に対策を施した需要家が有利になるため，流出電流で管理を行い，公平を保つこととしたものである．
また，ガイドラインが適用されるとは「需要家から電力系統に流出する高調波流出電流を計算し，ガイドラインで定めた上限値以下であるか，超過するかを判断し，超過した場合には上限値以下になるような適正な対策を施す」ことを意味している．

2　高調波障害を受けないための基本的な方策

　高調波が問題となっている現状では，障害を受けないような方策をとることが重要になる．

　技術指針にも述べられているが，高調波による被害は力率改善用コンデンサ設備に多く発生している現状にあり，まず第一に，高調波電流の拡大を防止する方策として，

① 力率改善用コンデンサには，高調波電流の拡大防止・コンデンサ回路閉路時の突入電流防止の観点から，必ず直列リアクトルを設置する．
　　JIS 規格に，コンデンサには直列リアクトルを取り付けることが明文化されている．
② 設置に際しては耐量のある直列リアクトルを選定する．

　また，高調波障害を防止する対策として，

① 直列リアクトルの耐量（高調波による発熱等に対する強度）をアップする．
② 力率改善用コンデンサ（直列リアクトル付き）を低圧側に設置する．
　　当該の需要家に高調波発生機器がある場合，高調波抑制対策としても有効である．
③ 業務を終了した後，進相用コンデンサの開閉器を切る．
　　開閉装置の有無，また有していても種類によっては難しい場合があるが，軽負荷時の電圧上昇抑制方策としても有効である．
④ 自主保安確保の面から，高調波，過電流，温度等を検出する装置を取り付けることにより，異常時に自動的に電路を遮断するような機器保護を行う．

　需要家サイドでの自主保安の面から，高調波センサ・高調波監視システムとの組合せによる保護装置に関してはさまざまな製品があるため，目的や現状設備に応じて検討する．サーモラベル等による温度監視でも有効であり，また自動力率調整装置等による力率監視でも代用できる場合が多い．

【コンデンサの規格改正について】

(1) 高調波問題への対応

　　配電系統にあるコンデンサにすべて直列リアクトル（$L = 6 [\%]$）を

テーマ３５　高調波抑制対策

接続すれば，配電線の高調波ひずみは大幅に改善できることにより，今後のコンデンサの設置にあたっては直列リアクトル（$L = 6$〔％〕）の取付けを原則とし，これを徹底するために直列リアクトルの取付けを前提とした規格改正が行われている．

(2) 高調波拡大現象

配電系を模擬したモデル回路を第１図に，その等価回路を第２図に示すが，高調波発生負荷より流出した高調波はコンデンサ回路と電源側に分流することになる．

第１図　配電系モデル

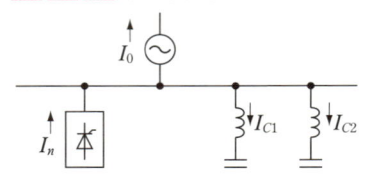

第２図　第１図の等価回路

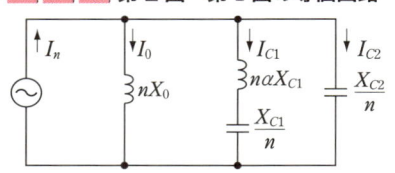

この回路で直列リアクトル付コンデンサの量を変化させると，第２表に示すようにコンデンサに直列リアクトルがすべてに接続されている場合は高調波

第２表　直列リアクトル（$L = 6$〔％〕）付コンデンサの量を変化させたときの高調波電流算出結果

		直列リアクトルが接続されている場合	一部に直列リアクトルが接続されている場合	直列リアクトルがない場合
	電源短絡容量	100〔MV・A〕		
	回路電圧	6 600〔V〕		
	$L=6$〔％〕付 SC 容量（C_1）	4 500〔kvar〕	600〔kvar〕	0
	L なし SC 容量（C_2）	0	3 900〔kvar〕	4 500〔kvar〕
第５調波電流	発生量（I_n）	1〔A〕		
	電源流出電流（I_0）	0.3〔A〕	3.1〔A〕	-8〔A〕
	L 付 SC 電流（I_{C1}）	0.7〔A〕	0.9〔A〕	—
	L なし SC 電流（I_{C2}）	—	-3.0〔A〕	9〔A〕
	電源側流出高調波の発生量に対する拡大	無	約 3 倍の拡大有	8 倍の拡大有
	電源側流出高調波の L 付きの場合との比較	—	約 10 倍の拡大	約 27 倍の拡大

の拡大はないが，コンデンサに直列リアクトルが全く接続されていない場合や，一部のコンデンサに直列リアクトルが接続されている場合でも発生高調波の1〔A〕に対して電源・コンデンサに流れる高調波が拡大されていることが分かる．

　このような状況が高調波拡大と呼ばれる現象であり，一般の配電線ではこのような高調波拡大が生じて，配電線の高調波電圧ひずみが増大している．

　これを解消するためには，直列リアクトルの接続を推進していく必要があることが理解できる．

　第3図は，直列リアクトルのリアクタンス別の設置率を変化させたときの，配電系の電圧ひずみ率の変化をモデル設定してシミュレーションした結果である（電気協同研究第54巻第2号の抜粋）．すなわち，$L = 6 \sim 13$〔％〕のどの直列リアクトルであっても，直列リアクトルの設置率を高めることにより，配電系の電圧ひずみ率は大幅に低下することが分かる．

第3図　リアクトル容量別のリアクトル設置率に対する電圧ひずみ率の変化（電気協同研究第54巻第2号より）

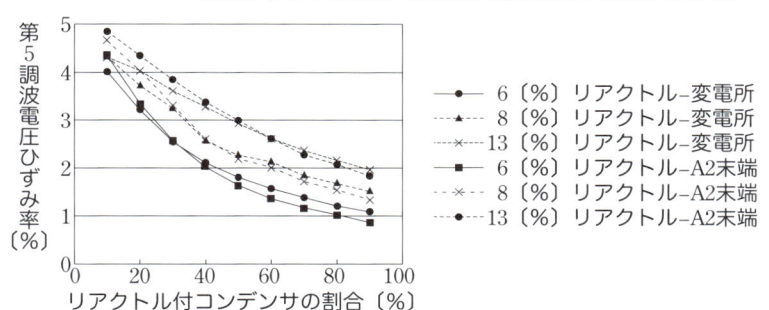

- 6〔％〕リアクトル–変電所
- 8〔％〕リアクトル–変電所
- 13〔％〕リアクトル–変電所
- 6〔％〕リアクトル–A2末端
- 8〔％〕リアクトル–A2末端
- 13〔％〕リアクトル–A2末端

横軸：リアクトル付コンデンサの割合〔％〕
縦軸：第5調波電圧ひずみ率〔％〕

3　各種高調波対策の概要

(1) 多パルス化（等価12パルス接続）

　電力変換器のパルス数を増加させ，入力電流の波形をより正弦波に近づける方式である．一般に電力変換装置のパルス数と発生する高調波電流の次数は次式で表される．

$$n = K \times P \pm 1$$

ここで，n：高調波次数，P：パルス数，$K = 1, 2, 3, \cdots\cdots$

したがって，例えば12パルス変換器の場合は問題となっている5次および7次の高調波は理論的に発生しないことになる．

多パルス化は機器内部で既になされている場合と，受電変圧器の結線を利用して実現できる場合がある．つまり，需要家の受電設備として2バンク以上ある場合，2系統の6パルス変換器の変圧器の結線を変えるだけで多パルス化とすることができる．これを技術指針では等価12パルス接続と呼んでいる（第4図）．

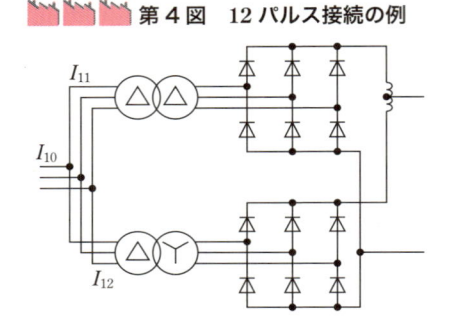

第4図　12パルス接続の例

この対策では特別な機器を追加する必要がなく，技術的な課題も少ない．さらに変圧器本体は本来設備としては必要なものであるため，コストアップにつながらないというメリットがある．

(2) 受動フィルタによる対策

特定の次数に対して低インピーダンスになるような分路を，コンデンサ，リアクトルを組み合わせて実現し，高調波電流を吸収する方式である．

一般的に低次の高調波を吸収する同調フィルタを用いる場合には，複数次数の高調波を対象とするため，複数の同調フィルタが用いられる．また，高次の高調波を吸収するためには広い周波数に対して低インピーダンスとなる高次フィルタが用いられる．

構成は簡単であり，特定次数の高調波吸収を目的とする場合には有効である．

(3) 能動フィルタ（アクティブフィルタ）による対策

負荷から発生する高調波電流を検出し，これを打ち消す位相を持った高調波電流を発生して重畳することにより，系統へ流出する高調波電流を抑制する．

負荷電流から高調波成分を検出する．この量に応じて発生すべき高調

波を演算し，発生装置への出力指令を出す．高調波の抑制方法としては理想的であるが，構成が複雑であり，一般的に高価である（詳細は後述する）．

(4) 力率改善用コンデンサの低圧側設置による対策

直列リアクトル付力率改善用コンデンサは，高調波に対して低インピーダンスとなるため，高調波を吸収する効果がある．特に6〔％〕直列リアクトルは5次調波に対して有効である．

しかし，高圧母線への設置では高調波発生機器からみた系統側のインピーダンスがコンデンサ回路側インピーダンスに比べて小さいため，系統側へ流出する量が多くなり，効果はそれほど期待できない．そこで，コンデンサ回路を受電変圧器の二次側に設置することにより，同バンクに接続されている負荷から発生する高調波電流に対する系統側のインピーダンスを変圧器のインピーダンスを加えた分大きくして，系統へ流出する高調波電流が抑制できる．

この方法では，受電変圧器が複数あり，それぞれの高調波発生電流を抑制する場合には，その変圧器系統ごとに力率改善用コンデンサを設置することになる．

この方式の採用にあたり，コンデンサ回路が多数設置されるような場合には，過進相時の電圧上昇に注意する必要がある．つまり，全負荷状態で力率が1に近く，軽負荷の状態では自動力率調整装置でコンデンサ回路を切り離すことができるようにするなどの措置が必要である．

(5) インバータ装置へのリアクトル付加

最近電動機の駆動用として，インバータの適用範囲が広がっている．インバータは商用周波数から任意の可変周波数，可変電圧に変換するものであり，コンバータ部（交直変換部）とインバータ部（直交変換部）から構成されている．

汎用インバータの多くはコンバータ部にコンデンサ平滑型三相ブリッジが用いられており，高調波電流の発生量はこのコンバータ部のリアクトルの有無に依存する．

ガイドラインにも明記されているが，コンデンサ平滑型三相ブリッジは交流側（AC）および直流側（DC）にリアクトルを付加することにより，

高調波の発生量を低減することができる．
① ACリアクトルの付加
　　インバータの電源側にリアクトルを設置し，電源側のインピーダンスを大きくすることによって高調波を抑制する．
② DCリアクトルの付加
　　インバータの直流部にリアクトルを設置し，線路インピーダンスを大きくすることによって高調波を抑制する．
③ AC/DCリアクトルの付加
　　ACリアクトルとDCリアクトルの両方を組み合わせることにより，より一層の高調波を抑制することができる．
　なお，AC/DCリアクトルの付加により，インバータの入力力率が大幅に改善される効果もある．

(6) **PWM制御を用いた変換装置**
　「高調波抑制対策ガイドライン」が制定されたこともあり，従来のようにダイオードやサイリスタを使用してきたコンバータは少なくなり，PWMコンバータが普及してきている．例えば，インバータのコンバータ部にIGBT等の自己消弧素子を用い，交流から直流への変換を高速のスイッチング動作により行えば，系統へ流出する高調波を低減することができる．ガイドラインでも，自励三相・単相ブリッジは高調波の発生量を"零"とみなしている．
　インバータのインバータ部のみにPWM制御を用いているものでも，一般にPWM方式インバータと呼ばれている．しかし，高調波電流の発生量はコンバータ部に依存するため，この回路については高調波の発生量を"零"とみなせないので注意が必要である．
　なお，各種対策の特徴を第3表に示す．

4　アクティブフィルタは有効！

(1) アクティブフィルタの構成および特長
　アクティブフィルタには，第5図に示すような自励コンバータと直流リアクトル（直流電源）からなる電流形アクティブフィルタと，自励コンバータとコンデンサ（直流電圧源）からなる電圧形アクティブフィル

第3表 各対策の特徴

対策の種類	主な対象	特徴
①多パルス化 (等価12パルス接続)	変圧器	・本来必要な設備の利用であり，特別な機器が不要となるため，シンプルな対策が可能 ・効果が大きい ・基本的にコストアップにつながらない ・増設時の対策として有効
②受動フィルタ	受動フィルタ	・L, Cの組合せなので構成が簡単 ・コストアップ，機器の設置スペースが必要
③能動フィルタ	アクティブフィルタ	・複数次数の高調波対策が機器の容量に合わせて可能 ・コストアップ，機器の設置スペースが必要
④低圧コンデンサ	コンデンサ直列リアクトル	・本来必要な設備の利用であり，特別な機器が不要となるため，シンプルな対策が可能 ・現状ではコストアップになる
⑤インバータへのリアクトル付加	ACリアクトル DCリアクトル	・抜本的な対策につながる ・効果が大きい ・コストアップ，機器の設置スペースが必要

第5図 アクティブフィルタの構成

(a) 電流形 　　　　　(b) 電圧形

タがある．

また，アクティブフィルタには次のような特長がある．

① 1台の装置でどのような次数の高調波にも，また複数の高調波があっても対応でき，設置後に高調波の次数および大きさが変わっても装置の構成を変える必要がない．

② 設置後に高調波発生量が増大しても，本装置は定格電流以上にならないよう制御できるので過負荷にならない．

③ 進相コンデンサなどに起因する系統の共振現象を抑制することも可能である（並列共振次数に相当する高調波電流を取り除く）．

(2) **アクティブフィルタの動作原理**

アクティブフィルタは，出力電流や入力電流を任意に制御するための電力変換器本体と，これの電流制御回路で構成され，第6図に示すよう

テーマ３５　高調波抑制対策

に負荷に並列に電力系統あるいは配電系統に接続して使用される．

第６図　能動型高調波抑制装置（アクティブフィルタ）

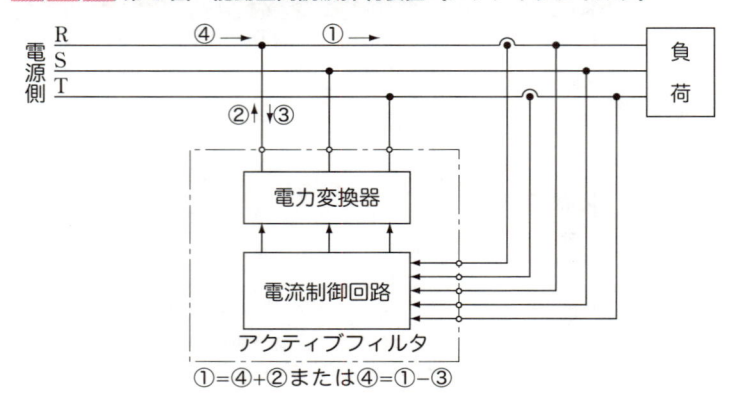

①＝④＋②または④＝①－③

第７図は各部の電流波形で，三相のうちＲ相を例にとって示している．

第７図　第６図に示す各部分の電流波形

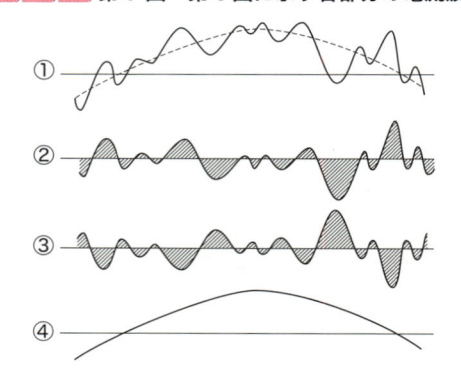

①は，高調波発生源である電力用半導体応用機器（負荷）に流入する電流である．

この電流に含まれている高調波電流②（①の電流波形から基本波電流を差し引いたもの）をアクティブフィルタから電源側に注入すれば，電源側電流④は高調波電流分を含まない正弦波となる（①＝④＋②）．

また，アクティブフィルタを負荷とみなせば電流は③のように②と逆位相となる（④＝①－③）．

(3) 電流形アクティブフィルタと電圧形アクティブフィルタの動作原理

(a) 電流形アクティブフィルタの動作原理

第8図に6アーム形に構成されたGTOサイリスタ（ゲートターンオフサイリスタ）と直流リアクトルLからなる電流形アクティブフィルタの動作原理を示す．

第8図　電流形アクティブフィルタの動作原理

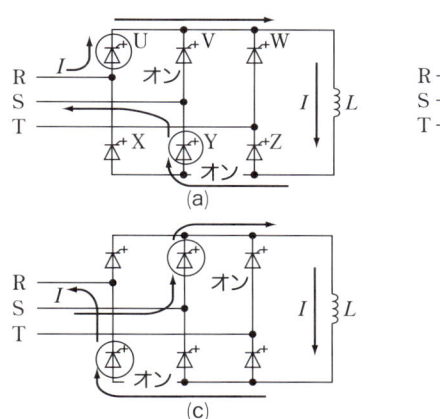

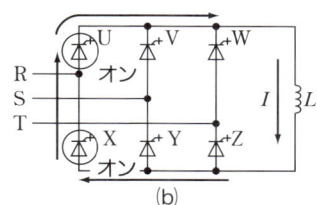

第6図の負荷が発生する任意の高調波電流を抑制するためには，第7図②の電流を発生させる必要がある．

その動作原理は，第7図②（R相の高調波電流）において負の電流の場合は第8図(a)のGTOのUとGTOのYをオンさせる．第7図②の零点では第8図(b)のGTOのUとGTOのXをオンさせる．このとき，電流Iは循環電流となって電源側には流れない．

また第7図②において正の電流の場合は，第8図(c)のGTOのVとGTOのXをオンさせ，電源側に正の向きの電流を出力する．このようにGTOのオン・オフにより極性を変え，さらに直流電流源のリアクトル電流を変化させることにより，第6図の負荷に含まれる高調波電流と同じ電流波形を作る．

(b) 電圧形アクティブフィルタの動作原理

第9図に6アーム形に構成されたGTOとコンデンサCからなる電圧形アクティブフィルタの動作原理を示す．

第9図　電圧形アクティブフィルタの動作原理

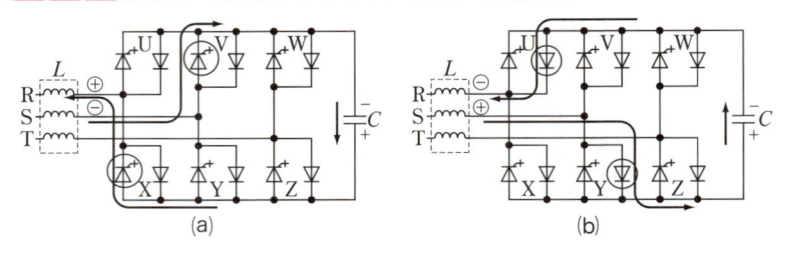

(a)　　　　　　　　　　(b)

　第7図②に示すR相の高調波が負の状態であれば，第9図(a)のGTOのVとGTOのXがオンし，電流電圧源であるコンデンサの電荷が放電され，電源側に流れる．

　また，第7図②の電流が正の状態であれば，GTOはすべてオフし，リアクトルLのエネルギーがダイオードのYとUを通り，コンデンサCを充電する．このようにGTOのオン・オフとコンデンサの充電によって任意の電流波形が作られる．

(c)　静止形スイッチング素子の制御方法

　アクティブフィルタにより任意の電流波形を発生させるためには，電力変換器を構成している静止形スイッチング素子をオン・オフさせ，さらに直流源の大きさを高速に変化させて電流の瞬時値を連続して変化させる必要がある．

　実際にはこの直流源の大きさを高速で変化させるのは難しいため，直流源は一定にし，スイッチング素子のオン・オフ時間の長さで出力する電流波形の大きさを等価的に制御する方式がとられている．この制御方式をPWM（パルス幅変調）方式という．

　第10図は任意の電流波形（第6図の負荷が発生する高調波電流）と搬送波と呼ばれる三角波との大小比較を行い，電力変換器のスイッチング素子をオンあるいはオフさせることにより，作られた出力波形である．

　第11図(b)は，第7図②に示す高調波電流をこのPWM方式で制御したもので，第11図(c)はPWM制御によって作られた高調波電流と同じ電流波形である．

第10図　PWM方式（パルス幅変調方式）

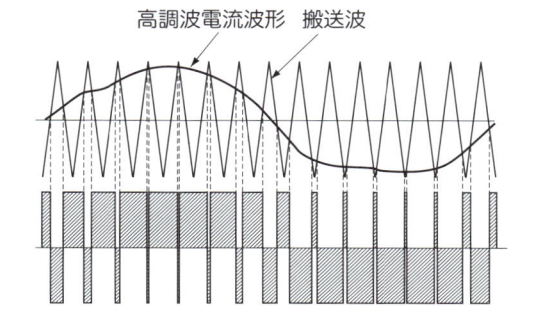

高調波電流波形　搬送波

第11図　アクティブフィルタのPWM制御

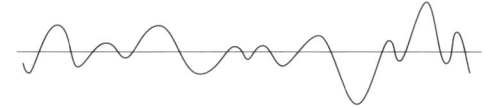

(a) 第7図②の高調波電流波形

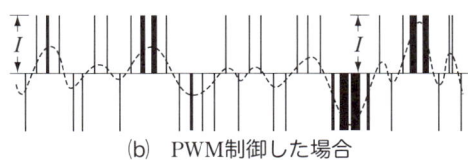

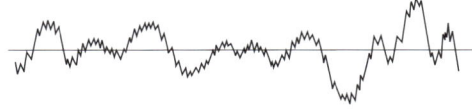

I　　　I

(b) PWM制御した場合

(c) PWM制御によって作られた電流波形

テーマ 36 電力系統の電圧調整機器の種類と機能

1　電圧調整に使用される機器の種類

電力系統の電圧を調整する機器の原理は，次の三つに分類される．
① 無効電力を発生あるいは吸収する
　・発電機　　　　　　　　　・同期調相機
　・分路リアクトル　　　　　・電力用コンデンサ
　・静止形無効電力補償装置
② 変圧器の変圧比を変化させる
　・負荷時タップ切換変圧器　・SVR
　・柱上変圧器
③ 線路インピーダンスを変化させる
　・直列コンデンサ　　　　　・線路インピーダンス調整

2　電圧調整の目的と調整方法

(1) 電圧調整の目的

　電力系統の電圧は需要および供給力の変動により刻々と変化する．この変化を一定の範囲に収め，需要家が支障なく電気機器を使用できるようにすることが電圧調整の目的である．
　電圧の許容範囲は，電気事業法施行規則第44条により，101 ± 6〔V〕あるいは 202 ± 20〔V〕に維持することが定められている．これを超える電圧の許容範囲については特に規定されていないが，上記規定に準じて電圧変動目標幅が定められ，電圧の維持が図られている．

(2) 電圧の調整方法

　電圧を適性値に維持するためには，電力系統に散在する各電気所の無効電力を制御する必要があり，発電機電圧や無効電力の調整，電圧調整機器および各種調相設備の総合運用によって電力系統の電圧調整が行われている．

3　発電機による電圧調整方法

　発電機の界磁電流を変化させると，発電機の力率角が変化し，無効電力を制御することができる．発電機の端子電圧を一定とした場合，界磁電流を増加させると内部誘起電圧が上昇し遅れ電流が流出する，いわゆる遅相運転となる．逆に，界磁電流を減少させると，内部誘起電圧が減少し進み電流が流出する，いわゆる進相運転となる．

　最近，深夜軽負荷時の系統電圧上昇対策として，水・火力発電所の低励磁運転（進相運転）が行われている．この場合，火力機の短絡比は小さい（同期インピーダンスが大きい）ため，定態安定度が低下するので，低励磁運転の限度を把握して運用することが必要である．

(1) 界磁電流の影響

　第1図で表される1相分の回路で，第2図のように内部誘起電圧 E_0 は界磁電流 I_f にほぼ比例する．

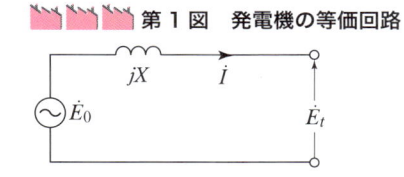

第1図　発電機の等価回路

第2図　発電機の無負荷飽和曲線

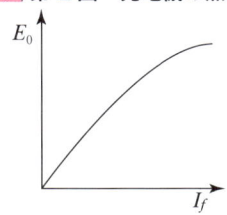

　界磁電流が大きい場合と小さい場合のベクトル図を描くと第3図(a)および(b)のようになる．(a)が遅相運転，(b)が進相運転の状況を示している．
　端子電圧 $\dot{E}_t$ は次式で表される．

第3図　発電機のベクトル図

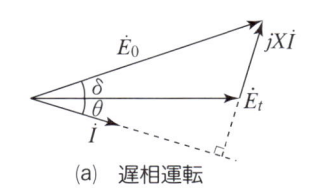

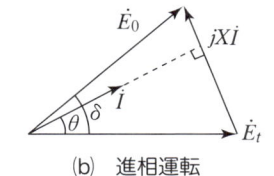

(a)　遅相運転　　　(b)　進相運転

$$\dot{E}_t = \dot{E}_0 - jX\dot{I}$$

ここで，端子電圧を基準とし発電機の内部相差角を δ とすれば，

$$\dot{E}_0 = E_0 \varepsilon^{j\delta}$$

$$\dot{I} = \frac{\dot{E}_0 - \dot{E}_t}{jX} = \frac{E_0 \varepsilon^{j\delta} - E_t}{jX} = \frac{E_0 \sin\delta}{X} - j\frac{E_0 \cos\delta - E_t}{X}$$

したがって，

① $E_0 \cos\delta - E_t > 0$ のときは，$\dot{I} = I_p - jI_q$

ただし，$I_q = \dfrac{E_0 \cos\delta - E_t}{X}$

② $E_0 \cos\delta - E_t < 0$ のときは，$\dot{I} = I_p + jI_q$

ただし，$I_q = \dfrac{E_t - E_0 \cos\delta}{X}$

となって，界磁電流を低下させると，進み電流が供給される．

(2) 定態安定度

第4図のような三相送電線で供給される有効電力は次式で表される．

$$P = \frac{V_s V_r}{X} \sin\delta$$

これが定態安定度を表す式で，定態安定度は電圧の2乗に比例し，線路リアクタンスに反比例する．したがって，これと同様に同期リアクタンスの大きい発電機は小さい発電機に比べ，定態安定度は低下することとなる．

第4図 送電電力

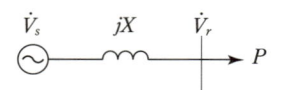

P：送電電力
V_s：送電端線間電圧
V_r：受電端線間電圧
X：線路リアクタンス
δ：相差角

(3) 進相運転時の留意事項

前述のように，進相運転時は安定度の低下に留意することが必要であるほか，

① 発電機固定子鉄心端部の過熱
② 所内電圧の低下

についても注意をはらわなければならない．

(4) 界磁を制御する方法の種類

発電機の界磁制御を行う方法には次の種類がある．

① 自動電圧調整装置（AVR）

　発電機電圧があらかじめ定められた基準電圧に対して偏差を生じた場合，界磁電流を調整して基準電圧に維持する方法．

② 自動力率調整装置（APFR）

　発電機の力率があらかじめ定められた基準値に対して偏差を生じた場合，界磁電流を調整して基準値に維持する方法．

③ 自動無効電力調整装置（AQR）

　発電機の無効電力があらかじめ定められた基準値に対して偏差を生じた場合，界磁電流を調整して基準値に維持する方法．

4　受電端の電圧降下と電圧上昇

第5図のような遅れ負荷の場合の電圧降下は次式で表される．

$$e = E_s - E_r \fallingdotseq I(R\cos\theta + X\sin\theta)$$

$$= \frac{E_r I \cos\theta}{E_r}\left(R + X\frac{\sin\theta}{\cos\theta}\right)$$

$$= \frac{P}{E_r}(R + X\tan\theta)$$

　負荷端にコンデンサを接続して力率を改善すると，第6図の電力ベクトル図のように $\tan\theta$ が小さくなるので電圧降下が少なくなる．軽負荷時のような場合において，進み電流が流れると第7図のベクトル図のようになり，これが著しい場合には，受電端の電圧が送電端の電圧より大きくなる．これを「フェランチ効果」という．

　このような場合には，分

第5図　電圧降下

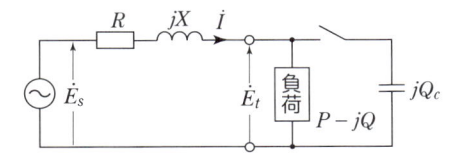

第6図　力率改善のベクトル図

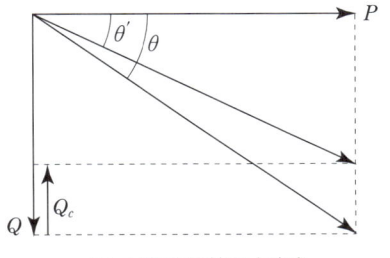

θ：力率改善前の力率角
θ'：力率改善後の力率角

第7図 進み電流が流れた場合のベクトル図

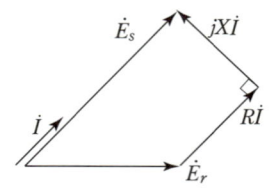

路リアクトルを接続して遅相無効電力を消費することにより電圧上昇を抑制することができる．

5 変電所などに設置される無効電力調整機器による電圧調整

(1) 同期調相機（RC）

　同期電動機を無負荷状態で運転し，励磁電流を変化させて無効電力を調整する．高価で保守が難点という欠点はあるが，即応性が良く，調整が連続的である長所により系統の主要箇所に設置される．

　同期電動機の励磁電流を加減すると，その力率は第8図のV曲線を示す．同期調相機は同期電動機を無負荷運転するもので，励磁電流が少ない場合は遅れ電流が流入して分路リアクトルとして働き，励磁電流を大きくすると進み電流が流入して電力用コンデンサとして機能する．

第8図 同期電動機のV曲線

(2) 電力用コンデンサ（SC）

　電力用コンデンサは，電力系統に連なる遅れ力率の負荷に進み電流を供給し，力率改善することで受電端における電圧降下を抑制するものである．保守が容易で経済的な静止器の利点に加え，必要に応じて適当容量の増設が可能であるが，周波数や電圧が低下すると供給できる無効電力が減少する欠点などがある．

　電力用コンデンサは，母線に挿入するコンデンサ容量（個数）を加減

することにより，それに流れる進み電流を調整して，電圧調整を行うものである．

コンデンサ設備の結線例を第9図に示すが，通常コンデンサ容量の6〔％〕程度の直列リアクトルを挿入することにより，投入操作時の過渡電流の制限，電圧・電流ひずみの軽減，開放時の再点弧の防止，過大電流の防止などを図っている．系統への接続は変圧器の三次側のほか，第10図のように高電圧母線にも接続される．

第9図　高圧用並列コンデンサ設備

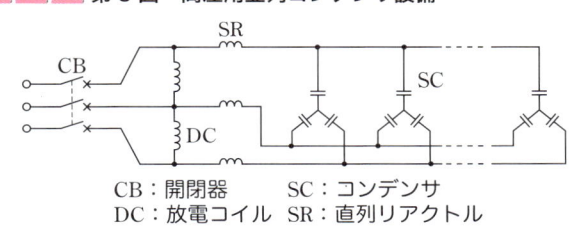

CB：開閉器　　SC：コンデンサ
DC：放電コイル　SR：直列リアクトル

第10図　調相設備の接続方式

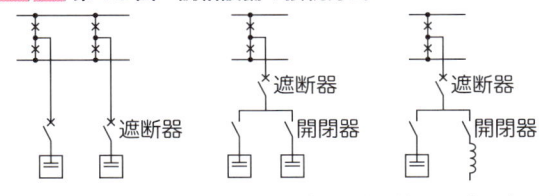

最近では，地価が高騰して変電所用地の取得がますます難しくなったことから，66〔kV〕以上の場合に従来使用していた絶縁架台を省略し，コンパクト化した大地据置式縮小型大容量コンデンサが盛んに採用されてきている．

(3) 分路リアクトル（ShR）

分路リアクトルは，長距離送電や地中送電において，線路の充電電流の進相無効電力のため受電端電圧が上昇することを抑制するためのものである．特に軽負荷時や無負荷時には，受電端電圧の上昇が著しく，変電所機器などの絶縁を脅かすことも考えられるほか，系統の安定運転の面からも，適当な容量の分路リアクトルを設置し，受電端電圧の変化をある一定の範囲内に収めることが必要である．

分路リアクトルは送電線路に直付けされる場合と変圧器の三次巻線に

接続される場合がある．今後の傾向として，大容量電源立地の遠隔化や系統安定度の向上のほか，系統の過渡過電圧低減にも効果のある線路直付けリアクトルが多用化されることが予想される．

また，分路リアクトルは電源からの送電線の長距離化と高電圧化に伴い大容量化の傾向を示している．定格電圧 11 〜 17〔kV〕で定格容量 10 〜 40〔MV・A〕の範囲のものが一般に用いられていたが，定格電圧 275〔kV〕で定格容量 200〔MV・A〕のものが採用されている．

(4) 静止形無効電力補償装置（SVC）

サイリスタによりコンデンサまたはリアクトルの並列回路を高速開閉することで無効電力を調整する．

コンデンサ群またはコンデンサとリアクトルを組み合わせたものをサイリスタで高速開閉して無効電力を調整する装置が静止形無効電力補償装置であり，次のような種類がある．

第11図のように，コンデンサ群をサイリスタで開閉し，必要容量を得る方式を TSC（Thyristor Switched Capacitor）と呼んでいる．この方式では，進み無効電力の段階制御となる．

第12図のように，コンデンサに並列にリアクトルを接続し，リアクトルに流れる電流を位相制御する方法を TCR（Thyristor Controlled Reactor）と呼んでいる．連続制御が可能で，コンデンサとリアクトルの組合せで遅れ・進みの補償が可能となるが，リアクトルに流れる電流がひずむので高調波を発生する．

最近では，第13図のようにインバータの原理を用いた SVG（Static Var Generator）と呼ばれるものもある．この方式では遅れ・進み無効電力の連続制御が可能で，高い動作周波数の PWM 制御を行うことにより低次高調

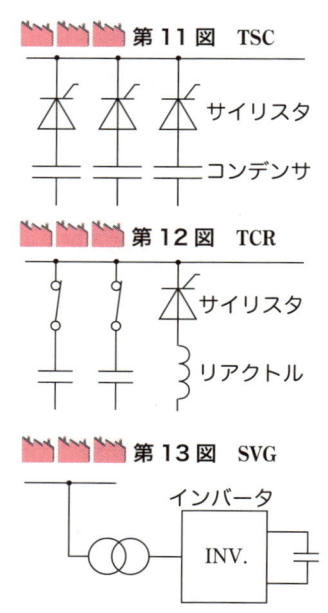

波の低減を図ることができる．

これら調相設備の比較を第1表にまとめた．

第1表　調相設備の比較

比較項目	同期調相機	電力用コンデンサ	分路リアクトル	SVC
価　格	大	小	小	大
年経費	大	小	小	小
電力損失	出力の1.5～2.5〔％〕	出力の0.2〔％〕以下	出力の0.5〔％〕以下	出力の0.5～1.0〔％〕
保　守	回転機として煩雑	簡　単	簡　単	簡　単
無効電力吸収能力	進相と遅相用	進相用	遅相用	進相と遅相用
調整段階	連　続	段階的	段階的	連　続
電圧調整能力	大	同期調相機より小	同期調相機より小	大
試送電能力	可　能	不可能	不可能	不可能

6　その他の機器による電圧調整

(1)　負荷時タップ切換変圧器

　　負荷がかかった状態でタップ切換を行う装置を負荷時タップ切換装置（LRA：Load Ratio Adjuster または LTC：On Load Tap Changer）といい，これを取り付けた変圧器を負荷時タップ切換変圧器という．

　　LRAは，負荷電流を流した状態で，有効電力や無効電力に影響を及ぼさずに，変圧器の変圧比を調整できるため，配電用変電所の変圧器から500〔kV〕変圧器まで広く用いられている．

　　変圧器本体に負荷時タップ切換装置を内蔵させたもので，タップ位置および直列変圧器の使用有無の組合せで各種のものがある．

　　タップ位置：一次または二次巻線

　　直列変圧器：なし（直接式）またはあり（間接式）

(2)　柱上変圧器

　　柱上変圧器はきょう体内部で変圧比を変えることができ，配電電圧の変動幅に合ったタップに設定されて柱上に設置される．

6.6〔kV〕用変圧器の一次側には，一般に 6 900〔V〕，6 600〔V〕，6 300〔V〕，6 000〔V〕，5 700〔V〕の5個のタップが付いており，変圧器取付け位置の電圧値に応じて使用するタップが選定される．

(3) 直列コンデンサ

送電線路に直列に挿入し，線路リアクタンスを補償して，見掛け上の線路インピーダンスを減少させ，線路の電圧降下を軽減する．

直列コンデンサは電線路の誘導リアクタンスをコンデンサの容量リアクタンスで打ち消し，電圧変動の改善を図るものである．負荷電流に即応して電圧降下を補償することができるので，電圧変動率の改善，大容量の電動機や溶接機などの始動停止によるフリッカ防止などに良好な特性を示す．

テーマ 37 自家用受電設備の保護協調の条件と保護方式の種類

1 保護協調の必要性と種類

(1) 保護協調の必要性

　保護協調とは，ある系統およびある機器に万一事故が発生した場合，事故点を早期に検出し，迅速に事故点を選択除去し，事故の波及拡大を防止し，健全回路の不要遮断を避けることにある．保護装置がばらばらに動作し，事故点が正確に選択できないと，必要以上の遮断器が動作し広範囲の停電を引き起こすことになる．このため，各保護装置相互間の適正な協調が必要となる．

(2) 過電流保護協調

　過負荷によるものと短絡によるものとがあり，配電線の短絡事故時には，配電線に接続された過電流継電器が確実に動作しなければならないが，事故が需要家構内の場合には需要家側の過電流継電器が先に動作するよう，時限協調を確実に図ることが必要である．

　高圧受電設備における時限協調曲線図を第1図に示す．図の①，②，③は次の特性曲線を示すものである．

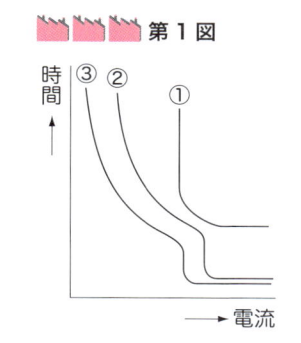

第1図

①：配電用変電所の引出側過電流継電器の特性曲線
②：需要家の受電側過電流継電器の特性曲線
③：変圧器二次側配線用遮断器の特性曲線

(3) 地絡保護協調

　電力会社の変電所に対し，時限協調および地絡電流協調をとることが必要である．一般に地絡継電器は，零相電流により動作する非方向性のものが使用されるので，需要家内の高圧ケーブルが長く対地静電容量が大きいと，不必要に動作することがある．このような場合には，方向性

を持った地絡方向継電器を使用し協調を得る必要がある．第2図に過電流継電器の実際の時限協調を示す．

第2図　過電流継電器の時限協調例

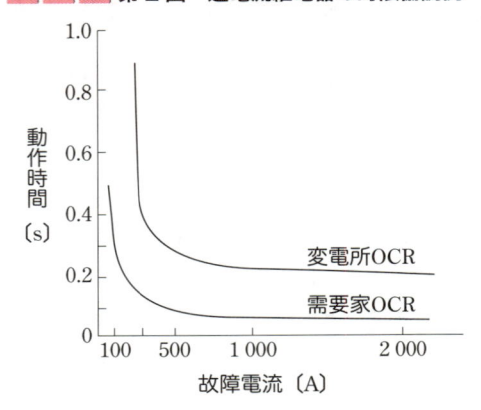

縦軸：動作時間〔s〕（0～1.0）
横軸：故障電流〔A〕（100, 500, 1 000, 2 000）

曲線：変電所OCR，需要家OCR

(4) カスケード（バックアップ）遮断協調

経済的保護機器適用を目的として行う方式として採用される．負荷側には経済的な小遮断電流遮断器を使用し，電源側に高遮断電流遮断器を施設し，負荷側遮断器の遮断電流値以上の短絡電流が通過した場合には電源側遮断器が同時直列遮断を行い，短絡電流を遮断させると共に負荷側遮断器も保護する方式である．

2　保護協調検討のための基礎知識

(1) 高圧受電設備の回路構成と保護方式

高圧受電設備は受電電力容量が $50 \sim 2\,000$ 〔kW〕未満の範囲の設備である．高圧受電設備の回路構成は保護方式から，その基本形態は次の3種類に分類される．

① CB形

遮断器（CB）を用い，過電流継電器，地絡継電器などとの組合せによって過負荷，短絡，地絡事故などを保護する方式．

② PF・S形

高圧限流ヒューズ（PF）と負荷開閉器（S）を組み合わせ，短絡事故を保護する方式で，過負荷，地絡保護を必要とするときは引外し装

置付負荷開閉器を用いる．負荷開閉器は限流ヒューズと熱的・機械的保護協調を考慮したものとする必要がある．この方式は受電設備容量が 300〔kV・A〕以下に限定される．

③ PF・CB 形：PF・S 形の受電設備が増設で 300〔kV・A〕を超えるとき，また系統の短絡電流が大きくなり，遮断器の遮断容量が不足する場合に限流ヒューズと遮断器を組み合わせて過負荷，短絡，地絡事故などを保護する方式で，保護機能は①の CB 形と同じである．

(2) 高圧受電設備の過電流保護協調

電力会社配変送出しフィーダの過電流保護装置（配変 OCR）と受電点保護装置（受電 OCR）との動作協調が事故電流全域で十分協調がとれているかは保護協調曲線を作成して確認する必要がある．一般に高圧受電設備は電力会社配電系の末端にあるので，配変 OCR の整定はレバー # 1 で，動作時間は整定値の 10 倍を超える領域は 200〔ms〕程度である．

(a) CB 形の保護協調

受電点の過電流継電器は配変 OCR との協調上，瞬時要素付きの過電流継電器を使用する必要がある．一般に受電点の過電流継電器の整定は第 1 表による．ただし，配変 OCR との動作協調が保たれ，また変圧器の励磁突入電流，電動機の始動電流など負荷機器の過渡特性で動作しないように整定する必要がある．

第 1 表　受電点の過電流継電器の整定

	瞬時要素	限時要素	
	整定値	整定値	レバー値
誘導形過電流継電器 （瞬時要素付き）	契約電力の 500～1 500〔％〕	契約電力の 110～150〔％〕	特に制約ない
誘導形過電流継電器 （瞬時要素なし）	―	契約電力の 110～150〔％〕	レバー # 1 以下

(b) PF・S 形の保護協調

限流ヒューズだけの保護であるため構内変圧器の励磁突入電流特性から限流ヒューズの最小定格電流が制約される．したがって，構内変圧器容量によっては配変 OCR との協調がとれない場合があり，PF・S 形が採用できないことがある．限流ヒューズの特性には溶断特性（ヒューズの平均溶断時間），遮断特性（ヒューズに事故電流が流れ，

ヒューズエレメントが溶断・発弧し，電流が遮断されるまでのアーク時間を含めた全遮断時間），許容電流−時間特性（電動機の始動電流，変圧器，コンデンサの励磁突入電流などでヒューズエレメントが劣化しない許容時間）および限流特性があり，上位過電流継電器との協調は遮断特性で，また下位保護機器との協調や負荷機器の過渡特性との協調は許容電流−時間特性で保護協調を検討する必要がある．限流特性は回路構成直列機器の熱的・機械的強度の検討に使用する．第3図に限流ヒューズの溶断特性を示す．

第3図 溶断特性曲線

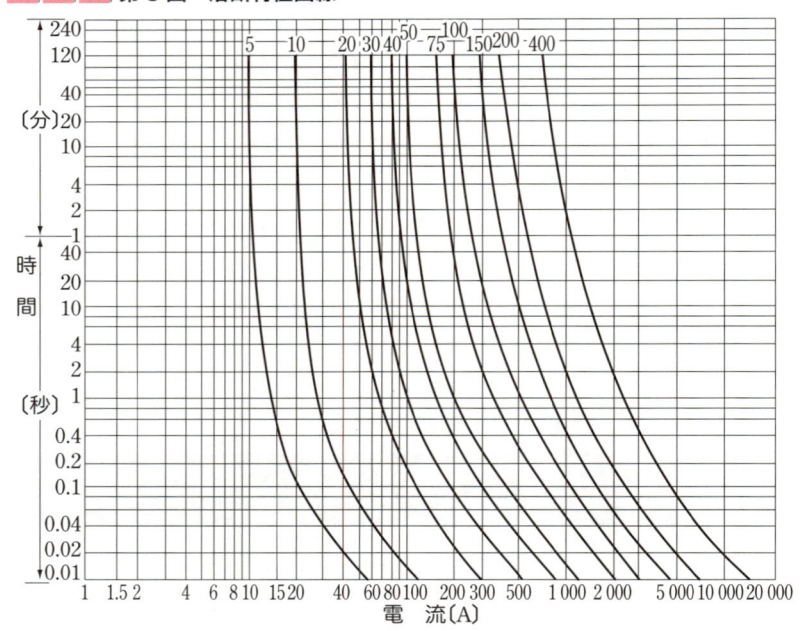

(3) 高圧受電設備の地絡保護

電力会社の配変の地絡保護装置は一般に地絡過電圧継電器（OVGR）と地絡方向継電器（DGR）の組合せによって保護され，おおよそ感度500〔mA〕，時限0.5秒以上に整定されている．しかし，高圧受電設備には一般にJISの高圧地絡継電器が使用され，感度200〔mA〕，動作時限0.1〜0.3秒で，配変DGRとの協調はとれる．

3 過電流保護協調検討の実際

〔検討例〕第4図に示す高圧受電設備（CB形）で保護協調曲線を作成し、受電点での主遮断装置の保護装置（受電OCR）を整定のうえ過電流保護装置を検討する．ただし、受電点短絡電流は12.5〔kA〕、契約電力は1 000〔kW〕、配変OCRの整定はタップ4〔A〕、レバー＃1とした場合を考える．

第4図

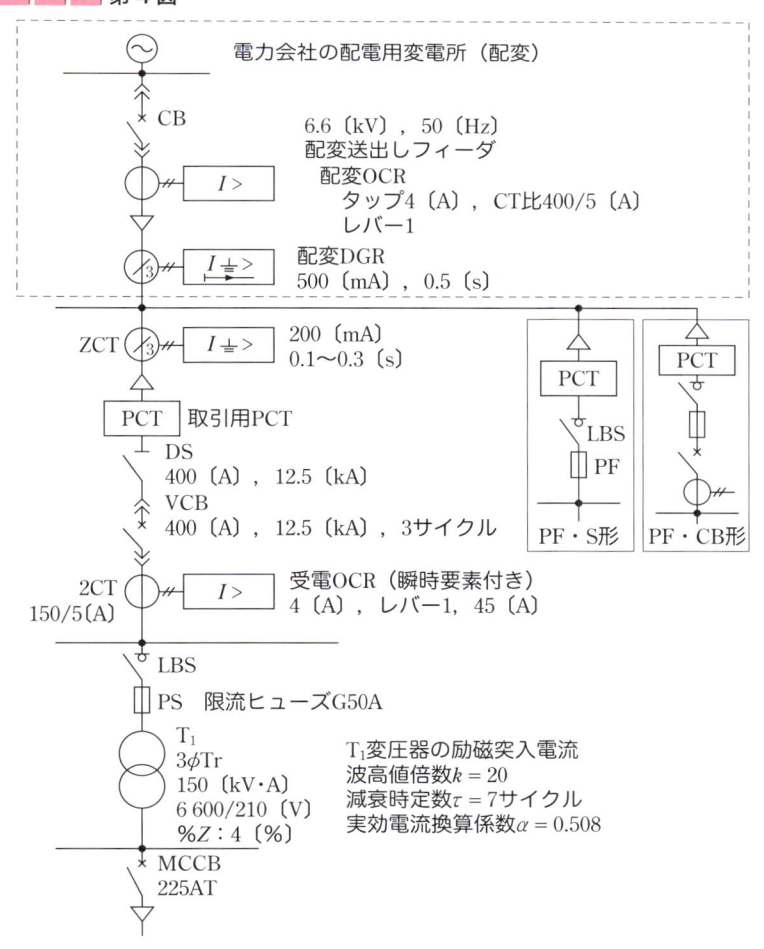

電力会社の配電用変電所（配変）

CB

6.6〔kV〕，50〔Hz〕
配変送出しフィーダ
配変OCR
 タップ4〔A〕，CT比400/5〔A〕
 レバー1

配変DGR
500〔mA〕，0.5〔s〕

ZCT
200〔mA〕
0.1〜0.3〔s〕

PCT 取引用PCT

DS
400〔A〕，12.5〔kA〕

VCB
400〔A〕，12.5〔kA〕，3サイクル

2CT 150/5〔A〕

受電OCR（瞬時要素付き）
4〔A〕，レバー1，45〔A〕

LBS

PS 限流ヒューズG50A

T_1
3ϕTr
150〔kV·A〕
6 600/210〔V〕
%Z：4〔%〕

MCCB
225AT

PCT — LBS — PF　PF・S形
PCT — PF　PF・CB形

T_1変圧器の励磁突入電流
波高値倍数 $k = 20$
減衰時定数 $\tau = 7$サイクル
実効電流換算係数 $\alpha = 0.508$

テーマ37　自家用受電設備の保護協調の条件と保護方式の種類

(1) 過電流保護協調曲線の作成

保護協調曲線図は両対数の方眼紙（横軸：電流，縦軸：時間）に各保護装置（過電流継電器，ヒューズなど）の動作特性曲線を作図し，上位保護装置との動作協調（時限および感度協調）や被保護機器の過電流耐量，励磁突入電流などの過渡電流特性，三相短絡電流などを記入することによって被保護機器との協調をも確認するためのものである．時間軸は0.01～1000秒，電流軸は最大事故電流が示される大きさとし，数種の電圧の系統を含む場合は基準となる電圧ベースに換算して作図する．全体の協調のチェックは動作時限差と電力会社側との協調などを主体に行う．

(2) 受電OCRの整定値検討

受電OCRは瞬時要素付過電流継電器が使われ，第1表から限度要素の整定値は

$$\frac{1000}{\sqrt{3} \times 6.6} \times \frac{110 \sim 150}{100} \times \frac{5}{150} \fallingdotseq 3.2 \sim 4.4 \text{〔A〕}$$

これから整定タップ値を5〔A〕とする．

瞬時要素のタップ値は

$$\frac{1000}{\sqrt{3} \times 6.6} \times \frac{500 \sim 1500}{100} \times \frac{5}{150} \fallingdotseq 14.6 \sim 43.7 \text{〔A〕}$$

これから整定タップ値を45〔A〕とする．限度要素のレバー値は配変OCRとの協調上レバー#1とする．

(3) 配変OCRとの協調検討

過電流継電器には慣性特性があるので，上位OCRの動作時間をT_1，下位OCRの動作時間をT_2，下位遮断器の遮断時間をT_{CB}，上位OCRの慣性係数をKとすると，上位OCRと下位OCRとの動作協調は

$$K \cdot T_1 > T_2 + T_{CB}$$

を満足すればよい．

これから受電OCRの瞬時要素の動作時間は10～50〔ms〕，また受電遮断器には3サイクルVCBを使用しており，配電OCRは整定値の10倍を超える領域で200〔ms〕，慣性係数を0.9とすると

$$K \cdot T_1 = 0.9 \times 200 = 180 \text{〔ms〕}$$

$$T_2 + T_{CB} = (10 \sim 50) + \left(\frac{3}{50} \times 1\,000\right)$$

$$= 70 \sim 110 \ \text{(ms)}$$

となり，協調がとれる．

(4) 変圧器一次ヒューズ選定の検討

　変圧器の励磁突入電流でヒューズエレメントが劣化しないように選定するには突入電流波形と減衰を考え，実効値電流に換算し，限流ヒューズの許容電流時間 T_{PFi} 以内に入るように限流ヒューズの定格を選定する必要がある．励磁突入電流を実効値換算するには，励磁突入電流高値倍数を k，実効値換算係数を α とすると

　　実効値換算電流 $I_{prms} = k \cdot \alpha \cdot I_n$

で近似的に求められる．ただし，I_n は変圧器の定格電流，α は減衰時定数 τ（サイクル）によって決まる実効値電流換算係数，また実効値電流の継続時間 T〔s〕は，次式で求める．

$$T = (2\tau - 1) \times \frac{1}{2f} \ \text{(s)}$$

　ただし，f：系統の定格周波数〔Hz〕

　150〔kV·A〕の油入変圧器の実効値換算電流は，$\tau = 7$ サイクル，$k = 20$ 倍，$\alpha = 0.508$ なので，実効値換算電流 I_{prms} と継続時間 T は，

$$I_{prms} = 20 \times 0.508 \times \frac{150}{\sqrt{3} \times 6.6} \fallingdotseq 133.3 \ \text{(A)}$$

$$T = (2 \times 7 - 1) \times \frac{1}{2 \times 50} = 0.13 \ \text{(s)}$$

　以上から励磁突入電流特性値を第5図に示す限流ヒューズの許容電流−時間特性曲線上にプロットしてヒューズを選定する．これから40〔A〕以上のヒューズを選ぶ必要がある．

(5) 変圧器一次限流ヒューズと受電 OCR との協調検討

　限流ヒューズの上位過電流継電器との協調は限流ヒューズの全遮断時間 T_{PF} と上位過電流継電器動作時間 T_{OC} との関係が，

　　$T_{PF} < K \cdot T_{OC}$

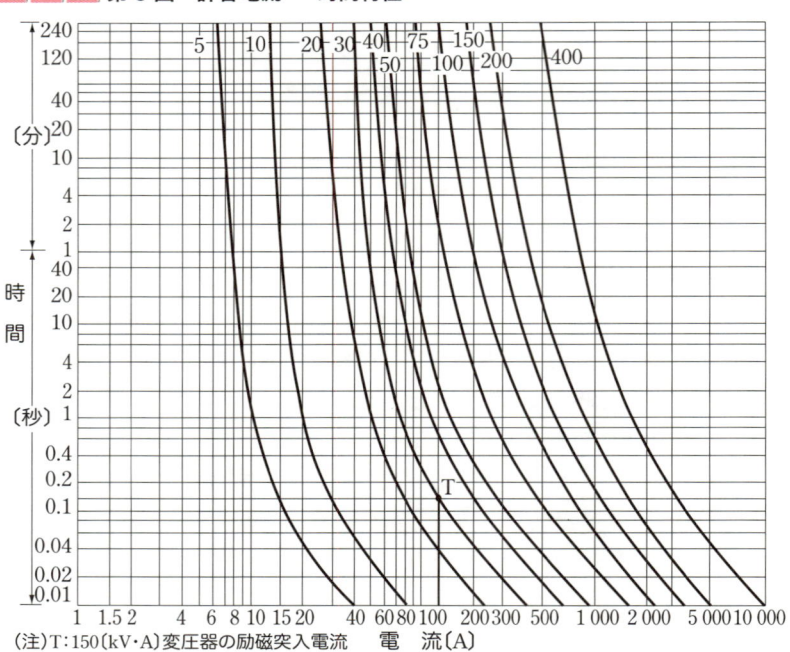

第5図 許容電流 — 時間特性

(注) T:150〔kV·A〕変圧器の励磁突入電流　電　流〔A〕

ただし，K：過電流継電器の慣性特性（0.85）を満足すればよい．

変圧器一次限流ヒューズの 40，50〔A〕について遮断特性曲線を作図し，受電 OCR の動作特性曲線（慣性特性を考慮した動作特性）以下となっているかを確認する．

(6) 変圧器一次限流ヒューズと二次配電用遮断器との協調検討

限流ヒューズと下位保護機器との協調は変圧器二次側最大短絡電流の範囲内で限流ヒューズの許容電流時間 T_{PFi} と下位保護機器の動作時間 T_{MCCB} との関係が

$$T_{PFi} > T_{MCCB}$$

を満足すればよい．

保護協調曲線を作図する場合は変圧器二次回路の配電用遮断器の遮断電流−時間特性を変圧器一次側定格電圧 6.6〔kV〕に換算して動作特性曲線をプロットし確認すればよい．配電用遮断器に 225AT を使用すればこの遮断器の瞬時引外し電流を調整することで上位限流ヒューズとの

協調をとることができる．ただし，限流ヒューズに 40〔A〕を選定すると，40〔A〕の許容電流-時間特性が配電用遮断器の動作特性と交差するため 50〔A〕を選定する必要がある．

(7) 変圧器二次短絡電流の算出

保護協調曲線への作図のためには 6.6〔kV〕換算ベースの三相短絡電流値を求めればよい．

$$受電点 \% \ Z_s = \frac{10 \times 100}{\sqrt{3} \times 12.5 \times 6.6}$$

$$= 7.0 \ 〔\%〕\ (10 \ 〔MV \cdot A〕 ベース)$$

$$変圧器 \% \ Z_t = \frac{10}{0.15} \times 4$$

$$= 266.7 \ 〔\%〕\ (10 \ 〔MV \cdot A〕 ベース)$$

これから 6.6〔kV〕ベースでの変圧器二次短絡電流は，次式となる．

$$\frac{10 \times 100}{\sqrt{3} \times 6.6 \times (7.0 + 266.7)} \fallingdotseq 0.32 \ 〔kA〕$$

保護協調曲線上に変圧器二次短絡電流値をプロットして配電用遮断器と限流ヒューズの協調を確認する．

(8) 保護協調曲線の作図と協調の確認

保護協調曲線を作図する場合は実際に使用される保護機器のメーカが発表している特性曲線によって作成し，特性値は製作上のばらつきがあり，これら動作特性誤差を考慮して保護協調上は常に安全側となるよう考慮しなければならない（第6図）．限流ヒューズ，配電用遮断器などは調整ができないので，直列に多段で使用する場合は特に注意が必要である．

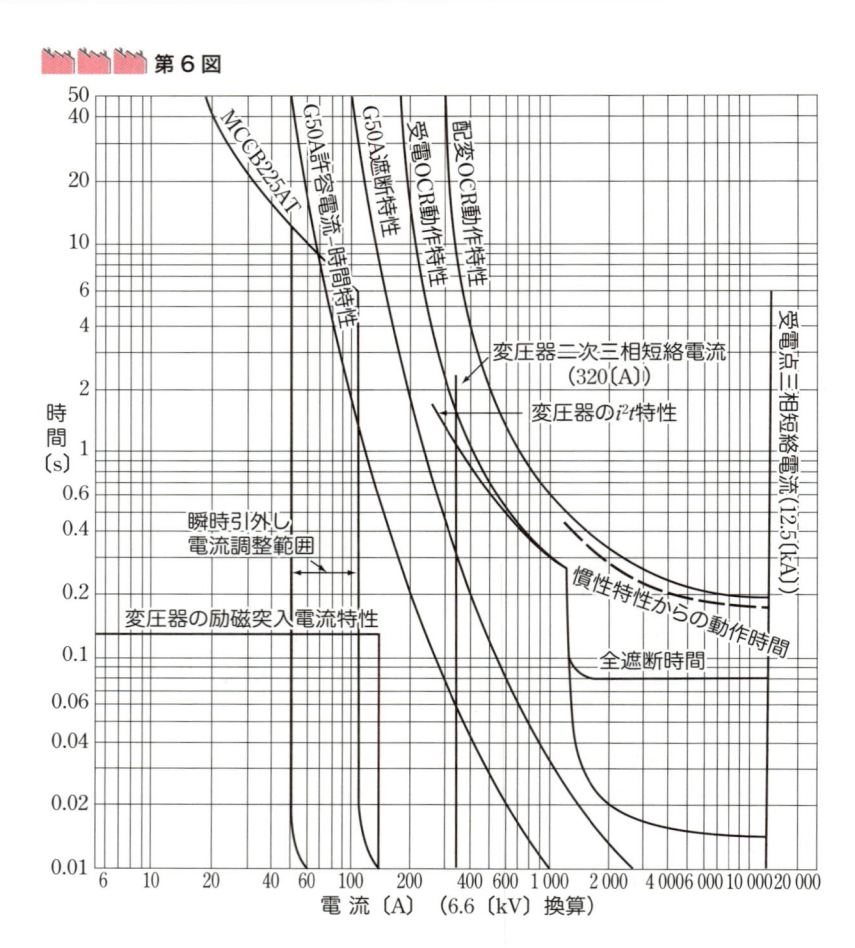

テーマ37 自家用受電設備の保護協調の条件と保護方式の種類

第6図

テーマ
38

自家用高圧受電設備の波及事故防止

　自家用高圧受電設備による波及事故は，電力機器の品質向上，CVケーブルの普及およびケーブル施工技術の向上，保護継電器類のトランジスタ化による精度向上などにより減少してきている．しかし，自家用設備からの波及事故率は横ばい状態にあり，その事故対策強化に努めると共に，その防止措置も大切である．

1　自家用波及事故とは

　電力利用技術の進歩と経済の発展，快適なライフスタイルやオフィスシステムを追求する社会の動きに支えられた電力需要は増加を続けている．これと同時に電力は人々の日常生活や社会活動の細部にまでかかわるようになり，電力に対する依存度も大きくなっている．このような社会情勢の中において停電が社会活動に与える影響は大きく，ほんの一瞬の停電が会社機能や都市機能をマヒさせてしまう結果にもなりかねない．このため各電力会社は停電回数，停電時間の減少を図ってきた．しかしながら配電線事故が多発しており，これらを減少するための方策が検討実施されている．

　配電線事故の原因には，電力会社設備が発生源となっているもののほかに，高圧自家用設備が発生源となっているものがある．自家用電気工作物は高圧配電線から直接電力を引き込んでいるため，自家構内事故であってもその影響で電力側配電線が停電してしまうことがあり，このような事故を自家用波及事故と呼んでいる．

　第1図に，電力会社（A社）における全配電線事故件数と波及事故件数の推移例を，また，第2図に，配電線事故に占める波及事故の割合例を示す．平成11年度以降の件数は，横ばい状態である．

2　波及事故の約9割は主遮断装置

　波及事故で特徴的なものは事故の9割近くが主遮断装置（CB，PF付LBS）自体あるいはその電源側で発生していることである（第3図）．通常，

テーマ３８　自家用高圧受電設備の波及事故防止

第１図　高圧配電線事故と自家用波及事故件数の推移
（昭和 57 年度～平成 11 年度）

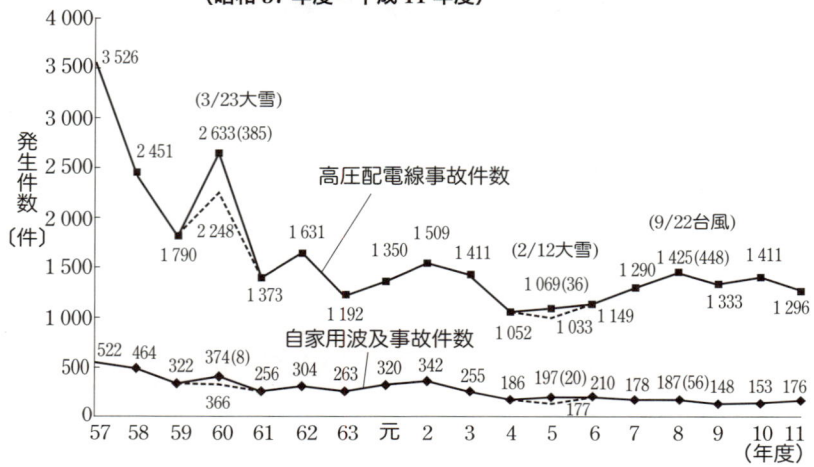

第２図　自家用波及事故の構成率の推移（昭和 57 年度～平成 11 年度）

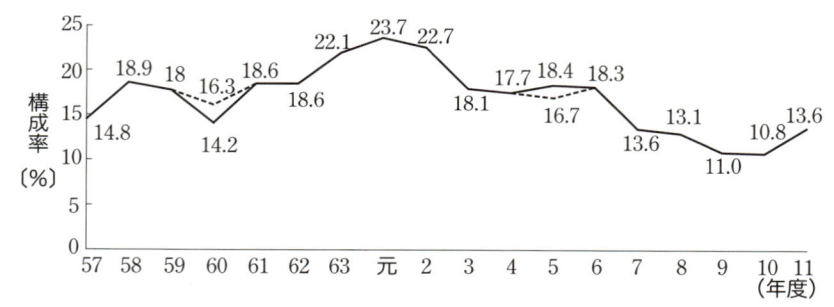

　自家用需要家には構内事故が発生したときでもその影響を最小限に抑えるため保護継電システムが確立されているが，自家用電気工作物と電力会社設備との財産責任分界点から事故遮断を行う主遮断装置までの間の保護が従来システムで不可能なため，こうした特徴で現れる．

　どのような原因で事故が発生しているかを第４図に示す．各事故原因の中でもっとも多いのは，自然劣化といった絶縁劣化による事故で全体の約 1/4 を占め，次に雷による事故，以下，保守不完全なために発生した事故，他企業者による機器損傷，鳥獣接触による事故と続いている．

　第５図に事故発生機器別の状況を示す．事故原因で自然劣化がトップであるのを受けてケーブル関係の事故が約 30〔％〕を占めており，中でも

第3図　主遮断装置の電源側・負荷側別事故発生状況（平成11年度）

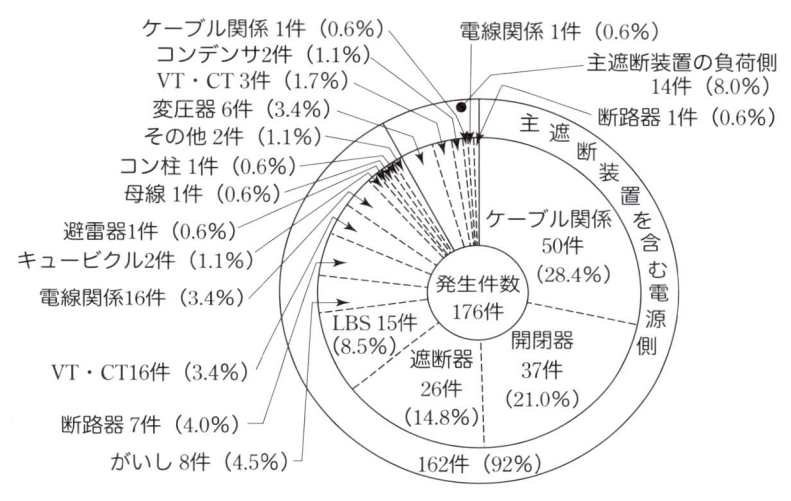

- ケーブル関係1件（0.6%）
- コンデンサ2件（1.1%）
- VT・CT 3件（1.7%）
- 変圧器6件（3.4%）
- その他2件（1.1%）
- コン柱1件（0.6%）
- 母線1件（0.6%）
- 避雷器1件（0.6%）
- キュービクル2件（1.1%）
- 電線関係16件（3.4%）
- VT・CT 16件（3.4%）
- 断路器7件（4.0%）
- がいし8件（4.5%）
- LBS 15件（8.5%）
- 遮断器26件（14.8%）
- 開閉器37件（21.0%）
- ケーブル関係50件（28.4%）
- 電線関係1件（0.6%）
- 主遮断装置の負荷側14件（8.0%）
- 断路器1件（0.6%）
- 主遮断装置を含む電源側162件（92%）
- 発生件数176件

主遮断装置の電源側事故構成率の年度推移

年度	元	2	3	4	5	6	7	8	9	10	11
発生率	89.1	92.1	89.4	87.1	93.9	87.6	82.4	87.2	92.5	95.4	92.0

第4図　波及事故原因の構成（平成11年度）

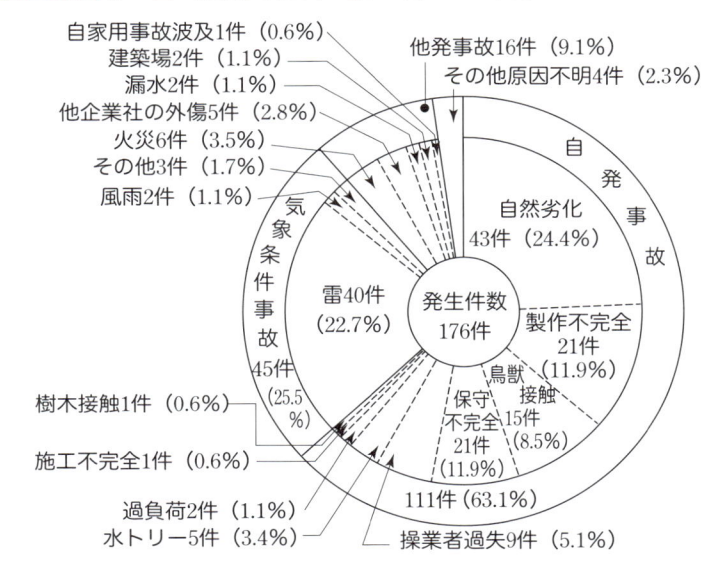

- 自家用事故波及1件（0.6%）
- 建築場2件（1.1%）
- 漏水2件（1.1%）
- 他企業社の外傷5件（2.8%）
- 火災6件（3.5%）
- その他3件（1.7%）
- 風雨2件（1.1%）
- 樹木接触1件（0.6%）
- 施工不完全1件（0.6%）
- 過負荷2件（1.1%）
- 水トリー5件（3.4%）
- 他発事故16件（9.1%）
- その他原因不明4件（2.3%）
- 自然劣化43件（24.4%）
- 製作不完全21件（11.9%）
- 鳥獣接触15件（8.5%）
- 保守不完全21件（11.9%）
- 操業者過失9件（5.1%）
- 雷40件（22.7%）
- 気象条件事故45件（25.5%）
- 自発事故111件（63.1%）
- 発生件数176件

8 施設管理

テーマ38　自家用高圧受電設備の波及事故防止

第5図　波及事故発生機器の構成率（平成11年度）

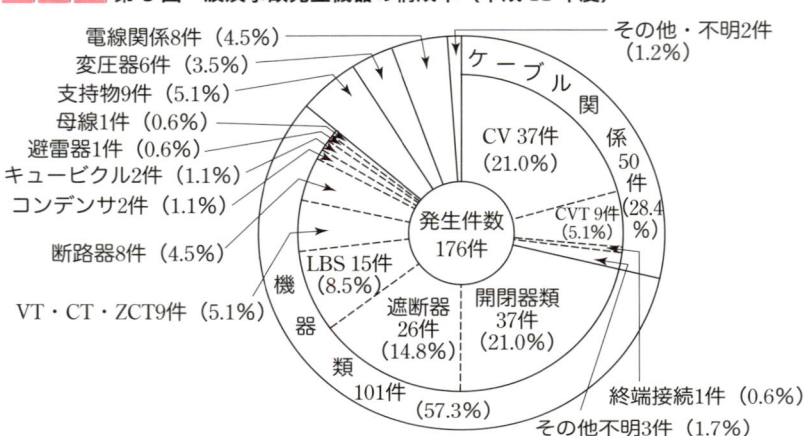

- 電線関係8件（4.5%）
- 変圧器6件（3.5%）
- 支持物9件（5.1%）
- 母線1件（0.6%）
- 避雷器1件（0.6%）
- キュービクル2件（1.1%）
- コンデンサ2件（1.1%）
- 断路器8件（4.5%）
- VT・CT・ZCT9件（5.1%）
- LBS 15件（8.5%）
- 遮断器26件（14.8%）
- 機器類101件（57.3%）
- 開閉器類37件（21.0%）
- ケーブル関係50件（28.4%）
- CV 37件（21.0%）
- CVT 9件（5.1%）
- 終端接続1件（0.6%）
- その他不明3件（1.7%）
- その他・不明2件（1.2%）
- 発生件数176件

　CVケーブルの事故がもっとも多い．自然劣化以外にも雷による絶縁破壊などもあり，ケーブル関係の事故はここ数年CVTケーブルの増加に伴い減少傾向にある．

　平成7年よりケーブル関係事故と逆転してトップは機器類の事故である．具体的には，VT・CT，遮断器，LBS，断路器，開閉器などで，主な事故原因は経年による絶縁劣化，充電部露出機器に多い鳥獣接触，雷サージの侵入による絶縁破壊，メンテナンス不足などによるものである．機器関係の事故は，機器製造技術の進展などにより機器の信頼度が向上しているにもかかわらず，ここ数年横ばい状態にある．

　これに続く支持物は，雷サージによる支持がいしの破損，ほこりの吸湿によるがいし，クリート類の絶縁破壊，クレーン車の接触による電柱の傾斜，倒壊などによるものである．電線関係の事故ではバインド線がゆるみ，電線が腕金に接触したり，工事車両による構内電線切断といった原因のものがあげられる．支持物や電線の事故はケーブル関係の事故や機器類の事故に比べ件数が少なく，その割合もここ数年ほぼ横ばい状態である．

3　計画，設計段階で考慮すべき事項

① 機器類の絶縁強度などを完全にする．
　　変圧器，開閉器，変成器，ケーブルなど機器・機械類は，受電設備

指針による規格品を採用する．充電部の相互間および大地間の絶縁距離を十分にとる．また受電用遮断器より電源側の PCT や ZCT は，なるべくモールド化したものを用いるなどして設備の信頼度を高くする．
② 屋外設置のキュービクルなどは，風雨，塩じんなど自然環境に十分耐えるものとする．
③ 引込口あるいはその近くに適切な避雷器を設置する．また，架空引込線については，架空地線を設置することが望ましい．
④ 保安責任分界点に，地絡遮断装置付き高圧負荷開閉器（GR 付 PAS）を設ける．
⑤ 供給変電所保護装置との保護協調をとる．すなわち，自家用受電設備の内部事故時に，供給変電所の保護・開閉装置が先行して動作するなど不都合がないように，自家用受電設備の保護装置の動作電流・動作時間を選定する．
⑥ 自家用受電設備内の各種保護装置間の保護協調をとる．
⑦ 受電設備は，人，動物の感電防止のため，充電部分が直接露出しない構造とする．

【保護協調の考え方】

電力会社設備と自家用電気工作物との財産責任分界点に地絡保護装置付き高圧負荷開閉器（GR 付 PAS）を取り付けることが平成元年 11 月の資源エネルギー庁公益事業部長通達「高圧受電設備の施設指導要領の改正について」で明文化された．これによる保護協調の考え方は次のとおりである．
① 過電流保護については，供給変電所の CB 動作後，PAS が開放し，再閉路の際，投入されないようロックする．
② 地絡保護については，供給変電所の CB が動作する以前に PAS が動作・開放する．
③ PF・S 形キュービクル式高圧受電設備の動作協調・遮断性能例を第 6 図に示す．
④ 充電部露出による事故防止対策として採用されている相間バリアおよびブッシングカバーの取付けを第 7 図に示す．

第6図 PF・S形キュービクル式高圧受電設備の動作協調・遮断性能

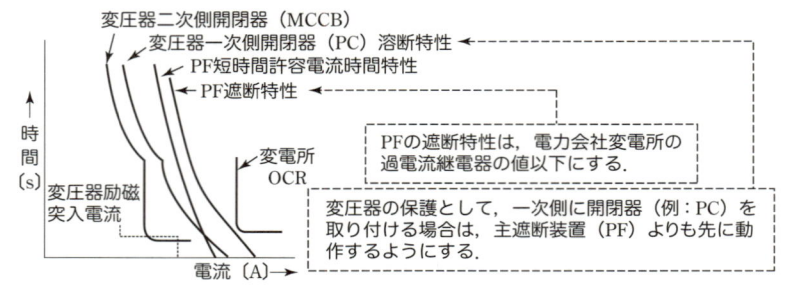

PF・S形キュービクル式高圧受電設備主遮断装置の遮断性能は，高圧側の短絡に対しては，高圧限流ヒューズ（PF）が遮断し，地絡に対しては，高圧交流負荷開閉器が自動開路する．

第7図 充電部露出対策例

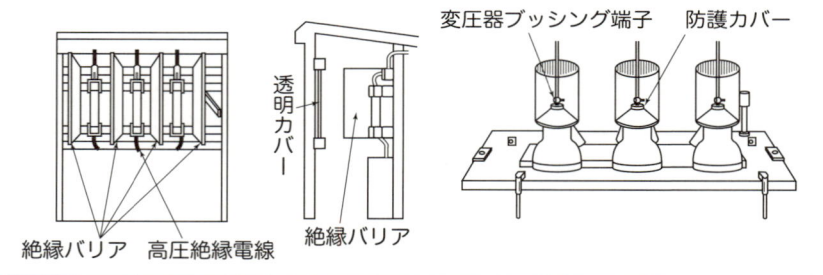

4 工事施工上考慮すべき事項

① 高圧ケーブルは，被覆を損傷しないよう，また，曲がりを十分にとって布設する．地中ケーブルの場合は，所定の深さに埋設し，布設箇所の表示をする．ケーブルの端末処理は，熟練した技能者に行わせる．

② ケーブルのシールドを，片端接地にするなどの配慮をして，零相変流器の作用および継電器の動作を確実にする．

③ 建屋およびキュービクルに小動物が侵入しないよう，各種の開口部を網などで確実にふさぐような構造とする．また，柱上の受電設備の場合は，柱や支線に忍び返しを取り付けるなどして，小動物による被害を防ぐ．

④ 機器・材料が仕様どおりであるか，また据付け・接続などの施工が確実であるかをチェックする．

⑤ 各種の測定・試験を確実に行う．また，保護装置を適切に整定する．

【具体策】

① ケーブル特有の事故の一つに損傷事故があげられる．これに対しては第8図のような埋設位置の表示をする（解釈第120条）．

② ケーブルのシールド線接地工事施工方法を第9図に示す．

③ 充電部分が露出している機器では，小動物侵入による充電部接触事故が発生するおそれがある．これに対しては，小動物の主な侵入箇所となるキュービクルや壁のすき間やケーブル引出口，通気孔などを閉そくしたり，パンチングメタル板の取付けなどが行われている（第10図）．

④ 据付け・接続の締付けは，規定のトルクで行い，その直後にマーキングをする．

第8図 ケーブル施設例

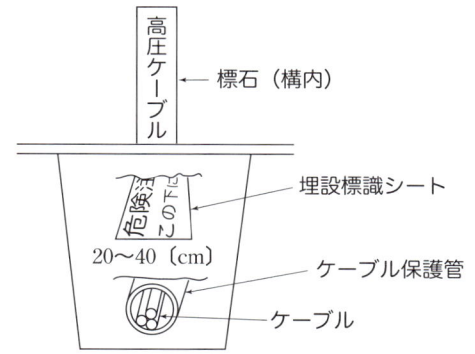

第9図 シールド接地工事の施工方法

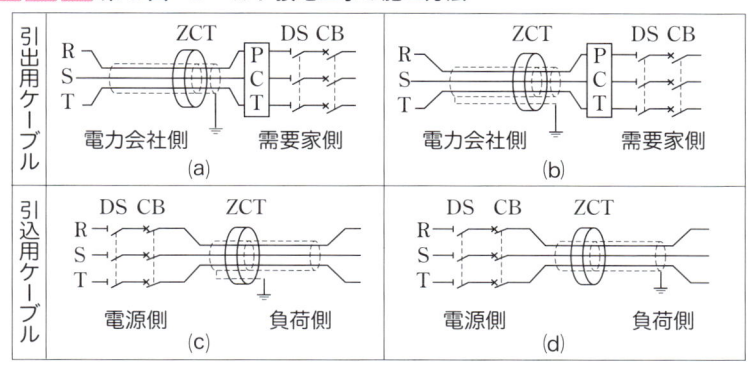

第10図 小動物侵入対策例

(a) 通気孔・換気扇 — 金網・パンチング板の施設

(b) ケーブル引込口・引出口 — シール材で閉そく処置

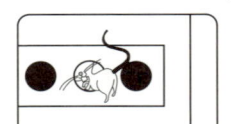

(c) キュービクル下部通気孔 — パンチング板の施設

5 保安上考慮すべき事項

① 設備の運転中は，各部の温度上昇・異音・変色などに注意する．
② 機器・ケーブルなどの点検・劣化診断を定期的に行う．
③ 保護装置の動作試験を定期的に行う．
④ 強風・豪雨・地震などがあったときは浸水・冠水その他の異常の有無について調査する．
⑤ ケーブル布設箇所付近の地面の掘削工事に立会い，ケーブルの損傷を防止する．

【現場での保安対策】

① 過熱トラブルについては，サーモグラフィー診断，放射温度計測定，サーモテープ貼り付けによる未然防止対策が図られている．
② 機器，ケーブルの劣化診断方法には，機器絶縁油の油中ガス分析・酸価測定・耐圧試験やケーブルの活線診断（直流重畳法，直流成分法，零相電流法）・精密診断（直流高圧漏れ電流法 –E 法，–G 法，tan δ 法）などがある．

③ 必要に応じ，次のような改善を行う．
  (a) 保安責任分界点に地絡遮断装置がない場合は，地絡遮断装置付き高圧交流負荷開閉器を設ける．
  (b) ブチルゴム電力ケーブルは，なるべく早く架橋ポリエチレンケーブル（CVTケーブルなど）に取り替える．なお，冠水する場所では，遮水層付ケーブルが望ましい．
  (c) 零相変流器の貫通電線がカンブリック絶縁の場合は，架橋ポリエチレン絶縁かエチレンプロピレン絶縁のものに取り替える．
  (d) 変成器がモールドでない場合は，モールド形に取り替え，電圧変成器の一次側に，十分な遮断性能を持つ高圧限流ヒューズを取り付ける．

テーマ39 油入変圧器の油の劣化原因と劣化防止方式

変圧器に用いられている主な絶縁材料としては絶縁紙と絶縁油がある．絶縁紙は温度上昇にもっとも弱く，絶縁油は酸化によって寿命が決まる．油入変圧器に用いられている絶縁油は鉱油であり JIS C 2320 で特性が規定されている．一般的には JIS 1 種 2 号油が用いられている．

1 劣化原因

油入変圧器の劣化原因は次のとおりである．

(1) 変圧器の呼吸作用による劣化

　油入変圧器は変圧器本体と絶縁油が鋳鉄製または鋼板製の外箱に入れられて密閉されている．この変圧器に外気温の変化あるいは負荷の変動によって発生熱量に変化を生ずると，変圧器内部の油や空気が膨張・収縮する．このため，変圧器内部の圧力と大気圧とに差が生じて空気が出入りする．これを変圧器の呼吸作用という．この作用によって変圧器内部に湿気が持ち込まれ絶縁耐力が低下するほか，加熱された絶縁油が空気と接触するため酸化作用が生じ絶縁油の劣化が進行する．これらの現象によって，変圧器内部に不溶性沈殿物が生ずるため悪影響が及ぶ．

　変圧器のタップ切換，または絶縁油の補充や絶縁油の採取を行う場合，変圧器のハンドホール（点検口）を開けることが行われる（窒素ガス封入変圧器を除く）．この場合，ハンドホールの締付けが不完全であるとパッキンにすき間が生じてしまい，変圧器の呼吸作用によって外気が出入りする．このため，ハンドホールの締付けは第1図に示すように対角線方向，かつ，メーカ指定のトルクで均等になるように締め付けてすき間を生じないよ

第1図　ハンドホール
変圧器を真上からみた図
対角線の順番で閉める

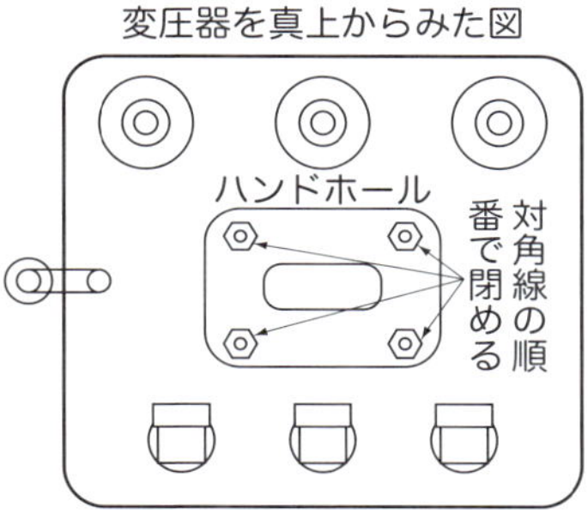

うにすることが肝要である．

(2) 過負荷運転などによる油の劣化

変圧器が過負荷状態で長時間使用されると絶縁油が過熱される．過熱によって絶縁油は，空気中に含まれる酸素により酸化変質が促進する．酸化変質した絶縁油はほかの材料を浸食したり，不溶性沈殿物（スラッジ）を生じたりして特性が低下してしまう．この現象は変圧器の使用環境が高温となる場合などでも同様に発生する．

(3) 変圧器の故障による劣化

変圧器内部で層間短絡や相間短絡が起きると絶縁破壊や局部的な加熱が生じ，絶縁油が分解される．このとき炭化水素系のガスが発生するほか，不溶性生成物が生じるため絶縁油が劣化する．

(4) 経年劣化

絶縁油（鉱油）は長期間使用していると，それ自身が分解していく．このときに水分が生成され劣化が進行する．

2 劣化防止方式

(1) 絶縁油を空気に触れさせない方法

① 隔膜式（エアシール方式）

　この方式は，第2図に示すようにコンサベータ内での外気と絶縁油の接触による劣化を防止するため，ゴムセルで外気と絶縁油を隔離したものである．ゴムセルは変圧器の呼吸作用によって膨張・収縮する．ゴムセルには，シリカゲルなど吸着剤を入れた吸湿呼吸器（ブリーザ）を通して外気が出入りする．ゴムセルの異常によってコンサベータ内に外気が侵入したときはガス検出器（ガスディテクタ）によって検出され警報する．

② 窒素ガス封入式

　この方式は，絶縁油

第2図　コンサベータ

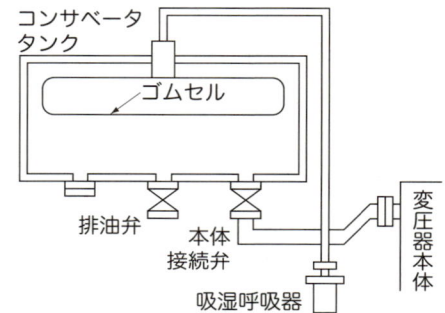

の劣化防止のために窒素ガスを封入し変圧器容器を密閉したものである．窒素ガスの消耗を少なくするためにコンサベータ容積は，変圧器本体油量の 15～20〔％〕としている．この方式には，浮動タンク式，窒素自動補給式などがある．

③　開放式

この方式は，絶縁油と空気との接触面を小さくするためコンサベータを用いている．コンサベータの空気出入口にブリーザを設け，これを通過する空気中の湿気をシリカゲル等の吸湿剤によって吸収し，絶縁油の劣化を防止する．シリカゲルは吸湿すると色が変化するようになっているので，定期的に交換する．

絶縁油は空気との接触による酸化，呼吸作用による吸湿などによって絶縁耐力が著しく低下する．このため，必要に応じて油プレスフィルタなどで水分を除去する．

(2) 湿分の吸着剤を用いる方法

湿分を吸収するため活性アルミナなどの吸着剤を用いる．活性アルミナはアルミニウムの酸化物（アルミナ）の水和物を熱処理し，多孔質の固体とした，優れた水分の吸収能力がある物質である．この吸着剤は変圧器の巻線の上などにパッケージされて置かれている．吸着剤を用いた変圧器の点検時にハンドホールを開けると，巻線の上に異物が置いてあるようにみえることがある．これが吸着剤である．

(3) 適正負荷にする方法

変圧器が過負荷状態で使用されると絶縁材の劣化が進行する．このため，適正な負荷となるように変圧器の増設，変圧器負荷分担の見直しなどのほか，力率の改善（低圧コンデンサ）による無効電流の減少を行うことがポイントとなる．また，自家用受電設備の自然空冷の高圧変圧器などが一時的に過負荷となってしまう場合などは，送風機などで強制的に放熱させるなどを行うとよい．

(4) 経年劣化に対する診断方法など

絶縁油の劣化診断のため，定期的に絶縁油を採取して試験を行う．この試験として一般的によく行われているものには絶縁破壊電圧測定，全酸価測定，含有水分測定がある．

① 絶縁破壊電圧測定

第3図に示すように直径が12.5〔mm〕の球状電極を2.5〔mm〕の間隔で対向させる．この中に採取した絶縁油を入れ，3 000〔V/s〕の割合で試験電圧を上昇させ，絶縁破壊電圧を測定する．絶縁破壊電圧による判断基準を第1表に示す．

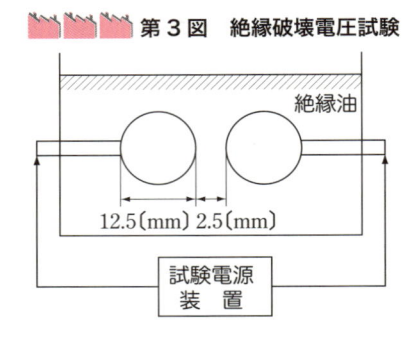

第3図 絶縁破壊電圧試験

第1表 絶縁破壊電圧測定による判断基準

区　分	絶縁破壊電圧	摘　要
新　油	30〔kV〕以上	―
良　好	20〔kV〕以上	―
要注意	15〔kV〕～20〔kV〕未満	適当な時期に絶縁油のろ過または入替えが必要
不　良	15〔kV〕未満	速やかな絶縁油の入替えが必要

② 全酸価測定

全酸価測定は，絶縁油1〔g〕に含まれる酸性成分を中和させるために混合させたアルカリ物質（KOH）の量で判断する．中和に要するKOHの量によって第2表に示すように判断する．

③ 含有水分測定

絶縁油の吸湿以外にも，絶縁油自身が経年劣化していくと水分が生成されてくる．このために含有水分をディジタル微量水分測定装置または水分簡易測定試薬などを用いて測定する．

第2表 全酸価測定による判断基準

区　分	酸価度〔mgKOH/g〕	摘　要
新　油	0.02	―
良　好	0.2以下	―
要注意	0.2～0.4	適当な時期に絶縁油のろ過または入替えが必要
不　良	0.4以上	速やかな絶縁油の入替えが必要

テーマ
40 油入変圧器の冷却方式と種類，原理，特徴

　機器の寿命は機器内部の最高温度で決まり，その許容最高温度が機器ごとに定められている．このため，機器の許容最高温度を超えないように冷却する必要がある．機器の温度上昇 θ と放熱係数 H の関係は，

$$\theta = \frac{Q}{H} = \frac{Q}{hA}$$

ただし，
　　Q：機器内部の発熱量（内部損失）〔W〕
　　h：機器表面の熱伝達係数〔W/（m^2・K）〕
　　A：機器表面の有効冷却面積〔m^2〕

である．この式から機器の温度上昇を抑えるには Q を小さくするか，hA を大きくすればよいことが分かる．変圧器の場合，同一負荷で Q を小さくするためには材料の改善によって低損失化を図ればよい．また hA を大きくすることは，放熱器を大きくするか，強制冷却方式などを採用すればよい．一般に Q は寸法の 3 乗に比例し，A は寸法の 2 乗に比例するので，変圧器の容量が大きくなるほど hA を大きくする必要がある．すなわち機器表面の熱伝達係数 h を大きくすることになる．これは大型変圧器になるほど強制冷却方式が必要であることにほかならない．

　油入変圧器の冷却方式としては JEC-2200 において第 1 表に示す分類がされており，第 2 表にその内容を示す．変圧器の銘板にはこの表示記号が記入されている．

1 油入式

　変圧器の外箱内に入れた絶縁油の対流現象を利用した冷却方式で次の 3 種類がある．

(1) 油入自冷式
　巻線および鉄心から発生する熱によって変圧器外箱内部の絶縁油が加熱される．このとき絶縁油は変圧器内部で対流循環すると共に外箱壁面

テーマ４０　油入変圧器の冷却方式と種類，原理，特徴

第1表　変圧器の冷却方式

冷却方式	表示記号	巻線・鉄心の冷却方式		周囲の冷却媒体	
		種類	循環方式	種類	循環方式
油入自冷式	ONAN	油	自然	空気	自然
油入風冷式	ONAF	油	自然	空気	強制
油入水冷式	ONWF	油	自然	水	強制
送油自冷式	OFAN	油	強制	空気	自然
送油風冷式	OFAF	油	強制	空気	強制
送油水冷式	OFWF	油	強制	水	強制

第2表　冷却方式の表示文字列順序と記号

文字順序	説明	記号	冷却媒体の種類もしくは循環方式
第一文字	巻線および鉄心を直接冷却する媒体の種類	O	鉱油または燃焼点が300〔℃〕以下の絶縁液体
		K	燃焼点が300〔℃〕を超える絶縁液体
		L	燃焼点が測定できない絶縁液体
		A	空気
		G	ガス（例えば六ふっ化硫黄 SF_6）
第二文字	巻線および鉄心を直接冷却する媒体の循環方式	N	冷却器，巻線内共に自然循環する
		F	冷却器内は強制循環するが，巻線内には強制循環しない
		D	冷却器，巻線内共に強制循環する
第三文字	周囲の冷却媒体の種類	A	空気
		W	水
第四文字	周囲の冷却媒体の循環方式	N	自然対流
		F	強制循環（冷却ファン，ブロアポンプ）

の空気の対流と放射によって変圧器内部の熱が放散し，冷却される．変圧器容量が大きくなると放熱量が大きくなるので，おおむね20〔kV・A〕を超える変圧器には放熱面積を大きくとれるように外箱表面に波形のひだ（放熱板），パイプその他の放熱器を取り付けている．さらに容量が大きな変圧器（数百〔kV・A〕以上）には放熱管を数本～数十本一括して組み立てた放熱器をタンクの周囲に取り付けて放熱面積を大きくしている．

(2) 油入風冷式

　油入自冷式変圧器の放熱器に冷却ファンを取り付けて強制的に冷却す

る方式である．冷却ファンで風を送ることによって放熱器表面の熱伝達率が2～3倍に向上するので，同じ放熱量の場合，油入自冷式方式の放熱器に対して所要面積が約半分ですむ．変圧器の負荷が定格負荷に対して約60～70〔％〕以下の場合には冷却ファンを停止して自冷式として運転することで冷却ファンによる補機損失の低減を図っている．

(3) 油入水冷式

従来，水力発電所の変圧器に用いられていた冷却方式である．変圧器の外箱の上部内壁に銅管（冷却蛇管）を設け，これに冷却水を通して熱交換を行うことで冷却する．冷却効果は高いが，冷却水の水質が悪いと水あかが詰まったり，腐食によって漏水を生じるおそれがあるため，現在ではあまり用いられない．

2　送油式

変圧器内部の絶縁油を送油ポンプで強制循環させて放熱する方式で，次の3種類がある．

(1) 送油自冷式

自冷式放熱管を数本～数十本まとめた放熱器と，本体タンクとの油接続管の途中に絶縁油を循環させるための送油ポンプを設けたものである．自冷式のような油の自然循環に比べると油温の上下温度差が小さく，放熱器の冷却面積を有効に活用することができる．このため自冷式と比較すると放熱器面積が少なくてすむ．

送油自冷式は絶縁油を強制循環させているため変圧器本体と放熱器を，油接続管を介して分離することができる．このため，住宅地付近の環境重視地区に設置される変電所などの騒音対策として変圧器本体を防音建屋内に設置し，油接続管を介して放熱器を屋外に設置する場合などに適用される．

(2) 送油風冷式

送油自冷式の放熱器に冷却ファンを取り付けた構造物（強制風冷式冷却器：ユニットクーラ）を用いて，送油ポンプによって絶縁油を強制循環して冷却する方式である．この方式は100〔MV・A〕以上の大容量変圧器にもっとも用いられている．この方式ではポンプや冷却ファンなど

の補機損失を低減させるため負荷容量に応じて補機の運転を制御することが行われる．すなわち負荷に応じて冷却ファンや送油ポンプの回転速度制御や一部の冷却ファンや送油ポンプの起動・停止を行っている．

(3) **送油水冷式**

送油ポンプで油を循環させると共に水冷式冷却器を通して冷却する方式である．この方式は地下発電所や地下変電所など，大量の冷却用空気が得られない場合に使用される．しかし冷却器内部の水冷管で水漏れが発生して変圧器絶縁油内に混入すると絶縁破壊を生じるので冷却水の圧力を絶縁油の圧力より低くしている．

テーマ 41 油入変圧器の事故と保護継電器の種類

1 変圧器の保護

　電気設備に関する技術基準を定める省令第44条第2項には，「特別高圧の変圧器又は調相設備には，当該電気機械器具を著しく損壊するおそれがあり，又は一般電気事業に係る電気の供給に著しい支障を及ぼすおそれがある異常が当該電気機械器具に生じた場合に自動的にこれを電路から遮断する装置の施設その他の適切な措置を講じなければならない．」とある．また，同省令解釈第43条には，「特別高圧用の変圧器には，その内部に故障を生じた場合の保護装置として，第1表の左欄に掲げるバンク容量等の区分及び動作条件に応じ，同表右欄に掲げる装置を施設すること．ただし，変圧器の故障を生じた場合に，当該変圧器の電源となっている発電機を自動的に停止するように施設した場合においては，当該発電機の電路から遮断する装置を設けることを要しない．」とある．

第1表　技術基準解釈第43条

バンク容量等	動作条件	装置の種類
5 000〔kV·A〕以上 10 000〔kV·A〕未満	変圧器内部故障	自動遮断装置または警報装置
10 000〔kV·A〕以上	同上	自動遮断装置
他冷式変圧器（変圧器の巻線および鉄心を直接冷却するため封入した冷媒を強制循環させる冷却方式をいう）	冷却装置が故障した場合または，変圧器の温度が著しく上昇した場合	警報装置

　これは受変電設備の中で変圧器の重要性が大きく，また，いったん故障すると修理に時間を要することから電力供給の長期停止となること．また，大型変圧器には冷却油が大量に用いられているため，変圧器内部事故によって火災が発生すると，その被害は受変電所のみならず周辺にも多大な影響を及ぼすことなどの点から法的に規制しているものである．

　変圧器の内部故障としては，

テーマ41 油入変圧器の事故と保護継電器の種類

① 巻線の層間短絡および相間短絡
② 巻線と鉄心間の絶縁破壊による地絡
③ 一次巻線と二次巻線間の混触および断線
④ 持続的過負荷による過熱
⑤ 鉄心層間の絶縁破壊

などがあげられる．これらの変圧器故障に対する適切な検出を行い，速やかにかつ確実に保護を行い，事故の拡大を最小限にとどめる必要がある．このため変圧器には各種継電器が設けられ保護を行っている．

変圧器の保護継電方式としては，
① 比率差動保護方式
② 過電流保護方式
③ 地絡保護方式
④ 過負荷保護方式
⑤ 機械的保護方式

などがあげられる．ここでは，変圧器の主保護継電方式として比率差動継電方式を中心にそれぞれの保護方式の概要を解説する．

2 比率差動保護方式

(1) 比率差動継電器

変圧器の内部故障を検出して主保護を行うものとして差動保護がある．これは第1図に示すように変圧器の一次側と二次側のそれぞれにCTを設け，このCTを差動接続して変圧器の一次側電流と二次側電流の比を検出できるようにする．平常時は，変圧器巻数比によって，変圧器の一次側電流と二次側電流の比は一定である．しかし，変圧器内部で短絡故障や地絡故障などが発生すると，一次側電流と二次側電流の比が平常時と異なるため，過電流継電器に動作電流が流れ，変圧器内部故障を検出できる．これを差動保護方式という．

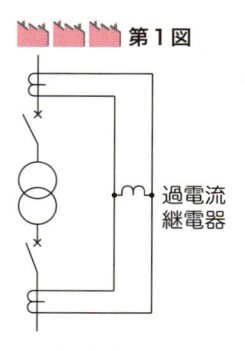

ただし，実際には一次側CTと二次側CTの定格の違い，誤差の相違

などがあるため差動保護方式では誤動作を起こす可能性が残る．このため，比率差動継電器で誤動作を防止する．比率差動継電器には動作コイルのほか，抑制コイルが設けられている．この抑制コイルがあることで負荷電流や外部系統事故などの変圧器内部故障以外の電流が当該変圧器に流れたとしても誤動作の防止ができる．

　比率差動継電器では，抑制コイルが発生する電磁力に対して動作コイルが発生する電磁力が上回らないと継電器が動作しない．この動作する電流値を通過電流に対する差動電流の比として表している．一般的には変圧器保護として 25 ～ 50〔％〕の比率特性を持たせる．

(2)　**比率差動継電器の誤動作防止対策**

　変圧器を電源に接続すると変圧器に励磁突入電流が流れる．この励磁突入電流のため，一次側電流と二次側電流の比が大きく異なってしまい，比率差動継電器が変圧器内部故障と判断して誤動作するおそれがある．励磁突入電流は変圧器の容量，変圧器の構造，電源インピーダンス，投入時の電圧位相などによって異なり一定の値とならない．また，励磁突入電流には第 2 調波成分を主とする高調波成分が多く含まれるほか，直流成分も含まれている．この電流によって比率差動継電器が誤動作を起こした場合，故障の原因を追究するために多大な時間を要することになるので，誤動作を防止する必要がある．誤動作防止対策としては感度低下方式と高調波抑制方式がある．

(a)　感度低下方式

　　励磁突入電流は変圧器を電源に接続した瞬間にもっとも大きな電流が流れ，時間の経過（数秒程度）と共に減少していく．この間，比率差動継電器の感度を低下させることによって誤動作を防止する．ただし，この方式では電源投入時に感度を低下させるため，変圧器内部故障の発生する可能性が高いと考えられるこの間，保護ができなくなる．このため変圧器保護の見地から好ましい方式とはいえないが，簡単で経済的な方法であるため 30〔MV・A〕以下の変圧器によく用いられている．

(b)　高調波抑制方式

　　励磁突入電流には第 2 調波成分が多く含まれている．この第 2 調波

成分は励磁突入電流だけに含まれ，変圧器の内部事故時に流れる基本波成分と直流成分とは異なっている．このため，この第2調波成分を継電器の抑制成分として誤動作を防止する方式が高調波抑制方式である．第2調波成分によって継電器の誤動作を防止するために第2図に示すような高調波抑制コイルと高調波通過フィルタを設けている．

第2図

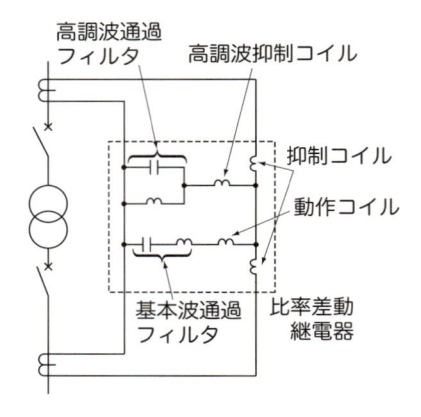

(3) **比率差動継電器の接続方法**

変圧器の結線が Y–Y，△–△ の場合，一次側と二次側の間に角変位がないので CT の二次側接続は一次側と同じように接続すればよい．しかしながら，変圧器の結線が △–Y または Y–△ の場合，角変位があるため CT 二次側で角変位がなくなるように結線する必要がある．第3図に Y–△ 結線の変圧器における CT と比率差動継電器の接続図を示す．

第3図

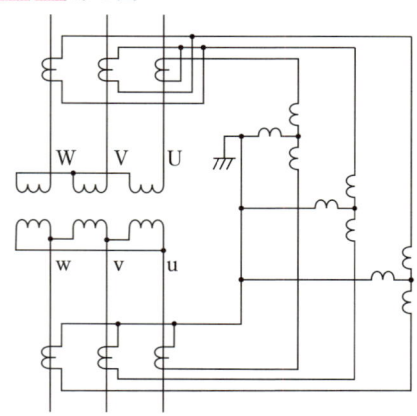

⑷ 比率差動継電器の整定方法

比率差動継電器の電流タップの整定は，補助 CT を用いて一次側 CT と二次側 CT の電流が等しくなるように整定する方法と，継電器の動作コイルに設けられたタップで一次側および二次側の動作コイルのアンペアターンが等しくなるように整定する方法とがある．

第4図に示すような $Y-\triangle$ 接続で，± 10〔％〕の負荷時タップ切換変圧器の比率差動継電器に対するタップ設定を考えてみよう．ただし，継電器の可変比率は $25\sim 40$〔％〕，調整タップは A タップが $4-5-8.7$〔A〕，B タップが，$3.2-3.5-3.8-4.2-4.6-5$〔A〕とする．

第4図から定格負荷時には，一次側電流 I_1 と二次側電流 I_2 はそれぞれ，

$$I_1 = \frac{P_n}{\sqrt{3}V_{1n}} = \frac{10\times 10^6}{\sqrt{3}\times 66\,000} = 87.48 \fallingdotseq 87.5 〔A〕$$

$$I_2 = \frac{P_n}{\sqrt{3}V_{2n}} = \frac{10\times 10^6}{\sqrt{3}\times 6\,600} = 874.8 \fallingdotseq 875 〔A〕$$

となる．次に CT 二次側の電流はそれぞれ，

$$i_1 = I_1 \times \frac{5}{150} \times \sqrt{3} = 5.05 〔A〕$$

$$i_2 = I_2 \times \frac{5}{1\,200} = 3.65 〔A〕$$

この場合，$i_1 > i_2$ となるので継電器の電流タップが大きい A タップを一次側に，B タップを二次側に接続する．

第4図

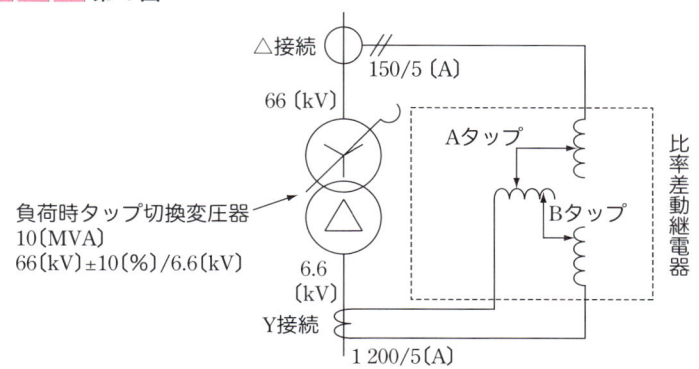

いま A タップを 5〔A〕に設定し，タップ不整合率を 5〔%〕とするとBタップは，

$$\text{B タップ} = 3.65 \times \frac{5}{5 + \frac{1}{2} \times 0.1} = 3.61 〔A〕$$

となる．このため，Bタップとして3.5〔A〕を選定する．この場合のタップ不整合率は，

$$\text{タップ不整合率} = \frac{|\text{CT二次電流の比} - \text{整定タップの比}|}{\text{整定タップの比}} \times 100 〔\%〕$$

$$= \frac{\left|\frac{5.05}{3.65} - \frac{5}{3.5}\right|}{\frac{5}{3.5}} \times 100 = 3.15 ≒ 3.2 〔\%〕 \quad (1)$$

となる．

次に，この変圧器は負荷時タップ切換機能を有するのでタップ切換に伴う変圧比誤差が生ずる．この誤差を全切換タップ範囲の1/2とするとCTの変圧比誤差は，

$$20 \times \frac{1}{2} = 10 〔\%〕 \quad (2)$$

となる（±10〔%〕可変できるので切換範囲は 20〔%〕である）．最後にCTの誤差を10〔%〕，設定のマージンを5〔%〕にとると誤差比率は，

$$3.2 + 10 + 10 + 5 = 28.2 〔\%〕$$

となる．このため，比率差動継電器の比率を30〔%〕に整定する．

3 過電流保護

比率差動継電器の後備（バックアップ）保護として過電流継電器が用いられる．一般に受変電設備には過電流継電器が設けられ，その特性は反限時特性のものが用いられている．変圧器の後備保護用の過電流継電器もほかの過電流継電器との協調をとる必要から反限時特性の継電器が用いられる．

過電流継電器には限時要素と瞬時要素とがあり，限時要素は変圧器の定格容量の1.5倍以上を，瞬時要素としては変圧器二次側短絡電流の一次側

換算の1.5倍，または定格一次電流の8～10倍程度のどちらか大きい方を整定値とする．ただし，これはあくまで目安であって系統の隣接保護区間などの保護協調を考えたうえで最適な整定値を選択する．

4　地絡保護

比率差動継電器によっても地絡保護を行うことは可能である．しかしながら高抵抗接地系統では地絡電流が小さく比率差動継電器が動作しない場合も考えられる．このため，その系統に適した地絡継電器または方向地絡継電器で保護を行う．継電器の整定は30〔％〕地絡検出を目安とするが，ほかの地絡継電器との協調を考慮する必要がある．

5　過負荷保護

継続的な過負荷によって変圧器が過熱されると絶縁劣化が進行するおそれがある．このため油入変圧器タンクの上部に挿入したダイヤル温度計やサーチコイル式温度計によって変圧器油温の異常な上昇を検出し，警報を発する．

6　機械的保護

油入変圧器で内部故障が発生すると絶縁油が分解してガスや蒸気が発生する．このため，変圧器内部の圧力上昇や油流の変化が起こる．これを検出して保護するものにブッフホルツ継電器がある．また，瞬間的な内部圧力の上昇を検出するために瞬時圧力継電器が設けられている．これは，変圧器の容器内部で発生した分解ガスの発生によって起こる急激な圧力上昇を検出して保護を行うものである．

テーマ 42 油入変圧器の温度上昇試験方法

1 温度上昇試験

変圧器の温度上昇が規定の限度内にあるかどうかを温度上昇試験を行うことによって確認する．この試験には，最高油温度上昇と巻線温度上昇などがある．

(1) 最高油温度上昇

測定は油温が最高であると思われる場所に温度計を設置して測定する．この試験において全損失を供給した場合，最高油温度測定値と基準冷媒温度との差が最高油温度上昇になる．また，試験中の入力は熱的定常状態に達するまでの間，一定に保つ必要がある．

なお，全損失を供給できない場合は，その 80〔%〕以上の損失を供給して試験を行うことがある．この場合，定格に対する最高油温度上昇は（全損失／供給損失）$^{0.8}$ の係数を乗じて求める．

(2) 巻線温度上昇

巻線温度は抵抗法によって測定する．試験開始前の巻線温度と巻線抵抗値をそれぞれ，θ_1〔℃〕，R_1〔Ω〕，試験最終時の巻線抵抗値を R_2〔Ω〕とすれば，そのときの巻線温度 θ_2 は巻線の種類によって次式で求めることができる．

① 銅巻線の場合

$$\theta_2 = \frac{R_2}{R_1}(235 + \theta_1) - 235 \ 〔℃〕$$

② アルミニウム巻線の場合

$$\theta_2 = \frac{R_2}{R_1}(225 + \theta_1) - 225 \ 〔℃〕$$

巻線温度上昇は抵抗法によって得られた巻線平均温度と基準冷媒温度との差として求める．巻線温度測定にあたっては，次の点に注意する．

① 巻線と油との温度差が一定になるまでの間，供試巻線にその定格電

流を流すこと．

② 温度測定時に負荷を遮断すると温度が低下するので，遮断後に数回抵抗測定を行い，時間に対するグラフを作成して遮断時の巻線温度を求めること．

③ 定格電流を流すことができない場合は，その90〔％〕以上の電流を通じて試験を行う．

この場合，定格電流に対する巻線平均温度と油平均温度との差は，測定によって得られた値に（定格電流／試験電流）$^{1.6}$ の係数を乗じて算出する．

なお，油平均温度は最高油温から冷却装置上下の油温度差の半分を差し引いて求める．

2　温度上昇試験の方法

(1) 試験方法

(a) 実負荷法

定格負荷状態において温度上昇試験を行う方法である．このため測定結果に対する補正は不要である．この方法は，すべての変圧器において定格運転状態で試験することは難しいので，専ら小型変圧器で実施される．また，実負荷法は電力損失が多く試験設備が大きくなるため不経済な試験方法である．

大型の変圧器は返還負荷法または等価負荷法によって実施する．

(b) 返還負荷法

2台以上の同一定格の変圧器がある場合の試験法であり，電源側からは変圧器の損失分だけを供給すればよい．

第1図

① 単相変圧器2台の場合

第1図に示すように高圧および低圧の両巻線をおのおの並列に結線する．次に低圧側を電源に接続して定格電圧・定格周波数で励磁

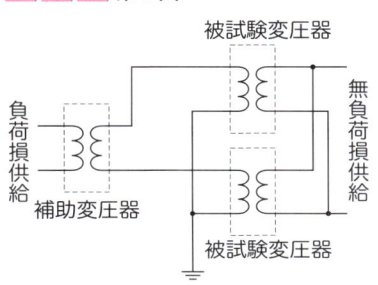

して無負荷損失を供給する．高圧側巻線の一端を開いて巻線内に定格負荷電流を流すのに十分な電圧（変圧器1台の高圧側から測ったインピーダンス電圧の約2倍）を印加して負荷損失を供給する．この場合，内鉄形変圧器では漂遊負荷損が通常時以上に増加するので注意が必要である．

② 単相変圧器3台の場合

第2図に示すように高圧および低圧の両巻線をおのおの△結線する．次に低圧側から3相定格電圧・定格周波数で励磁して無負荷損を供給する．高圧側の△接続の一端を開いて巻線内に定格負荷電流を流すに十分な電圧（変圧器1台の高圧側から測ったインピーダンス電圧の約3倍）を印加して負荷損失を供給する．この場合も内鉄形変圧器では漂遊負荷損が通常時以上に増加するので注意する．

Y-Y結線，Y-△結線の変圧器が2台以上ある場合には第3図に示すように補助変圧器を用いて試験を行う．

第2図

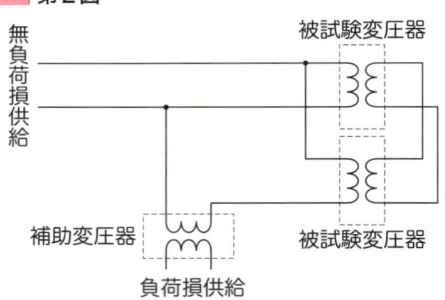

第3図

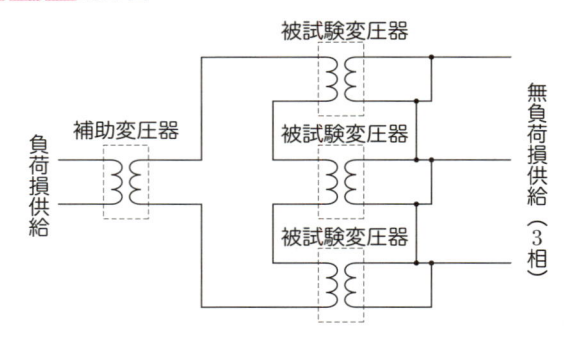

(c) 等価負荷法（短絡法）

　巻線の一方を短絡して定格周波数の電源を用いて他方の巻線に過電流を流す．このとき，無負荷損と 75〔℃〕に換算した負荷損の和に等しい損失を供給して最高油温上昇を測定し平均油温度上昇を測定する．

　次に定格電流に合わせて 1 時間通電した後，抵抗法によって巻線平均温度を測定する．

　等価負荷法は最初の試験で測定した平均油温度上昇値に次の試験で測定した巻線平均温度と油平均温度との差を加え，その値を定格に対する巻線温度上昇とする方法である．

　等価負荷法において負荷損のみで全損失を供給できない場合は次の方法による．

① 全損失の 80〔％〕以上が供給できる場合

　油の温度上昇は原則として損失の 0.8 乗に比例して増減するものと考え，供給損失に応じて油温の補正をする．

② 供給損失が全損失の 80〔％〕以下で，かつ冷却面積を任意に変えることができる場合

　変圧器の冷却面積を供給損失の全損失に対する割合に減少させる．

　ただし，冷却面積を変える場合，冷却面積は供給損失の全損失に対する割合に減少させるが，誤差を生ずるおそれがあるため，実面積に適当な補正を施して有効面積を減少させる必要がある．

(d) タップ差を利用する場合

　タップを有する変圧器がある場合，2 台の変圧器を並列に接続する．次に，タップ差電圧を 2 台の変圧器のインピーダンス電圧の和に等しくなるように調整する．このとき，2 台の変圧器間には循環電流が流れるので，この循環電流によって全負荷電流を流して温度上昇試験を行う．

　△－△結線の内鉄形 3 相変圧器を単相変圧器 3 台と同じ方法で行う場合は，零相漏れ磁束によって漂遊損失が増大するので全負荷損を所要値に保ち油温上昇を求める必要がある．

　また，タップ差を利用する場合，インピーダンス電圧が大きい変圧器では，タップ差を大きくしなければならないが，このとき一方の変

テーマ４２　油入変圧器の温度上昇試験方法

圧器が過励磁になるおそれがあるので注意する．

(2) 試験時間

　3時間経過しても温度変化が引き続いて1時間あたり1〔℃〕以内になったとき試験を終了し，試験時間の最後の測定値から最終温度上昇を決定する．

テーマ 43

直流電動機の速度制御方式の種類と得失

1 直流電動機の速度制御の原理

第1図に示す直流電動機において、電動機端子電圧を V〔V〕、電機子電流を I_a〔A〕、電機子回路抵抗を r_a〔Ω〕、電機子誘起電圧を E〔V〕とすると、次式が成立する。

$$E = V - I_a r_a \quad 〔\text{V}〕 \tag{1}$$

電機子誘起電圧 E は、界磁磁束 Φ〔Wb〕と回転速度 N〔min^{-1}〕に比例する。比例定数を K_v とすれば、

$$E = K_v \Phi N \quad 〔\text{V}〕 \tag{2}$$

となる。また、界磁磁束 Φ は磁路が飽和しない領域では界磁電流 I_f〔A〕に比例するから、比例定数を K_f とすれば、

$$\Phi = K_f I_f \quad 〔\text{Wb}〕 \tag{3}$$

となるので、(1)式に(2)式、(3)式を代入すると、

$$K_v \Phi N = K I_f N = V - I_a r_a$$

$$\therefore \quad N = \frac{V - I_a r_a}{K_v \Phi} = \frac{V - I_a r_a}{K I_f} \tag{4}$$

ただし、$K = K_v K_f$

が得られる。(4)式において次の三つのパラメータを変化させることで速度制御することができる。

第1図

(1) 界磁電流：I_f
(2) 電機子抵抗：r_a
(3) 端子電圧：V

ここでは、それぞれの速度制御の得失について順次解説する。

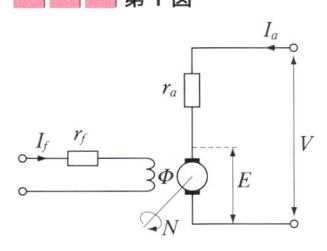

10 直流機

2　界磁制御

(4)式において界磁電流I_fを変化させることで速度制御ができる．例えば第2図に示す他励電動機または分巻電動機では，界磁回路に直列に挿入した界磁抵抗を変化させることで，直巻電動機では界磁巻線に並列に挿入した抵抗を変化させて界磁電流を分流させることで，界磁磁束を変化させる．界磁電流を調整するために挿入する抵抗を速度調整器という．

端子電圧と電機子電流を一定としたときの界磁電流と回転速度の関係を表すと第3図に示すような曲線が描ける．すなわち界磁電流を減少させると回転速度は上昇し，界磁電流を増加させて界磁磁束を増加させると回転速度は低下する．ただし，実際には界磁電流を増加させていくとやがて磁路が飽和するので励磁電流を増加させても回転速度はそれほど低下しなくなる．一方，励磁電流を減少させていくと回転速度は上昇していくが，励磁磁束が弱くなり過ぎると，運転が不安定になったり，整流が不良になったりする．このため，界磁制御による速度制御はある一定磁束の範囲内で行われる．また，界磁巻線のインダクタンスが大きいので界磁磁束は急に変化することができず速度制御に遅れが生ずる．

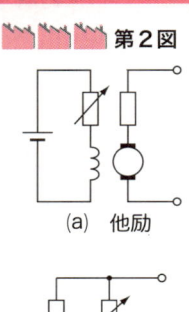

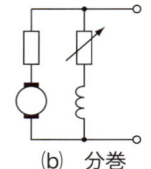

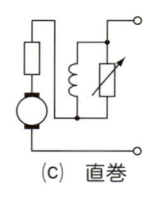

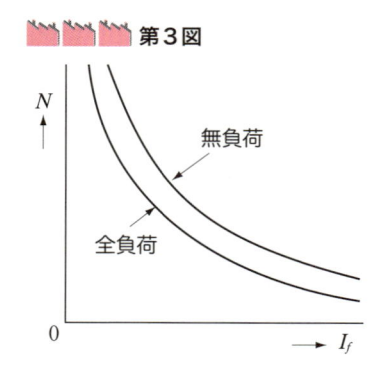

第2図
(a) 他励
(b) 分巻
(c) 直巻

第3図

界磁制御においては最大速度と最低速度の比は，普通機では2程度，補償巻線付きでは5程度である．また，界磁制御では電動機の出力が一定であるため，定出力特性となる．

3 直流抵抗制御

電機子回路に直列に抵抗を挿入することによって電機子抵抗の値を変化させて，この抵抗における電圧降下を調整して回転速度を制御する方法である．第4図の電機子回路において，

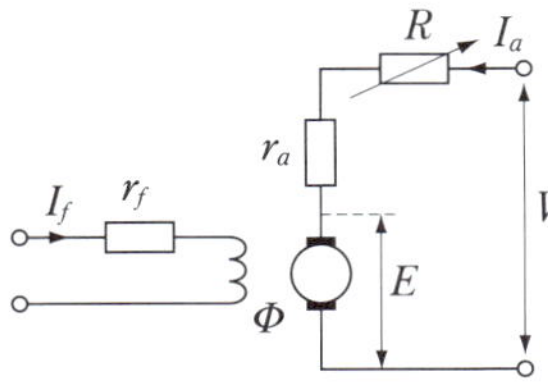

$$E = V - I_a(r_a + R)$$

$$\therefore R = \frac{V - (E + I_a r_a)}{I_a} \ [\Omega]$$

第4図

また，(4)式から回転速度は，

$$N = \frac{V - I_a(r_a + R)}{K_v \Phi} = \frac{V - I_a(r_a + R)}{K I_f} \quad (5)$$

となる．負荷を一定とすれば(5)式から電機子回路の抵抗を増加させると回転速度は低下するので第5図に示す関係となる．ただし，無負荷あるいは軽負荷のときは挿入抵抗 R による電圧降下が少ないので速度制御が行えないほか，負荷トルクがわずかに変化しただけでも速度が著しく変化するという欠点がある．また，抵抗制御では挿入抵抗 R が大きくなると，$I_a{}^2 R$ の抵抗損が大きくなる．

第5図

このように抵抗制御は効率が悪く，定速度特性が失われ，特に軽負荷時の速度調整は困難である．

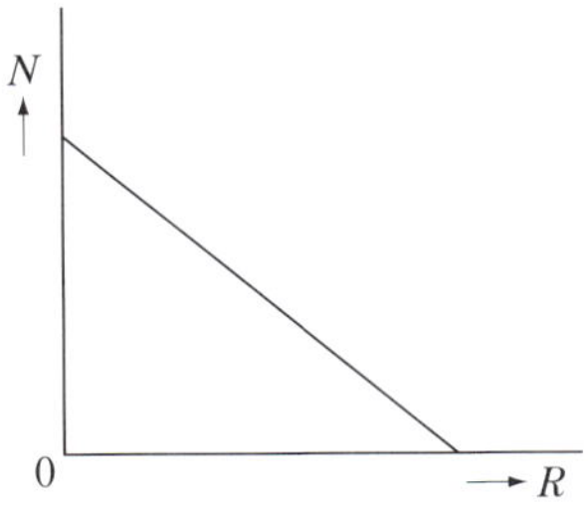

4 電圧制御

電動機の端子電圧を変化させることによって速度制御を行う方法である．電圧制御は端子電圧を変化させたときに界磁磁束が変化しないような他励電動機に適用される．界磁磁束を一定の状態で速度制御するため，速度変動率が小さく，整流も良好である．また，抵抗制御のような抵抗損も生じない．このように電圧制御は電動機の速度制御を広範囲に効率よく制

テーマ４３　直流電動機の速度制御方式の種類と得失

御することが可能である．しかしながら，前記2方式と比較すると，設備費が高くなってしまう点があげられる．

電動機への印加電圧を変化させる方法としては，直流発電機を用いるワードレオナード方式と電力用半導体素子を用いる静止レオナード方式とがある．

電圧制御では，(4)式から分かるように端子電圧と回転速度は比例するので，端子電圧と回転速度の関係は第6図に示すようになる．

第6図

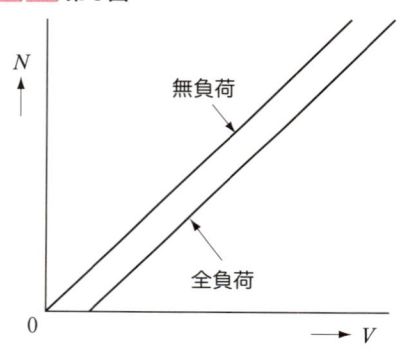

（縦軸 N，横軸 V，無負荷と全負荷の2本の直線）

(1) ワードレオナード方式

第7図に示すように直流発電機を交流電動機で駆動して直流を発生させ，その直流を電動機に与える方式である．電動機の電圧調整は直流発電機の界磁電流を調整することによって行う．ワードレオナード方式では界磁電流が最大，すなわち発電機の端子電圧が最大に達した後は，電動機側の界磁電流の調整を行い，速度制御の範囲を広げることが行われる．

また，ワードレオナード方式では，発電機の界磁回路の電流の方向を切り換えるスイッチを設けることによって，電動機の回転方向を逆転させることが可能になっている．

ワードレオナード方式の駆動用電動機として三相誘導電動機を用い，回転系にはずみ車を追加して負荷急変時の電源の電力変動と速度変動を防止した方式をイルグナ方式という．

第7図

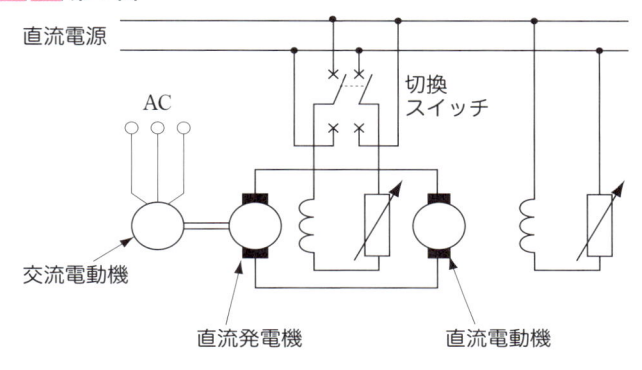

直流電源
切換スイッチ
AC
交流電動機
直流発電機
直流電動機

(2) サイリスタレオナード方式

　ワードレオナード方式の直流発電機と駆動用電動機をサイリスタ整流回路に置き換えた方式である．直流電圧はサイリスタの点弧角を制御することによって行う．サイリスタの点弧角を制御することで，電動機の正転・逆転の切換のほか，電動機を停止させるときに電動機が持っている回転エネルギーを電源側へ電気エネルギーとして返還する回生制動が可能である．

テーマ 44 直流分巻発電機の自励での安定運転の必要条件と並行運転の必要条件

1 直流分巻発電機の構成

直流分巻発電機は電機子巻線と界磁巻線が並列に接続されている発電機であり，その等価回路は第1図に示すようになる．発電機が起電力を生じる原理はファラデーの法則で示され，第2図に示すように磁界中に存在する導体を移動させることによって発生する．また，その起電力の方向は第3図のようにフレミングの右手の法則で示すことができる．

分巻発電機では移動する導体が回転子巻線（電機子巻線）であり，磁束を発生させる巻線が界磁巻線である．このとき発生する起電力 E 〔V〕は，磁束を $\varPhi$ 〔Wb〕，回転速度を N 〔min^{-1}〕，比例定数を K とすれば，

$$E = K\varPhi N \text{〔V〕} \tag{1}$$

となる．

第1図　直流分巻発電機の等価回路

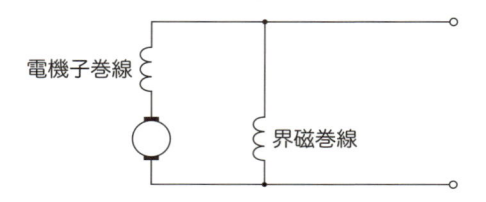

第2図　発電機の原理

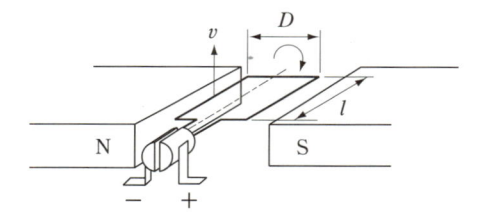

第3図　フレミングの右手の法則

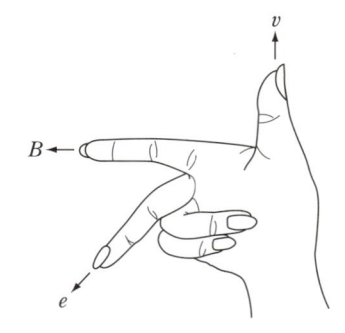

2 起電力が生ずる条件

　分巻発電機はその等価回路から分かるように電機子巻線に発生した起電力によって界磁電流を発生させ，発電を行うものである．すなわち，自ら発生した起電力によって界磁磁束を発生させる．このため分巻発電機は自励式と呼ばれる．自励式には分巻発電機のほかに直巻発電機と複巻発電機がある．一方，界磁磁束を発生させるために電機子が発生する起電力を用いず，別の電源によって界磁磁束を発生する方式を他励式と呼び，他励発電機が相当する．

　さて，分巻発電機は電機子巻線が発生した起電力によって界磁巻線に電流が流れて発電を行うことができるが，最初は界磁巻線に電流が流れないため界磁磁束が発生しない．このため電機子誘導起電力を発生することができないので，永久に発電が行えないことになる．

　しかし，発電機の磁気回路には残留磁気があるため，この残留磁気によって誘導起電力が発生し，界磁巻線に電流が流れるようになる．この最初に発生する誘導起電力を残留電圧という．界磁巻線に電流が流れ，界磁磁束が発生すれば，界磁電流が増加するので，(1)式に示すように電機子誘導起電力が上昇する．やがて，磁路が飽和するので Φ の増加が頭打ちになり一定電圧に落ち着く．この関係を第4図に示す．

　分巻発電機では界磁電流は界磁回路に挿入した界磁抵抗によって出力電圧を調整することができる．界磁巻線の抵抗値を R_f〔Ω〕，界磁抵抗を r〔Ω〕，電源電圧を V〔V〕とすれば，界磁電流 I_f〔A〕は次式のようになる．

$$I_f = \frac{V}{R_f - r} \ \text{〔A〕}$$

第4図の直線 OF は界磁抵抗線と呼ばれ，

$$\tan\theta = \frac{V}{I_f} = R_f + r$$

の関係で表すことができる．発

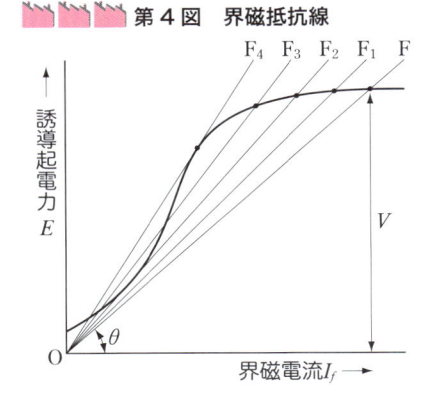

第4図　界磁抵抗線

テーマ44　直流分巻発電機の自励での安定運転の必要条件と並行運転の必要条件

電機の電圧を調整するには界磁抵抗を増加させて界磁磁束を減少させればよい．このとき，界磁抵抗線は OF_1 から OF_2，OF_3 と移動する．界磁抵抗を増加させると，OF_4 に示すように無負荷飽和曲線の接線に接するようになる．この状態になると発電機出力電圧は不安定となる．このときの界磁回路の抵抗を臨界抵抗という．界磁回路の抵抗をこの臨界抵抗より増加させると，残留電圧に近い，低い電圧しか得られなくなる．

また，残留磁気による磁束を打ち消す方向に界磁巻線の起磁力が発生すると電機子誘起電力が0となるので発電できなくなる．

3　安定運転の必要条件

上記のことをまとめると，直流分巻発電機が安定運転できる条件は，次のようになる．
① 界磁磁極（磁路）に残留磁気が存在すること．
② 界磁巻線が発生する磁束が残留磁気を打ち消す方向に接続されていないこと．
③ 界磁回路の抵抗が臨界抵抗より小さいこと．

4　分巻発電機の外部特性

分巻発電機の端子電圧と負荷電流の関係を表す外部特性曲線を第5図に示す．分巻発電機では負荷が増加すると徐々に端子電圧が低下する．やがて，ある一定以上の負荷電流になると，界磁電流の一部が負荷電流に取られるため発電機端子電圧が急に減少し，運転点がS点に移動する．このS点は，電動機の端子を短絡させ運転したときの短絡電流を表す．

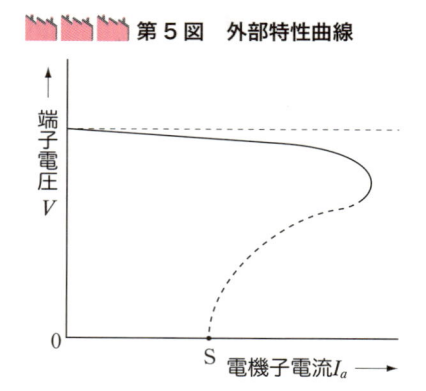

第5図　外部特性曲線

5 分巻発電機の並行運転条件

　発電機を並行運転するには同一定格の発電機を用いるのがもっとも良い方法である．容量や特性の異なる発電機を並行運転するためには，各機の容量に応じて負荷を分担する必要がある．例えば2台の発電機があり，その外部特性が第6図(a)に示すようであったとする．この場合は，発電機の外部特性が相似であり，容量の小さな発電機の方が，特性の傾斜が大きくなっている．これは負荷が増加して端子電圧が減少しても，分担電流 I_1 と I_2 の比が保たれることになるので，安定した並列運転を行うことができる．

第6図

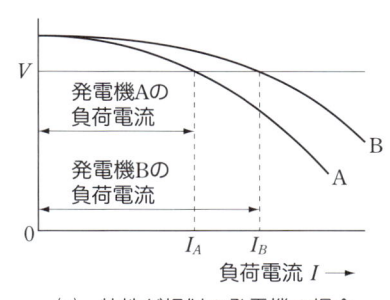

(a) 特性が相似の発電機の場合
(b) 並行運転不適の場合

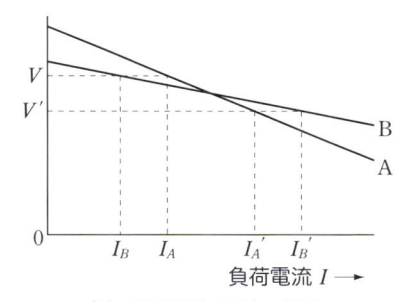

　もし，2台の発電機の外部特性が第6図(b)に示すようであるとすると，負荷変動に伴って分担の割合が異なることになる．このため，一方の発電機が過負荷になる可能性がある．このような場合は，過負荷側の発電機の界磁抵抗を調整するか，電機子回路に直列に抵抗を挿入して外部特性の傾きが大きくなるようにして，過負荷を防止する．
　上記のことをまとめると，直流分巻発電機が並行運転できる条件は，
　① 各発電機の端子電圧と極性が等しいこと
　② 各発電機の外部特性曲線が相似であること
である．上記に注意すれば分巻発電機の並行運転を安定に行わせることができる．例えば2台の発電機が並行運転中に一方の発電機の分担負荷電流が増加したとすると，他方の発電機の電圧が上昇するので，負荷電流の増

加した発電機側の電圧が降下して，もとの電流分担に戻ることができる．
　並列運転上注意すべきことは，各機が過負荷にならないようにすることがポイントである．分巻発電機は，負荷電流の増加に伴って，界磁電流が減少するので，定格電流以上の大きな負荷電流が流れると，電圧が急激に低下して負荷電流が低下してしまう．このため発電機が過負荷にならないようにする必要がある．

テーマ 45 三相誘導電動機の始動方式の種類と得失

1 誘導電動機の等価回路

誘導電動機の1相あたりのL形等価回路（簡易等価回路）を第1図に示す．

第1図　L形等価回路

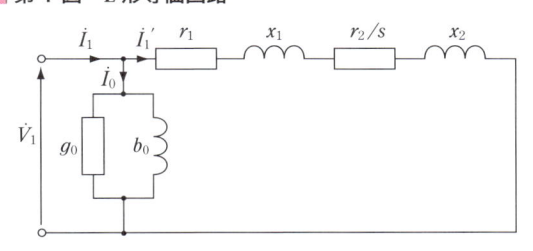

- r_1：一次抵抗
- x_1：一次漏れリアクタンス
- Y_0：励磁アドミタンス
- I_1：入力電流
- s：滑り
- r_2：二次抵抗の一次側換算値
- x_2：二次漏れリアクタンスの一次側換算値
- I_0：励磁電流
- I_1'：二次電流の一次側換算値

簡単のために励磁電流を無視して考えると電流 I_1'〔A〕は，

$$I_1' = \frac{V_1}{\sqrt{\left(r_1 + \frac{r_2}{s}\right)^2 + (x_1 + x_2)^2}} \quad \text{〔A〕} \tag{1}$$

となる．一次巻線の相数を m とすれば，二次入力 P_2〔W〕は(1)式を用いて，

$$P_2 = \frac{mV_1^2 \frac{r_2}{s}}{\left(r_1 + \frac{r_2}{s}\right)^2 + (x_1 + x_2)^2} \quad \text{〔W〕} \tag{2}$$

となるので電動機の回転角速度を ω〔rad/s〕，電源の周波数を f〔Hz〕，極数を p とすればトルク T〔N・m〕は，

$$T = \frac{P_2}{\omega} = \frac{p}{4\pi f} \cdot \frac{mV_1^2 \frac{r_2}{s}}{\left(r_1 + \frac{r_2}{s}\right)^2 + (x_1 + x_2)^2} \quad [\text{N·m}] \quad (3)$$

また，力率は，

$$\cos\theta = \frac{r_1 + \frac{r_2}{s}}{\sqrt{\left(r_1 + \frac{r_2}{s}\right)^2 + (x_1 + x_2)^2}} \quad (4)$$

となる．始動時の滑りは $s = 1$ であるから，(1)〜(4)式は，

$$I_{1s}' = \frac{V_1}{\sqrt{(r_1 + r_2)^2 + (x_1 + x_2)^2}} \quad [\text{A}] \quad (5)$$

$$P_{2s} = \frac{mV_1^2 r_2}{(r_1 + r_2)^2 + (x_1 + x_2)^2} \quad [\text{W}] \quad (6)$$

$$T_s = \frac{p}{4\pi f} \cdot \frac{mV_1^2 r_2}{(r_1 + r_2)^2 + (x_1 + x_2)^2} \quad [\text{N·m}] \quad (7)$$

$$\cos\theta = \frac{r_1 + r_2}{\sqrt{(r_1 + r_2)^2 + (x_1 + x_2)^2}} \quad (8)$$

このように誘導電動機は始動電流が定格電流の4〜6倍程度と大きくなるが，始動トルクが定格トルクに比べて小さく，力率も悪い．このため何らかの始動方法が必要になる．ここでは各種誘導電動機の始動について述べる．

2　かご形誘導電動機

かご形誘導電動機は誘導電動機の等価回路の各定数を外部から変化させることができないので，次に示すように電動機に印加する電源電圧の値を調整して始動させる．

(1) 全電圧始動

定格電圧を直接印加する方法である．しかし，電源に与える影響が大きいため小容量の電動機（普通かご形の場合 3.7 [kW] 以下，特殊かご形の場合 11 [kW] 以下）に用いられる．始動時には過大な電流が電動機に流れ込むため固定子巻線に強い電磁力を受けることがあるほか，始

動完了までに銅損として消費される電力による発熱に対して問題ないか注意する必要がある．

(2) Y－△始動

第2図に示すように，一次巻線の接続を始動時にY，運転時に△に切り換える方法である．誘導電動機のトルクは(3)式に示すように印加電圧の2乗に比例する．Y-△始動では始動時に巻線に加わる電圧が$1/\sqrt{3}$になるので始動電流が1/3に，始動トルクは1/3に減少する．このため，定格負荷を負った状態では始動できないことに注意する．

第2図 Y-△始動法

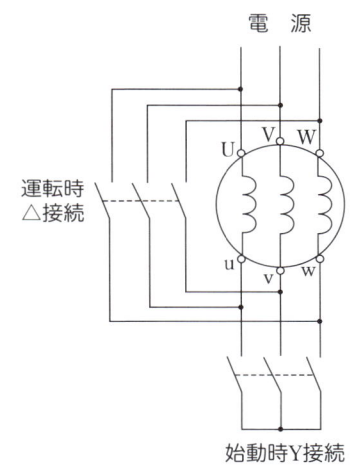

Y-△始動は主として7.5〔kW〕以下の電動機に用いられる．

(3) 始動補償器始動

始動電流と始動トルクは印加電圧の2乗に比例するので，Y接続した三相単巻変圧器のタップを変えることによって印加電圧を低減して始動する方法である．始動完了時には単巻変圧器を切り離して電動機に電源電圧が印加されるように切り換える．始動補償器によって電源電圧の$1/a$倍の電圧を電動機に加えたとすると，電流は$1/a$になるが，始動補償器の一次側ではさらに$1/a$になるため，電源電流が$1/a^2$倍に減少する．また，始動トルクは印加電圧の2乗に比例するので，始動トルクも$1/a^2$に減少する．

始動補償器のaの値は1.3〜3程度となるような適当なタップが設けられている．

この始動方法において始動して全電圧に切り換えるときに，いったん電動機が電源から切り離された後に全電圧が印加されるため切換時のショックが大きい欠点がある．このため，切換の途中でリアクトルを挿入してショックをやわらげるコンドルファ起動方式を取ることがある．

(4) リアクトル始動

可変タップ付きの直列リアクトルを挿入して始動し，加速後は短絡する方法である．リアクトルによって始動電流を $1/a$ にした場合，そのトルクは $1/a^2$ となる．このため，始動トルクの低減に比べて，始動電流の低減が少ないという欠点がある．

リアクトル始動ではリアクトルのインピーダンスと電動機のインピーダンスの比で決まる電圧が電動機に印加される．すなわち始動時には電動機に印加される電圧が低くなるが，回転速度の上昇に伴って，印加電圧が上昇していく．このため始動期間中の最大トルクが前記の減電圧始動方式の中でもっとも大きいという特徴がある．

3　特殊かご形誘導電動機

かご形電動機は始動電流が大きい割に，始動トルクが定格トルクに比べて小さく，力率も悪い．これらの問題を解決するため，回転子に工夫をしたものを特殊かご形と呼び，次の2種類がある．

(1) 二重かご形

第3図に示すように導体が2段構造になっている．外側の導体は内側の導体に比べて抵抗率の高い導体または断面積を内側の導体より小さくする．このため，外側の導体が内側の導体より抵抗値が高くなる．このような構造の回転子を有する誘導電動機において，始動時は回転子における二次周波数が高いので，漏れリアクタンスの大きい内側の導体より漏れリアクタンスの小さい外側の導体に電流の大部分が流れる．外側の導体は抵抗値が高いため，第1図に示す等価回路の二次抵抗を増加させたことと等価な効果が得られる．やがて，回転速度が増加するにしたがって，二次周波数が低下するので漏れリアクタンスの値も小さくなり，大部分の電流は抵抗値の低い内側の導体を流れるようになる．

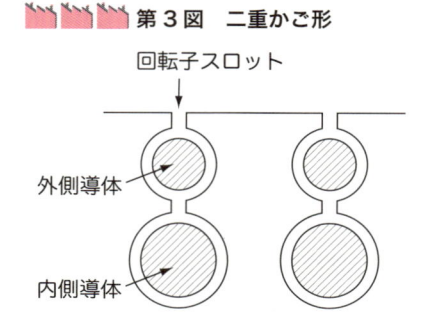

第3図　二重かご形

(2) 深溝かご形

第4図に示すように回転子に深いスロットを設け，この中に導体を収めた構造をとる．このような構造の電動機を始動するとき，回転子内の漏れ磁束は回転子の内側ほど多くの磁束と鎖交するので内側ほど漏れリアクタンスが大きくなる．このため，始動時には電流の分布が外側へ集中するので導体の実効抵抗が増加したことと等価になる．やがて回転速度が上昇するにしたがって，二次周波数が低下するので電流は導体内を一様に分布することになり実効抵抗が低下することになる．このように二重かご形と類似の特性を得ることができる．

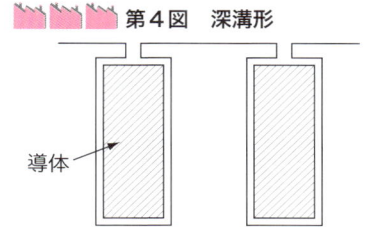

第4図　深溝形

4　巻線形誘導電動機

巻線形誘導電動機は二次回路に挿入した可変抵抗器の抵抗値を変化させることができる．このため，電動機の電流を制御することができ，また，二次回路の力率改善と始動トルクの改善ができる．

(1)式，(2)式において，二次抵抗と滑りには r_2/s の関係がある．このため二次抵抗 r_2 を k 倍したときに，滑り s が k 倍になればもとの状態と同じ値が得られる．これを比例推移という．この比例推移を利用することで始動時に必要なトルクや電流の値を調整することができる．

始動トルクや始動電流を適切な値に調整するために接続される抵抗器を始動抵抗器と呼ぶ．第5図に示すように回転速度が上昇すると，やがて電動機が発生するトルクと負荷が要求するトルクとが平衡するので，一定の回転速度に落ち着く．このとき始動抵抗器の値を減少させると再び電動機の発生するトルクが増加して，回転速度が上昇し，電動機が発生するトルクと負荷が要求するトルクとが平衡する．以降，順次抵抗値を減ずることによって定常運転に移行することができる．このような始動抵抗器の切換方法をノッチ切換という．

ノッチ切換による始動抵抗の切換について検討してみよう．二次巻線抵抗値を r_2，あるノッチにおける始動抵抗値を R_1，このときに流れる電流

第5図 始動抵抗器の切換

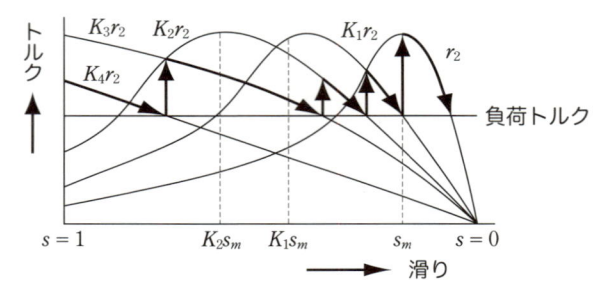

を I_1，次のノッチにおける始動抵抗値を R_2，このときに流れる電流を I_2 とする．すると，

$$\frac{R_1 + r_2}{R_2 + r_2} = \frac{I_1}{I_2} \tag{9}$$

が成立する．これを n 番目まで拡張して考える．n 番目のノッチの始動抵抗値を R_n，流れる電流を I_n として，ノッチを切り換えたときの電流比が(9)式と同じ値になるようにすれば，

$$\frac{R_1 + r_2}{R_2 + r_2} = \frac{R_2 + r_2}{R_3 + r_2} = \cdots\cdots = \frac{R_{n-1} + r_2}{R_n + r_2}$$

$$= \frac{R_n + r_2}{r_2} = K \tag{10}$$

(10)式から，

$$R_n + r_2 = K r_2$$
$$R_{n-1} + r_2 = K^2 r_2$$
$$\vdots$$
$$R_2 + r_2 = K^{n-1} r_2$$
$$R_1 + r_2 = K^n r_2 \tag{11}$$

となるので，(11)式の両辺の対数を取ると，

$$\frac{\log_{10}(R_1 + r_2) - \log_{10} r_2}{n} = \log_{10} K \tag{12}$$

が成立する．(12)式は各ノッチにおける抵抗値を与えるものである．ここで，始動時に全負荷トルクを発生するように設定するには R_1 の値は，始動時は滑りが $s = 1$ であるから，

$$R_1 = \frac{r_2}{s} - r_2 \tag{13}$$

(13)式を(11)式に代入すると，

$$R_1 + r_2 = \frac{r_2}{s} = K^n r_2$$

$$\therefore K = \sqrt[n]{\frac{1}{s}} \tag{14}$$

となる．(14)式からノッチを進めるときの電流比 K を求めることができるので，電源容量との兼合いを検討して，抵抗器の段数 n を定める．

ノッチの切換方法としては，

(a) 手動制御法

(b) 減流制御法

(c) 限時制御法

(d) 二次周波数制御法

がある．

始動が完了するまでには回転子と固定子巻線が発熱するが，始動抵抗器を接続することによって発熱の大部分を始動抵抗器に負わせることができるので回転子の発熱を避けることができる．二次回路における発生熱量は次のように求めることができる．

二次巻線と始動抵抗器の合成抵抗値を r_2〔Ω〕，二次電流の一次側換算値を I_2〔A〕とする．二次側回路を三相とすれば，滑り s のときの二次側回路における銅損 P_{c2}〔W〕は，

$$P_{c2} = 3sI_2^2 r_2 \quad \text{〔W〕} \tag{15}$$

となる．始動完了までの時間を t〔s〕，滑りを s，同期角速度を ω_s〔rad/s〕，加速トルクを T_a〔N·m〕とすれば，始動中の二次回路に発生する熱量 W〔J〕は，(15)式を 0 から t〔s〕までの時間について積分することで求められる．

$$W = \int_0^t sP_{c2}\,dt = \omega_0 \int_0^t sT_a\,dt \quad \text{〔J〕} \tag{16}$$

同期速度を N_0〔min^{-1}〕とすれば回転角速度 ω_0 は，

$$\omega_0 = \frac{2\pi N_0}{60} \quad \text{〔rad/s〕} \tag{17}$$

であり，電動機の回転速度を N〔min^{-1}〕，回転角速度を ω〔rad/s〕とすれば，

テーマ45　三相誘導電動機の始動方式の種類と得失

滑り s は，

$$s = \frac{N_0 - N}{N_0} = \frac{\omega_0 - \omega}{\omega_0} \tag{18}$$

となる．

ここで，電動機の発生トルク T_M がすべて回転体の加速に使われると仮定する．また，回転系の持つ慣性モーメントを J 〔$\mathrm{kg \cdot m^2}$〕とすれば，次式に示す運動方程式が成立する．

$$T_a = T_M = J\frac{\mathrm{d}\omega}{\mathrm{d}t} \quad (\mathrm{N \cdot m}) \tag{19}$$

また，(18)式から，

$$\mathrm{d}\omega = -\omega_0 \mathrm{d}t \tag{20}$$

が得られる．(16)式に(19)式，(20)式の関係を代入すると，

$$W = -\omega_0^2 J \int_1^0 s\,\mathrm{d}s = \frac{1}{2}J\omega_0^2 \quad (\mathrm{J}) \tag{21}$$

ただし，始動完了時の滑りを $s = 0$ としている．

(21)式は回転体の蓄える運動エネルギーそのものである．すなわち始動が完了するまでに二次側回路が発生する熱量は回転体の蓄える運動エネルギーに等しいことが分かる．このことは，始動期間中に二次側回路に伝達された二次入力の 1/2 が加速するための運動エネルギーとして，残り 1/2 が二次銅損として失われることを意味している．

巻線形ではこのように始動時における二次銅損が始動抵抗器で消費されるため，はずみ車効果の大きい負荷を頻繁に起動・停止する場合に適した始動方法である．

テーマ46 誘導発電機の構造と得失

1 誘導発電機とは

　誘導電動機を電源に接続すると同期速度より若干遅い速度で回転する．この電動機の回転軸に外部から動力を加えて同期速度より速い速度で回転させると回転子の導体が回転磁界を追い越すことになる．このときの回転子の二次側誘導起電圧は電動機と逆方向となる．さらに回転子に加える動力を増加させると固定子巻線の起磁力を打ち消し，電源へ電力が供給されるようになる．これが誘導発電機の原理である．

　誘導発電機の滑り s は回転速度 N が同期速度 N_s より大きいので，滑りは負になる．すなわち，

$$s = \frac{N_s - N}{N_s} < 0 \tag{1}$$

となる．

　誘導発電機も誘導電動機と同様に円線図から運転特性を導くことができ，各種特性値を求めることができる．第1図に示す誘導電動機のL形等価回路において，発電機の場合は(1)式が示すように，滑り s が負である

第1図　L形等価回路

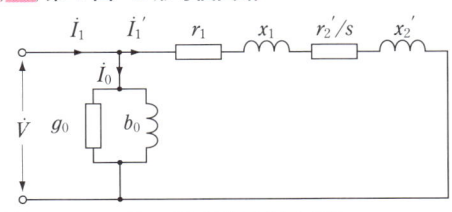

ただし，V ： 一次一相の端子電圧〔V〕
　　　　I_1 ： 一次電流〔A〕
　　　　I_1' ： 一次負荷電流〔A〕
　　　　I_0 ： 励磁電流〔A〕
　　　$r_1 + x_1$ ： 一次漏れインピーダンス〔Ω〕
　　$(r_2'/s) + x_2'$ ： 二次漏れインピーダンスの一次換算値〔Ω〕
　　　　$g_0 - jb_0$ ： 励磁アドミタンス〔S〕

から、

$$\dot{I_1}' = \frac{V}{\left(r_1 - \dfrac{r_2'}{s}\right) + j(x_1 + x_2')}$$

$$|\dot{I_1}'| = \frac{V}{\sqrt{\left(r_1 - \dfrac{r_2'}{s}\right)^2 + (x_1 + x_2')^2}}$$

$$\cos\theta' = \frac{r_1 - \dfrac{r_2'}{s}}{\sqrt{\left(r_1 - \dfrac{r_2'}{s}\right)^2 + (x_1 + x_2')^2}}$$

$$\sin\theta' = \frac{x_1 + x_2'}{\sqrt{\left(r_1 - \dfrac{r_2'}{s}\right)^2 + (x_1 + x_2')^2}}$$

となる．誘導電動機に対して，誘導発電機の有効電力は位相が180°逆であるから，第2図に示すように，$\overline{AB}\sin\theta' = I_1'$となるように定めると，

$$\overline{AB} = \frac{I_1'}{\sin\theta'} = \frac{V}{x_1 + x_2'}$$

となり，$\overline{AB}$を直径とする下半分の半円が描ける（上半分は電動機領域）．

次に励磁電流を考慮した電動機と発電機の円線図を描くと第3図に示すようになる．この図で上半分の円周の円弧AP′ P_m T_mSが電動機の運転領域を示し，下半分の円弧AP T_m' P_m' Bが発電機領域を示す．円線図の

🏭🏭🏭 第2図 ベクトル図

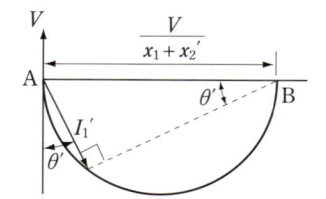

🏭🏭🏭 第3図 円線図

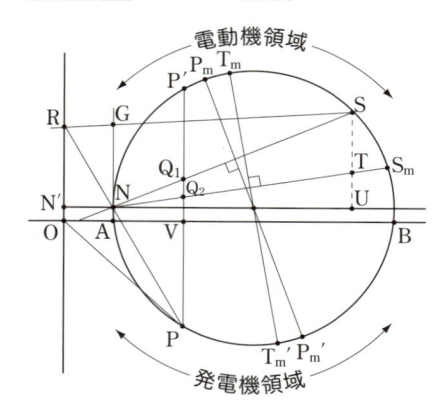

点 S は電動機の始動時，すなわち滑り $s = 1$ の状態を示し，回転速度が上昇するにつれて円弧の上を反時計方向へ運転点が移動する．点 N は誘導電動機が同期速度で回転している状態，すなわち，滑り $s = 0$ の状態であると共に，電源から誘導電動機の鉄損を供給している状態である．さらに回転子の速度が増し，同期速度を超えると，運転点は点 P へ移動して電源へ電力を供給する．

さて，発電機として運転しているとき，その運転特性は円線図から次のように定義される．

一次電流： $I_1 = \overline{\mathrm{OP}}$ 〔A〕

電気的出力： $P_E = \sqrt{3} V_1 \overline{\mathrm{PV}}$ 〔W〕

機械的入力： $P_M = \sqrt{3} V_1 \overline{\mathrm{PQ_1}}$ 〔W〕

トルク： $T = \dfrac{\sqrt{3} V_1 \overline{\mathrm{PQ_2}}}{2\pi \times \dfrac{N}{60}}$ 〔N・m〕

ただし，N：回転速度〔min^{-1}〕

力率： $\dfrac{\overline{\mathrm{PV}}}{\overline{\mathrm{OP}}} \times 100$ 〔%〕

滑り： $s = -\dfrac{\overline{\mathrm{GR}}}{\overline{\mathrm{SG}}} \times 100$ 〔%〕

効率： $\eta = \dfrac{\overline{\mathrm{PV}}}{\overline{\mathrm{PQ_1}}} \times 100$ 〔%〕

2　誘導発電機の得失

第3図の円線図が示すように発電機として運転する場合の磁化電流は，電源からとる必要がある．このため誘導発電機には同期発電機のような直流励磁が不要であるが，逆に電源がない状態，すなわち誘導発電機単独では発電ができないことを意味している．あるいは停電にならなくても誘導発電機を接続している系統の電圧が低下した場合，磁化電流が減少するので発電機端子電圧が電源電圧の低下に伴って低下する．このことは，系統に何らかの事故が発生した場合，その短絡電流を供給しないということになる．また，誘導電動機の回転子が，かご形である場合，回転子の巻線が

不要なので安価で堅ろうな構造とすることができる．

　誘導発電機の出力を増加させるには，その原動機入力を増加させるだけでよく，同期発電機のような同期化が不要であり，自ら系統に同期して発電を行うことができる．また，同期機のような乱調のおそれもなく取扱いが簡単であるという特徴がある．しかしながら，磁化電流を系統からとる必要があるため，電源からみた場合は力率の悪い負荷とみなすことができる．このことは，誘導発電機から負荷に無効電力を供給することができないことを意味する．したがって，誘導発電機で発電を行う場合は，ほかの同期発電機と並列運転して，同期発電機から負荷が要求する無効電力と誘導発電機の磁化電流を供給する必要がある．

　同期発電機では，励磁電流を調整することによって力率を調整する機能があるが，誘導発電機にはこの機能はない．これは，誘導発電機の一次・二次巻線抵抗，一次・二次巻線の漏れリアクタンスが定数であることによる．

3　誘導発電機の用途

　誘導発電機は取扱いの容易さから発電設備としては小容量の水力発電機に適用される．また，誘導電動機は広く産業用の電動機として利用されている．この場合，電動機の回転系が持つ運動エネルギーを電力回生によって電源側に返還して省エネルギーに活用できる．例えば，ケーブルクレーン，ウィンチ，ケーブルカー，ホイストなどの荷重を降下させるときのエネルギーを原動力とし，誘導発電機として動力を電源に返還させる．誘導発電機として運転するには同期速度以上に回転させる必要があるが，電源と誘導電動機の間にインバータを接続して，インバータから電動機に与える周波数を低下させることによって，同期速度を低くすることができるので，回転子の回転速度を同期速度以上に回転させたことと同様の効果，すなわち発電機として働かせることができる．

テーマ 47 同期電動機と誘導電動機の長短比較

1 回転速度

電動機の極数を p, 電源の周波数を f [Hz] とすれば, 同期速度 N_s は,

$$N_s = \frac{120f}{p} \text{ [min}^{-1}\text{]}$$

であり, 同期電動機はこの同期速度で一定な回転をする. このため負荷の増減によっても回転速度が変化しないことになるが, 逆に同期電動機は速度制御ができないということを意味する. 同期電動機の回転速度を変化させるには, 可変周波数電源装置で周波数を可変して同期速度を変える必要がある.

一方, 誘導電動機の回転速度は,

$$N = (1-s)N_s \text{ [min}^{-1}\text{]}$$

ただし, s：滑り

であり, 常に同期速度よりも遅い速度で回転する. また, 負荷が増減すると, 滑り s が変化するため, 回転速度も変化する.

誘導電動機で速度制御を行うには, 可変周波数電源によって同期速度を変化させてもよいが, 滑り s を変化させて速度制御を行うクレーマ方式, セルビウス方式などによって高効率な速度制御が可能である.

2 力率調整作用

同期電動機の励磁電流を変化させると, 電機子電流は第1図に示すように変化する. これを同期電動機のV曲線という. 同期電動機は励磁電流を変化させることによって, 電機子電流の力率を変えることができ, 力率100 [％] の運転が可能である. また, 電

第1図 V曲線

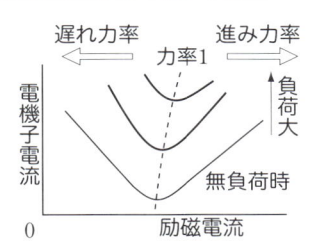

機子電流の力率を変えることができるので，同期電動機が接続されている電源系統の総合力率を改善することができる．例えば，誘導電動機が多数接続されている工場などでは，全体として遅れ力率となるが，同期電動機を並列に接続して進相運転させれば誘導電動機の遅れ力率を補償することができるので，工場全体としての総合力率の改善を行うことができる．

同期電動機のV曲線をベクトル図から考慮してみよう．非突極形の同期電動機の運転時におけるベクトル図（1相あたり）を描くと第2図に示すようになる．

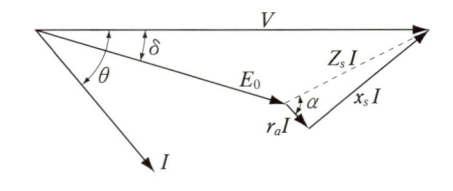

第2図　非突極機

ただし，
　V：電源の相電圧〔V〕
　I：電機子電流〔A〕
　E_0：無負荷誘導起電力〔V〕
　θ：電動機の力率角〔rad〕
　δ：内部相差角〔rad〕
　α：同期インピーダンスの位相角〔rad〕
　r_a：電機子抵抗〔Ω〕
　x_s：同期リアクタンス〔Ω〕
　Z_s：同期インピーダンス（$Z_s = r_a + jx_s$）

次に，突極形の同期電動機の運転時におけるベクトル図（1相あたり）は第3図に示すようになる．この場合は，二反作用法により直軸分と，横軸分に分けて考える．

第3図　突極機

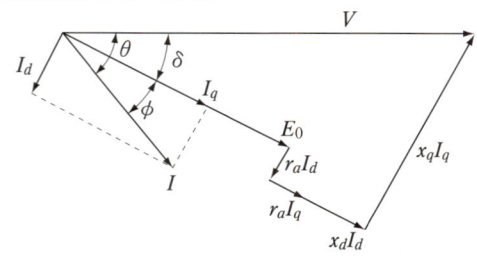

ただし，

　I_d：電流 I の直軸分〔A〕（$I \sin \phi$）

　I_q：電流 I の横軸分〔A〕（$I \cos \phi$）

　x_d：直軸同期リアクタンス〔Ω〕

　x_q：横軸同期リアクタンス〔Ω〕

　ϕ：E_0 と I との位相差〔rad〕

さて，ここでは同期電動機の端子電圧 V〔V〕を一定として，誘導起電力 E_0，出力 P，電機子電流 I，力率 $\cos \theta$ などの関係が分かりやすい非突極機について検討してみることにしよう．

誘導起電力 E_0 または出力 P のいずれかを一定に保ったとき，電機子電流 I のベクトル軌跡は第4図に示すような円となる．すなわち，第2図のベクトル図から，

$$\dot{V} = \dot{E}_0 + \dot{Z}_s \dot{I}$$

$$\dot{Z}_s = r_a + j x_s$$

$$\alpha = \tan^{-1} \frac{x_s}{r_a}$$

■■■ 第4図　励磁円

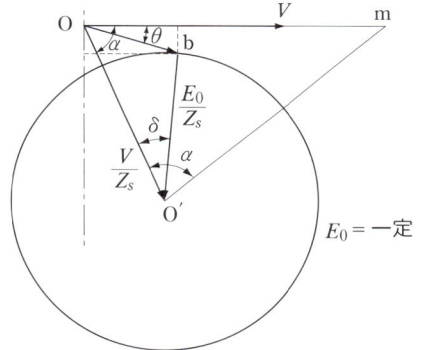

であるから，$\dot{V}$ を基準ベクトルとすると，

$$\dot{I} = \frac{\dot{V} - \dot{E}_0}{\dot{Z}_s} = \frac{V - E_0 \varepsilon^{-j\delta}}{Z_s \varepsilon^{j\alpha}} = \frac{V}{Z_s} \varepsilon^{-j\alpha} - \frac{E_0}{Z_s} \varepsilon^{-j(\alpha+\delta)} \quad (1)$$

(1)式において $\dot{V}/\dot{Z}_s$ と $\dot{E}_0/\dot{Z}_s$ は $\dot{V}$ からそれぞれ，α，$(\alpha + \delta)$ だけ遅れたベクトルであり，第4図の $\overrightarrow{\text{Ob}}$ が電機子電流 $\dot{I}$ となる．

励磁が一定であれば誘導起電力 E_0 は一定となるから，δ が変化することになる．このため電機子電流 $\dot{I}$ のベクトル軌跡は，O' を中心とした半径 $\overline{O'b} = E_0 / Z_s$ の円を描く．この円を励磁円という．

次に，出力 P が一定の場合の電機子電流 $\dot{I}$ のベクトル軌跡を求めてみよう．出力 P は，

テーマ４７　同期電動機と誘導電動機の長短比較

$$P = VI\cos\theta - r_a I^2$$

$$r_a I^2 - VI\cos\theta = -P$$

$$I^2 - \frac{V}{r_a}I\cos\theta = -\frac{P}{r_a}$$

$$\left(I - \frac{V}{2r_a}\cos\theta\right)^2 - \left(\frac{V}{2r_a}\cos\theta\right)^2 = -\frac{P}{r_a}$$

$$\left(I - \frac{V}{2r_a}\cos\theta\right)^2 = \left(\frac{V}{2r_a}\cos\theta\right)^2 - \frac{P}{r_a}$$

$$= \left(\frac{V}{2r_a}\right)^2 \cos^2\theta - \frac{P}{r_a}$$

$$= \left(\frac{V}{2r_a}\right)^2 (1 - \sin^2\theta) - \frac{P}{r_a}$$

$$\left(I - \frac{V}{2r_a}\cos\theta\right)^2 + \left(\frac{V}{2r_a}\right)^2 \sin^2\theta = \left(\frac{V}{2r_a}\right)^2 - \frac{P}{r_a}$$

$$I^2 - 2\cdot\frac{V}{2r_a}I\cos\theta + \left(\frac{V}{2r_a}\right)^2(\cos^2\theta + \sin^2\theta) = \left(\frac{V}{2r_a}\right)^2 - \frac{P}{r_a}$$

$$\therefore\ I^2 - 2\cdot\frac{V}{2r_a}I\cos\theta + \left(\frac{V}{2r_a}\right)^2 = \left(\frac{V}{2r_a}\right)^2 - \frac{P}{r_a}$$

$$= R^2 \qquad(2)$$

ただし，$R^2 = \left(\frac{V}{2r_a}\right)^2 - \frac{P}{r_a}$

(2)式から第５図に示すような m 点を中心とする半径 R の円となることが分かる．これを出力円という．励磁円，出力円が同期電動機の円線図であり，ブロンデル線図と呼ばれる．

出力円において，無負荷時は，$R = \dfrac{V}{2r_a} = \text{Om} = \text{O'm}$ となるので，$P = 0$ の軌跡は OO' を通る円になる．また，出力 P が増加すると半径 R は小さくなり，最大負荷時には $R = 0$ となる．よって，最大負荷 P_m は，

$$P_m = \frac{V^2}{4r_a}$$

$$\delta = \alpha$$

$$\theta = 0$$

となる．

次に原点 O から出力円に引いた接線の接点はその電力における最小の力率を示す．また，一定出力に対して b 点が Om の右側にある場合は遅れ力率，Om の左側にある場合は進み力率，Om の線上にあるときは力率 = 1 であることを示す．

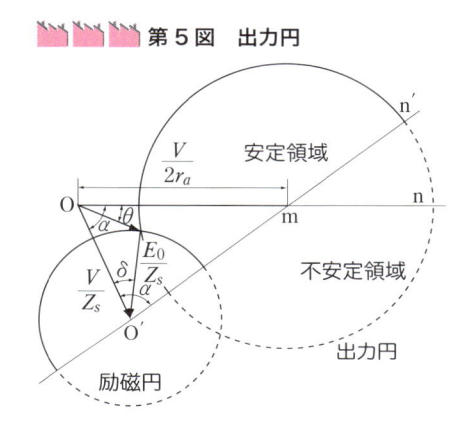

第5図 出力円

なお，出力 P が一定の場合，O′n′ より右側の部分では $\delta > \alpha$ となり，δ の増加分に対する出力の変化は，

$$\frac{\mathrm{d}P}{\mathrm{d}\delta} = \frac{VE_0}{Z_s}\sin(\alpha - \delta) < 0$$

となるので不安定領域であることが分かる．よって，O′n′ より左側が安定，O′n′ 上が安定限界を示す．

さて，このブロンデル線図を用いれば V 曲線を近似的に作図することができる．任意の出力 P における出力円が第6図に示すように描けたとする．この図において，出力円の中心を O′ とする．界磁電流を変化させると E_0 が変化するので，Ob が出力円の円周上を移動する．界磁磁束の飽和を無視すると，E_0 は界磁電流に比例するので，Ob の長さは界磁電流を表すことになる．また，ab は同期インピーダンスによる電圧降下 $Z_s I$ を示しているが，Z_s を一定とすれば，ab の長さを尺度とする電機子電流を表すことになる．したがって，Ob と ab の関係をプロットすることで界磁電流と電機子電流の関係を描くことができる．

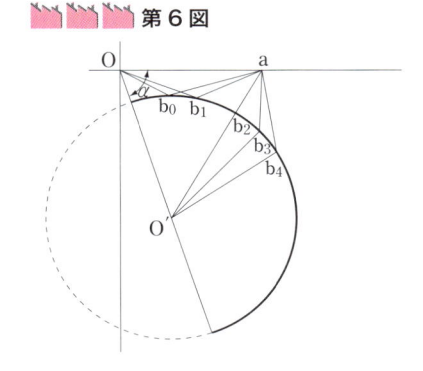

第6図

一方，誘導電動機の力率は極数や出力によって異なるが，おおむね遅れ力率の 75 〜 85 〔％〕程度であり，同期電動機のような力率調整能力はない．

3　始動方法

同期電動機は回転子が同期速度付近にならないとトルクを発生せず，始動トルクは零に近い．このため始動電動機を用いるなど何らかの始動方法が必要である．一方，誘導電動機は，始動時から回転トルクを発生させることができるので始動電動機は不要であり，同期電動機に比べて取り扱いが容易である．

同期電動機の始動方法としては，回転子に誘導電動機のかご形巻線を設けて始動トルクを得る自己始動法と同期電動機の回転軸に結合させた別の電動機で回転子を回転させ，同期速度付近になったときに電源を接続して回転させる始動電動機法の二種類がある．

(1) 自己始動法

同期電動機には安定度を向上させる目的で，電機子の表面に制動巻線を施している．この巻線は誘導電動機のかごと同様な構造をしているので，制動巻線をかごとして誘導電動機の始動方法と同じように始動させる方法である．この始動方法には，誘導電動機と同様な，全電圧始動，補償器始動などの方法がある．

(2) 始動電動機始動

誘導電動機または直流電動機を始動機として，同期電動機の回転軸に結合させて始動する．同期電動機の回転子が同期速度に達した時点で，同期電動機を電源に接続・同期させて回転を継続させる方法である．この方法では，始動用電動機が必要であり，設備規模，保守などの点で取扱いがやっかいなため，現在では自己始動法が多く用いられるようになっている．

4　長所，短所のまとめ

同期電動機と誘導電動機の長所，短所を比較したものを列挙する．
(1) 同期電動機
〈長　所〉

① 速度が不変である
② 力率調整作用がある
③ エアギャップが広いので据付けと保守が容易である

〈短　所〉
① 始動トルクが小さいので始動装置が必要である
② 励磁のための直流電源が必要である
③ 価格が高い
④ 速度制御が難しい
⑤ 安定度の問題がある（乱調，同期外れ現象）

(2) **誘導電動機**

〈長　所〉
① 電動機自身で始動トルクが生じるので，始動装置がなくても自己始動が可能である
② 価格が安く，堅ろうな構造である
③ 高効率な速度制御を行うことが可能である
④ 安定度の問題がない

〈短　所〉
① 負荷の増減によって速度が変化する
② 力率は遅れで，力率調整ができない

5　負荷に適した電動機

　同期電動機と誘導電動機のそれぞれ長所をいかして負荷に適した電動機を選定する．ここでは，それぞれの電動機の負荷として適切なものを列記する．

(1) **同期電動機**
① 一定流量で低速回転の揚水ポンプ（数千〔kW〕以上）
② 一定風速で定速回転の送風用電動機
③ 圧延用電動機（正確な定速度が必要な場合）

(2) **誘導電動機**
① 一定流量で定速回転または可変流量の可変速揚水ポンプ
② 一定風速で定速回転の送風用電動機または可変風量の可変速送風機

③ 巻上機，クレーン，エレベータ用の電動機
④ 圧延用電動機（可変速度運転の場合）
⑤ 各種工作機械

テーマ 48

同期電動機の始動方法

同期電動機が停止しているときに電圧を印加しても始動トルクはほとんど発生しない．これは同期電動機が同期速度付近にならないとトルクを生じないためである．このため同期電動機は何らかの始動方法を用いて始動させなければならず，各種始動方法が適用されている．ここでは同期電動機の始動方法について解説する．

1 自己始動法

同期電動機は電源系統の電源周波数に同期して同期速度で回転する．この同期速度 N_s は，電源の周波数を f〔Hz〕，電動機の極数を p とすれば，

$$N_s = \frac{120f}{p} \text{〔min}^{-1}\text{〕}$$

と求めることができる．同期電動機はこの同期速度で回転するが，負荷が急変したり，界磁磁束が急変したりすると同期電動機の速度が乱れ，場合によっては同期速度で運転できない，いわゆる同期外れが起こることがある．この同期外れ現象を防止するために同期電動機の回転子（磁極）の表面には制動巻線と呼ばれる特殊な巻線が設けられている．制動巻線の両端には短絡環があり，制動巻線同士が接続されているので，ちょうど誘導電動機のかご（二次巻線）とみなすことができる．制動巻線を利用すると同期電動機を誘導電動機の始動方法と同じように始動させることができ，これを自己始動法という．始動トルクは制動巻線の抵抗値が大きいほど，大きな始動トルクが得られる反面，同期速度付近ではトルクが著しく減少する．

同期速度付近まで加速された回転子が同期速度で運転するために発生するトルクを同期引入れトルクという．制動巻線の抵抗値が大きいほど，大きな始動トルクが得られる反面，同期速度付近ではトルクが著しく減少してしまう．このため始動トルクを大きくして，かつ，引入れトルクを大きくするために「深溝かご形」や「二重かご形」などの特殊かご形誘導電動機と同じ構造を採用したり，制動巻線に高抵抗導体（黄銅など）を用いた

りする方法がある．
　自己始動法には誘導電動機の始動法と同様に次に示す方法がある．
① 　全電圧始動
　　　直接全電圧を印加する始動方式である．始動電流（突入電流）が大きいので始動トルクも大きくなるが，電源系統に電圧降下などの悪影響を与えることがある．
② 　始動補償器始動
　　　単巻変圧器（始動補償器）を接続して，電圧を 50 〜 80〔％〕程度に低減して大きな突入電流が流れるのを防止する．始動電圧を低減しているため始動トルクは全電圧始動に比べて小さくなる．
③ 　リアクトル始動
　　　始動用リアクトルを直列に接続して突入電流を防止する．始動補償器始動と同じように全電圧始動に比べて始動トルクは小さくなる．
　同期電動機は自己始動によって回転速度が上昇し，同期速度付近になったところで界磁電流を流して同期運転をさせるが，この同期運転ができる条件は，回転子のはずみ車効果，トルク，同期時の電源位相などによって異なってくる．簡易的には同期引入れ可能な滑り s を次に示す簡略式で求めることができる．

$$s < \frac{242}{N}\sqrt{\frac{P_m}{GD^2 \cdot f}}$$

ただし，
　　N：定格速度〔min^{-1}〕
　GD^2：回転子のはずみ車効果〔kg・m^2〕
　　P_m：同期トルク〔同期ワット〕
　　　f：電源周波数〔Hz〕

　自己始動法では制動巻線が発生するトルクが主な始動トルクであるが，次のようなトルクも同時に発生する．
　同期電動機を始動するとき，同期速度付近になったところで回転子に界磁電流を与えるが，回転子を開放した状態で始動させると界磁巻線に高電圧が発生し，絶縁を損なうおそれがある．このため始動中は回転子に抵抗（放電抵抗）を接続しておく．この状態では回転子が単相誘導電動機と等

価とみなすことができるので，同期速度のほぼ1/2以下の速度ではトルクが正方向に，1/2以上の速度では逆方向のトルクを生じる．すなわち誘導電動機のゲルゲス現象と同様な現象が起こる．その他，回転磁界によって磁極表面などに発生する渦電流によるトルクが生ずる．

自己始動時のトルク速度特性を第1図に示す．

第1図　トルク速度特性曲線

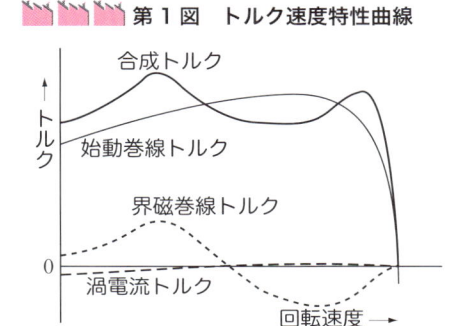

2　補助電動機始動法

始動用の補助電動機として誘導電動機または直流電動機を機械的に同期電動機（主機）と接続する．補助電動機に電源を与えて始動させ，同期速度に近くなったところで主機に電圧を印加，同期引入れさせて運転する．これを補助電動機始動法という．

補助電動機に誘導電動機を用いた場合，誘導電動機の回転速度が同期電動機の同期速度より速くなるように極数が同期電動機より少ない誘導電動機を用いる．例えば，同期電動機が10極の場合，補助電動機として8極の誘導電動機を用いる．この場合，電源周波数50〔Hz〕だとすると，同期速度はそれぞれ，同期電動機 = 600〔min^{-1}〕，誘導電動機 = 750〔min^{-1}〕となる．

始動時に誘導電動機の回転速度を同期電動機の同期速度以上に回転させた後に始動用電動機の電源を切り，減速の途中で主機に電源を与えて同期引入れする．補助電動機にかご形誘導電動機を用いた場合は二次抵抗制御などの方法で主機の同期速度に一致させることが可能である．

3　低周波始動法

同期電動機の電源として可変周波数電源を用いて，最初に低周波で始動し，同期化させる．同期化した後，しだいに電源の周波数を上げて回転速度を上昇させる．その後，定格速度付近になったところで主電源に切り換

え，同期投入する．

　可変周波数電源として同期発電機を用いる場合は，定格速度の80〔％〕程度で回転させ，端子電圧が60〜70〔％〕程度になるような励磁を与えて運転しておき，同期電動機を電気的に接続する．同期電動機を接続すると始動用発電機の速度はいったん低下するが，徐々に加速され，発電機と電動機の回転速度が一定となり同期運転を行う．この後，電動機に励磁を与えて定格周波数まで加速して運転する．

　低周波始動法は自己始動と同期始動を組み合わせた始動法であり，始動機に電動機容量の15〜20〔％〕程度の同期発電機を用いて始動させることができる．

4　同期始動法

　始動用の同期発電機と同期電動機を電気的に接続する．同期電動機を始動するには，同期発電機を速度0から徐々に加速する．同期電動機は，同期発電機の回転速度の上昇に合わせて回転速度が上昇するので速度が上昇し，定格速度付近になったところで主電源に切り換え，同期投入する．

5　サイリスタ始動法

　停止中の同期電動機にあらかじめ励磁を与えておき，サイリスタ変換器によって電動機に与える電源周波数を0から定格周波数まで可変させて始動する．サイリスタ変換器の出力周波数は電源と常に同期を維持するよう回転子磁極位置に同期した点弧制御を行うが，速度が上昇し，電動機の誘起電圧がサイリスタの転流を十分行えるまでに到達した後は，自己転流に移行して加速する．

　サイリスタ始動用の始動装置は静止器であるので保守が容易であるほか，電力の逆流ができるので電力回生制御が可能で，低速機から高速機まで適用できる．

テーマ 49 同期発電機の電機子反作用と遅れ力率，進み力率負荷の関係

タービンや水車などの原動機を同期発電機に接続して回転させると電機子と鎖交している主磁束が時間的に変化するため起電力が発生し，負荷電流が流れる．この負荷電流が電機子に流れると，電機子にも磁束が発生して主磁束に影響を与える．これを電機子反作用という．電機子反作用は直流発電機または直流電動機にも同様に生じる．直流機の電機子反作用は負荷電流が流れることによって主磁束に影響を与える現象であり，その影響は負荷電流の増大に伴って大きくなる．しかしながら同期機の場合，電機子に流れる電流が交流であるため，電流の大きさだけでなく，電流の位相，すなわち電機子起電力との位相差によって直流機にはなかった電機子反作用現象が生じる．

以下，同期機の電機子反作用現象について述べる．

1 電機子反作用現象

同期機は回転子が界磁磁束を発生しながら回転すると，固定子に巻かれた電機子巻線側では磁束が時間的に変化するため電機子巻線に誘導起電力が発生する．同期機は回転子の構造によって突極形と円筒形に分けられ，突極機は主に回転速度の遅い水車発電機として，円筒機は回転速度の速いタービン発電機として用いられる．一般的に同期機は第1図に示すような電機子巻線が固定巻線側，界磁巻線が回転子側である構造の回転界磁形が多く用いられている．

第1図 回転界磁形

このような構造の同期発電機に負荷が接続されたとき，負荷電流は電機子巻線に流れることになるが，この電流によって電機子巻線に磁束が発生する．この磁束が回転子の発生する界磁磁束と鎖交するため同期機特有の現象が生ず

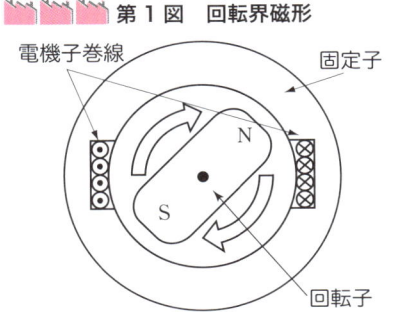

る．この現象は負荷電流の力率によって以下のような異なった現象を引き起こす．

(1) 負荷電流の力率が1の場合

第2図は電機子および回転子の断面を横方向に直線状に広げたものである．この図に示すように負荷電流が誘起電圧と同相の場合，磁極（回転子）の回転方向側の磁束の方向は主磁束と逆方向となり，反対側の磁極は主磁束と同じ方向になる．つまり，磁極の回転方向側の磁束は弱まり，反対側の磁束は強くなる．このため磁束は偏った分布をする．これを交さ磁化作用という．

第2図 交さ磁化作用

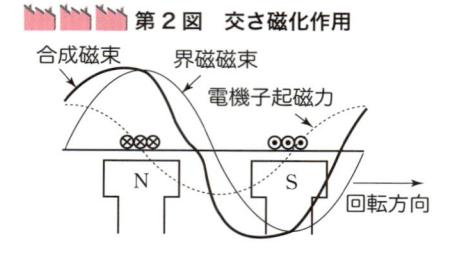

(2) 負荷電流の位相が進みの場合

第3図は誘導起電力に対して電機子電流の位相が90°進んだ状態，すなわち進み力率0の場合を示している．この図から分かるように電機子巻線に流れる進み電流によって発生する磁束の方向と，回転子が発生する磁束の方向が一致するため界磁磁束を強める働きをする．これを増磁作用という．発電機の主磁束が増磁作用によって強められるため誘導起電力は大きくなる．

第3図 増磁作用

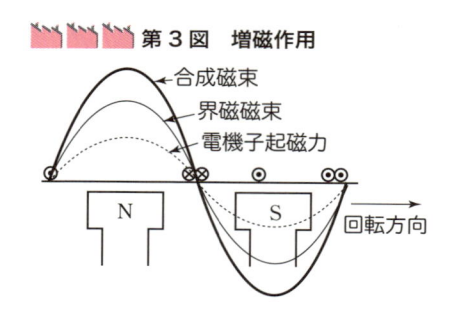

近年の電力系統は超高圧・長距離送電線や高電圧ケーブル系統の拡大によって，線路充電容量が増加する傾向があるほか，需要家における力率改善コンデンサの普及によって夜間などの軽負荷時には発電機から系統側に対して進相電流が流れることになる．この場合は，増磁作用によって端子電圧が上昇する．

増磁作用が起こると，例え発電機が無励磁であっても，界磁回路の残

留磁気によって発生した起電力が進相負荷に流れることで増磁作用が起こり，起電力が増大，さらに進相電流が増加することを繰り返して端子電圧が上昇することがある．これを自己励磁現象という．発電機の絶縁破壊を起こすことがあるので注意が必要である．

(3) 負荷電流の位相が遅れの場合

第4図は誘導起電力に対して電機子電流の位相が90°遅れた状態，すなわち遅れ力率0の場合を示している．この図から分かるように電機子巻線に流れる遅れ電流は，回転子の界磁磁束を打ち消す方向に生じる．このため主磁束を減少させるように働く．これを減磁作用という．減磁作用が起こると端子電圧が低下する．

第4図 減磁作用

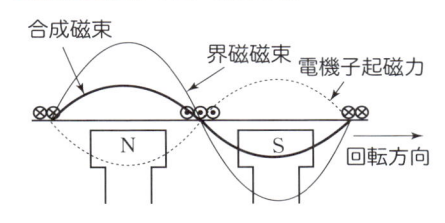

2 電機子反作用リアクタンス

電機子反作用が起こると同期発電機の誘導起電力が変化する．このため，電機子反作用による影響を等価的にリアクタンスの変化に置き換えたものを電機子反作用リアクタンスという．すなわち電機子反作用リアクタンスは，電機子反作用による電圧降下分を等価的にリアクタンス成分として置き換えたものである．

電機子反作用リアクタンスと電機子漏れリアクタンスの和を同期リアクタンス x_s という．また，同期リアクタンス x_s と電機子巻線抵抗 r_a のベクトル和を同期インピーダンス Z_s という．

$$Z_s = \sqrt{r_a^2 + x_s^2} \quad [\Omega] \tag{1}$$

この考え方を用いて同期発電機1相分の等価回路を描くと第5図に示す

第5図 同期発電機の等価回路（1相分）

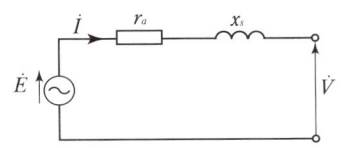

ようになる．円筒機では一般に電機子抵抗に比べて同期リアクタンスの方がはるかに大きいため，電機子抵抗を無視して簡易的に考えることもある．

◎**同期機のベクトル図**

同期発電機に電流 I が流れたときのベクトル図を描くと第6図に示すようになる．この図から，電機子誘導起電力 E は，

$$E = \sqrt{(V\cos\theta + Ir_a)^2 + (V\sin\theta + Ix_s)^2} \quad 〔\text{V}〕 \tag{2}$$

ただし，

θ：力率角〔°〕

x_s：同期リアクタンス〔Ω〕

r_a：電機子抵抗〔Ω〕

このベクトル図の δ は負荷角と呼ばれ，負荷の増減に伴って δ の角度が増減する．

第6図 同期発電機のベクトル図

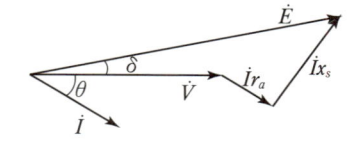

3 同期電動機の電機子反作用

同期電動機の界磁電流を変化させるとその電機子電流は第7図に示すように変化する．この特性曲線はその形状からV曲線とも呼ばれる．同期電動機では界磁電流を減少させると遅れ力率となり，界磁電流を増加させると進み力率とすることができる．すなわち界磁電流を変えることによって，任意の力率を得ることができる．この性質を利用して力率調整を行うために用意された同期電動機を同期調相機という．同期調相機はロータリコンデンサともいわれる．

第7図 同期電動機のV曲線

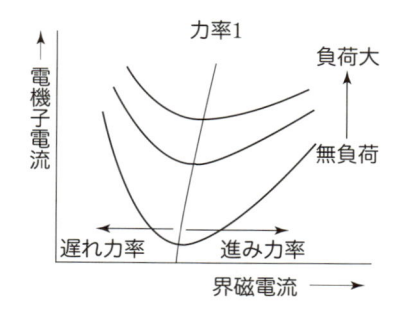

発電機の場合，界磁電流を減少させると進み力率となり，界磁電流を増加させると遅れ力率であったが，電動機の場合，電機子電流の方向が逆になるため第1表に示すように電機子反作用の増磁作用と減磁作用は逆になる．すなわち同期電動機の場合，
① 力率が1で運転している場合，磁極の回転方向側の磁束が強まり，反対側の磁束は弱くなる．
② 進み力率で運転すると減磁作用が起こる
③ 遅れ力率で運転すると増磁作用が起こる

第1表　電機子反作用

	発電機	電動機
同相電流	交さ磁化作用	交さ磁化作用
進み電流	増磁作用	減磁作用
遅れ電流	減磁作用	増磁作用

テーマ50 同期発電機の可能出力曲線

1 同期発電機の可能出力曲線とは

　同期発電機が連続的に運転できる領域を示した曲線を可能出力曲線という．可能出力曲線は第1図に示すように横軸に出力（有効電力）を，縦軸に無効電力（遅相／進相無効電力）をとったものである．この図に示す可能出力曲線は水素冷却発電機の例であるが，水素ガス圧を高めることによって，可能出力曲線（出力可能範囲）が広がっていることが読みとれる．これは，水素ガス圧を高めることによって発電機の冷却能力が向上するためである．

　実際の発電所の発電機は定格負荷，定格力率で運転されることはほとんどなく，系統からの要請にもとづいて運転されることがほとんどである．可能出力曲線によれば，同期発電機がこのような定格運転状態以外の運転点にあっても，安定な運転を継続することができるかどうかが一見して分かる．

第1図　可能出力曲線

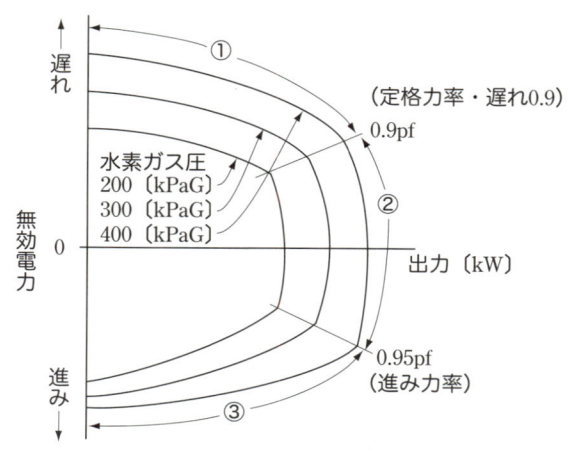

2　運転を制限する要因

可能出力曲線は，いくつかの同期発電機の特性曲線を組み合わせることで表現される．同期発電機が連続運転を継続することができない要因としては種々あるが，第1図に例示した可能出力曲線を有する発電機の場合，連続運転を継続するための制限要因としては次に示すとおりである．

①および②の領域：界磁巻線および電機子巻線の温度上昇制限
③の領域：進相運転時の固定子鉄心端部の温度上昇制限

3　V曲線から作図する方法

V曲線は，第2図に示すように同期発電機に一定負荷をとらせ，その負荷を変えることなく発電機の界磁電流を変化させたときの電機子電流の変化を表したグラフである．V曲線を描くため，実際に発電機を運転して試験する方法以外にも，ポーシェリアクタンスによる方法などによって界磁電流を理論的に算定して作ることもできる（電気規格調査会標準規格 JEC-2130（同期機）など参照）．この方法は発電機の無負荷飽和曲線と，負荷をかけた状態（進相力率0，定格電機子電流時）で得られる負荷飽和曲線を用いる．無負荷飽和曲線と負荷時の飽和曲線との間には第3図に示

第2図　V曲線

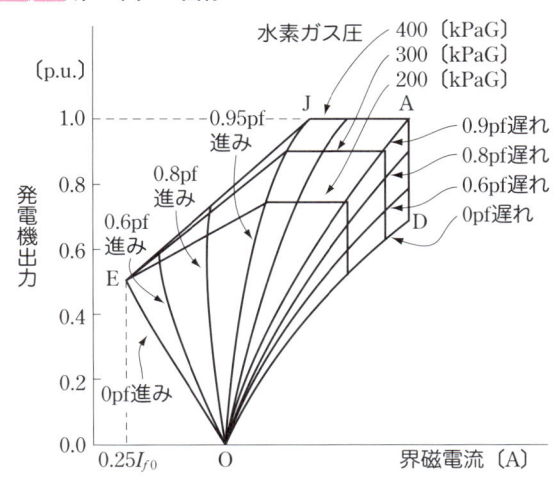

テーマ５０　同期発電機の可能出力曲線

すように△abcまたは△aOcを平行移動させたような曲線関係がある．この△abcのことをポーシェ三角形という．また，第３図では，$\overline{ab} = I_a x_p$（I_aは全負荷電流）と表現して$\overline{ab}$をポーシェリアクタンス降下，x_pをポーシェリアクタンスという．

第３図　ポーシェ三角形

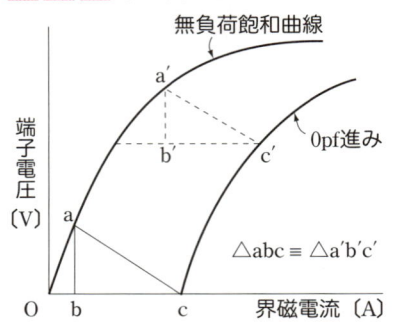

V曲線はまた，出力電力を〔kV・A〕または〔MV・A〕単位で表しているが，実際の運用では一般的に〔kW〕または〔MW〕単位を基準として運用されている．また，前述のように定格力率で運転されることはほとんどない．このため，V曲線から発電機出力を有効電力と無効電力に分けて，各力率について表した可能出力曲線を作図する．また，水素冷却発電機は水素ガス圧によって冷却効果が変化し，可能出力範囲が変化するので第４図に示すように各水素ガス圧における可能出力曲線をプロットする．

なお，水素冷却機のV曲線で，進相領域における各水素ガス圧の制限領域は次のようにして求める．

第４図　V曲線から求めた可能出力曲線

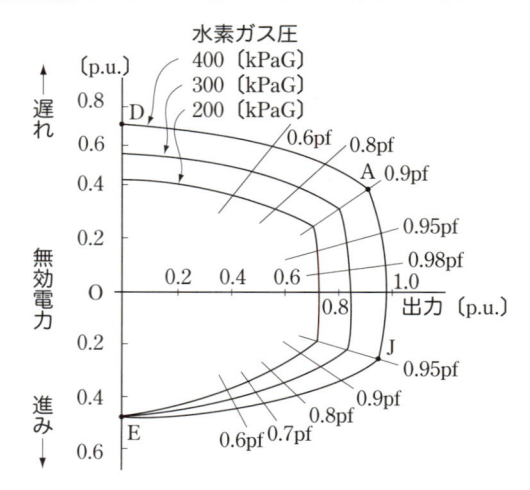

① 無負荷定格電圧を誘起するのに必要な界磁電流（I_{f0}）の 25〔％〕に相当する界磁電流を定める．
② ①に相当する点を進み力率 0 の特性曲線上に取る．
③ この点と，進み力率 0.95 における各水素圧力の可能出力点を結ぶ．これが各水素ガス圧における進相運転時の可能出力となる．

第 4 図における DA，AJ，JE の各領域は第 2 図の V 曲線上の各領域に対応する．

空気冷却機についても水素冷却機と同様にして作図できるが，一般に空気圧は一定なので可能出力曲線は 1 本となる．

なお，第 2 図に示す水素冷却機の V 曲線上の ODAJEO の領域は次の要因によって発電機出力が制限される．

① OD：力率（遅れ）＝ 0
② DA：界磁電流による制限（界磁巻線の温度上昇による制限）
③ AJ：電機子電流による制限（電機子巻線の温度上昇による制限）
④ JE：固定子鉄心端部が漏れ磁束の増加によって過熱される温度上昇による制限および発電機の定態安定限界または発電機電圧低下による制限
⑤ EO：力率（進み）＝ 0

4 ベクトル図から作図する方法

第 5 図は，同期発電機の端子電圧を E_t，内部誘起電圧を E_g，負荷電流を I_a としたときの関係を表したベクトル図である．この図において，負荷電流および端子電圧を単位法で表し，かつ，これらを同期リアクタンス x_s で割ると，$E_t/E_s = 1/x_s =$ SCR，すなわち短絡比を表すことになる．また E_g/x_s は電流のディメンションであり，界磁電流に比例する．

第 5 図　同期発電機のベクトル図

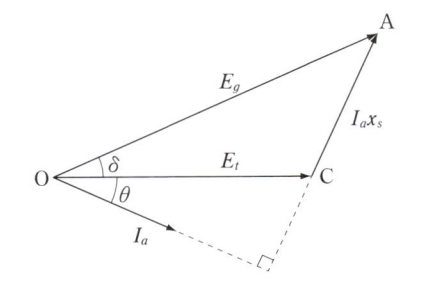

次に，第6図に示すようにOX軸上に出力（有効電力），OY軸上に無効電力を取り，全負荷電流をOBとして可能出力曲線を作図する．

第6図　可能出力曲線の作図

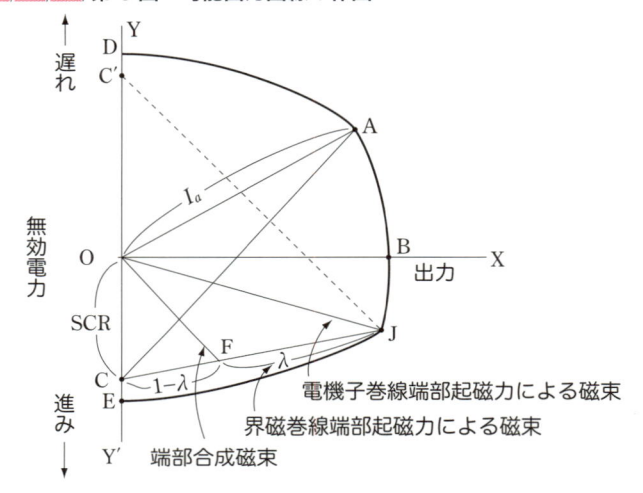

(a) 固定子コイル温度により制限される範囲の作図

Oを中心として円弧ABJを描き，発電機定格力率に相当するA点および進み力率0.95に相等しいJ点を定める．つまり原点Oを中心として定格容量を半径とする円弧を描く．この円弧ABJは電機子電流一定，すなわち固定子（電機子）巻線の温度上昇で制限される範囲である．なお，発電機定格力率としては事業用では通常0.85ないし0.90が採用されることが多い．また，J点は固定子鉄心端部の過熱，安定度の関係から定められる点であり，一般に進み力率0.95が採用される．

(b) 回転子コイル温度により制限される範囲の作図

OY′軸にO点との距離が短絡比（SCR）に等しくなる点Cを求め，Cを中心として半径ACなる円弧ADを描く．このADは界磁電流一定の場合の出力曲線，すなわち界磁巻線の温度上昇によって制限される範囲である．

実際には磁気飽和があるので若干つぶれた形状となる．

(c) 固定子鉄心端部温度により制限される範囲の作図

発電機空げき部磁束のベクトル図は第5図と相似の第7図で表され，

第7図　同期発電機空げき部磁束のベクトル図

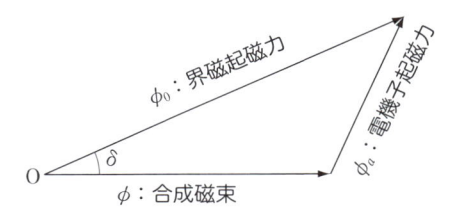

ϕ_0：界磁起磁力
ϕ_a：電機子起磁力
ϕ：合成磁束
δ

可能出力曲線中に描くと第6図の△OJCのようになる．発電機固定子鉄心端部磁束のベクトル図は第6図△OJCにおいて，界磁起磁力（ϕ_0）による磁束がλ倍（水素直接冷却機の場合は一般に$\lambda = 2/3$）になると考えた△OJFで表される．

任意の点では$\lambda/(1-\lambda)$は一般に負荷条件によらず一定であり，OFが等しければ鉄心温度上昇は等しくなる．したがって，具体的にはJ点を通りOFと平行な直線を引き，これとOY軸との交点をC′とし，この点を中心としてC′Jを半径とする円弧を作図すれば，固定子鉄心端部温度上昇一定の条件を満たす曲線が求められる．すなわち，

$$C'O = \frac{\lambda}{(1-\lambda)} \cdot (OC) = \frac{\lambda}{(1-\lambda)} \cdot (SCR)$$

$$C'J = \frac{\lambda}{(1-\lambda)} \cdot (OF)$$

なお，進相領域で固定子鉄心端部が温度上昇する原因は，電機子巻線端部起磁力による磁束と界磁巻線端部起磁力による磁束との合成磁束が，低励磁（進み）になるほど増加し，鉄心端部の渦電流損が大きくなるためである．特に水車発電機などでは，この領域は定態安定度限界あるいは自己励磁現象により制限を受ける場合もあり，その影響の度合いは系統条件あるいは自動電圧調整装置の有無などによって左右される．したがって，低励磁運転時の安定度あるいは最小励磁制限などを考慮して多少異なった形とすることがある．

以上のことを考慮してベクトル図から求めた可能出力曲線を第8図に示す．

テーマ５０　同期発電機の可能出力曲線

■第８図　ベクトル図から求めた可能出力曲線

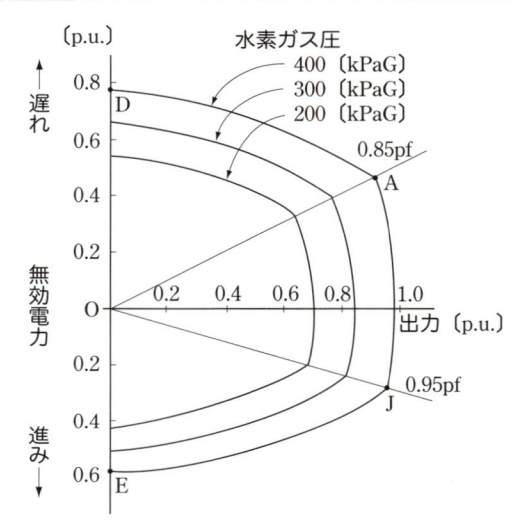

水素ガス圧
　400〔kPaG〕
　300〔kPaG〕
　200〔kPaG〕

テーマ51 高周波誘導炉と低周波誘導炉の構造と得失

1 誘導炉とは

第1図に示すように円柱導体のまわりにソレノイド状に巻いたコイルを配置する．このコイルに交流を流すと，発生した交番磁界によって電磁誘導作用が起こり，円柱導体に誘導電流が流れる．この電流が渦電流であり，渦電流が流れることで導体自身が持つ電気抵抗によるジュール熱で加熱される．

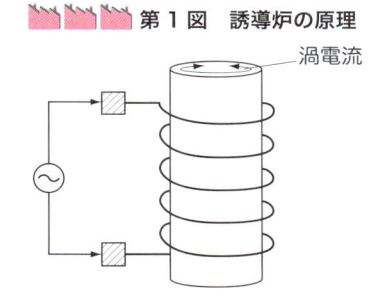

第1図 誘導炉の原理

渦電流は第2図に示すように円柱導体の中心部へ行くにしたがって減少する分布をする．これを表皮効果という．第2図におけるδは浸透の深さと呼ばれ，金属の抵抗率をρ〔Ω・m〕，比透磁率をμ_r，周波数をf〔Hz〕とすれば次式で表される．

$$\delta = 5.03\sqrt{\frac{\rho}{\mu_r f}}\ \text{〔m〕}$$

つまり，同一導体の場合，周波数が高くなるにつれて電流が表面付近に集中することになり，逆に周波数が低いほど電流は導体の断面内に広く分布する．このため電源の周波数によって炉の性質が大きく変わる．電源に商用周波数を用いるものを低周波誘導炉，商用周波数より高い周波数を用いるものを高周波誘導炉という．

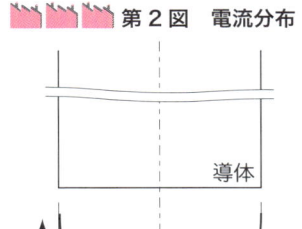

第2図 電流分布

13 電気加熱

2　高周波誘導炉とは

(1)　構造

炉体は第3図に示すように耐火材料で形成された，るつぼ状溶解室のまわりにコイルを配置し，支持外殻，耐火れんがから構成される無鉄心形である．このコイルは電流密度が高いほか，高周波電源を用いるためコイルの導体に流れる電流は導体の外側ほど電流密度が高くなるいわゆる表皮効果が生じる．こ のため，円形または角形の中空銅管のコイルを用いて内部を強制水冷する．高周波誘導炉に用いるコイルの外周部には軸方向にコイルと同心状に継鉄を配置して，磁路の一部を形成させることが多い．

第3図　高周波誘導炉

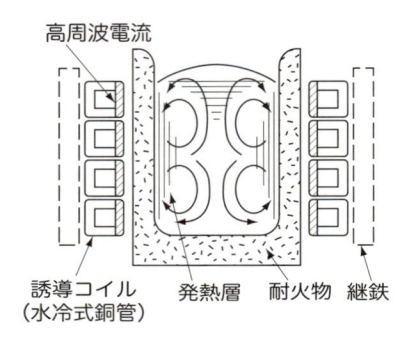

（誘導コイル（水冷式銅管），発熱層，耐火物，継鉄，高周波電流）

(2)　電源

500〔Hz〕から500〔kHz〕の高周波電源を炉の形式や溶解量に応じて選択して使用する．

(3)　電気特性

加熱・昇温の期間中は被熱物の抵抗率と透磁率が時々刻々と変化するため炉の電気的特性も変化する．このため，負荷整合変圧器を用いて電圧調整を行うほか，並列コンデンサを用いた力率改善が行われる．

(4)　用途

被熱物の吸収電力は周波数が高くなるほど大きくなるという特性があり，大電力で加熱することができる高周波誘導炉は被熱物の迅速溶解に適している．低周波誘導炉に比べると浴湯内部に発生する電磁かくはん作用は弱いが，かくはんによって成分の均質化をすることができる．また，低周波誘導炉では残し湯がなければならないが，高周波誘導炉ではその必要がない．このため冷材からの加熱・溶解には高周波誘導炉が適している．また，高周波電流による表皮効果を用いることで被熱物の表

面焼入れ，鋳造用加熱，半導体の熱処理などに用いることができる．その他，高周波誘導炉の用途としては各種高級合金鋼，磁性材料，銅合金，貴金属の溶解ならびに回生溶解など幅広く用いられている．

(5) 特徴

① 熱伝導やふく射加熱方式に比べて，きわめて大きなエネルギーを短時間に与えることができる．
② 被熱物内部で発生する熱を加熱熱源とするため熱効率が高い．
③ 残し湯が不要で，加熱・停止が容易である．
④ 溶解物が自動的にかくはんされる．
⑤ 取り扱いが比較的容易である．
⑥ 表皮効果を利用することで選択加熱による表面焼入れができる．
⑦ 高周波電源装置が必要であり，また電源装置が高価である．

3 低周波誘導炉とは

(1) 構造

低周波誘導炉としては，無鉄心誘導炉と，溝形炉（鉄心誘導炉）がある．

(a) 低周波無鉄心誘導炉

基本的には高周波誘導炉と同じ構成であり，第4図に示す構造である．

(b) 溝形炉

第5図は直線形の垂直3溝式の加熱ユニットであり，冷材の溶解を行う湯だめ部と溝部を持った加熱ユニットにより炉体を構成する．加熱ユニットは変圧器と同様に閉路鉄心に巻かれた一次コイルと二次回路に相当する耐火材料

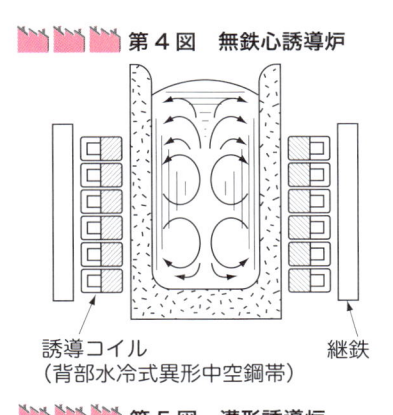

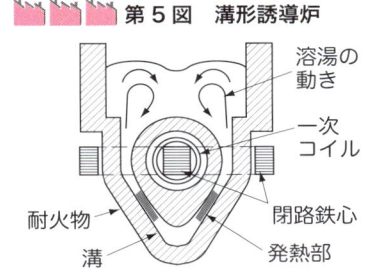

第4図　無鉄心誘導炉

誘導コイル　　　　　　　継鉄
（背部水冷式異形中空鋼帯）

第5図　溝形誘導炉

溶湯の動き
一次コイル
耐火物　　　　　閉路鉄心
溝　　　　　　　発熱部

で形成され，溝の端部は溶解室に接続されて閉回路が構成される．

⑵ **電源**

低周波誘導炉は商用周波数の 50〔Hz〕または 60〔Hz〕の電源を用いる．

⑶ **電気的特性**

使用する電源が低周波のため，電流が被熱物内部に深く浸透するほか，浴湯の自動かくはん作用が強いという特徴がある．低周波炉も高周波炉と共通の特徴を持っているが，直接冷材から炉を始動することは困難で，このためには種湯あるいは残し湯を用いるなど特殊の操作が必要である．一般に浴湯の保持，昇温，成分調整など，浴湯から始める操業に適する．

(a) 低周波無鉄心誘導炉

電源が低周波なのでコイル導体における電流の浸透深さが大きい．このため，水冷式の中実導体を用いる．また浴湯の自動かくはん作用が高周波誘導炉よりも強いため，コイルは浴湯面より若干下げて配置されるので，るつぼの形状は高周波炉よりも深くなっている．電源および制御調整装置は低周波のため比較的簡単な構成で経済的である．

(b) 溝形炉

溝形誘導炉は無鉄心誘導炉に比べて電気的結合が良いので，効率，力率共に良好である．しかし，操業時は常に残し湯を必要とするため，間欠操業あるいは溶解ごとに材質の異なる溶解作業には適さないが，連続生産操業においては高い総合効率を発揮する．

⑷ **用途**

(a) 低周波無鉄心誘導炉

キューポラあるいはアーク炉と併用する鋳鉄の保持，昇温炉として広く利用されるほか，銅合金，アルミ系金属の溶解にも使用される．

(b) 溝形誘導炉

従来から銅合金，亜鉛，アルミニウム合金など，溶融点の低い非金属材料の溶解炉として広く利用されているが，浴湯の保持炉として鋳鉄系材料の保持，混合，昇温用などの工業的利用がされている．

⑸ **特徴**

① 溝形炉は V 字形の溝の中で加熱されるので，大気に接する浴湯表

面積が少なく，比較的低温なので酸化が少なく熱効率も高い．
② 浴湯を常に残す必要があるので連続作業の場合に用いられる．
③ かくはん作用が強い．
④ 商用周波数の電源が使用できるため設備費が廉価である．
⑤ 大電流で大きな電磁力が働くので，ピンチ作用が過大にならないよう注意が必要である．

テーマ 52 誘導加熱方式と誘電加熱方式の得失

誘導加熱と誘電加熱は表現上では一文字違いであり，類似の加熱方式と間違えやすい．しかしながら，英語で表記すれば誘導加熱は induction heating であり，誘電加熱は dielectric heating と表され全く名称が異なることが分かる．すなわち，誘導加熱は導電物質に対する加熱方式であり，誘電加熱は絶縁体（誘電体）に対する加熱方式である．ここでは，それぞれの特徴を明らかにして，得失について検討する．

1 誘導加熱方式とは

導電性の導体を加熱する方式である．誘導加熱の原理は第1図に示すとおり，導電性の被熱物の周囲にソレノイド状にコイルを配置し，コイルに交流電流を流す．このときコイルには時間的に変化する交番磁界が発生し，被熱物に鎖交する．このとき鎖交した磁束は被熱物内部で電磁誘導作用による起電力が誘起されて電流が被熱物内部に流れる．この電流を渦電流と称している．つまり渦電流が流れることで，被熱物自身が持つ内部抵抗によって I^2R 損（ジュール損）が発生するので加熱できる．

第1図 誘導加熱の原理

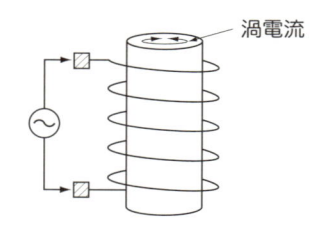

このように誘導加熱で発生する起電力は電磁誘導の法則に従うが，導体内部に流れる渦電流は，加熱コイルが発生する磁束を打ち消す方向に発生する．この結果，導体内部ほど磁束密度が減少し，渦電流密度が減少する．この現象を表皮効果という．

誘電加熱における被熱物内部の電流分布を第2図に示す．この図が示すように電流は表面付近に集中して流れ，中心部の電流密度は低下する．渦電流がどれだけ被熱物に浸透するかを表す指標として，次式に示す浸透の深さを定義している．

$$\delta = 5.03\sqrt{\frac{\rho}{\mu_r f}} \quad [\text{m}] \qquad (1)$$

δ：浸透の深さ〔m〕

f：電源の周波数〔Hz〕

ρ：金属の抵抗率〔Ω・m〕

μ_r：導体の比透磁率

第2図　電流分布

この式で表される浸透の深さは電流密度が約 37〔％〕になるまでの表面からの距離を表している．

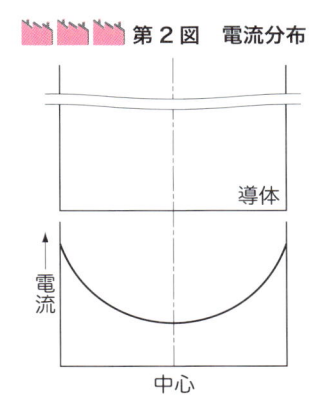

浸透の深さが電源の周波数に依存する性質を利用して電源に可変周波数電源を用いれば浸透の深さを自由に変えることができる．このため被熱物の表面だけを選択的に加熱することなどが可能となる．

誘導加熱を応用した加熱炉として，電源の周波数による分類を行うと 50〔Hz〕または 60〔Hz〕の商用周波数の電源を用いる低周波誘導炉と，より高い周波数の電源を使用する高周波誘導炉とに分類でき，鋳鉄，軽合金，銅などの溶解に用いられる．

低周波誘導炉は使用する電源が低周波のため，電流が被熱物内部まで深く浸透する．このため溶湯の自動かくはん作用が強く，かくはん装置は不要である．低周波誘導炉には，るつぼ形炉，溝形炉などがある．

高周波誘導炉としては，るつぼ形炉が代表的である．高周波誘導炉の電源としては周波数が 500〔Hz〕～ 500〔kHz〕程度の高周波を用いるため，一次コイルにも表皮効果が発生する．このため，中空の導体を使用して内部を水冷する．局部加熱が容易なので，金属の表面焼入れ，鋳造用加熱，半導体の熱処理などに用いられる．

2　誘電加熱方式とは

2 枚の平行電極間に被熱物（誘電体）を置いて，電極間に高周波電圧を加えたとき，被熱物内部には分子の双極子が形成される．この双極子が交番電界中で電界方向に激しく方向を変える．このとき摩擦熱が発生するので，被熱物内部から加熱することができる．これが誘電加熱の原理である．

テーマ５２　誘導加熱方式と誘電加熱方式の得失

誘電加熱の等価回路を描くと第 3 図に示すように抵抗とコンデンサの並列接続として表すことができる．この回路に電圧 V 〔V〕，周波数 f 〔Hz〕の交流を印加したときに流れる電流 I のベクトル図を描くと第 4 図に示すようになる．

第 3 図　誘電加熱

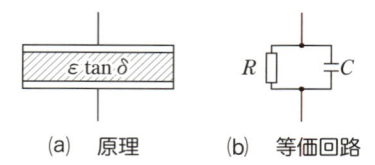

(a) 原理　　(b) 等価回路

第 4 図　電流の位相関係

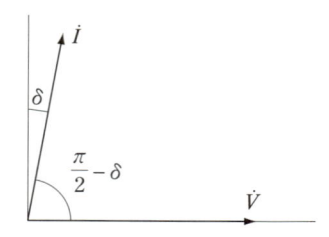

この図から誘電加熱における発熱量 P は

$$P = VI \cos\left(\frac{\pi}{2} - \delta\right) \text{〔W〕} \tag{2}$$

となる．(2)式の δ は誘電損角であり，誘電加熱の場合，$\delta \ll 1$ である．したがって，

$$P = VI \cos\left(\frac{\pi}{2} - \delta\right) = VI \sin\delta \fallingdotseq VI \tan\delta \text{〔W〕} \tag{3}$$

と書き直すことができる．

第 3 図の等価回路に戻ってコンデンサ C の静電容量は，電極の面積を S 〔m²〕，電極間の距離を d 〔m〕，被熱物の比誘電率を ε_s とすれば，

$$C = \varepsilon_0 \varepsilon_s \frac{S}{d} \text{〔F〕} \tag{4}$$

ただし，ε_0：真空誘電率 $= \dfrac{1}{4\pi \times 9 \times 10^9} = 8.855 \times 10^{-12}$ 〔F/m〕

となる．よって，流れる電流 I は，印加電圧が V 〔V〕であるから，

$$I = \omega C V = 2\pi f \times \left(\frac{1}{4\pi \times 9 \times 10^9} \cdot \varepsilon_s \frac{S}{d} \right) \times V$$

$$= \frac{5}{9} \varepsilon_s f S \frac{V}{d} \times 10^{-10} \quad [\text{A}] \tag{5}$$

(5)式において V/d は電界の強さを表すので，これを E 〔V/m〕とおき(3)式に代入すると，

$$P = \frac{5}{9} \times d \times S \times f E^2 \varepsilon_s \tan\delta \times 10^{-10} \quad [\text{W}] \tag{6}$$

(6)式において $d \times S$ は誘電体（被熱物）の体積を表す．よって，単位体積あたりの発熱量 p は，

$$p = \frac{5}{9} f E^2 \varepsilon_s \tan\delta \times 10^{-10} \quad [\text{W/m}^3] \tag{7}$$

となる．

誘電加熱の発熱量は，(7)式に示すとおりである．この式から分かるように発熱量は誘電損率 $\varepsilon_s \tan\delta$ に比例する．そのため，水分を多く含む物質の加熱に適する．実用例としてはプラスチックの加熱，木材の乾燥・接着，食品の加熱・殺菌などがある．

誘電加熱方式と同様の原理で加熱を行うものとしてマイクロ波加熱がある．これは電極間における交番電界を利用せず，電磁波を用いて加熱を行う方式である．電磁波はマグネトロンと呼ばれる電子管から放射されるマイクロ波帯の電磁波を利用する．工業用のマイクロ波加熱装置には 915〔MHz〕，電子レンジには 2 450〔MHz〕の周波数の電磁波が用いられる．マイクロ波加熱は誘電加熱と同様に被熱物に照射して生じる誘電分極を，電界（電磁波）によって回転させたときに発生する摩擦熱で加熱する方法であり，発熱原理は誘電加熱と同じであるが，電極間の電界を使用せず電磁波を使用する点が異なる．マイクロ波加熱は，食品の加熱・殺菌・解凍や木材の乾燥・接着などに用いられる．

3 誘導加熱方式と誘電加熱方式の比較

(1) 誘導加熱方式の特徴

誘導加熱では表皮効果を利用して必要とする局部を選択加熱すること

ができる．このため加熱電力が少なくてすむほか，短時間で加熱を完了させることができる．また，工業的に安定な加熱方式であるので均一な加熱処理を大量に行うことが可能である．

(2) 誘電加熱方式の特徴

　誘電加熱は一様な内部加熱ができるほか，必要であれば与える電界の場所を選ぶことによって選択加熱を行うことができるが，加熱中は被熱物の誘電率が大きく変わることがあるので，電界の強さ，電源周波数を加熱に適するよう整合させる必要がある．

　誘電加熱方式は誘導加熱方式と比較して高い周波数の電源が必要なため，インバータなどの電力変換装置が必要となる．このため，設備費用が高くなることのほか，スイッチングに伴う高調波の発生による誘導障害や無線機器への電波障害のおそれがある．電源系統に対する誘導障害については，電源系統の分割のほか，アクティブフィルタを用いることなどで対処する．ほかの無線機器への電波障害については，誘電加熱専用に設けられた周波数帯を使うことで対応している．この誘電加熱専用に割りあてられた周波数をISM周波数と呼ぶ．これはIndustrial（工業）Scientific（科学）Medical（医学）の頭文字をとったものである．誘電加熱に用いられるISM周波数としては915〔MHz〕，2 450〔MHz〕などがある．

テーマ53 電気式ヒートポンプの原理と特徴

1 ヒートポンプとは

　移動する物質の運動速度は摩擦によって熱が発生し減速するが，摩擦熱を集めても運動は起こらない．また，水の中にインクを落とすと広がっていくが，自然にインクが集まることはない．このような現象を不可逆変化という．熱現象に関しても自然現象において熱は高温部から低温部へ移動するが，逆に低温部の熱が高温部へ移動する現象は起こらない．これは熱力学の第2法則によって説明されている．すなわち熱力学の第2法則は不可逆変化を述べたもので，自然界で生ずる熱現象がどういう方向に進むかを表しているものである．

　ヒートポンプは自然界での熱の移動現象に逆らって，熱を低温部から高温部へ移動させる装置である．ちょうど揚水ポンプが水を低所から高所へくみ上げることに似ている．熱をくみ上げるという意味からヒートポンプと呼ばれている．つまりヒートポンプは動力などのエネルギーを利用して，低温部の熱をくみ上げ，より高温の媒体に熱を移動させる装置のことをいう．ヒートポンプで熱を移動させるためには特定の物質を介して行われる．この物質のことを作用媒体または冷媒などという．作用媒体としてはフルオロカーボン類やアンモニアのような流体のほか，臭化リチウムなどの水溶液がある．

2 ヒートポンプの構造

　ヒートポンプは第1図に示すように圧縮機，蒸発器，凝縮器，膨張弁の四つの基本機器から構成される．

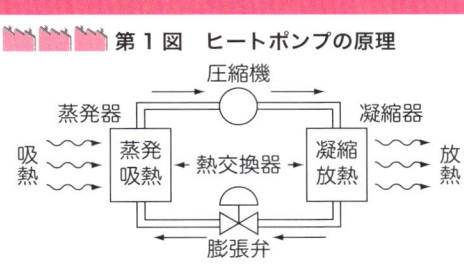

第1図　ヒートポンプの原理

テーマ５３　電気式ヒートポンプの原理と特徴

(1) 圧縮機
作動流体を圧縮して昇温する機器で，大容量冷凍機用の遠心式圧縮機や家庭用冷蔵庫，カーエアコンなどに用いられる往復動圧縮機，ルームエアコンに用いられるロータリ圧縮機やスクロール圧縮機などがある．

(2) 熱交換器
温度差の異なる二つの気体または液体などの流体間で熱交換を行う装置で，蒸発器と凝縮器とに分けることができる．フィンチューブ式やＵ字管シェルチューブ式が主流である．

(3) 膨張弁
高圧になった媒質を膨張させて再び液化する器具である．冷房または暖房のみに使われ，作動流体の移動方向が単一方向だけの場合，膨張弁には三方弁を用いる．冷・暖房の両方の機能があり，作動流体の移動が両方向になるヒートポンプの場合は四方弁を用いる．

(4) 作動流体
熱エネルギーを移動するため蒸発・凝縮を繰り返す物質で，フロン，アンモニア，水，炭化水素などフルオロカーボン類，アンモニアのような流体や，臭化リチウムなどの水溶液などがあるが，主としてフロンが用いられる．

３　ヒートポンプの原理

ヒートポンプは次の動作を連続的に行うことで，低温部の熱を高温部へ移動させる．

① 作動流体が低温部で蒸発，吸熱する
② 圧縮機によって圧縮され，高温部で凝縮，放熱する
③ 膨張弁で減圧され降温する

以降①〜③のサイクルを繰り返す．このサイクルにおける作動流体の状態変化を表す方法として，第２図に示す P–h 線図（モリエル線図）が用いられる．

第２図　ヒートポンプの P–h 線図

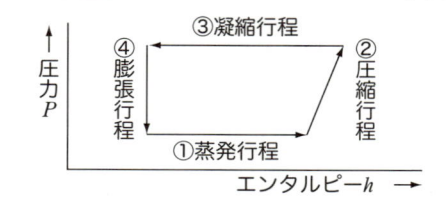

P–h 線図は縦軸に絶対圧力（P），横軸にエンタルピー（h）をとったものである．作動流体の状態を P–h 線図上でみていくと①蒸発→②圧縮→③凝縮（液化）→④膨張→①蒸発，と連続的に状態を変化させることが分かる．ヒートポンプはこの一連のサイクルを行うことで，低温部から高温部へ熱を運ぶことが可能となる．それぞれの行程では次の現象が起こる．

① 蒸発行程

作動流体が水や空気から熱を奪って蒸発し，低温・低圧のガスとなる．

② 圧縮行程

低圧の作動流体ガスを圧縮し，圧力を高めて高温化する．

③ 凝縮行程

高温・高圧になった作動流体を水や空気と熱交換することによって熱を外部へ放出する．このとき作動流体は高圧下で凝縮液化する．

④ 膨張行程

高圧の作動流体は減圧されてもとの低温・低圧の液体に戻る．

以後，再び①の蒸発行程に送られ，一連のサイクルを継続する．

上記，ヒートポンプの動作サイクルにおいては燃料を使わないので，安全で，環境が衛生的であり，設置・保守・運転が容易である．

蒸発行程で作動流体に吸収される熱量を Q_1，凝縮行程で作動流体から放熱される熱量を Q_2，圧縮機からの入力エネルギーを W とすると，

$$Q_2 = Q_1 + W \tag{1}$$

の関係が成り立つ．ここで，次式によって求められる値を成績係数（COP: Coefficient Of Performance）と定義する．ヒートポンプでは COP の値は常に 1 より大きい値となる．

$$COP = \frac{Q_2}{W} = \frac{Q_2}{Q_2 - Q_1} = \frac{T_2}{T_2 - T_1} \tag{2}$$

ただし，T_1：低温部の温度

T_2：高温部の温度

(2)式から，高温部と低温部との温度差が少ないほど成績係数が良くなることが分かる．逆に温度差が大きいと効率が良くないので，温度差の大きい用途には適しない．

ここでの仕事 W は熱量に変換されるのではなく，熱を運ぶために用い

られることに留意する．このため，加熱の場合の COP は必ず 1 より大きくなり，3～7 程度であるが，10 以上とすることも可能となる．

4　ヒートポンプの応用例

　ヒートポンプを応用した機器としては主として空調機器があげられる．これは作動流体の流れる方向を逆にすることによって冷房・暖房の両方が可能であるという利便性があるほか，燃料を使わないため安全・衛生的であり，設置・保守・運転が容易なためである．また，冷暖房や給湯など比較的低温域の熱エネルギーを出力する場合，ヒートポンプは燃料の燃焼によって直接的に熱を得る方法と比べ大幅な省エネルギーが可能になる．このようなことから家庭用や事務所ビルなどへの適用が進んでいる．また圧縮機用電動機である誘導電動機をインバータ駆動することで回転速度を制御し，最適な運転状態にする方式も採用されている．

　その他大容量ヒートポンプを用いた地域冷暖房システムへの適用例もあげられる．すなわち，大都市における地下変電所の排熱，清掃工場，地下鉄，工場などの排熱や河川水熱，下水処理水などが有する熱エネルギーはこれまでほとんど利用されることがなく大気中に放散されていた．この熱を回収して熱源として地域冷暖房システムを構築しようとするものである．具体的な例としては河川水熱を利用して地域に熱供給を行っているシステムとして，1989 年 4 月から東京の箱崎地区で行われているものがある．このシステムの例では，隅田川を流れる河川水を夏季は水熱源ヒートポンプの冷却水として，冬季は熱源水として利用している．

　また，給湯やプール加温などの業務用温水としての利用，食品製造における加温・冷却，木材の乾燥に利用などヒートポンプは幅広い分野で用いられている．

　あるいは深夜余剰電力を利用してヒートポンプを運転し，建物内部に設けた氷蓄熱槽に氷を蓄え，低温部熱源として利用する蓄熱式空調システムも実用化されている．これは昼間の冷暖房に使う熱を夜間のうちに熱源機器を稼動して氷として蓄熱槽に蓄え，その熱を昼間くみ上げ冷暖房を行うシステムである．このシステムは省エネルギーのみならず電力の負荷平準化の効果をもたらす．

テーマ 54 半導体電力変換装置による直流電動機の速度制御の種類と得失

1 半導体電力変換装置の特徴

電力用半導体素子を利用した電力変換装置には次のような長所がある．
① 電圧・電流の可変制御が容易で応答性に優れている
② 機械的動作がないので保守が容易である
③ 小型・軽量である
④ 低損失で効率が高い

このような長所がある反面，
① 過負荷に弱い
② 異常電圧，過負荷などに対する保護対策が必要である
③ スイッチング動作に伴うサージ電圧が入力側，出力側へ伝播する

などの欠点がある．

半導体電力変換装置は半導体のスイッチング動作によって可変電圧を得るものであるが，このスイッチング動作によって多くの高調波が発生する．このため，
① 整流相数を増やす（多相化）
② 線路フィルタを挿入する
③ インバータの場合はPWM制御方式を採用する

などの対策を施している．

2 直流電動機の速度制御

直流電動機は整流子とブラシの保守が必要であり，大型で高価になるなどの欠点もあるが，広範囲でかつ精密な速度制御ができるという特長がある．

直流電動機の電機子回路の電圧を V，電機子回路の抵抗を R_a，電機子電流を I_a，主磁束を $\varPhi$ とすると，電動機の回転速度 N は，

$$N = \frac{V - I_a R_a}{K\varPhi} \tag{1}$$

ただし，K：電圧定数

(1)式をみると分かるように直流電動機の回転速度を変化させるには，Φ, V, R_a のいずれかを変化させればよい．

3 半導体電力変換装置による速度制御方式

半導体電力変換装置による速度制御方式としては，(1)式における電機子回路の電圧 V または主磁束 Φ を変化させる方式がある．電機子回路の電圧を変えて可変速制御する方式は電機子電圧制御方式，界磁電流を変えて可変速制御する方式は界磁電流制御方式と呼ばれている．実際の用途では，電機子電圧制御方式を採用した例が多く，界磁電流制御方式はその中で補助的に使われている．

(1) 電機子電圧制御方式

(a) 静止レオナード方式

第1図に示すように交流電源を直流電源に変換するサイリスタ順変換器の位相制御によって電機子回路の電圧を調整するものである．半導体電力変換素子にサイリスタを用いているためサイリスタレオナード方式とも呼ばれる．サイリスタの点弧角を制御することによって無段階で可変速制御することが可能である．この方式を非可逆運転方式といい，順変換装置1台を用いて一方向だけの速度を制御するもので，抄紙機や線材圧延機などに用いる．

第1図 静止レオナード方式

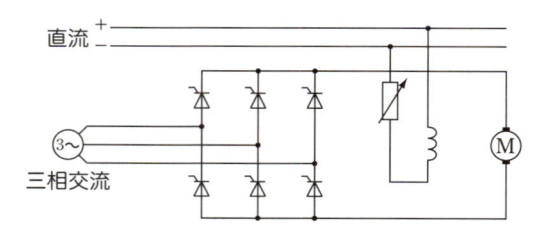

静止レオナード方式で可逆制御や急速な加減速を行うには，第2図に示すように正方向電流用と逆方向電流用の2組の整流回路を逆並列接続した方式とする．これを可逆運転方式という．この方式では正転運転，逆転運転のほか，回生制動が行える．

第 2 図　逆並列接続

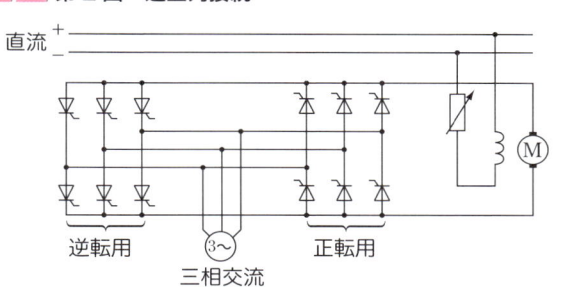

現在ではサイリスタに替わって，IGBT（絶縁形ゲートバイポーラトランジスタ）が，制御方式としてはマイコンを用いたディジタル制御回路が標準的となっている．

静止レオナード方式は第 3 図に示す直流発電機を用いたワードレオナード方式に比べ，次のような長所がある．

① 速応性に優れ，無慣性制御ができる
② 順方向損失が少なく効率が良い
③ 静止器であるため騒音が少ない
④ 取扱い・保守が容易で長寿命である
⑤ 設備費が少なく，据付け面積も小である

このような長所がある反面，

① 回転部のエネルギー蓄積作用がないので，負荷または電源の瞬時変動がそのまま電源側または負荷側に伝わる

第 3 図　ワードレオナード方式

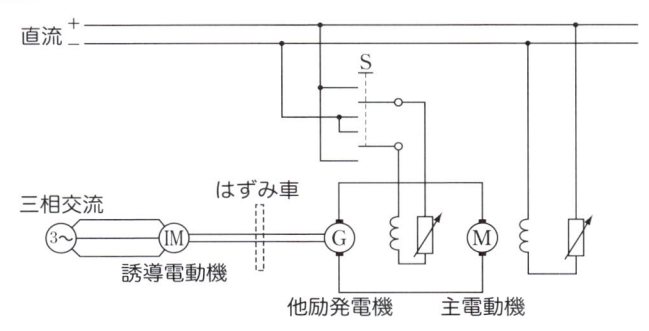

② スイッチング素子の位相制御を行うので，波形ひずみが大きくなり，力率を低下させる

③ 電圧脈動が大きいので，電動機の整流悪化，温度上昇の増大を招く

などの欠点がある．

(b) 直流チョッパ方式

第4図に示すように直流電源の場合に用いられる速度制御方式であり，一次側と二次側の間に設けられた半導体のスイッチング動作によって可変直流電圧を得るものである．スイッチング素子としては主として IGBT を用い，IGBT のオン／オフ時間の比率を可変することで，連続的な電圧調整が可能である．チョッパの出力波形が第5図に示すようなとき，このチョッパの通流率を，

$$通流率 = \frac{T_{on}}{T_{on} + T_{off}} = \frac{T_{on}}{T}$$

と定義している．

直流チョッパ方式では電動機を停止させるときに IGBT のスイッチング制御によって電動機を発電機として動作させる回生制動も可能であるので電気自動車や電気鉄道に用いられている．

第4図 チョッパ回路

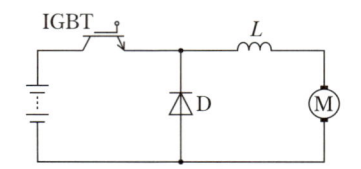

第5図 通流率

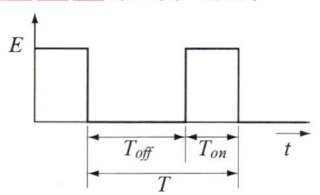

直流チョッパ方式は電機子回路に直列に接続した可変抵抗器によって制御する抵抗制御方式に比べて電動機運転時・回生制動時とも，抵抗器による電力損失がなく，大幅な電力節減を図ることができる．しかしながら，大電流をオン・オフすることになるので，入力電流がパルス状になり，サージ電圧が発生し，脈動電流が電源に流れる．この対策としてフィルタを挿入する．

(2) 界磁電流制御方式

この方式は，界磁電流を順変換器で調整して可変速制御するもので，

通常，静止レオナード方式と組み合わせ，速度制御範囲拡大を目的に補助的に利用される．

テーマ 55 インバータによる誘導電動機の駆動に関する得失

1 誘導電動機の速度制御

　電動機には直流電動機および交流電動機があるが，従来から多年にわたり産業用の電動機としては直流電動機が採用されてきた．これは直流電動機の速度制御が行いやすかったためといえよう．直流電動機の速度制御の方式には印加電圧を変化させる方法，界磁磁束を変化させる方法，電機子回路の挿入抵抗値を変化させる方法など種々の方法が適用されている．しかしながら直流機にはブラシおよび整流子があるためやっかいな保守作業が必要であった．

　一方，交流電動機としては誘導電動機，同期電動機などがあるが，一般的に構造が簡単であり堅ろう，廉価な誘導電動機が産業用電動機として多用されている．

　交流電動機の極数をp，電源の周波数をf〔Hz〕とすれば，同期速度N_sは，

$$N_s = \frac{120f}{p} \quad \text{〔min}^{-1}\text{〕} \tag{1}$$

であり，同期電動機はこの同期速度で決まる一定速度で回転し，負荷の増減によっても回転速度が変化しない．一方，誘導電動機の回転速度は，

$$N = (1-s)N_s = (1-s)\frac{120f}{p} \quad \text{〔min}^{-1}\text{〕} \tag{2}$$

　ただし，s：滑り

であり，常に同期速度よりも遅い速度で回転する．また，負荷が増減すると滑りsが変化するため回転速度も変化するが，その範囲は定格速度の数〔％〕から数十〔％〕減少する程度である．

　(1)式および(2)式から交流電動機の回転速度を変化させるには極数pあるいは電源周波数fを変化させればよいことになる．極数を変えるには電動機内部の巻線の接続を変えればよいが，せいぜい3〜4通りが構造的な限界である．また，速度も段階的にしか変化させることができない．このた

め広範囲に速度を可変させるためには周波数を変化させる方法がとられる．

誘導電動機の速度制御法として従来は滑り s を変化させて速度制御を行うクレーマ方式，セルビウス方式などによっていた．現在ではパワーエレクトロニクス技術の進歩に伴い，高電圧，大電流に対応可能な半導体素子を用いた可変電圧，可変周波数のインバータを用いた電動機の可変速制御が適用されている．

2　インバータ制御方式

(1) 電圧制御

誘導電動機の一次電圧を V_1〔V〕，同期角速度を ω_s〔rad/s〕，二次入力を P_{i2}〔W〕，滑りを s，一次および二次巻線抵抗を r_1, $r_2{}'$，一次および二次漏れリアクタンスを $x_1, x_2{}'$ とすると，三相分のトルク T〔N・m〕は，

$$T = \frac{3P_{i2}}{\omega_s}$$

$$= \frac{3V_1{}^2}{\omega_s \left\{ \left(r_1 + \frac{r_2{}'}{s} \right)^2 + (x_1 + x_2{}')^2 \right\}} \quad \text{〔N・m〕} \tag{3}$$

となる．この式が示すように，トルクは一次電圧 V_1 の2乗に比例する．この関係を利用して一次電圧を変化させることで速度制御を行う方法が電圧制御法である．周波数を可変させる速度制御法に比べ広範囲な速度制御をすることはできないが，スイッチング素子の制御角を変化させることで電圧を変えることができるので一次周波数制御法より簡便な方法として用いられている．

(2) 一次周波数制御

インバータを用いれば出力周波数を自由に変化させることができるので，誘導電動機の速度制御が自由にできるようになる．すなわち誘導電動機の回転速度 N は(2)式で与えられるが，インバータによって f を変化させることができるので，回転速度を広範囲にわたり滑らかに変化させることができる．

誘導電動機は発生するトルクと負荷の要求するトルクが等しくなったところの滑りで回転する．負荷の要求するトルクは速度によらず常に一

定であるものとすると，回転速度は周波数に依存して第1図に示すように変化する．すなわち回転速度を速めるには周波数を上昇させ，回転速度を遅くするには周波数を低下させればよい．

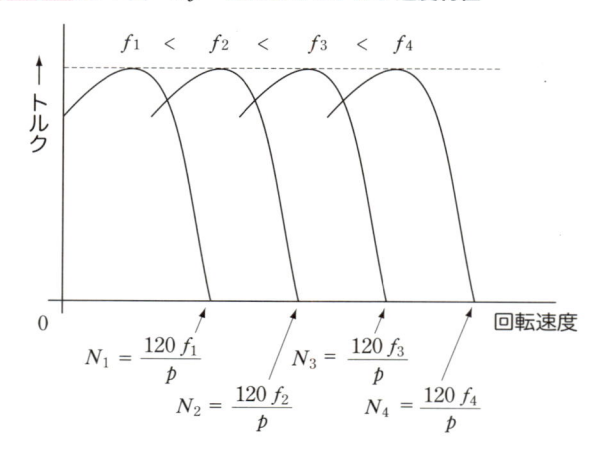

第1図　V/f 一定におけるトルク速度特性

$f_1 < f_2 < f_3 < f_4$

$N_1 = \dfrac{120 f_1}{p}$　　$N_2 = \dfrac{120 f_2}{p}$　　$N_3 = \dfrac{120 f_3}{p}$　　$N_4 = \dfrac{120 f_4}{p}$

電源の周波数を可変させるためにはIGBTなどのスイッチング素子を使用した静止形電力変換装置を用いる．この電力変換装置の原理は交流電力をコンバータでいったん直流電力に変換した後，インバータで交流電力に変換するものである．また，誘導電動機のインバータ制御としてはPWM（パルス幅変調）方式の電圧形インバータが主に用いられている．電力変換装置の制御方式としては周波数fだけを可変させるのではなく，印加電圧Vも一緒に変化させる方法が適用される．これは次の理由による．誘導電動機のギャップ中の磁束は周波数に反比例して変化するので，低周波域では磁束が飽和し，高周波域では磁束が不足する．このため磁束の飽和を抑制し，電流とトルクを一定に保つため，インバータの供給電圧を周波数にほぼ比例して変化させ，V/fが一定になるような制御を行うものである．

周波数と電圧を可変できる電源装置としてはIGBTによる可変電圧・可変周波数電源装置（VVVF）がある．VVVFは電源装置としては高価であるが，誘導電動機の円滑な制御を行うことができる上，効率が良い．

3 ベクトル制御方式

直流電動機の発生するトルク T は電機子電流 I_a と磁束 ϕ に比例する．すなわち，

$$T = k\phi I_a \qquad (4)$$

で与えられる．この式は直流電動機のトルクを制御するには，磁束 ϕ を一定とした場合，電機子電流 I_a を制御すればよいことを意味している．この考え方にもとづいて誘導電動機の一次電流を磁束を作る電流成分 I_0 とトルクを発生させる電流成分 I_2 とにベクトル的に分解して制御する方法をベクトル制御方式という．

直流電動機のトルク制御と同じように I_0 を一定，すなわち磁束を一定とするように制御を行えば，直流電動機の電機子電流に相当する I_2 の制御で誘導電動機のトルク制御が可能となる．

ベクトル制御では時定数が長い磁束成分は一定とし，トルク成分だけを制御することができるので電圧制御や一次周波数制御に比べて応答性能が改善される．このベクトル制御には磁界オリエンテーション形と滑り周波数制御形がある．磁界オリエンテーション形は，誘導電動機の二次磁束を検出するためにホール素子を電動機に内蔵している．本来，ベクトル制御では二次磁束を検出しなければならないが，ギャップ磁束を検出することで代用している．またマイクロコンピュータで二次磁束を計算し，二次側変換係数を決定し，ホール素子を不要としたセンサレスベクトル制御もある．

第2図に示すように，滑り周波数形は二次磁束指令値とトルク電流指令値 $i_q{}^*$ からベクトル制御に必要な磁化電流指令値 $i_d{}^*$ と滑り角周波数指令値 $\omega_s{}^*$ とを求めて制御する方式である．この方式は磁束センサが不要であるが，

第2図 滑り周波数形ベクトル制御

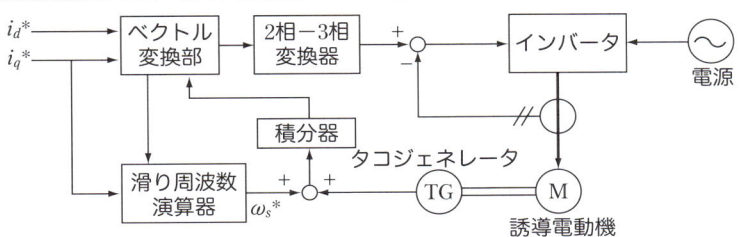

タコジェネレータを用いて検出した回転速度をもとに制御する．このため温度上昇等の影響を受ける欠点がある．なお，＊は指令値を意味する．

4 インバータ選定の注意点

誘導電動機は定格周波数（50〔Hz〕または60〔Hz〕）で最適な運転状態となるように設計されている．したがって，誘導電動機を可変周波数電源に接続して可変速運転する場合，電動機の負荷特性，起動停止の頻度，電動機自身の特性変化などに注意してインバータを選定する必要がある．ここではそのポイントについて取り上げる．

(1) 加速・減速を頻繁に行う場合

電動機を加速する場合，インバータには負荷トルク以上のトルクを出力するだけの能力が必要となる．また，省エネルギーの観点から減速時には負荷の持っている機械的エネルギーを電気的エネルギーに変換するいわゆる回生運転する場合，インバータに電力回生機能があることが要求される．電動機の加速または減速に要する時間として短時間が要求される場合は，インバータは電動機の容量以上の容量が必要であることはもちろんであるが，そのときに発生するインバータ内部の発熱にも注意する必要がある．

一方，電動機も頻繁に加速・減速を行う場合には電動機内部で発生する損失が大きくなるので冷却係数の大きな電動機を選定する必要がある．これは電動機の温度上昇が電動機損失／冷却係数に比例して上昇するためである．

(2) 低減負荷駆動の場合

回転速度の2乗で負荷が増大するファンやポンプなど，いわゆる低減負荷を駆動する場合，低速域のトルクは少なくてすむ．この場合は，電動機容量と等しい容量のインバータを選定すれば足りる．

(3) 工作機械の場合

工作機械のような低速域でも高トルクが要求される負荷の場合には電動機の容量より1クラス上の容量のインバータを選定する必要がある．この場合は，低速運転時における電動機の冷却能力は低下するので電動機の温度上昇に注意する必要がある．ただし，センサレスベクトル制御

の場合は，電動機の低速域におけるトルク改善効果を図っているので電動機容量と等しいインバータでもよい．

5 インバータ制御の得失

誘導電動機のインバータ制御のメリット，デメリットをまとめると次のようになる．

〈メリット〉
(1) 電源周波数とは無関係にインバータの周波数および電圧を変化させることができるので任意の速度，トルク特性が得られる．
(2) 負荷変動および電源電圧の変動を受けにくい．また直流機電動機のようなブラシがないため保守が容易である．特にかご形誘導電動機では回転子の巻線がないため堅ろうである．
(3) 電動機以外は静止形装置であるため信頼性が高い．
(4) 誘導電動機は直流電動機よりも構造が簡単であり，電動機の価格が安く，種類も多い．
(5) インバータは小型軽量であるため特別な基礎工事などが不要であり，また据付面積が小さくてすむ．
(6) ベクトル制御を用いることで高度な運転制御ができる．

〈デメリット〉
(1) インバータが必要なため設備費が多少高価となる．
(2) インバータの入力側の電源系統に高調波が流出するおそれがあり，高調波対策が必要である．
(3) 瞬停が発生した場合，インバータがトリップして電動機が停止することがある．

テーマ 56 交流電気機器等の非破壊試験方法による絶縁診断の種類，原理，特徴

1 非破壊試験とは？

　機器の絶縁特性を測定する試験としては破壊試験と非破壊試験とがある．破壊試験は，その機器の絶縁限界を測定するために電圧・電流ストレスを加えたときの破壊に至るまでの時間や破壊するまでの電気エネルギーを測定する方法である．この方法では試験後の機器は絶縁破壊されているので，その機器を再使用することができない．このため破壊試験といわれるゆえんである．

　一方，非破壊試験は，絶縁物を破壊または損傷することなく絶縁特性を測定し，絶縁の不良あるいは使用中の機器の絶縁劣化を早期に検出しようとするものである．しかしながら，試験結果に対する判定基準は必ずしも明確になっていないことが多い．また一つの試験法ですべての絶縁不良を的確に判定できる試験方法ともいえない．したがって，非破壊試験にあたっては各種の方法を実施し，その結果によって総合的に絶縁特性の判断を行うこと，同一被試験物に対する経年変化や相互比較などを実施し，統計的な判断をする必要がある．

　非破壊試験としては第1図に示すように各種の方法がある．ここでは，第1図に示す各種非破壊試験のうち，現在もっとも一般的に採用されている電気的試験方法を述べる．

第1図　非破壊実験の種類

```
非破壊試験 ─┬─ 電気的試験 ─┬─ 絶縁特性試験 ─┬─ 絶縁抵抗試験
            │                │                ├─ 直流高電圧試験
            │                │                ├─ 交流高電圧試験
            │                │                ├─ 誘電正接試験
            │                │                └─ 部分放電試験
            │                └─ 耐電圧試験 ─┬─ 商用周波数電圧
            │                                  ├─ インパルス電圧
            │                                  └─ 直流電圧
            ├─ 機械的試験 ──────────────── 加振試験
            └─ 化学的試験 ─┬─ 元素分析法
                            └─ 熱分析法
```

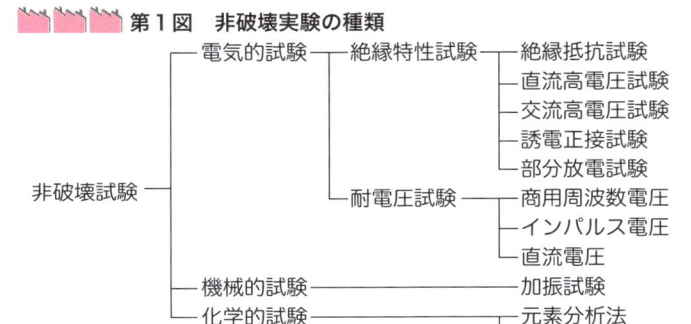

2 絶縁抵抗試験とは？

(1) 絶縁抵抗試験

　直流電圧を印加して絶縁性能を測定する方法であり，もっともよく知られている試験である．絶縁抵抗試験の手軽な方法としてはメガーまたはこれに類する直流電源内蔵の直読計器を用いる絶縁抵抗計による試験（メガー試験法）がある．この試験は絶縁耐力試験を行う前，あるいは機器の保守・点検のときにも実施される．絶縁抵抗の測定には高電圧を被測定物に印加して $10^8 \sim 10^{14}$ 〔Ω〕程度まで測定できる絶縁抵抗計があるが，一般的な試験電圧としては DC 500〔V〕または DC 1 000〔V〕が用いられる．

　絶縁抵抗試験の標準規格として，測定方法や絶縁の良否判定基準を示したものがある．例えばケーブルにおける絶縁抵抗試験の値は，ケーブルの絶縁構造が単純なため絶縁抵抗の値はかなり重視されており，JIS 規格として規定されている．また，JIS 規格には回転機の場合の絶縁抵抗の最低値として次式が示されている．

$$絶縁抵抗の最低値〔\mathrm{M}\Omega〕 = \frac{定格出力〔\mathrm{V}〕}{定格出力〔\mathrm{kW}〕または〔\mathrm{kV}\cdot\mathrm{A}〕 + 1\,000}$$

　しかしながら，この値によって絶縁の良否を判断することは一般的に難しい．これは回転機の複雑な構造に起因するためであり，絶縁物の極端な吸湿あるいは絶縁物の表面汚損などを判断するための目安とする程度に使用するのが望ましいといえる．

　いずれにしても絶縁抵抗試験は，絶縁物の吸湿などによる絶縁劣化を測定することができるが，絶対的な判定は難しく，あくまで参考程度にとどめておくことが肝要である．

(2) ケーブルの絶縁抵抗試験（E 端子法）

　高圧ケーブルの絶縁劣化診断の目安として絶縁抵抗試験がある．E 端子法はケーブルに接続されている機器を取り外してケーブル単品として絶縁抵抗試験ができる場合に適用される．この方法は第 2 図に示すように各導体と遮へい層または大地間の絶縁抵抗を測定する．絶縁抵抗計の測定電圧としては 1 000〔V〕，2 000〔V〕，5 000〔V〕または 10 000〔V〕

の電圧を用いるが，ケーブルの金属シースまたは金属遮へい層などのシース−大地間の絶縁抵抗値は 250〔V〕または 500〔V〕の絶縁抵抗計で測定する．

第 2 図 絶縁抵抗測定（E 端子法）

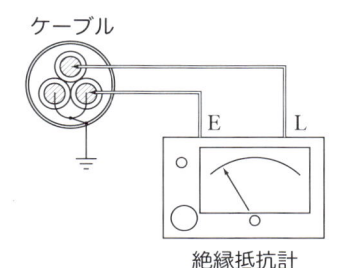

絶縁抵抗を測定するとき，ケーブルに電圧を印加した瞬間に大きな充電電流が流れるので絶縁抵抗計の指針が大きく振れて不安定となる．このため一定時間経過後（通常 1 分間後）に絶縁抵抗値を測定する．測定完了後はケーブルに残留電荷が残っており危険なのでケーブルの導体を接地して残留電荷を放電することを忘れてはならない．この残留電荷は電気エネルギーとしては小さいものであるが，感電のショックによる二次災害（転倒や高所からの転落）防止から重要である．

(3) ケーブルの絶縁抵抗試験（G 端子法）

高圧自家用受電設備において引込用高圧ケーブルには地中線用 GR 付高圧負荷開閉器（UGS），高圧需給用計器用変成器（VCT）などの機器が高圧ケーブルに接続されており，ケーブル単品としての絶縁抵抗の測定が困難なことが多い．このため高圧ケーブルに接続されている機器を取り外すことなく，これらの機器の影響を排除してケーブルの絶縁抵抗を測定する試験方法として G 端子法がある．これは第 3 図に示すように絶縁抵抗計の G 端子（ガード端子）を接地して，E 端子をケーブルの遮へい層に接続して測定する試験方法である．

G 端子法の原理を第 4 図の等価回路を用いて説明する．この図において，

R_c：絶縁体（ケーブル心線と金属遮へい層間）の絶縁抵抗

R_s：シース（金属遮へい層と大地間）の絶縁抵抗

R_n：がいし，高圧機器などと大地間の絶縁抵抗

R_o：測定器の内部抵抗（10〔kΩ〕）

である．

絶縁抵抗計から流れる電流 I_o は，絶縁体に流れる電流 I_c からシース

▰▰▰ 第3図 絶縁抵抗測定（G端子法）

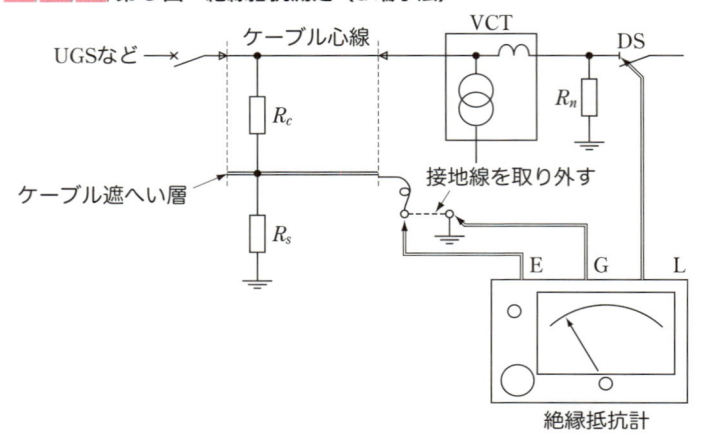

▰▰▰ 第4図 G端子法の等価回路

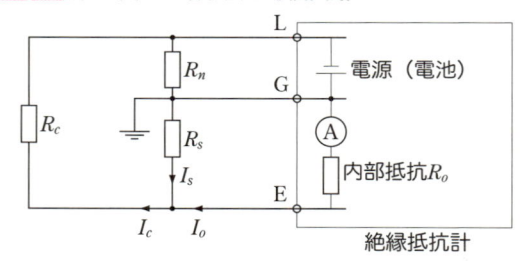

電流 I_s を引いた値となる．すなわち，

$$I_o = I_c - I_s \tag{1}$$

となる．また，等価回路から次式が成立する．

$$I_o = \frac{R_s}{R_s + R_o} I_c = \frac{1}{1 + \dfrac{R_o}{R_s}} I_c \tag{2}$$

(2)式において，$R_o / R_s \fallingdotseq 0$，すなわち $R_o \ll R_s$ であれば，$I_o = I_c$ となるので，絶縁抵抗計の読み値がケーブルの絶縁体の漏れ電流に等しくなる．ただし，シースの絶縁抵抗が低い場合（おおむね数〔MΩ〕以下）はシースに流れる電流が多くなるため，(2)式の誤差が多くなってしまうのでG端子法を適用できない．

⑷ 絶縁抵抗判定の目安

CVケーブル（高圧架橋ポリエチレン絶縁ビニルシースケーブル）の絶縁判定の目安を第1表に示す．

第1表 CVケーブル絶縁抵抗判定基準の目安

測定部位	測定電圧	絶縁抵抗値〔MΩ〕	判定
絶縁体	2 000〔V〕	2 000 以下	要注意
	5 000〔V〕	5 000 以上	良好
		500〜5 000 未満	要注意
		500 未満	不良
	10 000〔V〕	10 000 以上	良好
		1 000〜10 000 未満	要注意
		1 000 未満	不良
シース	250〔V〕または 500〔V〕	1 以上	良好
		1 未満	不良

3 直流試験法とは？

直流試験法は被試験機器に対して，定格電圧の交流波高値に等しいか，またはそれ以上の直流高電圧を規定時間（数分ないし10分程度）印加する．このときの電流の時間的変化または印加電圧に対する電流の変化を測定し，絶縁物の劣化の程度を判定する試験方法である．

自家用受電設備においては高圧ケーブルの絶縁体の劣化状態を判定する一方法として用いられる．この試験方法は第5図に示すように被測定ケーブルに直流電源（直流高圧発生装置），直流電流計，電流記録計を接続して，被測定ケーブルの定格電圧に応じて直流電圧を印加し，その電流値の時間的変化を観測する．第2表にケーブルに印加する直流電圧と測定時間を示す．

第5図 高圧ケーブルの試験方法

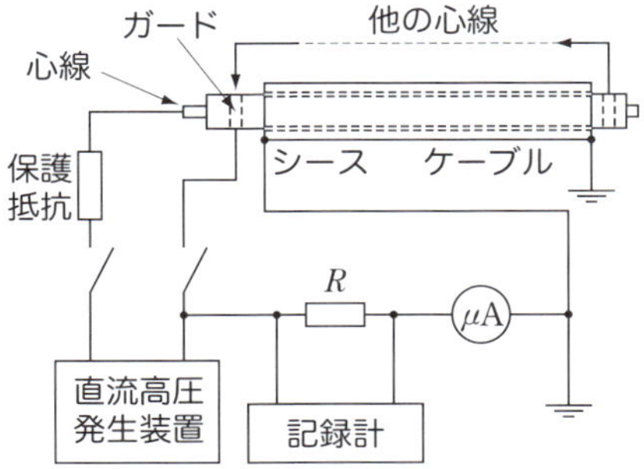

測定はケーブルの定格電圧に応じて最初にステップ1の電圧を印加して測定す

テーマ５６　交流電気機器等の非破壊試験方法による絶縁診断の種類，原理，特徴

第２表　測定電圧と時間

定格電圧	測定電圧		判定時間
	第１ステップ	第２ステップ	
3 300〔V〕	3〔kV〕	5〔kV〕	5～10分
6 600〔V〕	6〔kV〕	10〔kV〕	

（高圧受電設備指針から抜粋）

る．このとき劣化の傾向がみられない場合は引き続き第２ステップの電圧を印加して測定する．ただし，ケーブルの布設年数によっては測定電圧を考慮する必要がある．例えば，定格電圧6 600〔V〕のケーブルの第１ステップの電圧を4〔kV〕，第２ステップの電圧を8〔kV〕にするなどである．

直流試験において絶縁物に流れる充電電流の時間的変化を第６図に示す．

第６図　高圧ケーブルの充電電流の時間的変化

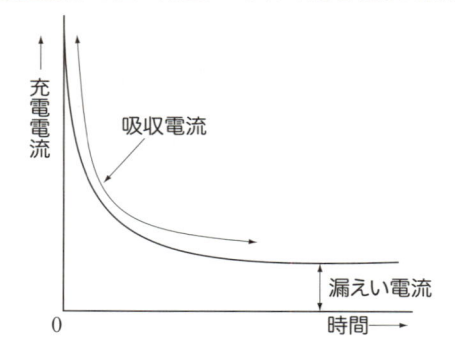

印加直後は絶縁体に流れる電流が瞬間的に大きな値を示すが，時間の経過と共に徐々に減少し，やがてほぼ一定の電流値で安定する．この図において電流の時間的変化が大きい領域の電流を吸収電流といい，絶縁劣化を判定する基準になる．すなわち吸収電流は絶縁物の種類と吸湿状況，印加電圧，温度などの状況によって変化するが，特に著しく変化するのは絶縁物の吸湿状況である．

絶縁物が吸湿し，劣化している場合は，吸収電流が大きくなる．絶縁物の吸湿状態を表す指標として，次式に示す成極指数（PI）がある．

$$PI = \frac{電圧印加1分後の電流値}{電圧印加10分後の電流値}$$

この式から成極指数が大きいほど絶縁状態が良好と判断することができる．CVケーブルの場合，成極比によって第3表に示すように判定する．

第3表 成極比による判定

成極比	判定
1.0 以上	良好
1.0〜0.5	要注意
0.5 以下	不良

また，吸収電流の時間的変化も絶縁劣化の判定の目安となる．第7図に示すように時間の経過と共に漏れ電流が増加する場合（①）や，漏れ電流にキック現象がみられる場合（②）は絶縁劣化が進行している可能性があり要注意と判定する．

第7図 絶縁劣化の可能性がある高圧ケーブル

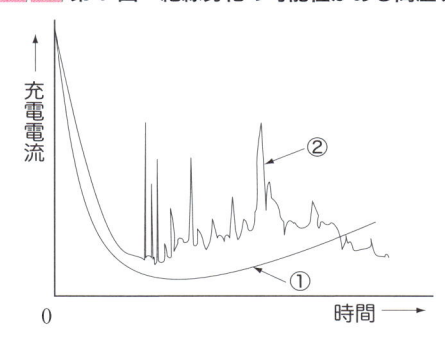

第6図に示したようにケーブルの充電電流は，時間の経過と共に一定電流値となる．これがケーブルの漏えい電流である．この電流は絶縁物本来の絶縁抵抗によって流れるものであり，CVケーブルにおいては漏えい電流の値によって第4表に示すように判定する．

第4表 漏えい電流による判定

漏えい電流	判定
1.0〔μA〕以下	良好
1.0〜10〔μA〕	要注意
10〔μA〕以上	不良

その他，次式で示される不平衡率が200〔％〕を超えた場合は不良と判定する．

$$不平衡率〔％〕=\frac{各相漏れ電流の最大値 - 最小値}{三相漏れ電流の平均値} \times 100$$

テーマ５６　交流電気機器等の非破壊試験方法による絶縁診断の種類，原理，特徴

4　誘電正接試験とは？

　絶縁物（誘電体）に交流電圧を印加すると電流が流れ損失が発生する．この電流は印加電圧に対してほぼ 90° 進みの電流となるが，若干の遅れ角 δ を有している．この δ を誘電損角という．

　絶縁体に印加する電圧を V，電源角周波数を ω，絶縁体の静電容量を C とすれば，誘電体における損失電力 P は，

$$P = \omega V^2 C \tan\delta \qquad (3)$$

で表される．(3)式の $\tan\delta$ は誘電正接と呼ばれ，絶縁物の形状・寸法にあまり影響されず，絶縁物固有の性質を示すものである．したがって $\tan\delta$ を測定することで交流電圧印加時における絶縁物内部の発熱損失の目安を得ることができる．商用周波数の高電圧における誘電正接の測定にはシェーリングブリッジが用いられるほか，現場での直読計器として携帯用損失角計などが利用されている．この誘電正接試験は絶縁抵抗試験と共に広く行われており，コンデンサやケーブルに対しては標準規格が示されている．

　誘電正接試験において絶縁物に印加する電圧を徐々に上昇させ，その後，徐々に低下させると絶縁物の吸湿状態によって第 8 図に示すように $\tan\delta$ が変化する．$\tan\delta$ が大きくなるのは良好な絶縁物の場合，印加電圧を上昇させると絶縁物内部でイオン化現象が生じるためである．一方，吸湿状態にある絶縁物は $\tan\delta$ の絶対値も大きく，電圧上昇と共に $\tan\delta$ が増加するが，電圧を下げたとき，$\tan\delta$ が高い値を示すヒステリシス現象を生

第 8 図　誘電体正接試験

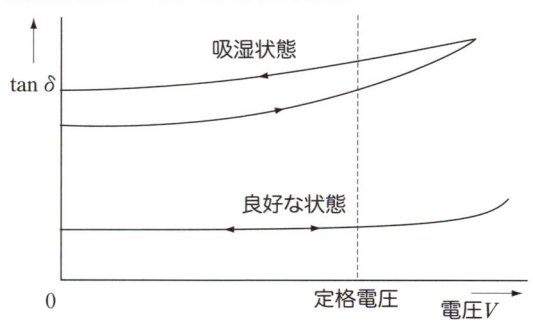

ずる．

　この性質を利用して定期的に機器の $\tan \delta$ を測定し，その傾向から絶縁劣化の目安を得ることができるが，測定に際しては同一条件で測定する必要がある．これは絶縁物の温度が上昇すると $\tan \delta$ も増加する傾向があるためである．

5　部分放電試験とは？

　絶縁物中に空げき（ボイド）などの欠陥ができているとき，ある電圧以上になると放電が発生する．この放電が長期間にわたり継続的または断続的に発生すると，やがて絶縁破壊に進展する．部分放電試験は，絶縁物内で発生している部分放電を検出することにより，絶縁破壊の発端となる絶縁不良や絶縁劣化を判定するものである．部分放電の検出にはパルス電流検出法と音響検出法が用いられている．

　パルス電流検出法の原理は，被試験物に対して高電圧を印加したとき，絶縁物内にボイドなどがあると，分担負荷電圧が高くなることと，ボイド部の絶縁耐圧電圧が低いことなどから絶縁物よりも先にボイド部の放電が開始されることを利用している．すなわち，放電によって失われる電荷量は，ボイド両端の電圧と直列静電容量に比例するため，放電電荷量を測定することによってボイド状態を推定することを原理としている．

　変圧器などの油中に発生する部分放電については，マイクロホンによる音響測定とパルス電流との時間差によって場所を特定する方法がとられる．これは油中におけるパルス音の伝達遅延時間を利用したものである．その他，放電現象をカメラや光電子増倍管などで観測する方法もとられている．

テーマ 57 避雷装置

　避雷装置は電力系統の施設，機器の絶縁を過電圧から保護する目的で使用される装置の総称である．具体的には避雷器，保護ギャップ，保護コンデンサ，サージアブソーバなどに分類されるが，広義には送電線路の架空地線，アークホーンなども含まれる．
　ここでは避雷装置について解説する．

1 避雷器とは

(1) 避雷器の機能

　代表的な避雷装置であり，避雷器の電源側端子を保護対象機器の電源側に接続し，他方の接地端子を接地する．

　雷または回路の開閉などに起因する異常電圧（過電圧）が避雷器の保護対象機器に襲来した場合，異常電圧の波高値がある値を超えると，避雷器が自ら放電経路を構成し，異常電圧から電気設備の絶縁を保護する．さらに，この放電が実質的に終了した後，引き続き電源系統から供給されて避雷器を流れる電流，いわゆる続流を短時間のうちに遮断して，系統の正常な状態を乱すことなく，原状に自復する機能も避雷器は備えている．

　すなわち，この避雷器に要求される機能としては以下の点となる．
　① 異常電圧を抑制して機器を異常電圧から保護すること
　② 異常電圧を放電した後，放電電流に続いて流れる続流を遮断し，避雷器自身の破壊・損傷を起こさずにもとの状態に復帰すること

　前記の機能を有する避雷器としては，弁抵抗形避雷器，酸化亜鉛形避雷器などがあるが，弁抵抗形避雷器は，常時の印加電圧（常規電圧）における漏れ電流が大きい欠点がある．このため，常時は被保護対象回路および機器等から確実に切り離すための直列ギャップが必要であり，一般に性能は酸化亜鉛形避雷器に比べて劣っている．

　一方，酸化亜鉛形避雷器は後述するように弁抵抗形避雷器にはない優

テーマ５７　避雷装置

れた機能を備えているので，避雷器として主に用いられている．ここではこの酸化亜鉛形避雷器について解説する．

(2) 避雷器の構成要素

酸化亜鉛形避雷器に用いられる酸化亜鉛素子は，ZnO（酸化亜鉛）を主原料とし，BiO_2，CoO，MnO，Sb_2O_2 などの物質を ZnO に対して 10〔％〕程度加えて焼結体とする．この酸化亜鉛素子は，第１図に示す構造をなしており，その電圧−電流特性は第２図に示すように非直線抵抗性を表す．

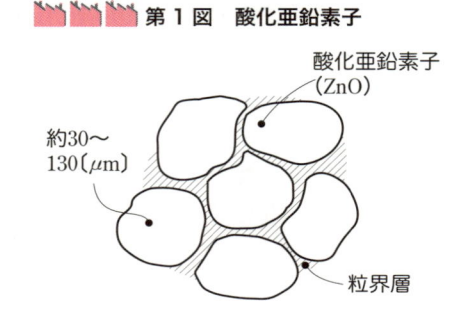

第１図　酸化亜鉛素子

第２図　酸化亜鉛素子の電圧ー電流特性

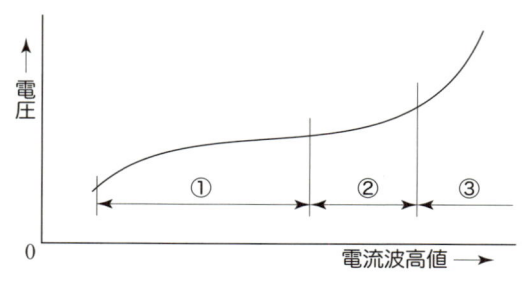

第２図における特性は大きく三つの電流領域として説明することができる．

①の領域：粒界層におけるショットキー効果
②の領域：粒界層におけるトンネル効果
③の領域：ZnO 粒子の固有抵抗による影響

また，酸化亜鉛素子は③の領域における抵抗温度特性が正特性であるため，避雷器の並列使用が可能となる．

避雷器に酸化亜鉛素子が用いられるのは微小電流（μA 程度）から大電流領域まで高い非直線性を有するためであり，特に常規電圧（商用電圧）印加時に避雷器を流れる電流が数百〔μA〕程度であるため弁抵抗

形避雷器で必要であった直列ギャップを必要としない．すなわち，直列ギャップがないので，急しゅんなサージ電圧に対しても放電の遅れがなく，放電開始／停止電圧のばらつきもない．また，酸化亜鉛素子は，前述のように高い非直線性を有するため実質的に続流がなく，処理エネルギーが小さくてすむという利点がある．これらは酸化亜鉛素子の大きな特徴である．

(3) 避雷器の定格および能力

① 定格電圧

避雷器として所定の動作が行える商用周波数の電圧値が定格電圧である．定格電圧は1線地絡時の健全相対地電圧の短時間電圧によって選択される．

酸化亜鉛形避雷器は，一般に直列ギャップを使用しないため，系統の平常時はもとより，異常時の短時間交流過電圧に耐える必要がある．このため酸化亜鉛素子を動作開始電圧の 90〔％〕以下の定格電圧となるように直列に接続して避雷器を構成する．

高圧受電設備の避雷器としては，定格電圧 8.4〔kV〕，公称電圧 6.6〔kV〕のものが適用される．

② 定格電流

避雷器の性能を喪失することがない放電電流の規定値である．放電電流は波頭長 8〔μs〕，波尾長 20〔μs〕の雷インパルス電流の波高値で表示される．

高圧受電設備の避雷器としては公称放電電流 2 500〔A〕のものが主に適用される．

③ 保護レベル

避雷器が接続された系統において，過電圧の波高値がある値を超えた場合，避雷器が大地間に放電経路を形成し，放電を行うことで過電圧を制限して電気設備を保護する．避雷器が動作中に避雷器の電源側および接地端子側の両端子間に残る過電圧の上限値を保護レベルといい，雷インパルスおよび開閉インパルスの領域についてそれぞれ規格化されている．

テーマ５７　避雷装置

(a) 雷インパルス保護レベル

公称放電電流に対する制限電圧波高値であり，急しゅん雷インパルス制限電圧波高値の 1/1.1 とする．

(b) 開閉インパルス保護レベル

放電電流 1～3〔kA〕の領域における開閉インパルス制限電圧波高値とする．

各保護レベルは，避雷器が保護する機器設備の雷インパルスおよび開閉インパルス耐電圧レベルと絶縁協調を保つことが必要である．

④　動作責務能力

避雷器は定格電圧が加えられた状態で繰り返して動作しても毎回確実に続流を遮断し，かつ，諸特性が実質的に変化しないことが必要である．

酸化亜鉛形避雷器は直列ギャップを使用しないため，長年月の運転中に所定の雷，開閉サージおよび交流課電などのストレスを受けた後に，開閉サージなどの熱トリガを受けても熱暴走を生じないで，実使用に耐えることが必要である．

(4) **避雷器の保守点検**

酸化亜鉛形避雷器の等価回路を第３図に示す．この図から分かるように避雷器から大地には常時，漏れ電流が流れることになる．すなわち容量分漏れ電流 I_C と抵抗分漏れ電流 I_R である．避雷器は経年劣化に伴い，抵抗分漏れ電流が増加してくる．したがって，避雷器の保守項目としては，課電時においては抵抗分漏れ電流または全漏れ電流の測定があげられる．その他，定期点検時には絶縁抵抗の測定，動作回数の確認，放電電流の記録などがあげられる．いずれにしても避雷器の設置目的が雷インパルスからの機器の保護であるので，毎年，雷の頻発時季の前に点検を行い，健全性の確認を行うことが望ましいといえる．

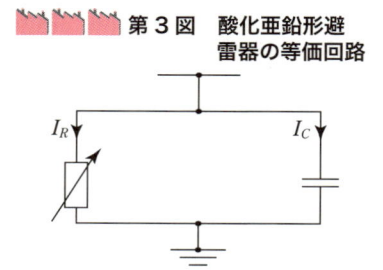

なお，㈳日本電機工業会「汎用高圧機器の更新推奨時期に関する調査」

第３図　酸化亜鉛形避雷器の等価回路

報告書によれば，避雷器の更新推奨時期を 15 年としている．

(5) 避雷器の規格

避雷器の標準規格は JEC–203「避雷器」，JEC–217「酸化亜鉛形避雷器」，JEC–2372「ガス絶縁タンク形避雷器」，JEC–2373「ガス絶縁タンク形避雷器（3.3 〜 154 kV 系統用）」，IEC Pub.60099–4，ANSI（IEEE Std C62.11）など，さまざまな規格がある．

2　保護ギャップとは

発変電所において，送電線路から雷サージ電圧が侵入すると，発変電所に設置された変圧器保護用の避雷器または母線保護用の避雷器だけでは引込口付近の保護効果が不十分な場合がある．あるいは避雷器が多重雷を受けた場合のように開放状態で雷サージを受けた場合には変電所内部の避雷器では引込口が保護できないという問題がある．

これらの問題の対策としては避雷器を引込口に設置する方法と保護ギャップを設置する方法が考えられる．

保護ギャップは，変圧器・変成器などのブッシングや発変電所における遮断器や断路器などの線路引込口機器の雷過電圧保護用として備えられ，避雷器と同様に異常電圧を大地に放電して機器を保護する装置であるが，保護ギャップは，いったん放電を開始すると放電が停止せず，事故が継続するという欠点がある．すなわち，避雷器のような続流遮断機能は備えていない．しかしながら，保護ギャップの放電特性は避雷器ほどではないが，大きな近傍雷撃などの条件を除けば，引込口機器と絶縁の協調がとれる場合が多く，また，単純な構造で経済的でスペースもあまり必要としないなどの利点もあり，従来からよく用いられている．これらのことから保護ギャップは，避雷器の後備保護装置として適用されている．

保護ギャップの留意点としては，急しゅん波領域で放電遅れのため過電圧が大きくなる傾向になること，保護ギャップより遠い点（変圧器点など）では正負の振動電圧がギャップ動作により発生しやすいので絶縁上の注意が必要なことなどである．

現在では酸化亜鉛形避雷器の長所が認識され，保護ギャップに代わって避雷器が適用されている．

3　サージアブソーバとは

　サージアブソーバは，衝撃耐電圧特性の劣る主として発電機や調相機などの回転機に来襲するサージ電圧を吸収するために用いる．

　サージアブソーバは，避雷器に保護コンデンサと抵抗を組み合わせた構成をなしている．このような構成とするのは，発電機やモータなどの回転機では単に雷サージ電圧の値ばかりでなく，立上りしゅん度が絶縁に影響するためである．

　サージアブソーバの保護コンデンサによって，雷サージ電圧の波頭しゅん度の緩和ができる．このときサージ電圧の値も一定値以下に抑制することが好ましいため，避雷器または保護ギャップと併用され，回転機を含む回路に適用されている．また，単に保護コンデンサ単体と避雷器の組合せではなく，抵抗と組み合わせるのは，開閉サージ保護を行う観点からである．

　低圧回路においては低電圧用避雷器を用いて回路の保護を行う場合も多く，この低電圧回路用避雷器をサージアブソーバと呼ぶこともある．

4　架空地線とは

　発変電所や送配電線の設備を雷の直撃から遮へいし，防護する避雷装置である．この架空地線は発変電所構内の鉄構上，あるいは送電線の鉄塔上部に張架線される場合が多い．架空地線を用いて，発変電所および送電線を雷に対して遮へいすれば，直撃雷あるいは近傍直撃の危険が少なくなる．

　架空地線の雷遮へいの理論および設計手法は種々あるが，現在は電気幾何学モデル（EGM：Electrogeometric Model）あるいはA–W理論と称される手法にもとづいた設計を適用している．

　A–W理論は第4図に示すように架空地線および導体から雷撃距離に等しい半径の円を描き，架空地線の円弧および導体の円弧に到達した雷はそれぞれ架空地線，導体に直撃するというものである．

　ここに，雷撃電流波高値をI〔kA〕とすれば，導体および架空地線の雷撃距離r_sが次式で求められる．

$$r_s = 6.72\, I^{0.8} \text{〔m〕}$$

　なお，送電線に用いられる架空地線では，遮へい角を小さく取るほど効

果が大きく，2回線鉄塔で架空地線1条の場合の遮へい角は35～40°程度であるが，架空地線を2条とすると，ほぼ完全に保護できる．また，架空地線は，雷撃進行波の波高値低減，通信線に対する誘導障害の低減にも役立つ．

架空地線の種類としては，送電線では，亜鉛めっき鋼線，アルミ覆鋼より線（AC：Aluminium Clad steel wire），鋼心アルミ合金より線（ACSR：Aluminium Conductor Steel Reinforced），光ファイバ複合架空地線（OPGW：composite fiber OPtical overhead Ground Wire）などが用いられる．

第4図　電気幾何学モデル

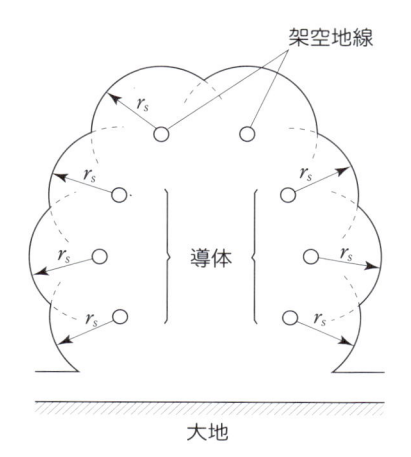

OPGWは，光ファイバを金属管の中に収納し，その周囲にアルミ覆鋼線等の金属素線をより合わせたものである．すなわち，架空地線が備える避雷機能と光ファイバによる通信伝送路を一体化したものである．

配電線では，裸硬銅線，アルミ覆鋼より線などが使われる．

5　アークホーンとは

雷サージが送電線路を伝搬し，がいし連がフラッシオーバを起こした場合のがいしへの被害を少なくするため，ホーンまたはリング状に，がいし連の両端に取り付ける金具である．アークホーンが備えられていることで，フラッシオーバがアークホーン間で起き，続流アークをがいしから遠ざけるので，アーク熱によってがいしが破壊されることがない．

超高圧以上に使用されるアークホーンはリング状構造をなし，がいし連の電位分布を良好にする作用を持たせてある．これによって，がいし連の電位分布を改善することができ，コロナ放電防止に寄与することができる．

索 引

あ

アークエネルギー‥‥‥‥‥‥‥‥‥89
アークホーン‥‥‥‥‥‥‥‥153, 473
アーク炉‥‥‥‥‥‥‥‥‥‥‥‥302
アーマロッド‥‥‥‥‥‥‥‥‥‥143
アクティブフィルタ‥‥‥‥‥328, 330
アナログ形継電器‥‥‥‥‥‥‥‥118
アナログ静止形継電器‥‥‥‥‥‥118
アメーバ作用‥‥‥‥‥‥‥‥‥‥104
アンペア導体数‥‥‥‥‥‥‥‥‥‥48
圧縮機‥‥‥‥‥‥‥‥‥‥‥‥‥442
圧縮空気‥‥‥‥‥‥‥‥‥‥‥‥‥54
圧縮空気発生装置‥‥‥‥‥‥‥‥116
油入遮断器‥‥‥‥‥‥‥‥‥‥‥‥85
油入自冷式‥‥‥‥‥‥‥‥‥‥‥369
油入水冷式‥‥‥‥‥‥‥‥‥‥‥371
油入風冷式‥‥‥‥‥‥‥‥‥‥‥370
油入変圧器‥‥‥‥‥‥‥‥‥‥‥‥85
暗きょ式‥‥‥‥‥‥‥‥‥‥209, 235
安定度‥‥‥‥‥‥‥‥‥‥‥‥‥190
安定度の低下‥‥‥‥‥‥‥‥‥‥‥48
安定度問題‥‥‥‥‥‥‥‥‥‥‥134

い

インタロック‥‥‥‥‥‥‥‥‥‥‥73
インバータ装置‥‥‥‥‥‥‥‥‥329
異周波系統間の連系‥‥‥‥‥‥‥129
異常時誘導電圧‥‥‥‥‥‥‥‥‥186
移相演算‥‥‥‥‥‥‥‥‥‥123, 126
位相検出方式‥‥‥‥‥‥‥‥‥‥120
位相差演算‥‥‥‥‥‥‥‥‥123, 127
位相制御‥‥‥‥‥‥‥‥‥‥‥‥317
一次周波数制御‥‥‥‥‥‥‥‥‥451
一様平等分布負荷‥‥‥‥‥‥‥‥227
入口弁‥‥‥‥‥‥‥‥‥‥‥‥‥‥9

う

渦電流‥‥‥‥‥‥‥‥‥‥‥47, 431
渦電流損‥‥‥‥‥‥‥‥‥‥‥‥214
雨洗効果‥‥‥‥‥‥‥‥‥‥‥‥‥98
運動方程式‥‥‥‥‥‥‥‥‥‥‥402

え

エアギャップピックアップ形‥‥‥‥42
エポキシモールド形‥‥‥‥‥‥‥‥86
エンタルピー‥‥‥‥‥‥‥‥‥‥‥59
エンドフィード形‥‥‥‥‥‥‥‥‥42
液体冷却方式‥‥‥‥‥‥‥‥‥35, 42
塩じん害‥‥‥‥‥‥‥‥‥‥‥‥‥92
遠心分離法‥‥‥‥‥‥‥‥‥‥‥‥77
円線図‥‥‥‥‥‥‥‥‥‥‥‥‥404
鉛直加速度‥‥‥‥‥‥‥‥‥‥‥106
塩分付着密度‥‥‥‥‥‥‥‥‥‥‥95
沿面距離‥‥‥‥‥‥‥‥‥‥‥‥‥99
沿面フラッシオーバ‥‥‥‥‥‥‥‥93

お

オフセット‥‥‥‥‥‥‥‥‥‥‥144
汚損がいし‥‥‥‥‥‥‥‥‥‥‥‥92
汚損地域‥‥‥‥‥‥‥‥‥‥‥‥‥94
汚損度‥‥‥‥‥‥‥‥‥‥‥‥‥‥93
汚損フラッシオーバ‥‥‥‥‥‥‥‥93
音響検出法‥‥‥‥‥‥‥‥‥‥‥465
音響式不良がいし検出器‥‥‥‥‥197
温度上昇‥‥‥‥‥‥‥‥‥‥‥‥369

か

がいしの分担電圧‥‥‥‥‥‥‥‥201
カスケード（バックアップ）遮断協調
‥‥‥‥‥‥‥‥‥‥‥‥‥‥‥346
カルマンの渦‥‥‥‥‥‥‥‥‥‥140

ガード端子・・・・・・・・・・・・・・・459	可動羽根・・・・・・・・・・・・・・・・・3
ガイドベーン・・・・・・・・・・18, 25, 27	過渡現象・・・・・・・・・・・・・・・・48
ガス拡散法・・・・・・・・・・・・・・・77	過熱器・・・・・・・・・・・・・・・・・32
ガス絶縁開閉装置・・・・・・・・・・・86	可能出力・・・・・・・・・・・・・・・・44
ガス絶縁変圧器・・・・・・・・・・・・86	可能出力曲線・・・・・・・・・・50, 424
ガスタービン・・・・・・・・・・・・・・54	簡易等価回路・・・・・・・・・・・・395
ガバナ・フリー制御・・・・・・・・・283	間欠アーク地絡・・・・・・・・・・・173
ガバナ弁開度・・・・・・・・・・・・・30	乾式変圧器・・・・・・・・・・・・・・86
加圧水型炉（PWR）・・・・・・・・・75	慣性モーメント・・・・・・・・・・・・25
界磁制御・・・・・・・・・・・・・・・386	間接冷却方式・・・・・・・・・・・・212
界磁抵抗線・・・・・・・・・・・・・391	感知線・・・・・・・・・・・・・・・・219
界磁電流制御方式・・・・・・・・・448	感度低下方式・・・・・・・・・・・・375
海水帰路方式・・・・・・・・・・・・134	含有水分測定・・・・・・・・・・・・368
回生電力・・・・・・・・・・・・・・・249	管路気中送電線・・・・・・・・・・216
海底ケーブル・・・・・・・・・・・・131	管路式・・・・・・・・・・・・209, 235
回転子・・・・・・・・・・・・・・・・45	
外部特性曲線・・・・・・・・・・・・392	**き**
外部冷却方式・・・・・・・・・・・・212	キャビテーション・・・・・・・・・・・13
開閉インパルス絶縁レベル（SIWL）・272	キャビテーション係数・・・・・・・・16
開閉インパルス保護レベル・・・・・470	キャビテーション侵食・・・・・・・・15
開閉サージ・・・・・・・・・・・・・268	キュービクル（磁気遮断器）・・・・・86
開閉時間・・・・・・・・・・・・・・・24	ギャップ式（音響式）不良がいし検出器
開閉装置・・・・・・・・・・・・・・・86	・・・・・・・・・・・・・・・・・・・197
開放サイクル・・・・・・・・・・54, 64	ギャップ磁束密度・・・・・・・・・・36
開放式・・・・・・・・・・・・・・・367	ギャップ付きタイプ・・・・・・・・・152
過給ボイラ方式・・・・・・・・・・・・70	ギャップ抵抗形避雷器・・・・・・・298
架橋ポリエチレンケーブル・・・・・363	ギャップなしタイプ・・・・・・・・・152
夏季雷・・・・・・・・・・・・・・・145	ギャロッピング・・・・・・・・138, 140
架空地線・・・・・・・・147, 242, 265, 472	基準出力制御（DPC）・・・・・・・282
核燃料・・・・・・・・・・・・・・・・76	基準衝撃絶縁強度（BIL）・・・・・271
核分裂・・・・・・・・・・・・・・・・75	基底温度・・・・・・・・・・・・・・212
隔膜式・・・・・・・・・・・・・・・366	起動・停止・・・・・・・・・・・・・・61
加減弁・・・・・・・・・・・・・・・・31	逆電力・・・・・・・・・・・・・・・249
加振試験・・・・・・・・・・・・・・107	逆電力遮断特性・・・・・・・・・・249
過絶縁・・・・・・・・・・・・・・・・98	逆フラッシオーバ・・・・・・・・・・265
加速度・・・・・・・・・・・・・・・114	逆フラッシオーバ事故・・・・・・・147
過電圧（差電圧）投入特性・・・・・249	給水加熱方式・・・・・・・・・・・・68
過電流保護協調・・・・・・・・・・345	共振現象・・・・・・・・・・・・・・184
過渡安定度・・・・・・・27, 167, 174, 190	共振正弦2波・・・・・・・・・・・・112
可動案内羽根・・・・・・・・・・・・・9	共振正弦3波・・・・・・・・・・・・114
可動鉄心形・・・・・・・・・・・・・119	強制通風方式・・・・・・・・・・・・42

極低温ケーブル・・・・・・・・・・・・・・・・・217
局部アーク・・・・・・・・・・・・・・・・・・・・・93
切換回路（マルチプレクサ）・・・・・・・124
金属シース・・・・・・・・・・・・・・・・・・・・214
均等間隔平等分布負荷・・・・・・・・・・・226

く

くま取りコイル形・・・・・・・・・・・・・・・・120
クロスフロー水車・・・・・・・・・・・・・・・・・1
空気圧縮機・・・・・・・・・・・・・・・・・・55, 66
空気タービン方式・・・・・・・・・・・・・・・・71
空気予熱器・・・・・・・・・・・・・・・・・・・・・55
空気冷却方式・・・・・・・・・・・・・・・・・・・35
空心リアクトル・・・・・・・・・・・・・・・・・253

け

ケーシング・・・・・・・・・・・・・・・・・・・・・・2
ケーブル貫通部防火区画・・・・・・・・・・220
ケーブルの許容温度・・・・・・・・・・・・・211
ケーブルのシールド・・・・・・・・・・・・・360
ケーブルの防災対策・・・・・・・・・・・・・218
ゲート制御・・・・・・・・・・・・・・・・・・・・135
ゲートターンオフサイリスタ・・・・・・333
ゲルゲス現象・・・・・・・・・・・・・・・・・・417
軽水・・・・・・・・・・・・・・・・・・・・・・・・・・77
系統安定化・・・・・・・・・・・・・・・・・・・・129
系統周波数特性・・・・・・・・・・・・・・・・274
系統じょう乱・・・・・・・・・・・・・・・・・・・48
系統定数・・・・・・・・・・・・・・・・・・・・・274
減磁作用・・・・・・・・・・・・・・・・・・・・・421
原子炉・・・・・・・・・・・・・・・・・・・・・・・・75
原子炉容器・・・・・・・・・・・・・・・・・・・・83
懸垂がいし・・・・・・・・・・・・・・・・・・・・92
健全相の対地電圧・・・・・・・・・・・・・・174
減速材・・・・・・・・・・・・・・・・・・・・・77, 78
限流形避雷器・・・・・・・・・・・・・・・・・・298
限流リアクトル・・・・・・・・・・・・・・・・254

こ

コイル絶縁・・・・・・・・・・・・・・・・・・・・・40
コージェネ・・・・・・・・・・・・・・・・・・・・・63

コロナ雑音・・・・・・・・・・・・・・・・・・・・160
コロナシールド・・・・・・・・・・・・・・・・165
コロナ振動・・・・・・・・・・・・・・・・・・・・161
コロナ損・・・・・・・・・・・・・・・・・・・・・160
コロナ放電・・・・・・・・・・・・・・・・・・・・158
コロナ臨界電圧・・・・・・・・・・・・・・・・159
コンサベータ・・・・・・・・・・・・・・・・・・366
コンデンサインプット形電源回路
　　　・・・・・・・・・・・・・・・・・・・・316, 318
コンドルファ起動方式・・・・・・・・・・・397
コンバインドサイクル・・・・・・・・・・・・54
コンバインドサイクル発電・・・・・・・・64
高圧コンデンサ・・・・・・・・・・・・・・・・234
高圧自動電圧調整装置（SVR）・・・・・・232
交さ磁化作用・・・・・・・・・・・・・・・・・・420
格子制御・・・・・・・・・・・・・・・・・・・・・135
高周波送電方式・・・・・・・・・・・・・・・・217
高周波誘導炉・・・・・・・・・・・・・・・・・・432
高速度再閉路・・・・・・・・・・・・・・・・・・166
高調波・・・・・・・・・・・・・・・・・・・・135, 314
高調波拡大現象・・・・・・・・・・・・・・・・326
高調波吸収・・・・・・・・・・・・・・・・・・・・135
高調波障害・・・・・・・・・・・・・・・・・・・・314
高調波電流含有率・・・・・・・・・・・・・・319
高調波抑制対策・・・・・・・・・・・・・・・・324
高調波抑制対策ガイドライン・・・・・・324
高調波抑制方式・・・・・・・・・・・・・・・・375
高調波流出電流・・・・・・・・・・・・・・・・324
高抵抗接地方式・・・・・・・・・・・・・・・・175
交流送電・・・・・・・・・・・・・・・・・・・・・129
交流フィルタ・・・・・・・・・・・・・・・・・・129
呼吸作用・・・・・・・・・・・・・・・・・・・・・365
故障電流遮断サージ・・・・・・・・・・・・269
固体絶縁開閉装置（真空遮断器）・・・・86
固定子鉄心端部・・・・・・・・・・・・・・・・・46
固定昇圧器・・・・・・・・・・・・・・・・・・・・234
固有振動数・・・・・・・・・・・・・・・・112, 140

さ

サージ・・・・・・・・・・・・・・・・・・・・・・・264
サージアブソーバ・・・・・・・・・・・・・・472

サージタンク・・・・・・・・・・・・・・・・・・・10	実負荷法・・・・・・・・・・・・・・・・・・・・381
サージ電圧・・・・・・・・・・・・・・・・・・145	時定数・・・・・・・・・・・・・・・・・・・・・183
サージ電流・・・・・・・・・・・・・・・・・・・93	自動酸素濃度測定装置・・・・・・・・・223
サーボモータ・・・・・・・・・・・・・・・3, 20	始動時間・・・・・・・・・・・・・・・・・・・・67
サイリスタ始動法・・・・・・・・・・・・・418	自動周波数制御（AFC）・・・・・・・・282
サイリスタバルブ・・・・・・・・・・・・・130	自動消火設備・・・・・・・・・・・・・・・・・90
サイリスタレオナード方式・・・・389, 446	自動消火装置・・・・・・・・・・・・・・・・219
サブスパン振動・・・・・・・・・・・・・・141	自動電圧調整装置（AVR）・・・60, 339
再起動用電源・・・・・・・・・・・・・・・・・60	始動電動機始動・・・・・・・・・・・・・・412
最高油温度上昇・・・・・・・・・・・・・・380	始動補償器始動・・・・・・・・・・397, 416
再点弧サージ・・・・・・・・・・・・・・・・269	自動無効電力調整装置（AQR）・・60, 339
再熱器・・・・・・・・・・・・・・・・・・・・・・32	自動力率調整装置（APFR）・・・・61, 339
再閉路方式・・・・・・・・・・・・・・・・・166	絞り損失・・・・・・・・・・・・・・・・・・・・31
差電圧投入特性・・・・・・・・・・・・・・249	遮断器・・・・・・・・・・・・・・・・・・・・115
作動流体・・・・・・・・・・・・・・・・54, 442	遮断サージ・・・・・・・・・・・・・・・・・267
作用媒体・・・・・・・・・・・・・・・・・・・441	遮へい失敗事故・・・・・・・・・・・・・147
酸化亜鉛（ZnO）形避雷器・・・・・・298	斜流水車・・・・・・・・・・・・・・・・・・・・1
酸化亜鉛形避雷器・・・・・・・・・・・・467	重水・・・・・・・・・・・・・・・・・・・・・・77
酸化亜鉛素子・・・・・・・・・・・・156, 468	周波数調整・・・・・・・・・・・・・・・・・281
三相再閉路方式・・・・・・・・・・・・・・168	周波数低下・・・・・・・・・・・・・・・・・277
残留磁気・・・・・・・・・・・・・・・・・・・391	周波数変換所・・・・・・・・・・・・・・・131
	周波数変動・・・・・・・・・・・・・・・・・274
し	主蒸気圧力・・・・・・・・・・・・・・・・・・34
じんあい・・・・・・・・・・・・・・・・・・・・92	出力係数・・・・・・・・・・・・・・・・・・・・35
シース損・・・・・・・・・・・・・・・・・・・211	受動フィルタ・・・・・・・・・・・・・・・・328
シールドリング・・・・・・・・・・・・・・165	順・逆変換装置・・・・・・・・・・・・・・135
シリコーンコンパウンド・・・・・・・・103	瞬時電圧低下・・・・・・・・・・・・・・・284
磁界オリエンテーション形・・・・・・・453	瞬時電圧変動対策・・・・・・・・・・・254
自家発電・・・・・・・・・・・・・・・・・・・・60	消イオン時間・・・・・・・・・・・・・・・167
直埋式・・・・・・・・・・・・・・・・209, 235	蒸気圧力制御・・・・・・・・・・・・・・・・73
自家用波及事故・・・・・・・・・・・・・355	蒸気温度制御・・・・・・・・・・・・・・・・73
磁気遮断器・・・・・・・・・・・・・・・・・・86	蒸気流・・・・・・・・・・・・・・・・・・・・・32
磁気吹消し形避雷器・・・・・・・・・・298	消弧リアクトル・・・・・・・・・・・・・・263
磁気飽和・・・・・・・・・・・・・・・・・・・319	消弧リアクトル接地・・・・・・・・・・173
軸流送風機・・・・・・・・・・・・・・・・・・39	消弧リアクトル接地方式・・・・・・・176
時限協調曲線図・・・・・・・・・・・・・345	常時インバータ・商用給電方式・・・・294
事故サージ・・・・・・・・・・・・・・・・・269	常時誘導電圧・・・・・・・・・・・・・・・186
自己始動法・・・・・・・・・・・・・412, 415	上昇気流・・・・・・・・・・・・・・・・・・145
自己励磁現象・・・・・・・・・・・195, 421	衝動水車・・・・・・・・・・・・・・・・・・・・1
地震応答特性・・・・・・・・・・・・・・・110	商用周波対地電圧・・・・・・・・・・・148
地震入力・・・・・・・・・・・・・・・・・・105	所内電圧・・・・・・・・・・・・・・・・・・・46

自励式・・・・・・・・・・・・・・・・・・・・391
真空遮断器・・・・・・・・・・・・・・・・・86
進相運転・・・・・・・・・・・・・・・・・・・46
進相運転限界・・・・・・・・・・・・・・53
進相コンデンサ・・・・・・・・・・・321
振動周波数・・・・・・・・・・・・・・・183
浸透の深さ・・・・・・・・・・・・・・・436
振幅値演算・・・・・・・・・・・123, 126

す

ステーベーン・・・・・・・・・・・・・・・2
スペーサ・・・・・・・・・・・・・・・・・140
スポットネットワーク・・・・・245
スリートジャンプ・・・・・・138, 141
スロット数・・・・・・・・・・・・・・・・45
水圧調整装置・・・・・・・・・・・・・10
水撃作用・・・・・・・・・・・・・・・9, 28
水素冷却方式・・・・・・・・・・・・・35
吸出し管・・・・・・・・・・・・・・・・・・9
水平加速度・・・・・・・・・・・・・105
滑り周波数形・・・・・・・・・・・453

せ

制圧機・・・・・・・・・・・・・・・・・・・11
制御角・・・・・・・・・・・・・・・・・・137
成極指数・・・・・・・・・・・・・・・462
正極性の雷・・・・・・・・・・・・・146
制御材・・・・・・・・・・・・・・・76, 78
制御電源（蓄電池）・・・・・・・115
制御棒クラスタ・・・・・・・・・・・83
静止形無効電力補償装置・・・・・・・336, 342
静止レオナード方式・・・・・・446
成績係数・・・・・・・・・・・・・・・443
静的設計・・・・・・・・・・・・・・・113
静電誘導・・・・・・・・・・・・・・・166
静電誘導雷・・・・・・・・・・・・・146
制動巻線・・・・・・・・・・・・・・・415
絶縁回復・・・・・・・・・・・・・・・169
絶縁抵抗試験・・・・・・・・・・・458
絶縁特性・・・・・・・・・・・・・・・・92
絶縁破壊電圧測定・・・・・・・368
絶縁劣化・・・・・・・・・・・・・85, 356
全酸価測定・・・・・・・・・・・・・368
全電圧始動・・・・・・・・・・396, 416

そ

騒音対策・・・・・・・・・・・・・・・117
相間スペーサ・・・・・・・・・・・144
相間バリア・・・・・・・・・・・・・359
相互インダクタンス・・・・・・187
相互補償リアクトル・・・・・・307
増磁作用・・・・・・・・・・・・・・・420
送出電圧の調整方式・・・・・227
送電用避雷装置・・・・・・・・・151
送電容量・・・・・・・・・・・・・・・190
送油自冷式・・・・・・・・・・・・・371
送油水冷式・・・・・・・・・・・・・372
送油風冷式・・・・・・・・・・・・・371
速度調整器・・・・・・・・・・・・・386
速度調定率・・・・・・・・・・・・・・23
速度変動率・・・・・・・・・・・・・・26

た

ターニング・・・・・・・・・・・・・・・62
タービン追従方式・・・・・・・・・30
タービン発電機・・・・・・・・・・・37
タービン発電機進相運転・・・46
タップ不整合率・・・・・・・・・378
ダンパウエイト・・・・・・・・・142
ダンピングガバナ・・・・・・・・・20
耐汚損特性・・・・・・・・・・・・・299
大気温度・・・・・・・・・・・・・・・・67
耐震設計・・・・・・・・・・・・・・・105
耐震設計指針・・・・・・・・・・・110
耐震設計手順・・・・・・・・・・・113
対地キャパシタンス・・・・181, 182
大地帰路（海水帰路）方式・・・134
対地静電容量・・・・・・・・・・・240
耐霧がいし・・・・・・・・・・・・・・98
耐雷サージ性能評価・・・・・265
耐雷ホーン・・・・・・・・・・・・・242
卓越振動数範囲・・・・・・・・・106

多相再閉路方式・・・・・・・・・・・・・・・・・169
多導体方式・・・・・・・・・・・・・・・・140, 164
多パルス化・・・・・・・・・・・・・・・・・・・327
炭化けい素（SiC）素子・・・・・・・・・・298
単機・並列冗長運転方式・・・・・・・・・294
単相再閉路方式・・・・・・・・・・・・・・・・169
短絡比・・・・・・・・・・・・・・・・・・・・・・・427
短絡法・・・・・・・・・・・・・・・・・・・・・・・383
短絡容量抑制対策・・・・・・・・・・・・・・129
断路器サージ・・・・・・・・・・・・・・・・・・267

直列ギャップ・・・・・・・・・・・・・・271, 299
直列共振・・・・・・・・・・・・・・・・・・・・196
直列共振現象・・・・・・・・・・・・・・・・・177
直列コンデンサ・・・・・・・172, 190, 305, 344
直列飽和リアクトル・・・・・・・・・・・・・307
直列リアクトル・・・・・・・・・・・・322, 325
地絡過電圧継電器（OVGR）・・・・・・・348
地絡時のアーク・・・・・・・・・・・・・・・・85
地絡方向継電器（DGR）・・・・・・・・・348
地絡保護協調・・・・・・・・・・・・・・・・・345

ち

地下式変電所・・・・・・・・・・・・・・・・・・85
蓄電池・・・・・・・・・・・・・・・・・・・・・・115
蓄電池充電方式・・・・・・・・・・・・・・・291
地中箱・・・・・・・・・・・・・・・・・・・・・・236
窒素ガス封入式・・・・・・・・・・・・・・・366
着雪現象・・・・・・・・・・・・・・・・・・・・138
着氷現象・・・・・・・・・・・・・・・・・・・・138
着氷雪事故・・・・・・・・・・・・・・・・・・138
柱上変圧器・・・・・・・・・・・・・・234, 343
中性子吸収・・・・・・・・・・・・・・・・・・・78
中性点接地装置・・・・・・・・・・・・・・・184
中性点接地方式・・・・・・・・・・・・・・・173
超音波洗浄式汚損検出器・・・・・・・・・98
長幹がいし・・・・・・・・・・・・・・・・・・・98
長距離大容量送電・・・・・・・・・・・・・129
調速機・・・・・・・・・・・・・・・・・・・23, 58
超電導ケーブル・・・・・・・・・・・・・・・217
潮流制御・・・・・・・・・・・・・・・・・・・・135
直撃雷・・・・・・・・・・・・・・・・・・・・・146
直接接地系・・・・・・・・・・・・・・・・・・269
直接接地方式・・・・・・・・・・・・・173, 174
直流試験法・・・・・・・・・・・・・・・・・・461
直流送電・・・・・・・・・・・・・・・・・・・・129
直流送電連系・・・・・・・・・・・・・・・・129
直流チョッパ方式・・・・・・・・・・・・・・448
直流抵抗制御・・・・・・・・・・・・・・・・387
直流フィルタ・・・・・・・・・・・・・・・・・130
直流リアクトル・・・・・・・・129, 130, 258
直流連系・・・・・・・・・・・・・・・・・・・・275

つ

通風ダクト・・・・・・・・・・・・・・・・・・・37
通流率・・・・・・・・・・・・・・・・・・・・・448

て

ディジタル形継電器・・・・・・・・・・・・・122
ディスチャージリング・・・・・・・・・・・・15
デフレクタ・・・・・・・・・・・・・・・・・・・11
デリア水車・・・・・・・・・・・・・・・・・・・・1
定圧運転・・・・・・・・・・・・・・・・・・・・29
抵抗接地方式・・・・・・・・・・・・・・・・173
抵抗分漏れ電流・・・・・・・・・・・・・・・301
低周波共振現象・・・・・・・・・・・・・・・172
低周波始動法・・・・・・・・・・・・・・・・417
低周波無鉄心誘導炉・・・・・・・・・・・433
低周波誘導炉・・・・・・・・・・・・・・・・433
定態安定度・・・・・・・・・・46, 49, 190, 338
低抵抗接地・・・・・・・・・・・・・・・・・・176
停電・・・・・・・・・・・・・・・・・・・・・・・285
定電圧制御（AVR）・・・・・・・・・・・・・136
定電流制御（ACR）・・・・・・・・・・・・・136
定電力制御（APR）・・・・・・・・・・・・・136
定余裕角制御（AδR）・・・・・・・・・・・136
鉄共振現象・・・・・・・・・・・・・・・・・・195
鉄心リアクトル・・・・・・・・・・・・・・・254
電圧降下・・・・・・・・・・・・・・・・・・・・225
電圧降下補償・・・・・・・・・・・・・・・・225
電圧制御・・・・・・・・・・・・・・・・387, 451
電圧調整・・・・・・・・・・・・・・・・・・・・336
電圧調整装置・・・・・・・・・・・・・・・・230

電圧ひずみ率・・・・・・・・・・・・・・・314, 327
電圧フリッカ・・・・・・・・・・・・・・・・・・・302
電位の傾き・・・・・・・・・・・・・・・・・・・・・158
電機子電圧制御方式・・・・・・・・・・・446
電機子反作用・・・・・・・・・・・・・・・・・・・419
電機子反作用リアクタンス・・・・・・・・421
電気装荷・・・・・・・・・・・・・・・・・・・・・・・・36
電磁形継電器・・・・・・・・・・・・・・・・・・・118
電磁誘導・・・・・・・・・・・・・・・・・・166, 186
電磁誘導障害・・・・・・・・・・・・・・174, 176
電磁誘導電圧・・・・・・・・・・・・・・・・・・・186
電磁誘導電圧の制限値・・・・・・・・・・188
電磁誘導雷・・・・・・・・・・・・・・・・・・・・・146
電導度計・・・・・・・・・・・・・・・・・・・・・・・・97
天然ウラン・・・・・・・・・・・・・・・・・・・・・・76
天然ガス・・・・・・・・・・・・・・・・・・・・・・・・60
転流失敗・・・・・・・・・・・・・・・・・・・・・・・136
電力計形・・・・・・・・・・・・・・・・・・・・・・・120
電力系統・・・・・・・・・・・・・・・・・・・・・・・264
電力コンデンサ用リアクトル・・・・・・・257
電力潮流分布・・・・・・・・・・・・・・・・・・・190
電力変換器・・・・・・・・・・・・・・・・・・・・・315
電力方向継電器・・・・・・・・・・・・・・・・246
電力用コンデンサ・・・・・・・・・・336, 340

と

トラッキング・・・・・・・・・・・・・・・・・・・・・93
トラフ・・・・・・・・・・・・・・・・・・・・・・・・・218
トリーイング・・・・・・・・・・・・・・・・・・・・・93
等価塩分付着密度・・・・・・・・・・・・・・・95
等価負荷法（短絡法）・・・・・・・・・・・383
等価フリッカ・・・・・・・・・・・・・・・・・・・303
同期インピーダンス・・・・・・・・・・・・・421
同期化トルク・・・・・・・・・・・・・・・・・・・195
同期検定器・・・・・・・・・・・・・・・・・・・・・18
同期始動法・・・・・・・・・・・・・・・・・・・・418
同期速度・・・・・・・・・・・・・・407, 415, 450
同期調相機・・・・・・・・308, 336, 340, 422
同期外れ・・・・・・・・・・・・・・・・・・・・・・・415
同期引入れトルク・・・・・・・・・・・・・・・415
塔脚接地抵抗・・・・・・・・・・・・・・・・・・148

冬季雷・・・・・・・・・・・・・・・・・・・・146, 287
同期リアクタンス・・・・・・・・・・・・・・・421
動作責務・・・・・・・・・・・・・・・・・・・・・・・300
動態安定度・・・・・・・・・・・・・・・・・・・・・51
導体許容最高温度・・・・・・・・・・・・・・214
投入サージ・・・・・・・・・・・・・・・・・・・・・267
特殊かご形・・・・・・・・・・・・・・・・・・・・・398
土壌固有熱抵抗・・・・・・・・・・・・・・・・216

な

内部過電圧・・・・・・・・・・・・・・・・・・・・149
内部相差角・・・・・・・・・・・・・・・・・・・・・49
内部電位分布・・・・・・・・・・・・・・・・・・300
内部冷却機・・・・・・・・・・・・・・・・・・・・・45
内部冷却方式・・・・・・・・・・・・・・・・・・212
難着雪リング・・・・・・・・・・・・・・・・・・・142
難燃性・・・・・・・・・・・・・・・・・・・・・・・・・86

に

ニードルチップ・・・・・・・・・・・・・・・・・・15
ニードル弁・・・・・・・・・・・・・・・・・・・・5, 9
二重かご形・・・・・・・・・・・・・・・・・・・・・398

ね

ねん架不十分・・・・・・・・・・・・・・・・・・176
ネオン式不良がいし検出器・・・・・・・197
ネオンランプ・・・・・・・・・・・・・・・・・・・199
ネットワークプロテクタ・・・・・・・・・・246
ネットワーク変圧器・・・・・・・・・・・・・245
熱交換器・・・・・・・・・・・・・・・・・・57, 442
熱効率・・・・・・・・・・・・・・・・・・・・・・・・・67
熱伝導率・・・・・・・・・・・・・・・・・・・・・・・78
燃焼温度・・・・・・・・・・・・・・・・・・・・・・・68
燃焼器・・・・・・・・・・・・・・・・・・・・・58, 66
燃料ガス・・・・・・・・・・・・・・・・・・・・・・・54
燃料集合体・・・・・・・・・・・・・・・・・・・・・78
燃料棒・・・・・・・・・・・・・・・・・・・・・・・・・78
燃料油前処理装置・・・・・・・・・・・・・・・61

の

ノズル・・・・・・・・・・・・・・・・・・・・・・・・・・・2

ノッチ切換・・・・・・・・・・・・・・・・・399
能動フィルタ（アクティブフィルタ）・328

は

はずみ車効果・・・・・・・・・・・・24, 26
はっ水性物質・・・・・・・・・・・・・・103
ばい煙・・・・・・・・・・・・・・・・・・・92
ハンドホール・・・・・・・・・・・・・・236
バイパス切換方式・・・・・・・・・・・294
バックアップ遮断協調・・・・・・・・346
パイロットがいし・・・・・・・・・・・96
パルス電流検出法・・・・・・・・・・・465
排ガス方式・・・・・・・・・・・・・・・・68
排気再燃方式・・・・・・・・・・・・・・70
排気助燃方式・・・・・・・・・・・・・・69
排気量・・・・・・・・・・・・・・・・・・・67
排熱回収方式・・・・・・・・・・・・・・68
発電機界磁電流・・・・・・・・・・・・・46
発電機可能出力曲線・・・・・・・・・47
発電機周波数特性定数・・・・・・・275
発電機のねじり現象・・・・・・・・171
発電機容量・・・・・・・・・・・・・・・35
発熱量・・・・・・・・・・・・・・・・・439
反動水車・・・・・・・・・・・・・・・・・1
半密閉サイクル・・・・・・・・・・・・54

ひ

ひずみ波形・・・・・・・・・・・・・・・315
ヒートポンプ・・・・・・・・・・・・・441
ヒステリシス現象・・・・・・・・・・319
ピークロード・・・・・・・・・・・60, 64
非接地方式・・・・・・・・・・・・・・173
比速度・・・・・・・・・・・・・・・・・・・6
比速度の限界値・・・・・・・・・・・・7
非直線抵抗特性・・・・・・・・298, 299
筆洗法・・・・・・・・・・・・・・・・・・96
非同期連系・・・・・・・・・・・・・・135
非破壊試験・・・・・・・・・・・・・・457
非有効接地系統・・・・・・・・・・・179
標準雷インパルス・・・・・・・・・・265
標準貫入試験・・・・・・・・・・・・・110

表皮効果・・・・・・・・・・・・431, 436
表面係数・・・・・・・・・・・・・・・159
避雷器・・・・・・・・・・241, 270, 296, 467
避雷装置・・・・・・・・・・・・・・・296
比率差動継電器・・・・・・・・・・・374
比例推移・・・・・・・・・・・・・・・399
敏感度・・・・・・・・・・・・・・・・・23

ふ

フィルタ・・・・・・・・・・・・・・・124
フラッシオーバ・・・・・・・・158, 265
フランシス水車・・・・・・・・・・・・1
フリーセンタクランプ・・・・・・・143
フリッカ・・・・・・・・・・・・・・・302
フリッカ予測法・・・・・・・・・・・309
フレミングの右手の法則・・・・・390
ブースタ・・・・・・・・・・・・・・・306
ブッシングカバー・・・・・・・・・359
ブロンデル線図・・・・・・・・・・・410
プラント協調制御方式・・・・・・・31
プレハブマンホール・・・・・・・・237
プログラムコントロール方式・・・228
プロセッサ・・・・・・・・・・・・・125
プロテクタヒューズ・・・・・・・・246
プロペラ水車・・・・・・・・・・・・・1
風損・・・・・・・・・・・・・・・・・・39
負荷角・・・・・・・・・・・・・・・・422
負荷時タップ切換変圧器・・・230, 343
負荷時電圧調整器・・・・・・・・・230
負荷周波数制御方式・・・・・・・・283
負荷周波数特性定数・・・・・・・・274
負荷分担・・・・・・・・・・・・・・・23
深溝かご形・・・・・・・・・・・・・399
負極性の雷・・・・・・・・・・・・・146
複合サイクル（コンバインドサイクル）
・・・・・・・・・・・・・・・・・・・54
負制動現象・・・・・・・・・・・・・195
不足補償タップ・・・・・・・・・・・177
沸騰水型炉（BWR）・・・・・・・・75
不動時間・・・・・・・・・・・・・・・24
不燃性・・・・・・・・・・・・・・・・・86

不平衡絶縁・・・・・・・・・・・・・・・・・・・・・149
不平衡率・・・・・・・・・・・・・・・・・・・・・・・463
不良がいし検出器・・・・・・・・・・・・・・・197
分数調波振動（鉄共振現象）・・・・・・・195
分布定数線路・・・・・・・・・・・・・・・・・・・264
分路リアクトル・・・・・・・・・261, 336, 341

へ

ベクトル制御方式・・・・・・・・・・・・・・・・453
ペテルゼンコイル・・・・・・・・・・・・・・・177
ペルトン水車・・・・・・・・・・・・・・・・・・・・・1
ペレット・・・・・・・・・・・・・・・・・・・・・・・・76
並行運転・・・・・・・・・・・・・・・・・・・・・・・393
平衡高絶縁方式・・・・・・・・・・・・・・・・・151
並列運転・・・・・・・・・・・・・・・・・・・・・・・・19
変圧運転・・・・・・・・・・・・・・・・・・・・・・・・29
変圧運転制御方式・・・・・・・・・・・・・・・・30
変圧器・・・・・・・・・・・・・・・・・・・・・86, 115
変圧器ブッシング・・・・・・・・・・・・・・・116
返還負荷法・・・・・・・・・・・・・・・・・・・・・381
弁抵抗形避雷器・・・・・・・・・・・・298, 467
変電所のユニット化・・・・・・・・・・・・・・90

ほ

ホーン間電圧・・・・・・・・・・・・・・・・・・・156
ボイラ給水ポンプ・・・・・・・・・・・・・・・・32
ボイラチューブ・・・・・・・・・・・・・・・・・・67
ボイラ追従制御方式・・・・・・・・・・・・・・29
ボイラ熱利用方式・・・・・・・・・・・・・・・・70
ボイラ排ガス・・・・・・・・・・・・・・・・・・・・31
ボイラマスタ調節器・・・・・・・・・・・・・・31
ポーシェ三角形・・・・・・・・・・・・・・・・・426
ポンピング現象・・・・・・・・・・・・・・・・・250
防災対策・・・・・・・・・・・・・・・・・・・・・・・・85
放射線・・・・・・・・・・・・・・・・・・・・・・・・・・81
防食層・・・・・・・・・・・・・・・・・・・・・・・・・218
防振ゴム・・・・・・・・・・・・・・・・・・・・・・・117
防振装置・・・・・・・・・・・・・・・・・・・・・・・143
膨張弁・・・・・・・・・・・・・・・・・・・・・・・・・442
放電クランプ・・・・・・・・・・・・・・・・・・・242
放熱係数・・・・・・・・・・・・・・・・・・・・・・・369

防油堤・・・・・・・・・・・・・・・・・・・・・・・・・221
保護ギャップ・・・・・・・・・・・・・・・193, 471
保護協調・・・・・・・・・・・・・・・・・・・345, 359
保護協調曲線・・・・・・・・・・・・・・・・・・・347
保護協調曲線図・・・・・・・・・・・・・・・・・350
保護継電器・・・・・・・・・・・・118, 166, 320
保護特性・・・・・・・・・・・・・・・・・・・・・・・299
保護レベル・・・・・・・・・・・・・・・・・・・・・469
補償リアクトル・・・・・・・・・・・・・・・・・263
補償リアクトル接地・・・・・・・・・・・・・173
補償リアクトル接地方式・・・・・・・・・177
補助電動機始動法・・・・・・・・・・・・・・・417

ま

マイクロガスタービン・・・・・・・・・・・・63
マイクロ波加熱・・・・・・・・・・・・・・・・・439
マルチプレクサ・・・・・・・・・・・・・・・・・124
埋設深さ・・・・・・・・・・・・・・・・・・・・・・・210
巻線温度上昇・・・・・・・・・・・・・・・・・・・380
末端集中負荷・・・・・・・・・・・・・・・・・・・226

み

水トリー・・・・・・・・・・・・・・・・・・240, 243
溝形炉・・・・・・・・・・・・・・・・・・・・・・・・・433
密封油構造・・・・・・・・・・・・・・・・・・・・・・41
密閉サイクル・・・・・・・・・・・・・・・・・・・・54

む

無停電電源装置（UPS）・・・・・・・290, 291
無電圧投入特性・・・・・・・・・・・・・・・・・249

め

メガー・・・・・・・・・・・・・・・・・・・・・・・・・・97
メガー式不良がいし検出器・・・・・・・204

も

モリエル線図・・・・・・・・・・・・・・・・・・・442
漏れ磁束・・・・・・・・・・・・・・・・・・・・・・・・47
漏れ電流・・・・・・・・・・・・・・・・・・・・・・・・92

ゆ

有効接地・・・・・・・・・・・・・・・・・・・・・・174
優先遮断再閉路方式・・・・・・・・・・・169
誘電加熱方式・・・・・・・・・・・・・・・・・437
誘電正接・・・・・・・・・・・・・・・・・・・・・464
誘電正接試験・・・・・・・・・・・・・・・・・464
誘電損・・・・・・・・・・・・・・・・・・211, 215
誘電損角・・・・・・・・・・・・・・・・・・・・・464
誘電損率・・・・・・・・・・・・・・・・・・・・・439
誘導円板形・・・・・・・・・・・・・・・・・・120
誘導形・・・・・・・・・・・・・・・・・・・・・・・119
誘導加熱方式・・・・・・・・・・・・・・・・・436
誘導雑音電圧・・・・・・・・・・・・・・・・・187
誘導障害対策・・・・・・・・・・・・・・・・・181
誘導電動機の回転速度・・・・・・・・・450
誘導発電機・・・・・・・・・・・・・・・・・・403
誘導雷・・・・・・・・・・・・・・・・・・・・・・・146

よ

溶断事故・・・・・・・・・・・・・・・・・・・・・242

ら

ランキンサイクル・・・・・・・・・・・・・・64
ランナベーン・・・・・・・・・・・・・・・・・・・1
ランナボス・・・・・・・・・・・・・・・・・・・・・3
雷インパルス絶縁レベル（LIWL）・・・272
雷インパルス保護レベル・・・・・・・・470
雷過電圧・・・・・・・・・・・・・・・・・・・・・147
雷サージ・・・・・・・・・・・・・・・・145, 264

り

リアクトル・・・・・・・・・・・・・・・・・・・253
リアクトル始動・・・・・・・・・・398, 416
リサジューだ円・・・・・・・・・・・・・・・142
離隔距離・・・・・・・・・・・・・・・・・・・・・186
力率改善用コンデンサ・・・・・・・・・325
臨界抵抗・・・・・・・・・・・・・・・・・・・・・392
臨界漏れ電流・・・・・・・・・・・・・・・・・93

る

ループ系統・・・・・・・・・・・・・・・・・・191

れ

レベル検出方式・・・・・・・・・・・・・・120
冷却系統・・・・・・・・・・・・・・・・・・・・・81
冷却材・・・・・・・・・・・・・・・・・・・・・・・77
励磁円・・・・・・・・・・・・・・・・・・・・・・409
励磁電流・・・・・・・・・・・・・・・・・・・・・50
零相自由振動・・・・・・・・・・・・・・・・183
冷媒・・・・・・・・・・・・・・・・・・・・・86, 441

ろ

ロータリコンデンサ・・・・・・・・・・・422
ロッキング現象・・・・・・・・・・・・・・・110
漏電遮断器・・・・・・・・・・・・・・・・・・320

わ

ワードレオナード方式・・・・・・・388, 447

英字・数字

ACR・・・・・・・・・・・・・・・・・・・・・・・・136
A–D 変換回路・・・・・・・・・・・・・・・125
AFC・・・・・・・・・・・・・・・・・・・・・・・・282
APFR・・・・・・・・・・・・・・・・・・・47, 339
APR・・・・・・・・・・・・・・・・・・・・・・・・136
AQR・・・・・・・・・・・・・・・・・・・・46, 339
AVR（自動電圧調整装置）・・・・・・60, 339
AVR（定電圧制御）・・・・・・・・・・・・136
A–W 理論・・・・・・・・・・・・・150, 472
AδR・・・・・・・・・・・・・・・・・・・・・・・・136
BIL・・・・・・・・・・・・・・・・・・・・・・・・・271
BWR・・・・・・・・・・・・・・・・・・・・・・・・75
CB 形・・・・・・・・・・・・・・・・・・・・・・・346
CVT ケーブル・・・・・・・・・・・・・・・238
CV ケーブル・・・・・・・・・88, 355, 358
DGR・・・・・・・・・・・・・・・・・・・・・・・348
DPC・・・・・・・・・・・・・・・・・・・・・・・・282
E 端子法・・・・・・・・・・・・・・・・・・・・458
GIS（ガス絶縁開閉装置）・・・・・・・・・86

GTO サイリスタ
（ゲートターンオフサイリスタ）・・・・・333
G 端子法・・・・・・・・・・・・・・・・・・・・・・・459
ISM 周波数 ・・・・・・・・・・・・・・・・・・・440
L 形等価回路（簡易等価回路）・・・・・・395
L.D.C. 方式 ・・・・・・・・・・・・・・・・・・・228
LIWL・・・・・・・・・・・・・・・・・・・・・・・・272
MCCB・・・・・・・・・・・・・・・・・・・・・・・322
N 値 ・・・・・・・・・・・・・・・・・・・・・・・・110
OF ケーブル ・・・・・・・・・・・・・・・・・・88
OVGR ・・・・・・・・・・・・・・・・・・・・・・348
PF・S 形 ・・・・・・・・・・・・・・・・・・・・・346
P-h 線図（モリエル線図）・・・・・・・・442
PWM 制御 ・・・・・・・・・・・・・・・・・・・330
PWR ・・・・・・・・・・・・・・・・・・・・・・・・75
SF_6 ガス ・・・・・・・・・・・・・・・・・・86, 300
SiC 素子 ・・・・・・・・・・・・・・・・・・・・・298
SIWL・・・・・・・・・・・・・・・・・・・・・・・272
SL ケーブル ・・・・・・・・・・・・・・・・・・238
SVR ・・・・・・・・・・・・・・・・・・・・・・・・232
UPS・・・・・・・・・・・・・・・・・・・・290, 291
V 曲線・・・・・・・・・・・・・・・・407, 422, 425
Y －△始動 ・・・・・・・・・・・・・・・・・・・397
ZnO 形避雷器 ・・・・・・・・・・・・・・・・・298
1 線地絡事故 ・・・・・・・・・・・・・・・・・186
3 巻線補償変圧器 ・・・・・・・・・・・・・・306
6 相電力変換装置 ・・・・・・・・・・・・・・315

© Teruo Ohshima, Yasuo Yamazaki 2010

これだけは知っておきたい電気技術者の基本知識

2010年 7月15日　第1版第1刷発行
2022年 6月22日　第1版第6刷発行

著　者　大　嶋　輝　夫
　　　　山　崎　靖　夫

発行者　田　中　　聡

発　行　所
株式会社　電　気　書　院
ホームページ　www.denkishoin.co.jp
（振替口座　00190-5-18837）
〒101-0051　東京都千代田区神田神保町1-3 ミヤタビル2F
電話（03）5259-9160／FAX（03）5259-9162

印刷　信毎書籍印刷株式会社
Printed in Japan／ISBN978-4-485-66536-7

・落丁・乱丁の際は、送料弊社負担にてお取り替えいたします。

JCOPY〈(社)出版者著作権管理機構　委託出版物〉

本書の無断複写（電子化含む）は著作権法上での例外を除き禁じられています。複写される場合は、そのつど事前に、(社)出版者著作権管理機構（電話：03-5244-5088, FAX：03-5244-5089, e-mail：info@jcopy.or.jp）の許諾を得てください。また本書を代行業者等の第三者に依頼してスキャンやデジタル化することは、たとえ個人や家庭内での利用であっても一切認められません。

書籍の正誤について

万一，内容に誤りと思われる箇所がございましたら，以下の方法でご確認いただきますようお願いいたします．

なお，正誤のお問合せ以外の書籍の内容に関する解説や受験指導などは**行っておりません**．このようなお問合せにつきましては，お答えいたしかねますので，予めご了承ください．

正誤表の確認方法

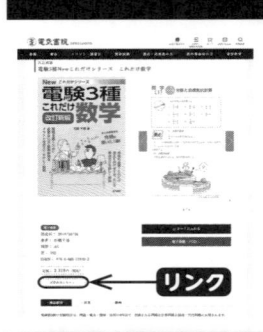

最新の正誤表は，弊社Webページに掲載しております．書籍検索で「正誤表あり」や「キーワード検索」などを用いて，書籍詳細ページをご覧ください．

正誤表があるものに関しましては，書影の下の方に正誤表をダウンロードできるリンクが表示されます．表示されないものに関しましては，正誤表がございません．

弊社Webページアドレス
https://www.denkishoin.co.jp/

正誤のお問合せ方法

正誤表がない場合，あるいは当該箇所が掲載されていない場合は，書名，版刷，発行年月日，お客様のお名前，ご連絡先を明記の上，具体的な記載場所とお問合せの内容を添えて，下記のいずれかの方法でお問合せください．
回答まで，時間がかかる場合もございますので，予めご了承ください．

郵便で問い合わせる
郵送先　〒101-0051
東京都千代田区神田神保町1-3
ミヤタビル2F
㈱電気書院　編集部　正誤問合せ係

FAXで問い合わせる
ファクス番号　03-5259-9162

ネットで問い合わせる
弊社Webページ右上の「**お問い合わせ**」から
https://www.denkishoin.co.jp/

お電話でのお問合せは，承れません

(2022年5月現在)